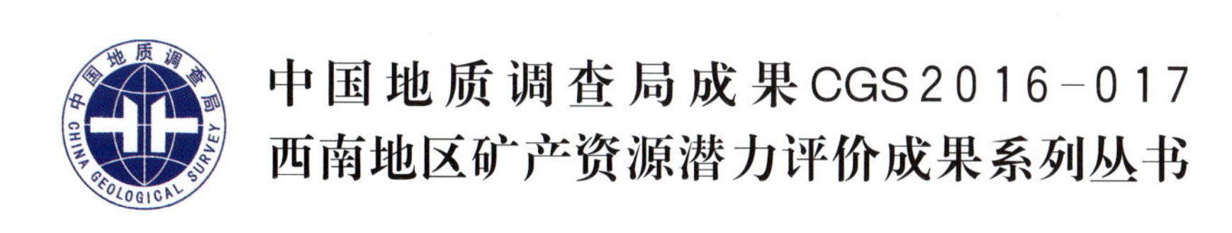

中国西南地区矿产资源

ZHONGGUO XINAN DIQU KUANGCHAN ZIYUAN

秦建华　刘才泽　等编著

图书在版编目(CIP)数据

中国西南地区矿产资源/秦建华,刘才泽等编著．—武汉:中国地质大学出版社,2016.10
(西南地区矿产资源潜力评价成果系列丛书)
ISBN 978-7-5625-3852-3

Ⅰ.①中…
Ⅱ.①秦…
Ⅲ.①矿产资源-概况-西南地区
Ⅳ.①P617.27

中国版本图书馆CIP数据核字(2016)第227932号

中国西南地区矿产资源 秦建华 刘才泽 **等编著**

责任编辑:胡珞兰 选题策划:刘桂涛 责任校对:张咏梅

出版发行:中国地质大学出版社(武汉市洪山区鲁磨路388号) 邮编:430074
电 话:(027)67883511 传 真:(027)67883580 E-mail:cbb @ cug.edu.cn
经 销:全国新华书店 Http://www.cugp.cug.edu.cn

开本:880毫米×1230毫米 1/16 字数:650千字 印张:20.5
版次:2016年10月第1版 印次:2016年10月第1次印刷
印刷:武汉中远印务有限公司 印数:1—1000册

ISBN 978-7-5625-3852-3 定价:198.00元

#《西南地区矿产资源潜力评价成果系列丛书》

编委会名单

《中国西南地区矿产资源》

编著人员：秦建华　刘才泽　王生伟　王方国　张启明　齐先茂

朱斯豹　陈华安　马东方　廖震文　侯　林　蒋小芳

周邦国　周家云　刘增铁　贺天全　朱　旭　杨发伦

卢贤志　郭　强　李建康　曹新群　杨　群　祝向平

李光明　赖　杨　张林奎　杨　斌　旷志国　周约宏

赵　波　金灿海　张　玙　石洪召　张　红　冯孝良

郭　阳　张春颖　杨　超　陈　政　徐志忠　林方成

张　丽　侯春秋　张　晖

序

中国西南地区雄踞青藏造山系南部和扬子陆块西部。青藏造山系是最年轻的造山系，扬子陆块是最古老的陆块之一。从地质年代来讲，最古老到最年轻是一个漫长的地质历史过程，其间经历过多期复杂的地质作用和丰富多彩的成矿过程。从全球角度看，中国西南地区位于世界三大巨型成矿带之一的特提斯成矿带东段，称为东特提斯成矿域。中国西南地区孕育着丰富的矿产资源，其中的西南三江、冈底斯、班公湖-怒江、上扬子等重要成矿区带都被列为全国重点勘查成矿区带。

《西南地区矿产资源潜力评价成果系列丛书》主要是在"全国矿产资源潜力评价"计划项目(2006—2013)下设工作项目——"西南地区矿产资源潜力评价与综合"(2006—2013)研究成果的基础上编著的。诸多数据、资料都引用和参考了1999年以来实施的"新一轮国土资源大调查专项""青藏专项"及相关地质调查专项在西南地区实施的若干个矿产调查评价类项目的成果报告。

该套丛书包括：

《中国西南区域地质》

《中国西南地区矿产资源》

《中国西南地区重要矿产成矿规律》

《西南三江成矿地质》

《上扬子陆块区成矿地质》

《西藏冈底斯-喜马拉雅地质与成矿》

《西藏班公湖-怒江成矿带成矿地质》

《中国西南地区地球化学图集》

《中国西南地区重磁场特征及地质应用研究》

这套丛书系统介绍了西南地区的区域地质背景、地球化学特征和找矿模型、重磁资料和地质应用、矿产资源特征及区域成矿规律，以最新的成矿理论和丰富的矿床勘查资料深入地研究了西南三江地区、上扬子陆块区、冈底斯地区、班公湖-怒江地区的成矿地质特征。

《中国西南区域地质》对西南地区成矿地质背景按大地构造相分析方法，编制了西南地区1∶150万大地构造图，并明确了不同级别构造单元的地质特征及其鉴别标志。西南地区大地构造五要素图及大地构造图为区内矿产总结出不同预测方法类型的矿产的成矿规律、矿产资源潜力评价和预测提供了大地构造背景。同时对一些重大地质问题进行了研究，如上扬子陆块基底、三江造山带前寒武纪地质，秦祁昆造山带与扬子陆块分界线、保山地块归属、南盘江盆地归属，西南三江地区特提斯大洋两大陆块的早古生代增生造山作用。对西南地区大地构造环境及其特征的研究，为成矿地质背景和成矿地质作用研究建立了坚实的成矿地质背景基础，为矿产预测提供了评价的依据，为基础地质研究服务于矿产资源潜力评价提供了示范。为西南地区各种尺度的矿产资源潜力评价和成矿预测提供了全新的地质构造背景，已被有关矿产资源勘查决策部门应用于潜力评价和成矿预测，并为国家找矿突破战略行动、整装勘查部署，国土规划编制、重大工程建设和生态环境保护以及政府宏观决策等提供了重要的基础资料。这是迄今为止应用板块构造理论及从大陆动力学视角观察认识西南地区大地构造方面最全面系统的重大系列成果。

《中国西南地区矿产资源》对该区非能源矿产资源进行了较为全面系统的总结，分别对黑色金属矿产、有色金属矿产、贵金属矿产、稀有稀土金属矿产、非金属矿产等47种矿产资源，从性质用途、资源概况、资源分布情况、勘查程度、矿床类型、重要矿床、成矿潜力与找矿方向等方面进行了系统全面的介绍，是一部全面展示中国西南地区非能源矿产资源全貌的手册性专著。

《中国西南地区重要矿产成矿规律》对区内铜、铅、锌、铬铁矿等重要矿产的成矿规律进行了系统的创新性研究和论述，强化了区域成矿规律综合研究，划分了矿床成矿系列。对西南地区地质历史中重要地质作用与成矿，按照前寒武纪、古生代、中生代和新生代4个时期，从成矿构造环境与演化、重要矿产与分布、重要地质作用与成矿等方面进行了系统的研究和总结，并提出或完善了"扬子型"铅锌矿、走滑断裂控制斑岩型矿床等新认识。

该套丛书还对一些重点成矿区带的成矿特征进行了详细的总结，以区域成矿构造环境和成矿特色，对上扬子地区、西南三江（金沙江、怒江、澜沧江）地区、冈底斯地区和班公湖-怒江4个地区的重要矿集区的矿产特征、典型矿床、成矿作用与成矿模式等方面进行了系统研究与全面总结。按大地构造相分析方法全面系统地论述了区域地质背景，重新厘定了地层、构造格架，详细阐述了成矿的区域地球物理、地球化学特征；重新划分了区域成矿单元，详细论述了各单元成矿特征；论述了重要矿集区的成矿作用，包括主要矿产特征、典型矿床研究、成矿作用分析、资源潜力及勘查方向分析。

《西南三江成矿地质》以新的构造思维全面系统地论述了西南三江区域地质背景，重新厘定了地层、构造格架，详细阐述了成矿的区域地球物理、地球化学特征；重新划分了区域成矿单元；重点论述了若干重要矿集区的成矿作用，包括地质简况、主要矿产特征、典型矿床、成矿作用分析、资源潜力及勘查方向分析；强化了区域成矿规律的综合研究，划分了矿床成矿系列；根据洋-陆构造体制演化特征与成矿环境类型、成矿系统主控要素与作用过程、矿床组合与矿床成因类型等建立了成矿系统；揭示了控制三江地区成矿作用的重大关键地质作用。该研究对部署西南三江地区地质矿产调查工作具有重要的指导意义。

《上扬子陆块区成矿地质》系统论述了位于特提斯-喜马拉雅与滨太平洋两大全球巨型构造成矿域结合部位的上扬子陆块成矿地质。其地质构造复杂，沉积建造多样，陆块周缘岩浆活动频繁，变质作用强烈。一系列深大断裂的发生、发展，对该区地壳的演化起着至关重要的控制作用，往往成为不同特点地质结构岩块（地质构造单元）的边界条件，与它们所伴生的构造成矿带，亦具有明显的区带特征。较稳定的陆块演化性质的地质背景，决定了该地区矿床类型以沉积、层控、低温热液为显著特点，并在其周缘构造-岩浆活动带背景下形成了与岩浆-热液有关的中高温矿床。区内的优势矿种铁、铜、铅、锌、金、银、锡、锰、钒、钛、铝土矿、磷、煤等在我国占有重要地位，目前已发现有色金属、黑色金属、贵金属和稀有金属矿产地1494余处，为社会经济发展提供了大量的矿产资源。

《西藏冈底斯-喜马拉雅地质与成矿》对冈底斯、喜马拉雅成矿带"十二五"以来地质找矿成果进行了系统的总结与梳理。结合新的认识，按照岩石建造与成矿系列理论，将冈底斯-喜马拉雅成矿带划分为南冈底斯、念青唐古拉和北喜马拉雅3个Ⅳ级成矿亚带，对各Ⅳ级成矿亚带在特提斯演化和亚洲-印度大陆碰撞过程中的关键建造-岩浆事件与成矿系统进行了深入的分析与研究。同时对16个重要大型矿集区的成矿地质背景、成矿作用、成矿规律与找矿潜力进行了总结，建立了冈底斯成矿带主要矿床类型的区域预测找矿模型和预测评价指标体系，并采用MRAS资源评价系统对其开展了成矿预测，圈定了系列的找矿靶区，对指导区域找矿和下一步工作部署有着重要意义。

《西藏班公湖-怒江成矿带成矿地质》对班公湖-怒江成矿带成矿地质进行系统总结。班公湖-怒江成矿带是青藏高原地质矿产调查的重点之一。近年来，先后在多不杂、波龙、荣那、拿若发现大型富金斑岩铜矿，在尕尔穷和嘎拉勒发现大型矽卡岩型金铜矿，在弗野发现矽卡岩型富磁铁矿和铜铅锌多金属矿床等。这些成矿作用主要集中在班公湖-怒江结合带南、北两侧的岩浆弧中，是班公湖-怒江成矿带特提斯洋俯冲、消减和闭合阶段的产物。目前的班公湖-怒江成矿带指的并不是该结合带的本身，而主要是其南、北两侧的岩浆弧。研究发现，班公湖-怒江成矿带北部、南部的日土-多龙岩浆弧和昂龙岗日-班戈岩浆弧分别都存在东段、西段的差异，表现在岩浆弧的时代、基底和成矿作用类型等方面都各具特色。

《中国西南地区地球化学图集》在全面收集1∶20万、1∶50万区域化探调查成果资料的基础上，利用海量的地球化学数据，进行了系统集成与编图研究，编制了铜、铅、锌、金、银等39种元素(含常量元素氧化物)的地球化学图和异常图等图件，实现青藏高原区域地球化学成果资料的综合整装，客观展示了西南地区地球化学元素在水系沉积物中的区域分布状况和地球化学异常分布规律。该图集的编制，为西南地区地质矿产的展布规律及其找矿方向提供了较精准的战略方向。

《中国西南地区重磁场特征及地质应用研究》在收集与总结前人资料的基础上，对西南地区重磁数据进行集成、处理和分析，编制了西南地区重磁基础与解释图件，实现了中国西南区域重力成果资料的综合整装。利用重磁异常的梯度、水平导数等边界识别的新方法和新技术，对西南三江、上扬子、班公湖-怒江和冈底斯等重要矿集区的重磁数据进行处理，对异常特征进行分析和解释；利用区域重磁场特征对断裂构造、岩体进行综合推断和解释，对主要盆地的重磁场特征进行分析和研究。针对西南地区存在的基础地质问题，论述了重磁资料在康滇地轴、龙门山等重要地质问题研究中的应用与认识。同时介绍了西南地区物探资料在铁、铜、铅、锌和金矿等矿产资源潜力评价中的应用效果。

中国西南地区蕴藏着丰富的矿产资源，加强该区的地质矿产勘查和研究工作，对于缓解国家资源危机、贯彻西部大开发战略、繁荣边疆民族经济和促进地质科学发展均具有重要的战略意义。该套丛书系统收集和整理了西南地区矿产勘查与研究，并对所获得的海量的矿床学资料、成矿带的地质背景和矿床类型进行了总结性研究，为区域矿产资源勘查评价提供了重要资料。自然科学研究的重大突破和发现，都凝聚着一代又一代研究者的不懈努力及卓越成就。中国西南地区矿产资源潜力评价成果的集成和综合研究，必将为深化中国西南地区成矿地质背景、成矿规律与成矿预测研究、矿产资源勘查和开发与社会经济发展规划提供重要的科学依据。

该丛书是一套关于中国西南地区矿产资源潜力的最新、最实用的参考书，可供政府矿产资源管理人员、矿业投资者，以及从事矿产勘查、科研、教学的人员和对西南地区地质矿产资源感兴趣的社会公众参考。

编委会

2016年1月26日

前　言

国土资源部为贯彻落实《国务院关于加强地质工作的决定》中提出的"积极开展矿产远景调查和综合研究,科学评估区域矿产资源潜力,为科学部署矿产资源勘查提供依据"的要求和精神,于2007年发出《关于开展全国矿产资源潜力评价工作的通知》(国土资发〔2007〕6号),部署开展全国矿产资源潜力评价工作,把该项工作确定为我国矿产资源领域的一项基本国情调查,列为国土资源部"十一五"期间的重点工作,目的是通过全面系统总结我国地质调查和矿产勘查的工作成果,全面系统掌握矿产资源现状,科学评价矿产资源潜力,建立真实准确的矿产资源数据,为实现找矿的重大突破提供科学依据。

《全国矿产资源潜力评价》下设"西南地区矿产资源潜力评价与综合"项目,承担单位是中国地质调查局成都地质调查中心、重庆地质矿产研究院、四川省地质调查院、西藏自治区地质调查院、贵州省地质调查院、云南省地质调查局。

"西南地区矿产资源潜力评价与综合"项目的目标任务是:在现有地质工作的基础上,充分利用我国基础地质调查和矿产勘查的工作成果和资料,充分应用现代矿产资源预测评价的理论方法和GIS评价技术,开展重庆、四川、西藏、贵州、云南5个省市区的铁、铝、铜、锌、铅、金、钾盐、磷、钨、锑、稀土、锰、镍、锡、铬、钼、银、硼、锂、硫、萤石、菱镁矿、重晶石23个预测矿种的资源潜力评价,基本摸清矿产资源潜力及其空间分布;开展西南地区成矿地质背景、成矿规律、物探、化探、遥感、自然重砂、矿产预测等综合研究和汇总工作;编制西南地区大地构造相图、矿产预测类型分布图、成矿规律图、成矿预测成果图、勘查部署建议图等。研究内容为:成矿地质背景研究;物探、化探、自然重砂、遥感综合信息研究;成矿规律研究;矿产预测研究;基础数据库整理维护和成果数据库建设;大区汇总综合研究。

"西南地区矿产资源潜力评价与综合"项目自2006年启动以来,在全国矿产资源潜力评价项目办公室的指导下,在西南地区各省级国土资源主管部门的大力支持下,在参加项目人员的辛苦努力下,于2013年圆满完成。项目研究报告由省级矿产资源潜力评价成果报告和西南地区矿产资源潜力评价成果报告组成。

本书主要目的是为政府、国土资源主管部门、矿业勘查开发者和社会公众提供一个查阅矿产资源性质用途等知识,较为全面了解西南地区矿产资源情况的渠道。因此,本书是在利用西南地区矿产资源潜力评价成果报告对铁、铝、铜、锌、铅、金、钾盐、磷、钨、锑、稀土、锰、镍、锡、铬、钼、银、硼、锂、硫、萤石、菱镁矿、重晶石23个单矿种矿产资源研究成果的基础上,结合西南地区矿产资源的特点,增加了钒、钛、钴、汞,以及稀有、铂族、分散元素、非金属、盐湖等矿产资源,以期更加全面地反映西南地区矿产资源特点。

本书共由9章和1个附录组成,内容包括:西南地区矿产资源概况、黑色金属矿产、有色金属矿产、贵金属矿产、稀有金属矿产、稀土金属矿产、分散元素矿产、非金属矿产和盐湖矿产。书中对每种矿产的性质、用途、分布情况、矿床类型、重要矿床、资源潜力与找矿方向进行了介绍。附录部分对矿产资源的一些基本术语进行了说明。

本书的编写和出版是参与编写者共同努力的结果(表1)。本书最后由秦建华、朱斯豹汇总并定稿。本书在编写过程中,得到了丁俊研究员的悉心指导和大力帮助,得到了中国地质调查局成都地质调查中心、中国地质科学院矿产综合利用研究所、四川省化工地质勘查院、西藏地质矿产勘查开发局第五地质队的大力支持。同时,还参阅了西南5省(市、自治区)省级矿产资源潜力评价成果报告和西南地区部分地勘单位地质勘查报告,这些报告未在参考文献中一一列出,在此一并表示诚挚的感谢。

表1 主要编写人员表

<table>
<tr><th colspan="2">内容</th><th>编写人员</th><th>备注</th></tr>
<tr><td colspan="2">前言</td><td>秦建华</td><td></td></tr>
<tr><td colspan="2">第一章 矿产资源概况</td><td>秦建华</td><td></td></tr>
<tr><td rowspan="5">第二章 黑色金属矿产</td><td>铁</td><td>刘才泽</td><td></td></tr>
<tr><td>锰</td><td>王生伟、张启明</td><td></td></tr>
<tr><td>铬</td><td>王方国、朱斯豹</td><td>朱斯豹汇总、修改</td></tr>
<tr><td>钒</td><td>张启明</td><td></td></tr>
<tr><td>钛</td><td>刘才泽</td><td></td></tr>
<tr><td rowspan="12">第三章 有色金属矿产</td><td>铜</td><td>秦建华、李光明、冯孝良、张丽、侯春秋</td><td>秦建华和张丽汇总、修改</td></tr>
<tr><td>铅</td><td>秦建华、廖震文、金灿海、林方成、张玙</td><td rowspan="2">张玙汇总、修改</td></tr>
<tr><td>锌</td><td>秦建华、廖震文、张玙</td></tr>
<tr><td>铝土矿</td><td>张启明</td><td></td></tr>
<tr><td>镍</td><td>齐先茂、赖杨</td><td>赖杨汇总、修改</td></tr>
<tr><td>钴</td><td>朱斯豹</td><td></td></tr>
<tr><td>钨</td><td>陈华安、张林奎、石洪召</td><td></td></tr>
<tr><td>锡</td><td>陈华安、张林奎、张红</td><td></td></tr>
<tr><td>钼</td><td>秦建华、李光明、冯孝良、朱斯豹、张丽、侯春秋</td><td>朱斯豹汇总、修改</td></tr>
<tr><td>锑</td><td>马东方、刘才泽</td><td></td></tr>
<tr><td>汞</td><td>廖震文</td><td></td></tr>
<tr><td rowspan="3">第四章 贵金属矿产</td><td>金</td><td>侯林</td><td></td></tr>
<tr><td>银</td><td>蒋小芳、赖杨</td><td rowspan="2">赖杨汇总、修改</td></tr>
<tr><td>铂族元素</td><td>齐先茂、赖杨</td></tr>
<tr><td colspan="2">第五章 稀有金属矿产</td><td>周邦国、杨斌、郭阳</td><td></td></tr>
<tr><td colspan="2">第六章 稀土金属矿产</td><td>周家云</td><td></td></tr>
<tr><td colspan="2">第七章 分散元素矿产</td><td>刘增铁</td><td></td></tr>
</table>

续表 1

内容		编写人员	备注
第八章　非金属矿产	白云岩	贺天全、杨群、张春颖	郭强汇总、修改
	高岭土	朱旭、李建康、杨群	
	硅	杨发伦、旷志国	
	硅藻土	杨发伦、周约宏、杨超	
	钾盐	卢贤志、郭强	
	磷	郭强	
	硫	李建康、杨群	
	芒硝	郭强、杨群	
	膨润土	贺天全、杨群、张春颖	
	石膏	卢贤志	
	石灰石	贺天全、杨群、张春颖	
	石墨	曹新群、杨发伦、陈政	
	石盐	卢贤志	
	重晶石、萤石	杨群、郭强	
第九章　盐湖矿产		祝向平、赵波、徐志忠	
附录		张晖	

目　录

第一章　矿产资源概况

第一节　自然地理概况

西南地区，由3省、1区和1市组成，包括四川省、云南省、贵州省、西藏自治区和重庆直辖市。西南地区地理坐标：东经78°23′—110°11′，北纬21°8′—36°29′，国土总面积为236.5×10^4 km^2，约占全国陆域面积的24.6％。

西南地区自然地理主体属于我国第三级地貌单元，部分居于第三级地貌单元和第二级地貌单元的过渡部位。地貌类型主要有青藏高原、云贵高原、四川盆地以及环绕其间的许多著名的山脉，如喜马拉雅山、冈底斯山、唐古拉山、龙门山和横断山等。

西南地区地形比较复杂，可明显地划分为3个地形单元，即：青藏高原高山山地地区，主要范围包括西藏全境，四川省北部、西部、西南部和云南省的西北部；云贵高原中高山山地丘陵地区，主要范围包括贵州省全境与云南省的南部和中东部；四川盆地及其周边山地，主要范围包括重庆市大部，四川省的中东部和东南部。

西南地区气候与地形区域相对应，也可分为3类，即青藏高山寒带气候、云贵高原低纬高原中南亚热带季风气候、四川盆地湿润北亚热带季风气候。此外，本区南端云南西双版纳分布有少部分热带季雨林气候区，干湿季分明。

西南地区河流主要有雅鲁藏布江、金沙江、怒江、澜沧江以及长江上游和珠江上游的重要水系。

西南地区新构造运动强烈，高原抬升，山势巍峨，河流深切，江河奔腾，蕴含巨大水能。西南地区地质遗迹发育，地质奇观诱人。西南地区拥有世界最高峰——珠穆朗玛峰，海拔8848m，海拔大于7000m的山峰有66座，号称世界第三极——世界屋脊。区内海拔最低的为云南河口瑶族自治县处的元江河谷，海拔仅76.4m。高差悬殊，气候多变，气象万千。西南地区与缅甸、老挝、越南、印度、尼泊尔等东南亚和南亚国家接壤，具有从事境外地质矿产勘查的地域优势。

第二节　地质构造概况

西南地区地质构造复杂，地质构造可划分为3个Ⅰ级构造单元(区)，即秦祁昆构造区、泛扬子构造区和冈底斯-喜马拉雅构造区。西南地区构造上主体属于特提斯构造域，是由泛华夏陆块西南缘和南部冈瓦纳大陆北缘不断弧后扩张、裂离，又经小洋盆萎缩消减、弧-弧、弧-陆碰撞形成的复杂构造域，其经历了漫长的地质构造变动。西南地区在地质构造划分上大致以龙门山断裂带—哀牢山断裂带为界，分为东部陆块区和西部造山带。西部西藏地区及川西高原是环球纬向特提斯造山系东部的一部分，具有复杂而独特的巨厚地壳和岩石圈结构；东部是扬子陆块的主体，具有古老基底及稳定盖层，基底分别由块状无序的结晶基底及成层无序的褶皱基底两个构造层组成，沉积盖层稳定分布于陆块内部及基底岩系周缘，沉积厚度超万米，但分布不均衡。西南地区总体表现为不同时期复合造山带与其间镶嵌的古生代、中一新生代沉积盆地的构造面貌。由于后期印度板块向北强烈顶撞，在它的左右犄角处分别形成了帕米尔构造结、南迦巴瓦构造结及相应的弧形弯折，改变了原来东西向展布的构造面貌，加之华北陆块和扬子刚性陆块的阻抗以及陆内俯冲对原有构造，特别是深部地幔构造的改造，造成了本区独特的构造地貌景观。

西南地区区内沉积地层覆盖面积约占全区的70%，自元古宇至第四系均有出露。古生代至第三纪(古近纪+新近纪)地层古生物门类繁多，生物区系复杂，具有不同地理区(系)生物混生的特点。古生代至第三纪沉积建造类型丰富，区内沉积盆地类型多种多样，发育有不同时期的弧后盆地、弧间裂谷盆地、弧前盆地、前陆盆地、被动边缘盆地等，特别是中生代、新生代盆地多具有多成因复合的特点。

西南地区区内岩浆岩发育，岩浆活动频繁，岩石类型齐全。火山岩除川东北及重庆市外，几乎广布全区。侵入岩主要集中分布于扬子陆块西缘及其以西的“三江”地区和唐古拉山以南的广大区域，出露面积可达185 100km²，约占全区总面积的7.8%，其中近95%为中酸性侵入岩类。中酸性侵入岩为多期侵入，侵入时代可划分为晋宁期、加里东期、海西期、印支期、燕山早期、燕山晚期、燕山晚期—喜马拉雅早期、喜马拉雅晚期8个期次。同时，伴随强烈的火山作用。该区发育有巨厚的火山岩系，从前震旦纪到第四纪都有不同程度的发育，形成火山岩带。

西南地区区内变质岩出露比较广泛，变质岩石、变质作用类型和变质强度(相及相系)亦较齐全，以区域变质作用及其变质岩类为主。依其区域变质特征可进一步划分为东部区(扬子陆块及其边缘区)、中部区(羌塘—“三江”地区)、西部区(冈底斯—喜马拉雅区)。

第三节　矿产资源概况

西南地区成矿条件优越，矿产资源丰富，主要可划分为两个Ⅰ级成矿域，即特提斯-喜马拉雅成矿域和滨太平洋成矿域(南西部)。据统计，至2010年西南地区发现的矿种有155种，探明有资源储量的矿种达100种，矿产地有12 000处以上，具大中型以上规模的矿床1200余处。根据2010年《全国矿产资源储量通报》统计，西南地区保有资源储量位居全国前3位的优势矿种主要有铁、锰、铬、钒、钛、铜、铅、锌、铝土矿、锡、汞、银、稀土矿、磷、钾盐、芒硝、重晶石等，尤以铜、锌、铬、铝土矿等重要矿种在全国占有主导地位。

西南地区各省(市、区)矿产资源概况如下：

西藏位于特提斯-喜马拉雅成矿域，矿产资源勘查工作始于西藏和平解放以后，随着西藏社会经济的发展，矿产资源勘查评价工作才得以逐步展开。尤其是20世纪70年代以来，对西藏已知的重要成矿区带相继开展了1∶20万区域地质调查，1∶20万、1∶50万区域地球化学勘查，为矿产资源勘查奠定了一定的基础，先后探明了罗布莎铬铁矿、玉龙铜钼矿、崩纳藏布砂金矿、扎布耶硼锂矿、美多锑矿、羊八井地热田、伦坡拉油气等一大批有代表性的矿床。截至2012年底，据不完全统计，西藏已发现矿床、矿点及矿化点(矿化线索)4000余个，矿产地3000多个。已发现矿种125种，其中有查明资源储量的41种。大型矿床71处，中型83处，小型175处。西藏优势矿产资源主要有铬、铜、铅锌银多金属、钼、铁、锑、金、盐湖锂硼钾矿、高温地热等，同时油气资源也有很好的找矿前景。在现有查明矿产资源/储量的矿产中，有12种矿产居全国前5位，18个矿种居前10位，其中铬、铜的保有资源/储量以及盐湖锂矿的资源远景居全国第1位。

云南地处西南三江成矿带、扬子成矿区和华南成矿带结合部位，矿产资源丰富。云南矿产地质工作程度十分不均衡，交通便利，矿产开发较早的滇中、滇东地区勘查程度较高，其余地区勘查程度较低。据统计，云南省发现的各类金属、非金属矿产资源有155种，占全国已发现矿产(171种)的90.64%。已发现的矿产中，查明资源储量的矿产有86种，包括能源矿产2种，金属矿产39种，非金属矿产45种。据不完全统计，发现各类矿床(点)2700余个，至2010年底列于《云南省矿产资源储量简表》的矿产地(上表矿区)有1338个，其中大型矿区119个，中型矿区285个，小型矿区934个。勘查程度达到勘探程度的占30%左右，其余为详查和普查。据国土资源部截至2010年底《全国矿产资源储量通报》统计，云南有65种固体矿产保有资源储量排在全国前10位，其中能源矿产1种，金属矿产32种，非金属矿产32种。居全国第1位的有锡、锌、铟、铊、镉、磷、蓝石棉7种；居第2位的有铅、钛铁砂矿、铂族金属、钾盐、砷、硅灰石6种；居第3位的有铜、镍、银、锶、锗、芒硝矿石、霞石正长岩、水泥配料用砂岩、水泥用凝灰岩9种。

四川在地质构造上横跨扬子陆块区、西藏-三江造山系和秦祁昆造山系3个构造单元。根据四川省2011年年度《矿产资源年报》，至2010年底，四川省已发现矿种135种，具有查明资源储量的矿种有82种。这些矿产主要有煤炭、石油、天然气、铀、铁、锰、铬、钛、钒、铜、铅、锌、铝土矿、镁矿、镍、钴、钨、锡、铋、钼、汞、锑、铂族金属、金、银、铌、钽、铍、锂、锆、铷、铯、稀土(轻稀土矿)、锗、镓、铟、镉、硒、碲、盐矿、磷矿、硫铁矿、芒硝、石灰岩、白云岩等。除石油、天然气、铀矿、地下热水和矿泉水以外，其矿产地分布于2149个矿区(分矿区、矿段统计)，其矿产地数量按矿产种类分为：煤616个，黑色金属矿产256个，有色金属矿产371个，贵金属矿产160个，稀有及稀土金属矿产81个，冶金辅助原料非金属矿产68个，化工原料非金属矿产226个，建材和其他非金属矿产371处。根据国土资源部《2010年全国矿产资源储量通报》的最新统计，除石油、水气矿产外，包括天然气在内，在四川已查明及开采利用的矿种(包括同一矿种的不同矿产形式)，有36种矿产在全国同类矿产中居前3位。钒矿(V_2O_5)、钛矿(TiO_2)、锂矿(Li_2O)、硫铁矿(矿石)、芒硝(矿石)、轻稀土矿(氧化物总量2010年未纳入统计，据2009年统计资料)、盐矿(矿石)等在全国排名第1位。其中，查明资源量同全国总量相比，芒硝占71.6%，锂矿(Li_2O)占55.25%，轻稀土矿氧化物占40.24%，硫铁矿矿石占19.34%；铁矿、钴矿、铂钯矿(未分)、镉矿、天然气、化肥用石灰岩、石墨、石棉(矿物)等为第2位；铂族金属(合计)、铂矿(金属量)、钯矿(金属量)、铍(绿柱石)、锂矿(Li_2O、锂辉石)、锆矿(ZrO_2)、熔剂用石灰岩，毒重石等为第3名。

贵州位于扬子陆块西南缘，先后经历了江南造山带、东部环太平洋成矿域与西部的特提斯两大成矿域构造域的共同控制和作用，形成了较好的成矿地质条件。据不完全统计，贵州已发现矿产(点)3000余个，发现矿种107种。已探明的大中型矿床有735个。在探明储量的74种矿产中，有51种矿产被不同程度地开发利用，其中尤以煤、磷、铝、汞、锑、锰、金、铅、锌、银、非金属建材等具有优势和资源潜力。贵州是著名的汞省，长期居我国之首；铝土矿位居全国第2位，锰矿位居全国第3位。此外，磷、重晶石、锑在我国都占有很重要的地位，而镍、钼、钒等也是其优势矿产。

重庆构造上属上扬子陆块。据不完全统计，已发现矿产82种，矿床、矿点、矿化点1000余个。已探明储量的矿产有38种，发现各类矿床303个，其中大型矿床40个，中型矿床83个。毒重石、岩盐、汞、锶、锰和铝土矿等矿产是重庆的优势矿产。

第二章 黑色金属矿产

第一节 铁

一、引言

铁(Fe)为银灰色的金属。铁的发现和大规模利用,是人类发展史上一个光辉的里程碑,它把人类从石器时代、铜器时代带到了铁器时代,也全面推动了人类社会的进步、文明和发展。世界对钢铁的需求不断增加。据美国地质调查局(USGS,2015)估计,2014年世界年产粗钢突破16.5×10^8t,生产铁矿石11.9×10^8t。中国一直从国外进口铁矿石。2014年中国粗钢产量达到8.2×10^8t。中国已经成为世界最大钢铁生产国、铁矿石消费国和进口国(邵厥年等,2012)。

铁是地球上仅次于氧、硅和铝而分布最广的金属元素,其地球丰度高达32.5%;约占地壳总质量的5.1%。世界上铁矿石资源丰富。据美国地质调查局(USGS,2015)估计,截至2014年底,世界已探明铁矿金属储量870×10^8t(矿石量1900×10^8t)。

中国铁矿资源总量不少,但贫矿较多。中国铁矿资源主要分布在辽宁、四川、河北、安徽、山西、云南、山东、内蒙古、湖北9个省(自治区)合计铁矿资源储量占全国铁矿资源储量的81%,绝大部分为贫矿(含铁33%),富铁矿只占1.8%,因此应重视对贫铁矿资源的利用与研究。

二、资源概况

西南地区铁矿石资源丰富,据不完全统计,具规模以上的矿床有364个,其中:大型25个,中型59个,小型280个(图2-1,表2-1)。根据行政区划分为:四川143个,云南110个,西藏26个,贵州44个,重庆41个,主要分布于四川、云南等省。主要矿床有:四川攀枝花、红格、米易白马、西昌太和,云南新平大红山、澜沧惠民,西藏加多岭、措勤尼雄、安多当曲等。近年来勘查成果表明,西藏冈底斯西段、唐古拉山区具有良好的铁矿找矿远景。

三、矿床类型

西南地区的铁矿类型以“岩浆晚期分异型铁矿床”分布最为重要,主要矿床有四川攀枝花、红格、米易白马、西昌太和等钒钛磁铁矿;接触交代-热液铁矿床主要有云南腾冲滇滩、西藏措勤尼雄等铁矿床;与陆相火山-侵入活动有关的铁矿床主要有西藏加多岭玢岩型铁矿;与海相火山-侵入活动有关的铁矿床主要有云南新平县大红山铁(铜)矿;浅海相沉积型铁矿床以泥盆纪的“宁乡式铁矿”

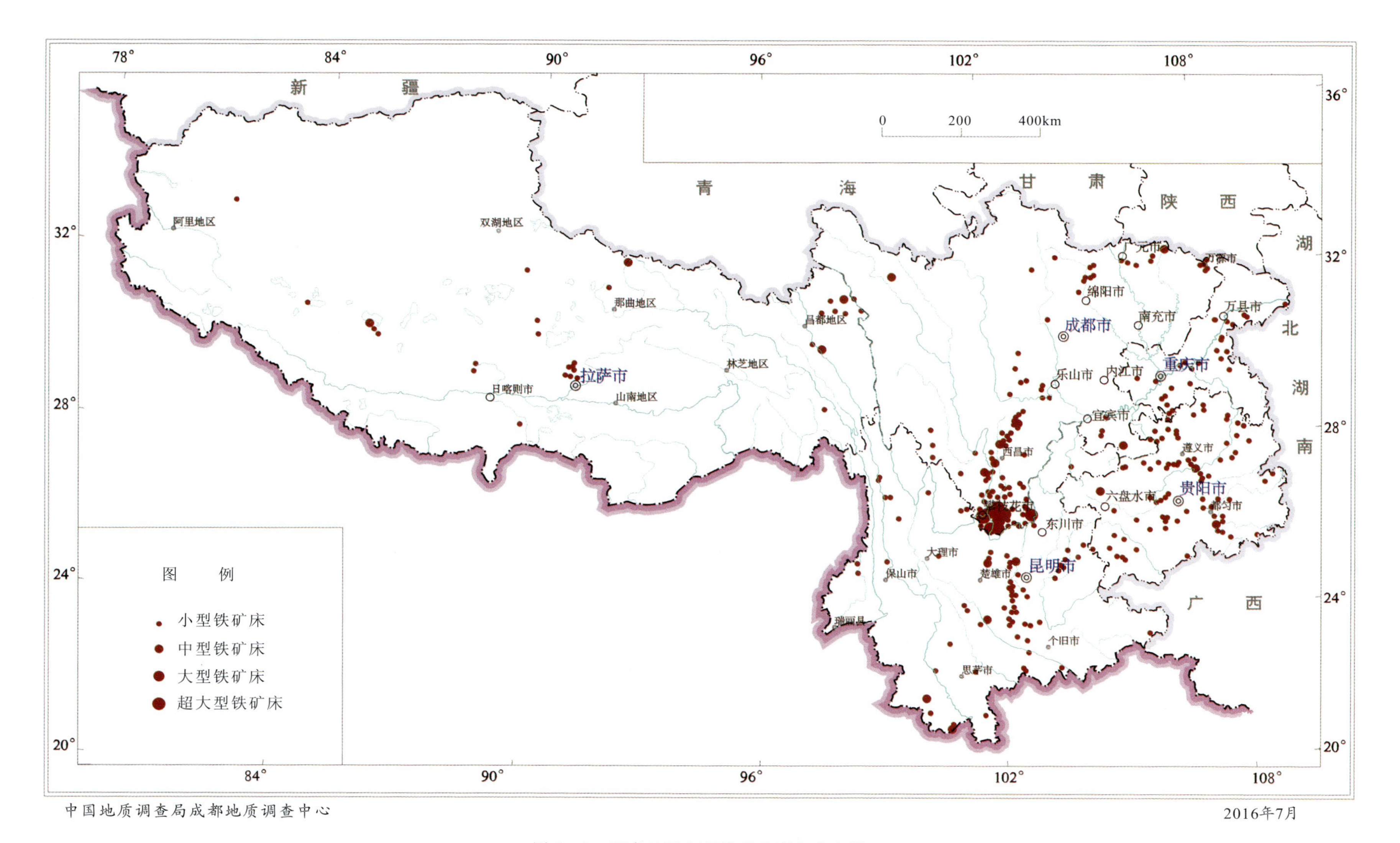

图2-1　西南地区主要铁矿矿床点分布图

为主，主要矿床有云南武定县鱼子甸铁矿；海陆交替-湖相沉积铁矿床主要有贵州凯里苦李井菱铁矿区、重庆綦江县土台铁矿等；全国乃至世界最重要的变质铁硅建造型铁矿在西南地区少有分布，仅是发现了一批变质碳酸盐型铁矿，以小型规模分布，主要有四川会理凤山营矿区、云南新平县鲁奎山铁矿；风化淋滤型铁矿主要有云南陆良天花铁矿。

表 2－1　西南地区主要铁矿床

序号	矿床名称	地理位置	矿床类型	规模
1	四川西昌市太和铁矿	四川西昌市	岩浆型	大型
2	四川西昌市太和深部铁矿	四川西昌市	岩浆型	大型
3	四川米易县茇茇坪铁矿	四川米易县	岩浆型	大型
4	四川米易县田家村铁矿	四川米易县	岩浆型	大型
5	四川米易县青杠坪铁矿	四川米易县	岩浆型	大型
6	四川米易县马槟榔铁矿	四川米易县	岩浆型	大型
7	四川米易县潘家田铁矿	四川米易县	岩浆型	大型
8	四川攀枝花钒钛磁铁矿朱家包包矿段	四川攀枝花市	岩浆型	大型
9	四川攀枝花钒钛磁铁矿兰家火山矿段	四川攀枝花市	岩浆型	大型
10	四川攀枝花钒钛磁铁矿尖包包矿段	四川攀枝花市	岩浆型	大型
11	四川攀枝花钒钛磁铁矿倒马坎矿段	四川攀枝花市	岩浆型	大型
12	四川米易县安宁村铁矿	四川米易县	岩浆型	大型
13	四川会理县白草铁矿	四川会理县	岩浆型	大型
14	四川攀枝花红格北矿区	四川攀枝花市	岩浆型	大型
15	四川攀枝花红格铜山铁矿	四川攀枝花市	岩浆型	大型
16	四川攀枝花红格马松林铁矿	四川攀枝花市	岩浆型	大型
17	四川攀枝花红格路枯铁矿	四川攀枝花市	岩浆型	大型
18	四川会理县秀水河铁矿	四川会理县	岩浆型	大型
19	四川攀枝花湾子田铁矿	四川攀枝花市	岩浆型	大型
20	四川攀枝花中干沟铁矿	四川攀枝花市	岩浆型	大型
21	四川会东县双水井铁矿	四川会东县	沉积变质型	大型
22	四川会东县满银沟铁矿	四川会东县	沉积变质型	中型
23	四川会理县石龙铁矿	四川会理县	火山沉积型	中型
24	四川盐源县矿山梁子铁矿	四川盐源县	陆相火山岩型	中型
25	四川冕宁泸沽大顶山铁矿	四川冕宁县	矽卡岩型	中型
26	四川会理县凤山营矿区铁矿	四川会理县	沉积改造型	中型
27	四川南江竹坝李子垭铁矿	四川南江县	矽卡岩型	中型
28	四川宁南华弹铁矿	四川宁南县	沉积型	大型
29	四川碧鸡山铁矿敏子洛木铁矿	四川越西县	沉积型	中型
30	云南腾冲县滇滩铁矿	云南腾冲县	矽卡岩型	中型

续表 2-1

序号	矿床名称	地理位置	矿床类型	规模
31	云南景洪县疆峰铁矿	位于云南景洪县大勐龙乡 200°方向,平距 7km	热液型	中型
32	云南澜沧县惠民铁矿	云南澜沧县	火山-沉积型	特大型
33	云南维西县楚格札铁矿	位于维西县叶枝北之梓里 NE60°方向 10km 处	海相沉积型	中型
34	云南东川包子铺铁矿	位于东川市 331°方向 31km 处,距东川支线东川市运距 91km	海相沉积型	中型
35	云南安宁王家滩铁矿东矿区	位于安宁市 257°方向 18km 处,距昆畹路安宁市运距 22km,通公路	海相沉积型	中型
36	云南马龙牛首山石龙铁矿	位于马龙县城 169°方向 18km 处,距滇黔线鸡头村运距 42km,通公路	海相沉积型	中型
37	云南新平县大红山铁(铜)矿	位于新平县戛洒镇东 9km	火山-沉积型	大型
38	云南新平县鲁奎山铁矿	位于新平县城 120°方向 25km 处,距昆洛路杨武站运距 9km,通公路	海相沉积型	中型
39	云南牟定猫街公社安益大队铁、铂矿	位于牟定县城北东平距约 30km,通公路	海相沉积型	大型
40	云南武定县鱼子甸铁矿	距武定县城 10km,有简易公路相通	海相沉积型	大型
41	西藏措勤尼雄铁矿	西藏措勤县	矽卡岩型	大型
42	西藏安多县当曲铁矿	西藏安多县	层控型	大型
43	西藏加多岭铁矿	西藏江达县	玢岩型	大型
44	西藏卡贡铁矿	西藏察雅县	岩浆热液型	中型
45	西藏江拉铁矿	西藏谢通门县	矽卡岩型	中型
46	西藏隆格尔铁矿	西藏仲巴县	矽卡岩型	中型
47	西藏玉龙褐铁矿(铜矿)	西藏妥坝县	风化壳型	中型
48	西藏查布-恰功村铁矿	西藏谢通门县	矽卡岩型	中型
49	贵州水城县观音山铁矿区	贵州水城县	沉积-改造型	中型
50	贵州赫章县菜园子菱铁矿区	贵州赫章县	沉积-改造型	中型
51	贵州赫章县小河边铁矿区	贵州赫章县	沉积型	大型
52	贵州独山县平黄山铁矿区	贵州独山县	沉积型	中型
53	贵州凯里苦李井菱铁矿区	贵州凯里市	沉积型	中型
54	重庆綦江县土台	重庆市綦江县	沉积型	中型
55	重庆巫山县桃花铁矿	重庆市巫山县	沉积型	中型

四、重要矿床

1. 四川攀枝花钒钛磁铁矿矿床

矿区位于攀枝花市东北部，北距成(都)昆(明)铁路线金江—格里平支线密地站约3km，有矿山铁路相接。

含矿岩体规模较大，呈似层状矿体，层位稳定，自北东向南西可分为朱家包包、兰家火山、尖包包、倒马坎、公山、纳拉箐6个矿段。其中朱家包包、兰家火山、尖包包3个矿段矿层厚，质量好，占全区储量的95%，是主要的开采对象。

攀枝花含矿辉长岩体中原生层状构造发育，其产状与岩体延伸方向和围岩产状一致，大致走向NE60°，倾向北西，倾角较陡，形成一个单斜构造。各矿带中钒钛磁铁矿矿体产状与岩体层状构造一致。层状构造往往由不同矿物成分或浅色岩与暗色岩相互更替形成，含矿辉长岩岩浆分异作用十分清晰。

攀枝花矿床由上、中、下部3个含矿层组成，Ⅰ～Ⅱ矿带为上部含矿层，Ⅲ矿带为中部含矿层，Ⅳ～Ⅸ矿带为下部含矿层。位于辉长岩下部的底含矿层是攀枝花铁矿的主矿层，主要分布于辉长岩体下部的边缘带之上，呈似层状展布。矿层与岩体层状构造一致，矿层稳定、规模大、分布连续，可见露头长达15km，矿层倾斜延伸亦较稳定，勘探证实延伸850m，矿层厚度、品位均变化不大。

攀枝花矿床铁矿石平均品位TFe 33.23%，TiO_2 11.68%，V_2O_5 0.30%；伴生有益组分有钛、钒、镓、锰、钴、镍、铜、钪和铂族元素。矿石主要构造有致密块状构造、致密浸染状构造、稀疏浸染状构造。

2. 四川会东县满银沟铁矿床

矿区位于四川会东县城东27km处，公路里程97km，距成(都)-昆(明)铁路线永郎站232km。

区内铁矿主要赋存于会理群通安组四段上部紫红色含铁泥砂质岩内(原称“双水井组”)，少数在紫红色含铁白云岩中。紫红色含铁岩段由紫红色含铁千枚岩和杂色变粉砂岩、铁质含砾变砂岩、角砾岩、铁硅质(角砾)岩及局部可见的磷灰石岩等组成，时夹流纹质变凝灰岩。该岩段延伸一般不超过3km，横向与白云岩、灰绿色千枚岩、灰黑色千枚岩呈相变，在相变部位或相邻层位中的白云岩常被铁染成紫红色并有小铁矿体产出。

满银沟矿床位于康滇前陆逆冲带北段东侧，竹林山背斜两翼，由满银沟、双水井、船地梁子、丰家沟、杨家村5个矿段组成。铁矿体呈多层，产于通安组四段中上部紫红色变质砂、砾岩及含铁白云大理岩中，以前者为主。个别矿体赋于上震旦统观音崖组底部砾岩内。主要含矿岩段纵横变化剧烈，与白云岩、千枚岩相互递变。

铁矿体呈层状、似层状、凸镜状，有时呈不规则状成群出现，产状与围岩一致。围岩与矿体无明显界线。含铁岩段常与灰绿色变玄武质晶屑凝灰岩和灰绿色千枚岩密切相关。

矿区矿石类型单一，主要为赤铁矿型，其次是赤铁矿-褐铁矿混合型。矿石具鳞片变晶、变余粉砂及交代熔蚀结构，具致密状、碎屑状、角砾状、条纹条带状构造。主要金属矿物为赤铁矿，次有褐铁矿、假象赤铁矿，少许磁铁矿、针铁矿、钛铁矿，偶见黄铜矿、辉铜矿。非金属矿物有石英、绢云母、白云母、方解石，少量电气石、磷灰石、滑石、绿泥石、黑云母等。

3. 四川盐源县矿山梁子铁矿床

矿区位于四川盐源县平川乡境内，距平川汽车站13km，有简易公路直通矿区。

铁矿主要产于矿山梁子向斜轴部沉积-火山杂岩层间破碎带、剥离构造及弧形构造中，受构造和一定“层位”控制。矿床由矿山梁子矿段、道坪子矿段和苦荞地矿段组成。铁矿体呈似层状、透镜状、蝌蚪状产出。主矿体在矿区北部产于下二叠统栖霞组中上部(浅部)及栖霞组和茅口组之间(深部)，部分产于茅口组；南段则赋存在平川组顶部与辉绿岩-苦橄岩的接触部位。其余矿体主要赋存在辉绿岩-苦橄岩、上二叠统峨眉山玄岩组下段或其与辉绿岩-苦橄岩的接触部位，唯Ⅳ号矿体产于辉绿辉长岩(枝)外接触带栖霞组灰岩层间破碎带中。

矿体围岩主要为碳酸盐岩、辉绿岩-苦橄岩、凝灰角砾岩及铁质粉砂岩。矿体边部及尖灭部位有较多的围岩捕虏体和包块。近矿围岩蚀变具碳酸盐化、黄铁矿化、绿泥石化、阳起石化、透闪石化、磁铁矿化、硅化、蛇纹石化及滑石化，无明显分带。

矿石自然类型主要为磁铁矿型。矿石矿物有磁铁矿，少量菱铁矿，偶见微量赤铁矿、水针铁矿；脉石矿物有白云石、方解石，偶见绿泥石、次闪石、滑石、榍石、石英、绢云母等。有害杂质主要为黄铁矿、磁黄铁矿、磷灰石。以粒状结构为主，次有胶状、交代残余、似文象、压碎溶蚀等结构；浸染状、块状、角砾状、条带状构造。

4. 四川冕宁县泸沽大顶山铁矿床

矿区位于四川冕宁县泸沽镇东南10km处，有公路相通。成(都)-昆(明)铁路线泸沽站位于矿区西北，有公路相通，路程6km。

泸沽大顶山铁矿主要产于泸沽花岗岩岩体外接触带。该区为一轴向北北东的短轴复式背斜，西侧有安宁河深大断裂通过，区内出露元古宙登相营群浅变质碎屑岩夹碳酸盐岩及酸性火山岩，沿背斜轴部有澄江期黑云母花岗岩侵入。其上零星覆盖有震旦系及侏罗系、第三系、第四系等。

铁矿体主要赋存于岩体外接触带登相营群变质岩中。围岩多为碳酸盐岩、矽卡岩、钙镁质绢云千枚岩及变砂岩。矿体受褶皱、层间剥离、滑动带及断裂破碎带控制。呈似层状、透镜状、囊状、瘤状、团块状。单矿体长数百至千余米，厚数米至数十米。矿石矿物以磁铁矿为主，部分为假象赤铁矿，少量赤铁矿、褐铁矿，主要矿体TFe含量在50%以上，有害元素含量均低于工业要求，多属优质富矿。

矿区居康滇前陆逆冲带北段，安宁河断裂带东侧的泸沽复背斜南西端，区内由登相营群大热楂组含藻白云大理岩及九盘营组变砂岩、千枚岩等组成倾向南东、倾角30°～60°的单斜构造。北部有大面积泸沽花岗岩岩体侵入；南部上三叠统至侏罗系不整合其上。北东及北西向断裂发育。

矿体主要呈似层状、透镜状产于大热楂组大理岩与九盘营组变砂岩之间，形态、产状及厚度均随围岩的扭曲而有所变化。矿石矿物以磁铁矿、假象赤铁矿、赤铁矿为主。脉石矿物有石英、黑云母、绿泥石、磷灰石等。多呈他形粒状结构，次为交代残余及自形粒状结构；致密块状、角砾状构造。

5. 云南新平县大红山铁(铜)矿床

矿区位于云南省新平县北西，离县城直距42km，西距戛洒镇7km，楚雄-墨江国防公路经戛洒镇，有简易公路与矿区相通。

矿区位于滇中中台陷南端，为红河断裂与绿汁江断裂夹持的三角地带。区内出露大片晚三叠世及侏罗纪地层，古元古界大红山群在中生代盖层中呈“天窗”出露。其中盖层为上三叠统干海子组及舍资组；基底为古元古界大红山群，系一套富含铁、铜的浅—中等变质的钠质火山岩系。大红山群由一套富含铁铜的浅—中等变质的钠质火山-沉积岩系组成，自下而上分为老厂河、曼岗河、红山、肥味河及坡头5个组共18个岩性段，总厚度大于2900m。主要含矿围岩为钠质火山岩，属海相喷发的细碧角斑岩组合，由3个较大的旋回构成，总厚度大于1303m。岩性自下而上：下部为一套变钠质凝灰岩、熔岩组合；中部为一套含方柱石块状条带状白云石大理岩、变钠质熔岩和绿片岩组合;上部为一套条带状、块状白云质大理岩、碳质板岩互层组合。

铁矿体产于中部变钠质熔岩中,铜矿体产于下部大理岩和片岩中。矿区位于东西向、北西向和南北向3组构造的交会部位,以前两组比较发育,对成矿有控制性作用。东西向构造是矿区的主干构造,形成于古元古代,并在燕山运动中再度活化,由一系列的褶皱和断裂组成。较有代表性的为大红山向斜、肥味河向斜,及 F_1、F_2 断裂,是矿区主要控矿构造,铁(铜)矿主要分布于向斜的北翼。如大红山向斜控制深部矿体,F_1 断裂是 $Ⅱ_1$ 铁矿体的自然南界,F_2 断裂为深部矿体和浅部矿体的分界线等。区内北西向构造也较发育,由一系列的正断层、逆断层及平移断层组成,它们与红河断裂的展布方向基本一致,形成时间略晚于东西向构造。北西向构造与成矿关系密切,Ⅰ号铁铜矿带紧靠 F_3 断裂两侧分布。本区铁铜矿明显地受红山组古火山构造的控制,包括火山锥、火山口、火山通道、次火山岩体等机构。

矿区根据矿体在平面上的分布、产出部位、埋藏深度、构造边界可划分为:①浅部铁矿段;②东段Ⅰ号铁铜矿段;③曼岗河北岸铁矿段;④哈姆白祖铁矿段;⑤西段Ⅰ号铁铜矿段;⑥鲁格铁矿段;⑦二道河铁矿段等。

大红山为铁、铜共生矿床,规模大,共有5个主要矿带。红山组为矿区主要含矿层位,除Ⅰ号矿带赋存在曼岗河组外,其余4个矿带均产于红山组的不同部位。本矿床成因较为复杂,依据矿体形态、产状、矿物组合及含矿层岩石类型等,可分出3种主要成因类型的矿体,即火山喷溢熔浆型铁矿、火山气液充填交代型铁矿、受变质火山喷发沉积型铁铜矿。

大红山矿区的矿石构造有浸染状、条纹条带状、花斑状、角砾状、斑点状、斑块状、块状和致密块状等。矿石自然类型有磁铁矿矿石、含铜磁铁矿矿石、磁铁赤铁矿矿石、含磁铁黄铜矿矿石、黄铜矿矿石等。

6. 云南新平县鲁奎山铁矿床

矿区大地构造属上扬子陆块的滇中基底隆起带。

矿区含矿沉积建造属于富良棚组(Pt_2f)火山碎屑岩至大龙口组(Pt_2dl)含碳质碳酸盐岩建造的过渡带,为碳泥质碳酸盐岩建造。赋矿地层为大龙口组下段底部泥质条带状灰岩(Pt_2dl^1),厚69~140m,其下为富良棚组(Pt_2f)。构造主要是为北西转南北向的鲁奎山复式向斜,矿区位于向斜西翼。与矿体空间关系密切的是晋宁期侵位的辉绿岩,晚于菱铁矿矿体形成。

鲁奎山矿区分为3个矿段,即北部田房矿段、中部新寨矿段、南部麻腊依矿段。麻腊依矿段矿体呈似层状产出。田房矿段矿体呈不规则状。矿体具分带现象,潜水面之上为氧化带,其下为原生带,潜水面附近为混合带。

矿石类型为原生矿、氧化矿和混合矿。原生矿石由菱铁矿组成,局部有少量黄铁矿、方铅矿、黄铜矿及菱锰矿;氧化矿石由褐铁矿、赤铁矿组成,并有少量针铁矿、磁铁矿,脉石矿物以方解石为主,黏土矿物和石英次之;混合矿石由磁铁矿、赤铁矿和菱铁矿组成,少量褐铁矿,脉石矿物为绿泥石、方解石。

矿石结构以自形半自形粒状变晶结构为主,他形粒状、胶状、似胶状结构次之。矿石构造有致密块状、条带条纹状、花斑状、斑杂状、土状、多孔状构造等。

7. 云南澜沧县惠民铁矿床

矿区位于思茅专区澜沧县东南酒井乡旱谷坪村,北距澜沧县51km,东南距勐海县67km,有勐海—双江公路纵贯矿区。

矿床产于由澜沧岩群地层组成的相邻的两个次级北西-南东向宽缓背斜、向斜内,铁矿体主要赋存于澜沧岩群惠民岩组的基性火山-沉积变质岩中,呈火山岩-铁硅质岩-铁矿层互层组合中。矿区发育北东、北西、东西、近东西向4组断裂，以北东、北西向两组最为发育，均对矿体有破坏作用。区内岩浆活动频繁，有中元古代橄榄岩、辉绿岩、基性火山岩、海西期—喜马拉雅期花岗岩，其中，中元古代基性火山岩与矿床关系最为密切。区内经受了强烈低压区域动力热流变质作用，出现了绿片岩相的绢云母-绿泥石、黑云母、铁铝石榴石3个变质带。

惠民铁矿矿体呈北西-南东向展布。矿体产状比较平缓，埋藏较浅，部分裸露地表。矿体一般中部厚、两侧变薄尖灭。矿层结构复杂，往往有多层夹石，以$Ⅰ_3$、$Ⅱ_1$、$Ⅱ_2$、Ⅳ号矿层规模最大，为矿区的主要矿层，探明资源储量占矿区的85.12%。

矿石自然类型主要为菱铁磁铁矿矿石、菱铁矿矿石，其次为硅质菱铁矿矿石、绿泥菱铁矿矿石、铁蛇纹菱铁矿矿石。矿石组分复杂，以菱铁矿、磁铁矿为主，其次为鳞绿泥石、黑硬绿泥石、铁蛇纹石、透闪石，少量石英、玉髓，微量胶磷矿、磷灰石、黄铁矿。矿床氧化带还有大量褐铁矿（水针铁矿、针铁矿），极少量硬锰矿、软锰矿、假象赤铁矿、绢云母、高岭石等。

8. 云南腾冲县滇滩铁矿床

矿区受棋盘盘石-腾冲近南北向断裂控制，岩层的走向、主要断层的展布方向以及岩体（脉）展布方向均以南北向为主。区内主要褶皱为核桃园-铜厂山向斜，核部由石炭纪—二叠纪碳酸盐岩组成。矿区断裂有南北向断裂组、北东向断裂组、北西向断裂组及近东西向断裂组，矿区主要工业矿体主要受南北向断裂组断层控制。区内岩浆岩发育，出露有黑云母斑状花岗岩、细晶花岗岩、斑状斜长花岗岩、闪长岩、花岗斑岩、闪长玢岩等，侵入体与成矿关系比较密切。矿区矽卡岩相当发育，主要产于上述小侵入体与碳酸盐岩接触带以及其附近的构造有利部位。矽卡岩矿物有石榴石、透辉石、符山石、镁橄榄石、金云母等。铁矿体主要产于岩体外接触带的矽卡岩及破碎带中。

区内铁铅锌多金属矿体主要产于燕山晚期花岗岩与二叠纪大硐厂组碳酸盐岩、石炭纪碎屑岩接触带及其围岩中的有利部位。矿区北起土瓜山，南至铜厂山，南北长6km，东西宽1km。

按铁矿体赋存分布部位，铁矿体可分为3类，即：第一类产于南北向断裂构造带下盘矽卡岩中的铁矿体，是本区铁矿的主体。矽卡岩和矿体既沿接触带分布，又受F_1断层的控制。断层上盘为石炭纪砂板岩，矿体产于断层下盘早二叠世矽卡岩化大理岩中，往下是矽卡岩，再往下是花岗岩。第二类是产于接触带内的矿体，围岩主要是矽卡岩，矿体与接触面和围岩的产状基本一致，矿体规模一般不大。第三类是产于大理岩、矽卡岩裂隙中的矿体，这类矿体规模小，一般呈脉状或扁豆体状产出。

矿石自然类型主要有块状磁铁矿矿石、浸染状磁铁矿矿石、褐（赤）铁矿化磁铁矿矿石、多孔状（赤）褐铁矿矿石4种。矿石具自形—半自形—他形粒状结构、交代残余结构、胶状结构等。矿石构造主要有块状构造、浸染状构造、条带状构造、角砾状构造、多孔状构造及土状构造等。

金属矿物主要有磁铁矿、铁闪锌矿、异极矿、假象赤铁矿、赤铁矿、黄铜矿、磁黄铁矿、方铅矿等；氧化物有褐铁矿、针铁矿、孔雀石、铜蓝、水锌矿、黄铁矿、软锰矿等。内接触带的矿体中矿石的硫化物含量稍高；外接触带的矿体中矿石的硫化物含量较少，但锌的含量普遍较高。非金属矿物以粒硅镁石、透辉石、石榴石、镁橄榄石、金云母、蛇纹石等硅酸盐矿物为主，少量方解石、白云石。

9. 西藏措勤县尼雄铁矿床

尼雄式矽卡岩型铁矿集中分布于隆格尔-工布江达复合岛弧西缘。尼雄矿床分有机雍、沙松南、毛家峡3个矿区，其中机雍铁矿区矿化面积最大，矿体数量较多，又划分为木质顶铁矿段和啊木弄铁矿段。铁矿体长度一般为150～4100m，厚度1.79～66.54m，总体产状为走向北西西—北西，倾向北北东—北东，倾角45°～70°。

各矿区的主要铁矿体都产于中细粒黑云母花岗闪长岩、中细粒黑云母二长花岗岩与下拉组和敌布错组的侵入接触带上，下拉组、敌布错组层间破碎带中及下拉组与敌布错组的接触面上，沿着接触带内、外两侧分布。

矿石自然类型主要为磁铁矿矿石、磁铁矿-赤铁矿矿石、含黄铜矿-纤铁矿-磁铁矿矿石、穆磁铁矿矿石、赤铁矿-磁铁矿-穆磁铁矿矿石、尖晶石-透辉石-磁铁矿矿石等。

矿石矿物有磁铁矿、穆磁铁矿、赤铁矿、磁赤铁矿，次生矿物有褐铁矿、针铁矿、纤铁矿。脉石矿物主要有方解石、蛇纹石、石英、透辉石、尖晶石、绿泥石、绿帘石、石榴石、白云石；局部见晚期的黄铁矿、黄铜矿、刚玉，少数情况下见有金云母。

铁矿石结构主要有他形—半自形粒状结构、残余鲕状结构，少量的纤维状结构。铁矿石构造主要有块状构造、次块状构造、浸染状构造，少量的条带状构造、脉状构造、叶片状构造、稠密浸染状构造、皮壳状构造。

10. 西藏安多县当曲铁矿床

当曲铁矿位于西藏那曲地区东部唐古拉山东段南麓安多县城东北部。行政区划属安多县帮买乡管辖。矿区至安多县城平距约70km，东距G109国道青藏公路110道班约60km，青藏铁路在西藏安多和青海雁石坪有车站，怒江源头那曲河支流卡曲和本曲流经矿区。

当曲式铁矿床赋存在中侏罗统雁石坪群雀莫错组之中，雀莫错组分上、下两个岩性段。含矿层位为雀莫错组一段，岩性为灰岩，具黄铁矿化、硅化等蚀变现象。区内构造以东西向和北东向为主干，为控盆控岩构造，近东西向褶皱(苟炮曲向斜)控制赋矿地层的分布。苟炮曲向斜轴线为NEE75°，两翼及核部主要由雀莫错组组成，矿体均沿向斜的南、北两翼展布，层控特征明显。侵入岩主要分布在巴依陇巴和局日玛等地，呈岩基、岩株或岩脉产出，空间上为东西向带状，岩石类型主要为黑云母斜长花岗岩、黑云母花岗岩和花岗斑岩，岩浆岩Rb－Sr年龄为132Ma。

矿区内共圈定矿体11个，均为菱铁矿矿体。规模较大的矿体多呈“似层状”，规模较小的矿体为“豆荚状”或是“楔形体”。矿体沿苟炮曲向斜南、北两翼分布。

当曲铁矿的矿石自然类型简单，均为菱铁矿矿石。矿石结构主要有粒状镶嵌结构、自形—半自形结构两种类型；矿石构造主要有晶簇状、块状、斑杂状、角砾状4种类型。矿石矿物主要为菱铁矿，次有赤铁矿、褐铁矿，少量镜铁矿。金属硫化物有黄铁矿、黄铜矿。脉石矿物主要有方解石、重晶石和石英等。

11. 西藏江达县加多岭铁矿床

矿区次火山岩以石英闪长玢岩为主，岩体呈岩株状产出，出露面积50多平方千米，与围岩呈侵入接触，接触带烘烤、蚀变现象不明显，局部见捕虏体。围岩地层为洞卡组，主要岩性为火山熔岩(流纹岩、英安岩、安山岩、玄武岩、玄武安山岩等)和火山碎屑岩(以凝灰岩为主)。次火山岩在化学成分上与火山喷发旋回中的安山岩类有共同点，其形成时间相对于安山岩喷溢时间稍晚，在空间上密切相关，在成因上是同次火山活动的不同产物。成矿时间为晚三叠世。

加多岭铁矿分为东、西矿区，西矿区的洞卡、地玛弄、德基卡、绕夏弄等矿点沿加多岭-生纳玛闪长玢岩体西部边缘分布；东矿区的错龙色、扎弄、加多岭、康玉玛矿点沿闪长玢岩体东北边缘分布。矿体产出部位以沿接触带为主，其次产于玢岩体边缘带或围岩捕虏体中。矿体形态有层状、似层状、脉状、透镜状、囊状等。矿体大小不等，长数米至数百米，厚数米至百余米。

矿石自然类型主要为磁铁矿石、磷灰石赤铁矿磁铁矿石。矿石矿物为磁铁矿、赤铁矿、褐铁矿；金属硫化物有黄铁矿；脉石矿物为石英、方解石、重晶石、阳起石、透闪石、透辉石等。

矿石结构：他形粒状结构、半自形粒状结构、交代结构、交代残余结构、交代假象结构等。矿石构造:块状构造、浸染状构造、网脉状构造、角砾状构造、条带状构造等。

12. 贵州赫章县菜园子菱铁矿床

矿区位于贵州省赫章县境内,北距赫章县城约 18km,有简易公路相通。

矿区位于扬子陆块南部被动边缘褶冲带的六盘水叠加褶皱带的西北部。菱铁矿矿体主要赋存于中泥盆统独山组鸡泡段下部白云岩和龙洞水组泥质白云岩中。与菱铁矿矿体关系密切的近矿围岩蚀变主要是菱铁矿化和铁白云石化,次有白云石化、黄铁矿化、硅化等。

矿床呈北西-南东向展布,矿体主要呈脉状及似层状产出,少量呈不规则状赋存。脉状矿体赋存于含矿层位的断层破碎带中,似层状矿体赋存于含矿层位的层间剥离带中。单个矿体的形态一般较简单,在平面上多呈北西-南东向的长条状;在剖面上脉状矿体常呈透镜状,似层状矿体大多呈透镜状,少数呈楔状、似层状。

矿石的矿物组成:矿石矿物为镁菱铁矿、菱镁铁矿,其含量一般在 90%以上;脉石矿物为石英、水云母、黄铁矿及有机物;局部富集的矿物有铁白云石、砷黝铜矿、黄铜矿;微量矿物有白云石、磷灰石、毒砂、方铅矿、闪锌矿、重晶石、脆沥青及重矿物等。矿石中有用组分主要为铁、锰。

矿石的结构、构造:主要有网状斑状结构、残晶结构、假象结构、残余生物结构等交代结构,他形伟晶结构、自形片晶结构等充填结构及重结晶结构;有块状构造、残余层纹状构造、残余条带状构造、残余晶洞(团斑)构造、残余鸟眼构造、残余缝合线构造、残余脉状构造等交代构造,梳状、晶洞构造等充填构造。

13. 重庆綦江县土台铁矿床

綦江县土台铁矿区位于川中前陆盆地东部华蓥山帚状穹褶束。含矿岩系为下侏罗统珍珠冲组下部(即綦江段)。含矿岩系可划分为 3 层,自下而上为①田坝层:上部碳质页岩、砂岩、劣煤层夹菱铁矿及燧石透镜体;下部灰白色细—中粒石英砂岩,与下伏须家河组呈假整合接触。②綦江层:为主要含矿层,灰色泥质石英砂岩、铁质砂岩、赤铁矿、菱铁矿等组成含矿层。③岩楞山层:灰色、灰白色石英砂岩。矿区构造位置为北东向展布的九龙坡背斜的北西翼,为单斜构造,局部有微小起伏。

矿体呈透镜状、似层状,少数为层状,与上、下围岩呈整合接触,产状一致。在矿床的走向方向,呈铁质砂岩-赤铁矿-赤铁矿菱铁矿混合矿-菱铁矿-赤铁矿菱铁矿混合矿-赤铁矿-铁质砂岩的分带,沉积中心以菱铁矿为主,向外侧则向赤铁矿-铁质砂岩过渡。矿床成因为胶体化学、生物化学沉积型,成矿物理化学条件为弱动荡—平静的浅水—较深水动力环境,弱氧化—弱还原环境;酸碱度中性—弱酸性。

矿区主要为致密块状赤铁矿,粒状、块状菱铁矿矿石,次为碎屑状菱铁矿矿石、赤铁矿质菱铁矿石、菱铁矿质赤铁矿石,更次为碎屑状、角砾状赤铁矿矿石。深部地段粒状、块状菱铁矿石,碎屑状菱铁矿石增多。矿石结构构造:铁矿石结构主要有显微(隐晶)—微粒状、似碎屑状及假鲕状结构 3 种。矿物构造为块状、角砾状、砾状构造及层状构造。

矿石矿物以菱铁矿、赤铁矿为主,次为磁铁矿及稀少磁赤铁矿。次生矿物为褐铁矿、针铁矿及稀少的假象赤铁矿、水赤铁矿及次生菱铁矿。脉石矿物主要为石英、绿泥石。

五、成矿潜力与找矿方向

根据地质工作程度、已有矿床(点)的分布情况,西南地区可划分为四川攀(枝花)-西(昌)、南江-万源、龙门山,云南滇中、德钦-腾冲、临沧-勐腊,西藏冈底斯、藏东、唐古拉,重庆巫山-綦江,贵州黔西北、凯里-都匀 12 个铁矿远景区。

1. 四川攀(枝花)-西(昌)铁矿远景区

该远景区位于四川省西南部,以金沙江为界,南与云南省接壤。地理坐标:东经 102°—103°,北纬 26°—29°。包括四川省攀枝花市及凉山彝族自治州大部分地区,面积约44 390km²。区内成矿条件十分有利,已发现各类铁矿床 81 个,其中:大型 18 个,中型 24 个。"攀枝花式"岩浆分异型钒钛磁铁矿,已发现大型铁矿 17 个,中型 3 个,为该区最主要的矿床类型。沉积变质型和火山岩型铁矿以会东满银沟赤铁矿(大型)、会理石龙磁铁矿(小型)为代表,陆相火山岩型富铁矿以矿山梁子磁铁矿(中型)代表,接触交代-热液型铁矿以冕宁泸沽磁铁矿(中型)为代表,海相沉积型铁矿以华弹铁矿床(中型)为代表,"宁乡式"沉积赤铁矿以碧鸡山赤铁矿(中型)为代表,沉积改造型以凤山营菱铁矿(中型)为代表,火山沉积型铁矿以央岛铁矿(中型)为代表。

2. 四川南江-万源铁矿远景区

该远景区位于四川省东北部,北与陕西接壤。地理坐标:东经 106°—108°,北纬 32°—32°30′。包括旺苍、南江、万源等县市,面积约14 750km²。区内已发现铁矿床 19 个,其中中型 2 个。主要类型为与中偏基性岩浆热液有关的铁矿,以李子垭磁铁矿(中型)为代表。

3. 四川龙门山铁矿远景区

该远景区位于四川龙门山一带,北起平武,南至雅安。地理坐标:东经 102°30′—105°30′,北纬 30°—32°30′。包括平武、汶川、雅安等县市,面积约30 537.5km²。区内已发现铁矿床 8 个,均为小型。主要类型为沉积型菱铁矿。

4. 云南滇中铁矿远景区

该远景区位于云南省中部,北以金沙江为界,与四川接壤。地理坐标:东经 102°—103°,北纬 23°—26°。包括昆明市、楚雄州、玉溪市的大部分地区,面积约41 237.5km²。区内已发现铁矿床 85 个,其中大型 2 个,中型 9 个。海相火山型铁铜矿以大红山铁铜矿(大型)为代表,火山岩型铁矿以鹅头厂铁铜矿为代表,受沉积变质型以鲁奎山铁矿(中型)、王家滩铁矿(中型)为代表,海相沉积型铁矿以包子铺铁矿为代表。

5. 云南德钦-腾冲铁矿远景区

该远景区位于云南省西部,南起腾中—保山,北至德钦与西藏接壤,西以国境线为界。地理坐标:东经 98°—100°,北纬 26°—28°30′。面积约 4905km²。区内已发现火山岩型、接触交代-热液型等铁矿类型。火山岩型以江波(中型)、楚格札铁矿(中型)为代表,接触交代-热液型以滇滩铁矿(中型)为代表。

6. 云南临沧-勐腊铁矿远景区

该远景区位于云南省西南部,北起临沧,南至国境线附近。地理坐标:东经 99°—101°30′,北纬 22°—24°30′。面积约32 330km²。远景区内矿产资源丰富,优势矿产以铁矿为主,主要类型为火山岩型,以惠民铁矿、疆峰铁矿、易田新山铁矿为代表。

7. 西藏冈底斯铁矿远景区

该远景区位于西藏自治区中部,面积约102 855km²。区内已发现矿产地 22 处,但工作程度低。

主要类型为接触交代-热液型铁矿，以尼雄磁铁矿、江拉磁铁矿、恰功磁铁矿为代表。

8. 藏东铁矿远景区

该远景区位于西藏自治区东部，面积约56 740km²。远景区内已发现铁矿床、矿点(矿化点)共计 38 处，其中达规模以上矿床 7 处。主要类型为陆相火山岩型，以加多岭磁铁矿为代表。

9. 西藏唐古拉铁矿远景区

该远景区位于西藏中北部唐古拉一带，北与青海接壤，面积约32 622.5km²。已发现铁矿床、矿点(矿化点)17 处，12 处为菱铁矿，5 处镜铁矿。主要类型为沉积型，以当曲铁矿为代表。

10. 重庆巫山-綦江铁矿远景区

该远景区位于重庆市境内，面积约37 480km²。区内已发现矿产地 73 处，其中大型 1 处，中型 5 处。主要类型均为沉积型，以綦江土台铁矿、巫山桃花铁矿为代表。

11. 贵州黔西北铁矿远景区

该远景区位于贵州西北部，面积约22 942.5km²。区内已发现铁矿床 10 余处，其中大型矿床 1 处，中型矿床 4 处，小型矿床 4 处。主要类型为热液型，以菜园子铁矿、观音山铁矿为代表。

12. 贵州凯里-都匀铁矿远景区

该远景区位于贵州省境内，面积约13 927.5km²。区内已发现矿产地 20 余处，其中中型 8 处。主要类型为海相沉积型，以平黄山铁矿为代表，另外为陆相(海陆交互相)沉积型，以苦李井铁矿为代表。

13. 其他地区

除上述远景区外，云南金平、云南富宁、四川道孚、西藏日土—革吉等地也具有找矿潜力。其中云南金平主要类型为岩浆分异型磁铁矿，以棉花地铁矿为代表；富宁近年来有新发现，以板仑铁矿为代表；道孚主要类型为接触交代-热液型铁矿，以道孚菜子沟磁铁矿(小型)为代表；最值得一提的是西藏日土—革吉地区，地质工作程度极低，近年来有很大的发现，可能具有较大的找矿潜力，其主要类型为接触交代-热液型，以弗野铁矿为代表。

第二节 锰

一、引言

(一)锰(Mn)的性质与用途

锰(Mn)是银白色脆性金属，密度 7.3g/cm³，熔点 1244℃，沸点 2097℃。纯锰在常温下较稳定，不被氧、氮、氢侵蚀。锰矿石主要有氧化锰矿和碳酸锰矿，氧化锰矿中的六方锰矿具有放电性。

锰不能单独构成结构材料使用，但它是钢铁工业的基本原料，95%的锰矿石用于冶金工业，特别是在钢铁生产中。在钢铁工业中，锰具有脱氧、脱硫及调节(如阻止钢的粒缘炭化物的形成)作用。锰的加入可增加钢材的强度、硬度、耐磨性、韧性、可淬性。锰可制造高锰钢(含 Mn 7.5%~19%),如高碳高锰耐磨钢、低碳高锰不锈钢、中碳高锰无磁钢、高锰耐热钢。锰还可以与铜、镍、铝、镁制造成各种合金,是耐热耐蚀材料。在其他工业中,锰的用途亦很广泛。

自然界中已知的含锰矿物有 150 多种,分别属氧化物类、碳酸盐类、硅酸盐类、硫化物类、硼酸盐类、钨酸盐类、磷酸盐类等(姚培慧等,1995),但含锰量较高的矿物则不多。

(二)主要矿床类型

地球中的锰元素在内生、外生相变质作用条件下都可以富集而成矿,但有工业价值的锰矿床主要是外生矿床(包括沉积矿床和风化矿床)。锰矿床成因类型主要有:①沉积型(海相沉积型、沉积变质型、火山沉积型);②次生风化型;③热液型;④层控铅锌铁锰矿床;⑤海底结核-结壳型。其中以沉积矿床最为重要,如广西下雷锰矿、贵州遵义锰矿、湖南湘潭锰矿、辽宁瓦房子锰矿、江西乐平锰矿等,占我国锰矿总储量的 57.4%;其次为次生风化矿床,如广西钦州锰矿,占我国锰矿总储量的 19.2%;再次是沉积变质矿床(如四川虎牙锰矿),占我国锰矿总储量的 16.4%;热液矿床,如湖南玛瑙山锰矿,占我国锰矿总储量的 7.0%左右。

(三)分布

世界陆地锰矿资源比较丰富,但分布很不均匀,主要分布在南非、乌克兰、澳大利亚、印度、巴西、加蓬、中国等国。

1. 陆地锰矿资源

据美国 USGS 统计,截至 2008 年底,世界陆地锰矿石储量、储量基础合计 57×10^8 t(锰金属量,下同),其中储量 5×10^8 t,储量基础 52×10^8 t(表 2-2)。

表 2-2 2008 年世界锰矿储量和储量基础(锰金属量)

国别	矿石含锰量(%)	储量($\times10^4$ t)	储量基础($\times10^4$ t)	合计*($\times10^4$ t)
世界总计		50 000	520 000	570 000
南 非	30~50	9 500	400 000	409 500
乌克兰	18~22	14 000	52 000	66 000
澳大利亚	42~48	6 800	16 000	22 800
加 蓬	50	5 200	9 000	14 200
中 国	15~30	4 000	10 000	14 000
印 度	25~50	5 600	15 000	20 600
巴 西	27~48	3 500	5 700	9 200
墨西哥	25	400	800	1 200
其 他		少量	少量	

注:资料来自《*Mineral Commodity Summaries*》,2009。

全球可供开发且有商业价值的锰矿储量为(9～10)×10^8t,95%以上分布在南非、加蓬、澳大利亚、巴西、乌克兰、中国和印度等国家,其中绝大多数为氧化锰矿石。南非和乌克兰是世界上拥有锰矿资源总量最多的两个国家,南非锰矿资源约占世界锰矿资源的71.8%,乌克兰占11.9%。

世界高品位锰矿(含锰35%以上)资源主要分布在南非、澳大利亚、加蓬和巴西等国家。

2. 大洋海底锰矿资源

世界大洋底蕴藏着极其丰富的矿产资源,锰结核就是其中的一种,是锰的重要潜在资源。锰结核是沉淀在大洋底铁锰氧化物的集合体(矿石)。它含有30多种金属元素,其中锰、铜、钴、镍等有价金属具有巨大的商业经济价值。锰结核广泛地分布于世界海洋2000～6000m水深海底的表层,而以生成于4000～6000m水深海底的品质最佳。深海海底锰结核约有4400t/km^2,总储量估计在3×10^{12}t以上,其中锰、铜、钴、镍4种金属的储量比其陆地上相应储量要大1～3个数量级。太平洋、印度洋和大西洋都有丰富的海底锰结核资源,但最有开发前景的地区是太平洋夏威夷群岛的东南部海域(严旺生等,2009)。

(四)工业指标

1. 冶金工业对锰矿石的质量要求

用于炼钢生铁,含锰生铁、镜铁的矿石,铁含量不受限制,矿石中锰和铁的总含量最好能达到40%～50%。

2. 化工及轻工部门对锰矿石的质量要求

化学工业上主要用锰矿石制取二氧化锰、硫酸锰、高锰酸钾,其次用于制取碳酸锰、硝酸锰和氯化锰等。化工级二氧化锰矿粉要求MnO_2含量大于50%;制硫酸锰时,Fe≤3%,Al_2O_3≤3%,CaO≤0.5%,MgO≤0.1%;制高锰酸钾时,Fe≤5%,SiO_2≤5%,Al_2O_3≤4%。

3. 放电锰对锰矿石的质量要求

天然二氧化锰是制造干电池的原料,要求MnO_2含量越高越好。对Ni、Cu、Co、Pb等有害元素一般厂定标准为:Cu<0.01%,Ni<0.03%,Co<0.02%,Pb<0.02%。矿粉的粒度要小于0.12mm。

二、资源概况

西南地区锰矿为云南省、贵州省、重庆市的特色优势矿种,而四川省、西藏自治区尚无大的锰矿资源(图2-2,表2-3)。截至2007年底,锰矿查明的资源储量:云南为9215.7×10^4t(全省共发现矿产地67个,其中中型矿床7个,小型矿床及矿(化)点60个,贵州为7981.5×10^4t,重庆为4127.6×10^4t,西南地区锰矿探明储量所占全国的比例为25%。锰是四川省的不足矿产,已知产地81处,其中含中、小型矿床各3个,矿(化)点68个,列入1987年储量平衡表者仅6个,获工业储量3956.5×10^4t,西藏自治区目前没有发现大型的锰矿床,多以小型和矿化点为主。

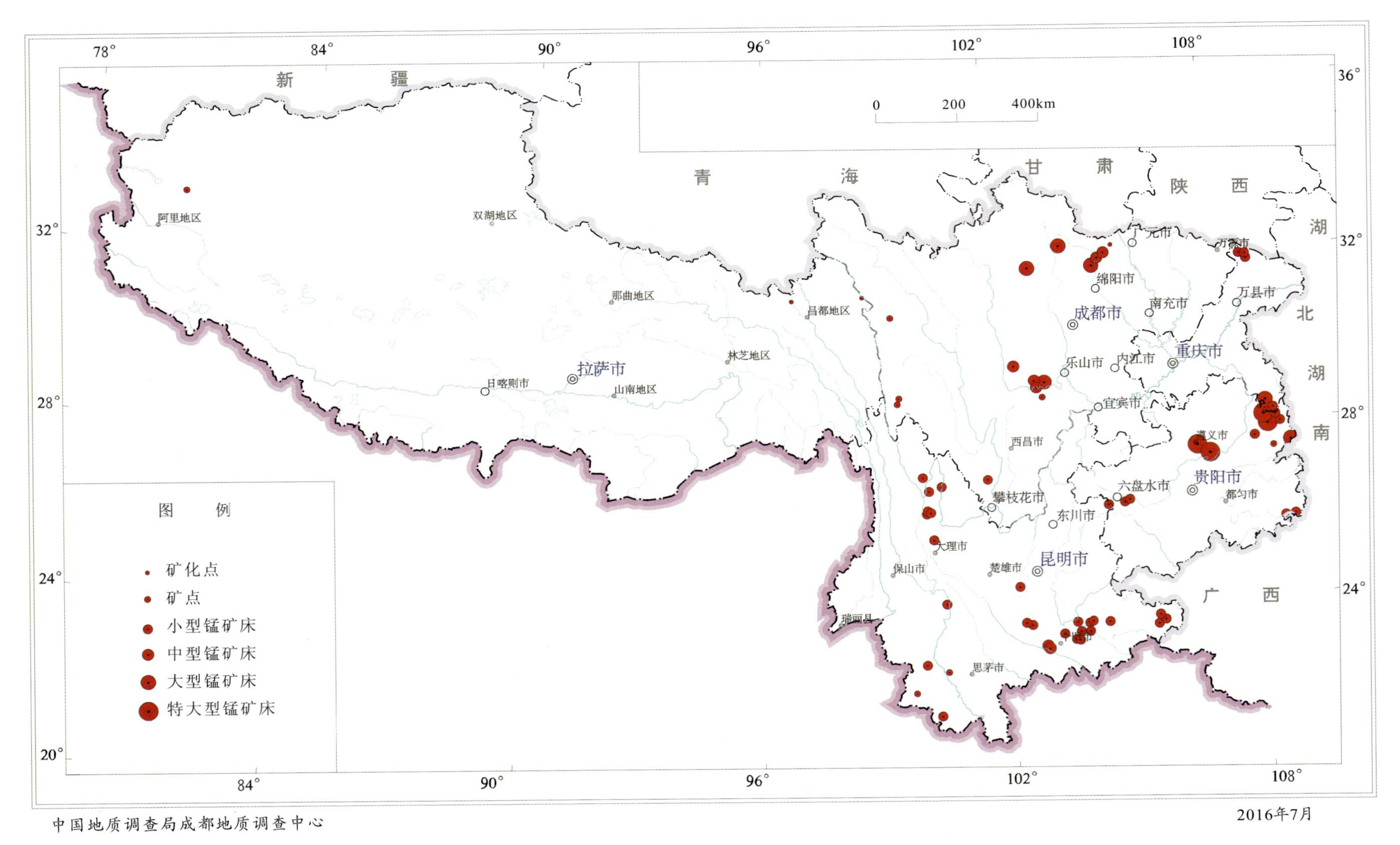

图 2－2　西南地区主要锰矿矿床点分布略图

表 2-3　西南地区锰矿产资源情况

地区	全国	重庆	四川	贵州	云南	西藏	西南总计
锰矿储量（$\times10^8$ t）	54 770.5	2467.8	168.4	7181.3	3902.1	22	13 719.6(25%)

注：据国土资源部规划司，2001 年（截至 1999 年底）。

西南地区锰矿以沉积（改造）型为主，主要分布于扬子地台及周缘地区。成矿时期较多，主要有中元古代、南华纪、晚震旦世、寒武纪、奥陶纪、二叠纪、三叠纪直至第四纪风化沉积成矿，但主要以南华纪、二叠纪为主，以黔东、黔中、滇东为代表（如大塘坡式、遵义式、格学式）。在西藏拉萨地区尚有热液型锰矿产出，但规模均较小。

在大地构造分区上，西南地区锰矿主要集中分布见表 2-4。

表 2-4　西南地区锰矿大地构造分区分布表

Ⅰ级	Ⅱ级	Ⅲ级	地层时代	矿床类型	典型矿床
秦祈昆造山系	秦岭弧盆系	西倾山-南秦岭裂陷盆地	$\in_1$	沉积型	平溪、石坎中型
扬子陆块区	上扬子古陆块	米仓山-大巴山前陆逆冲带	Nh	沉积型	高燕中型锰矿
		上扬子盖层东南缘盖层隆起	Nh	沉积型	小茶园、笔架山、大塘坡、大屋、黑水溪、杨立掌
		上扬子盖层东南缘盖层隆起	P_1	沉积型	遵义锰矿
		滇黔碳酸盐岩盆地	P_1	沉积型	格学锰矿
		扬子西缘前陆逆冲带	T_3	沉积型	小天井
		扬子西缘前陆逆冲带	O	沉积型	轿顶山
		富宁-那坡前陆逆冲带	T_2	沉积型	斗南、岩子脚、白显
西藏-三江造山系	巴颜喀拉地块	雅江残余盆地	T_2	沉积变质型	虎牙、大坪
	羌塘弧盆系			浅海沉积型	
	拉达克-冈底斯弧盆系			风化壳型	几拉、查去岗、孟嘎卓锰
	雅鲁藏布江结合带、喜马拉雅地块			深海沉积型	郎含岭浦弄、贡巴垂、达然多、拉孜锰矿

三、重要矿床

1. 贵州遵义锰矿

遵义锰矿原称711矿(即铜锣井锰矿),位于遵义市南东铜锣井,距遵义市6km,通公路,距川(重庆)-黔(贵阳)遵义南站9km。遵义锰矿是贵州省最大的锰矿石产区,也是我国主要的锰矿生产基地之一,主要包括铜锣井、冯家湾、共青湖、团溪等矿区,铜锣井矿区所占储量为整个储量的75%,分为铜锣井矿段、沙坝矿段、长沟矿段、深溪沟矿段、石榴沟矿段。

碳酸锰矿层产出在龙潭组下段黏土岩中。含矿岩系产于龙潭组底部,层位稳定,矿层与地层产状一致,在纵、横方向上厚度变化大,厚0.3~11.82m,一般3~5m,主要由一套滨海潟湖环境沉积的灰色、灰绿色、深灰色至灰黑色的含黄铁矿水云母黏土岩,碳酸盐锰矿,煤层及粉砂质泥岩组成。碳酸锰矿层产于含矿岩系下部,直接与下伏白泥塘层(相当于茅口组第二段)呈假整合接触。其厚度受茅口组顶面喀斯特岩溶面起伏控制,也受底冲刷作用影响,一般凹部厚度大、层序全。这套沉积物总体是处在海退体系潮坪环境中的产物,为泥质-硅质岩建造。

主矿体产状稳定,与围岩一致,呈似层状,走向总长为6200m,倾向平均宽320~800m,以10线最宽达1100m,矿体厚0.53~6.69m,平均1.79~2.00m。

主矿体厚度变化系数为31%~54.81%,矿体厚度与含矿岩系中黏土质岩相关,当含矿黏土岩厚度3~5m时,矿层厚度稳定在2m,当黏土岩厚度大于5m或小于3m时,矿体厚度变化大。

矿石中具有氧化锰矿石和碳酸锰矿石两种自然类型。矿床成因类型属产于晚二叠世黏土岩中的海相沉积锰矿床(魏泽权等,2011);工业类型属低磷高铁酸性贫锰矿。

2. 贵州杨立掌锰矿

矿区位于贵州省松桃县乌罗乡,距松桃县城42km。

赋矿的大塘坡组分为3个亚段,由黑色碳质黏土页岩、深灰色粉砂质黏土页岩、粉砂质黏土岩组成。碳酸锰矿产于大塘坡段第一亚段底部黑色碳质黏土页岩层中(侯兵德等,2011a,2011b)。

矿区内有锰矿2层,间夹0.08~0.80m浅灰—灰色含黄铁矿黏土页岩层(标志层),其上称上矿层,其下称下矿层(主矿层);上矿层为条带状菱锰矿,下矿层以块状菱锰矿为主夹条带状菱锰矿石,多构成工业矿体。

主矿体呈似层状,走向总长2200m,连续长2000m,最大倾向宽1068m,矿体厚度0.71~9.04m,平均厚2.84m。矿体出露标高896~1078m,埋深0~500m,占矿区总储量99.76%。

矿体总体产状较稳定,倾向北东,倾角35°~53°的单斜层。西北段近F_1、F_2断层处,因断裂影响致使矿体呈现小幅度褶曲,褶曲由3个背斜和4个向斜组成。背斜与向斜轴间距50~80m,轴向10°~20°,向北东侧伏,侧伏角45°,远离断层,渐趋消失。

矿体厚度稳定,厚度变化系数73.05%。下矿层夹石少,岩性为锰质碳质页岩或粉砂岩,厚0.3~0.74m,沿走向自北西至南东,沿倾向由地表至深部,厚度有变薄趋势。上矿层的夹石分布不均,多为一层,局部为两层,岩性为含锰质条带碳质页岩,呈透镜体,厚0.24~0.71m。

矿床成因类型为海相沉积型碳酸锰矿床，工业类型属高磷低酸性贫锰碳酸锰矿床。区内同类型的矿床较多，主要有大屋锰矿、大塘坡锰矿、西西堡锰矿、小茶园锰矿、笔架山锰矿、民乐锰矿等。不少学者对区内锰矿开展了较为详细的研究工作（刘巽锋等，1989；周琦等，2002，2013；刘爱民等，2007），对其物质来源、控矿因素进行了探讨，建立了新的成矿模式（周琦等，2013）。

3. 云南鹤庆锰矿

矿区位于鹤庆县城南西 6km，该锰矿是我国主要的优质富锰矿石生产基地。

含矿层位为上三叠统松桂组（T_3sh），为一套海相-海陆交互相碎屑岩、泥质岩夹基性火山岩、火山碎屑岩及含锰硅质岩，总厚度 699.11～1254.85m。该组中上部产鹤庆式锰矿。

锰矿层，上部为层纹状—角砾状菱锰矿-蜡硅锰矿矿层；中部为薄层状含锰灰岩与蜡硅锰矿、蛇纹岩互层夹灰—粉红色硅质岩；下部为层纹状、不规则条带状—块状菱锰矿-黑锰矿矿层，厚 6.34m。

矿体底板由薄层灰岩、含锰灰岩夹泥岩、含砾泥岩及泥灰岩组成。岩性变化大，西部以含砾泥岩-砾灰岩为主，东部为薄层灰岩和含锰灰岩夹泥岩，厚度为 5.23m。

主矿体为小天井Ⅰ号矿体，其次为猴子坡Ⅰ号矿体和武君山Ⅳ号矿体。根据沉积构造、物质组分以及含生物化石等特征，可将锰矿层细分为 6 层。

原生碳酸锰矿石以菱锰矿为主体，次为钙菱锰矿，少量蜡硅锰矿、黑锰矿、菱铁矿及方解石、白云石。原生矿石具条纹状、条带状、层纹状、块状构造。氧化锰矿石由硬锰矿、软锰矿、恩苏塔矿、褐锰矿、黑锰矿、水锰矿、赤铁矿、磁铁矿、方解石、蛇纹石、石英等组成。氧化矿石结构疏松多孔，比重小，具块状、胶状、角砾状、蜂巢状、土状、葡萄状等构造。

矿床类型为硅质-碳酸盐岩建造中的海相沉积矿床，近年来有人认为其属海底火山喷气（液）-热水沉积-改造型富锰矿床。

4. 云南斗南锰矿

矿区位于砚山县南西 78km 阿舍乡境内。与成矿有关的是法郎组地层，分 5 个岩性段，主要由粉砂、泥岩类夹少量灰岩组成。由上至下为泥质粉砂岩段、上含矿段、下含矿段、紫色层段和灰绿色泥岩段，总厚度为 365～894m。

矿石自然类型可分两类：原生锰矿石和次生氧化锰矿石。原生锰矿石又分有灰质氧化锰矿石、碳酸锰矿石两个亚类。

灰质氧化锰矿石可分块状、条带状和斑杂状 3 种构造类型，前两种多构成富矿，斑杂状构造矿石多为贫矿。灰质氧化锰矿石常见微晶变粒结构，由自形—半自形晶粒状的褐锰矿密集组成，晶粒粒径一般 0.005～0.01mm。碳酸锰矿石具有鲕豆状、碎屑状结构，粒径为 2.0～13.0mm。

次生氧化锰矿石主要由硬锰矿，次为软锰矿、偏锰酸矿及褐铁矿、水云母组成，呈块状、条带状构造富矿石，含锰 30.33％～44.65％，平均 37.17％。次生氧化锰矿赋矿深度受地形、地层产状及断裂构造控制，通常为 1～2m。戛科矿段 53～55 线间赋矿深度达 70～90m。

矿床成因类型为产于泥岩、碎屑岩中的海相沉积锰矿床，其工业类型为以氧化锰为主的氧化锰-碳酸盐型锰矿，区内与该矿相似的有老乌锰矿、岩子脚锰矿和白显锰矿等。

5. 重庆高燕锰矿

矿区位于城口县西南，直距5km，与成矿有关的地层是上震旦统陡山沱组。

锰矿层赋存于复向斜南翼西段，总长3600m，面积2.4km^2，由4个次级不完整向斜组成。以F_6断层为界，本矿段（Ⅰ）分为东、西两部分，东部为杜二亚向斜，构造形态较完整、简单，长1600m，西部由3个向斜组成，由于断层切割，只保留了南翼或南翼的一部分。矿层长2000m，走向北西，倾向北北东，倾角50°～80°，局部85°甚至倒转，全随地层褶皱而挠曲。全矿段有大小断层18条，次级褶曲对矿层影响大。

矿体呈层状或似层状，层位稳定，分上、下两层。上层为主矿层，由菱锰矿夹少量页岩组成；下层为次矿层，主要是碳质页岩夹菱锰矿条带。

矿石的自然类型可分为氧化锰矿石和碳酸锰矿石两类。碳酸锰矿石呈球粒状结构（可细分为豆状球粒、粗球粒、中球粒、细球粒、微球粒等）和自形—半自形晶粒结构两大类。锰矿石主要为层状构造，次有条纹状、条带状和透镜状等构造。氧化锰矿石仅分布于地表及浅部，一般深度为2～15m，最深达30m，平均氧化带深度在13m左右。

成因类型为浅海相沉积菱锰矿矿床。

6. 四川轿顶山钴锰矿

矿区位于汉源县北偏东，直距22km。该矿床是“优质富锰矿”，为四川省重要的锰矿石生产基地。

锰矿层产出层位为上奥陶统五峰组。含锰岩系与下伏中奥陶统呈整合接触。含锰钴岩组多由一套碳酸盐岩-碎屑岩组成，厚度较小，一般为0.3～4.83m，但变化较大。

含矿岩组赋存于奥陶系与志留系接触面上下，以碳酸盐岩-碎屑岩为主，包括钴矿层和锰矿层，钴矿富集在沉积断面的上、下部位。

锰矿体呈透镜状产于钴矿层中，由尖山子、羊角岭、梯子岩矿段组成，共计有大小6个透镜体。

矿石类型可分为锰矿石和钴矿石。锰矿石以碳酸锰矿石占绝对优势，氧化锰矿石仅地表偶见。碳酸锰矿石呈鲕状、他形粒状，具隐晶质、球粒、藻鲕、藻球结构，块状、条带状、放射纤维状构造。氧化锰矿石在显微镜下呈非晶质，一般具网脉状、海绵状、蜂窝状、钟乳状构造。

钴矿石呈胶玻环带，具显微包含、交替、溶蚀等结构，浸染状、细脉状、层纹状构造。矿床成因类型为潟湖海湾相沉积菱锰矿矿床。

7. 四川虎牙铁锰矿

矿区位于平武县西北之小河境内，与成矿有关的地层为泥盆系虎牙统中的虎牙层。

矿区内含矿的虎牙层（D_2m^2）由上而下可划分为10个小层，锰矿主要赋存于第⑥层中，其次为第④层，第③层仅局部有工业意义，其余各层均无工业价值。第⑥层锰矿主矿层赋存于两铁矿层之间，层位稳定。锰矿体呈扁豆状和透镜状顺层产出，产状与岩层一致，倾角35°～72°，一般45°～50°。已圈出锰矿体19个，矿体长250～2950m，水平宽40～150m，厚0.1～0.2m。第④层铁锰矿层的顶板为铁矿层，底板为铁锰片岩层。矿体由铁锰矿石及部分锰矿石组成，呈似层状和透镜状产出。主矿体5个，矿体长2.5～6.8km，水平宽1.1～3.5km，厚0.2～1.1m，一般厚0.4～0.6m。倾角45°左右。TFe＋Mn含量为34％～53.8％。

该矿矿石类型主要有两种：①菱锰矿矿石，一般呈隐晶质集合体，均匀分布，薄层状或条带状、块状构造。含菱锰矿 30%～90%，硬锰矿 0～5%，软锰矿 0～5%，二氧化锰水化物<5%，蔷薇辉石 0～5%，重晶石 0～5%，有的含较多的锰铝榴石，褐铁矿少量，黄铁矿、磁铁矿偶见，石英、绢云母等微量。②铁锰矿石，隐晶结构，块状构造。矿石含菱锰矿 30%～55%，磁铁矿<15%，锰方解石 10%～15%；锰铝榴石一般含量低，有时可达 30%，蔷薇辉石 0～5%，少量绢云母、绿泥石、黝帘石等。

矿床成因类型属沉积变质型矿床，工业类型为虎牙式铁锰矿床。

8. 四川德石沟锰矿

矿区位于黑水县芦花乡境内，含矿地层为扎尕山群（T_2Zg），岩性主要为浅海陆棚沉积的钙质粉砂岩-钙泥质岩类，经区域变质成低绿片岩相的千枚岩、变粉砂岩和结晶灰岩等。根据岩性特征可分为 3 层。

德石沟锰矿赋存于扎尕山群第二层底部，有工业矿层（体）一层，矿体产于褶皱的两翼，与褶皱同步延伸。三支沟矿段和下口矿段分别位于德石沟东、西两侧，按矿层所在部位和延展情况，各矿段各划分为 4 个矿体和 8 个矿块。三支沟矿段矿体由北而南分布于神仙洞背斜北翼（Ⅰ矿体）、三支沟向斜北翼（Ⅱ矿体）和南翼（Ⅲ矿体）、老熊沟背斜北翼（Ⅳ矿体）。下口矿段矿体分布于下口背斜北翼（Ⅲ、Ⅳ矿体）和南翼（Ⅴ、Ⅵ矿体）。

矿体走向控制长度为 500～1318m（单个矿段长 204～698m），最大倾向宽 270m，平均厚度为 1.21～1.29m。

矿体由块状—条带状碳酸锰、硅酸锰矿夹薄层至极薄层含锰粉砂岩、千枚岩组成。矿体呈层状产出，延伸稳定，产状与围岩产状一致。

矿体产状各段有所差异。矿体总体走向北西西-南东东，倾向南西，倾角 60°～75°。三支沟矿段的Ⅰ矿体倾向北东；Ⅱ矿体和Ⅲ矿体倾向南西，局部倾向北东者倾角缓；下口矿段矿体倾向南东或南西，倾角变化大。矿体出露标高为 2370～3878m。

矿体厚度较稳定，向深部有变厚的趋势。矿体内夹石为含锰粉砂岩及千枚岩，厚度一般小于 0.2m，最大 0.52m；夹石规模小，连续性差。矿体厚度与含锰岩系厚度成正比。

矿石自然类型以原生硅酸锰-碳酸锰矿石为主，氧化-未氧化混合矿石量少而且分布零星，仅在地表浅部（氧化深度为 5～10m）和断裂发育处局部出现。

矿床成因类型属海相沉积后经区域变质改造的沉积变质矿床。工业类型属硅酸锰-碳酸锰矿类型。

四、成矿潜力及找矿方向

锰矿是西南地区重庆、云南、贵州省的优势矿产资源，近年来找矿成果非常显著，矿床类型以沉积（改造）型为主，主要分布于扬子地台及周缘地区。成矿时期较多，主要有中元古代、南华纪、晚震旦世、寒武纪、奥陶纪、二叠纪、三叠纪直至第四纪风化沉积成矿，但主要以南华纪、二叠纪为主，以黔东、黔中、滇东为代表（如大塘坡式、遵义式、格学式）。结合大地构造分区、成矿区带划分、岩相古地理、矿床类型及空间地理位置，以处于Ⅱ～Ⅲ级大地构造、Ⅲ～Ⅳ级成矿单元内、空间地理位置集中、矿床类型相同或属一个成矿系列的区块者划为一个找矿远景区的原则。西南地区锰矿划分为 14 个远景区（图 2-3），其中Ⅰ～Ⅸ号远景区找矿潜力较大。

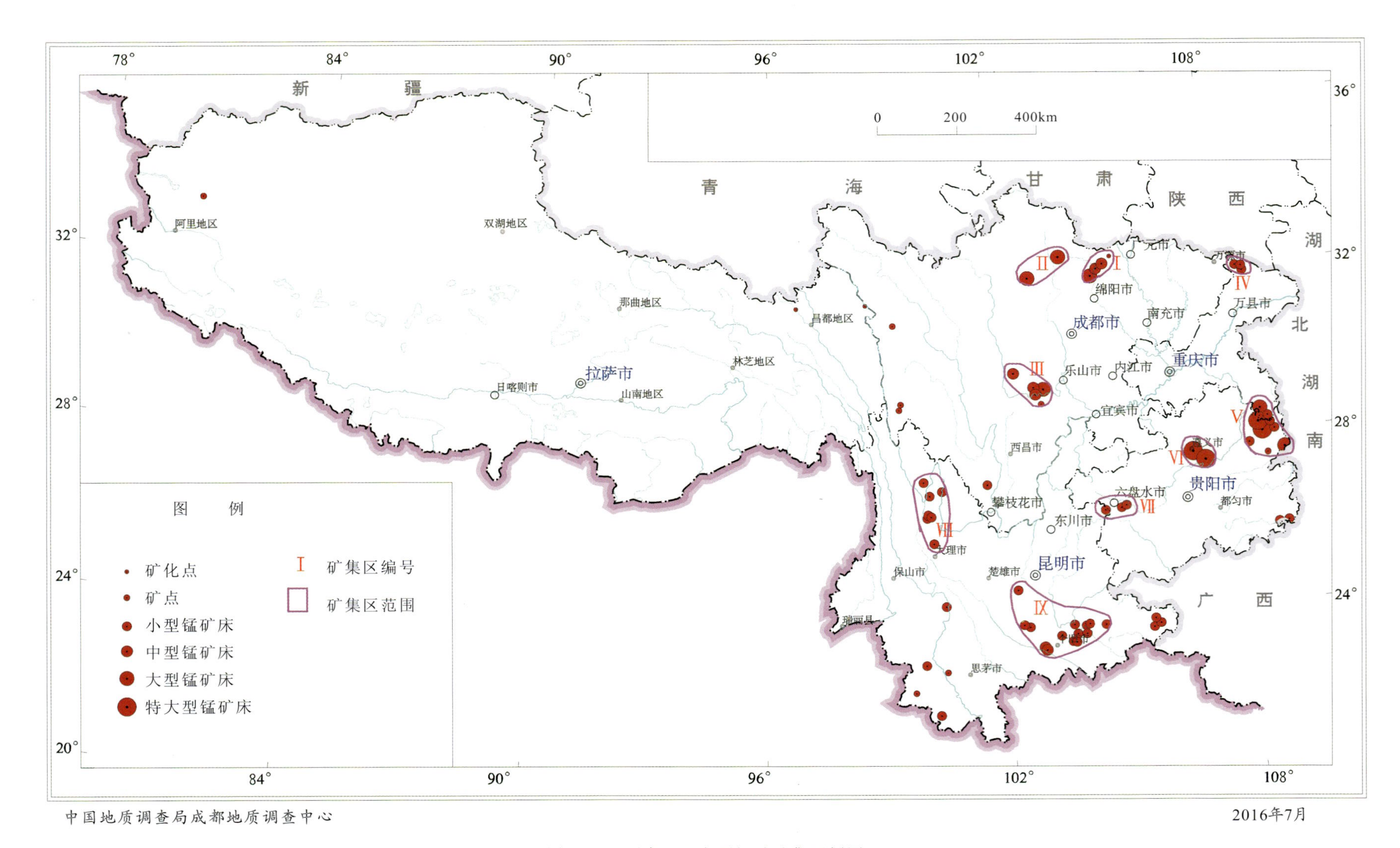

图2-3　西南地区主要锰矿矿集区划图

第三节　铬

一、引言

1. 性质与用途

铬(Chromium)是银白色金属,具延展性,密度为7.20g/cm^3,熔点1890℃,沸点2482℃。具有亲氧性和亲铁性,以亲氧性较强,在还原和硫的逸度较高的情况下才显示亲硫性。在地壳内,绝大部分的铬以尖晶石类氧化物的形式存在,属亲石元素。铬以正三价氧化物最稳定,铬金属具有质硬、耐磨、耐高温、抗腐蚀等特性。目前,在自然界中已发现的含铬矿物约有50余种,分别属于氧化物类、铬酸盐类和硅酸盐类;此外还有少数氢氧化物、碘酸盐、氮化物和硫化物。其中,氮化铬和硫化铬只见于陨石中。

铬是重要的战略物质之一,是冶炼不锈钢的重要原料,在冶金工业、耐火材料和化学工业中得到了广泛的应用。冶金工业方面主要用来生产铬铁合金和金属铬。可作为钢的添加料,生产多种高强度、抗腐蚀、耐磨、耐高温、耐氧化的特种钢。金属铬主要用于铝合金、钴合金、钛合金及高温合金、电热合金等的添加剂,还用于钢制品的镀铬。

常见具工业价值的矿物如表2-5(《矿产资源工业要求手册》,2012)。

表2-5　常见具工业价值铬矿物表

矿物名称	化学式	Cr_2O_3(%)
铬铁矿	$(Mg,Fe)Cr_2O_4$	50～60
铝铬铁矿(或铬铁尖晶石)	$Fe(Cr,Al)_2O_4$	32～38
硬铬尖晶石	$(Mg,Fe)(Cr,Al)_2O_4$	32～50

目前工业用铬主要来源于铬铁矿。铬铁矿(块状、等轴晶系)是一种矿物,英文是(Chromite Massive Isometric),铬铁矿是铬和铁的氧化物矿物:[$(Fe, Mg)Cr_2O_4$],是尖晶石的一种。它相当坚硬,黑色半金属光泽,莫氏硬度5.5～6,比重3.9～4.8,具弱磁性。铬铁矿一般呈块状或粒状的集合体。成分中的铁常可部分被镁所置换,当以Mg为主时,则名镁铬铁矿(Magnesiochromite)。本节着重论述铬铁矿。

2. 矿床类型

铬矿床分为原生矿床和砂矿床两类。原生矿床多与超镁铁岩或辉绿岩有关,其产出类型有:①地台区裂谷带层状铬铁矿床;②活动大陆边缘和大洋裂谷带铬铁矿床。砂矿床以冲积砂矿和海滨砂矿为主(《矿产资源工业要求手册》,2012)。

3. 分布

世界铬铁矿资源丰富。据《世界矿产资源年评》统计,至2008年底,世界铬矿资源量超过120×

10^8 t,可以满足世界经济发展的需求。铬资源丰富的国家有南非、哈萨克斯坦、芬兰、印度、巴西等,其中95%在南非和哈萨克斯坦。

中国的铬矿资源比较贫乏。至2008年底,铬铁矿查明基础储量577×10^4 t,其中富铬矿245.6$\times10^4$ t。主要集中在西藏、甘肃、内蒙古、新疆四省(区),富矿产在西藏罗布莎外围基性岩带中,合计占查明储量的82%(《矿产资源工业要求手册》,2012)。

4. 勘查工业指标

据行业标准(DZ/T 0200—2002),对铬矿床地质勘查的一般工业指标如表2-6。

表2-6　铬矿石品位及开采技术条件

项目＼矿床类型		内生矿床	
		富矿	贫矿
Cr_2O_3	边界品位(%)	≥25	≥58(围岩含矿品位的2倍)
	最低工业品位(%)	≥32	≥12
最小可采厚度(m)		单矿层0.5,复矿层每一单层0.3	1.0
夹石剔除厚度(m)		0.5	1.0

二、资源概况

据不完全统计,西南地区共发现铬铁矿矿床(点)124个,其中位于西藏地区的罗布莎铬铁矿矿床是全国最大的铬铁矿矿床;同时还评价有一批中、小型铬铁矿矿床。据全国铬铁矿保有储量资料统计,西藏是国内保有储量最多的地区,位居第1位,占全国保有储量的41.34%。西南地区主要铬铁矿矿床分布图2-4所示。

三、矿床类型

西南地区铬铁矿产出均与蛇绿岩中的超基性岩密切相关,铬铁矿带的展布与蛇绿岩带的展布完全一致。西南地区铬铁矿的分布分别与雅鲁藏布江蛇绿岩带、班公湖-怒江蛇绿岩带、金沙江蛇绿岩带和哀牢山蛇绿岩带有关。

四、重要矿床

西南地区铬铁矿均属于与蛇绿岩有关的豆荚状铬铁矿,以西藏曲松县罗布莎铬铁矿矿床、东巧铬铁矿矿床、依拉山铬铁矿矿床较为典型。

1. 罗布莎铬铁矿[①]

罗布莎矿区位于西藏自治区曲松县罗布莎乡境内,是我国最大最富的铬铁矿矿床。

① 西藏地质二队,西藏曲松县罗布莎铬铁矿矿区Ⅰ、Ⅱ号矿群地质勘探报告,1985;西藏地质二队,西藏曲松县罗布莎铬铁矿矿区地质详细普查报告,1981。

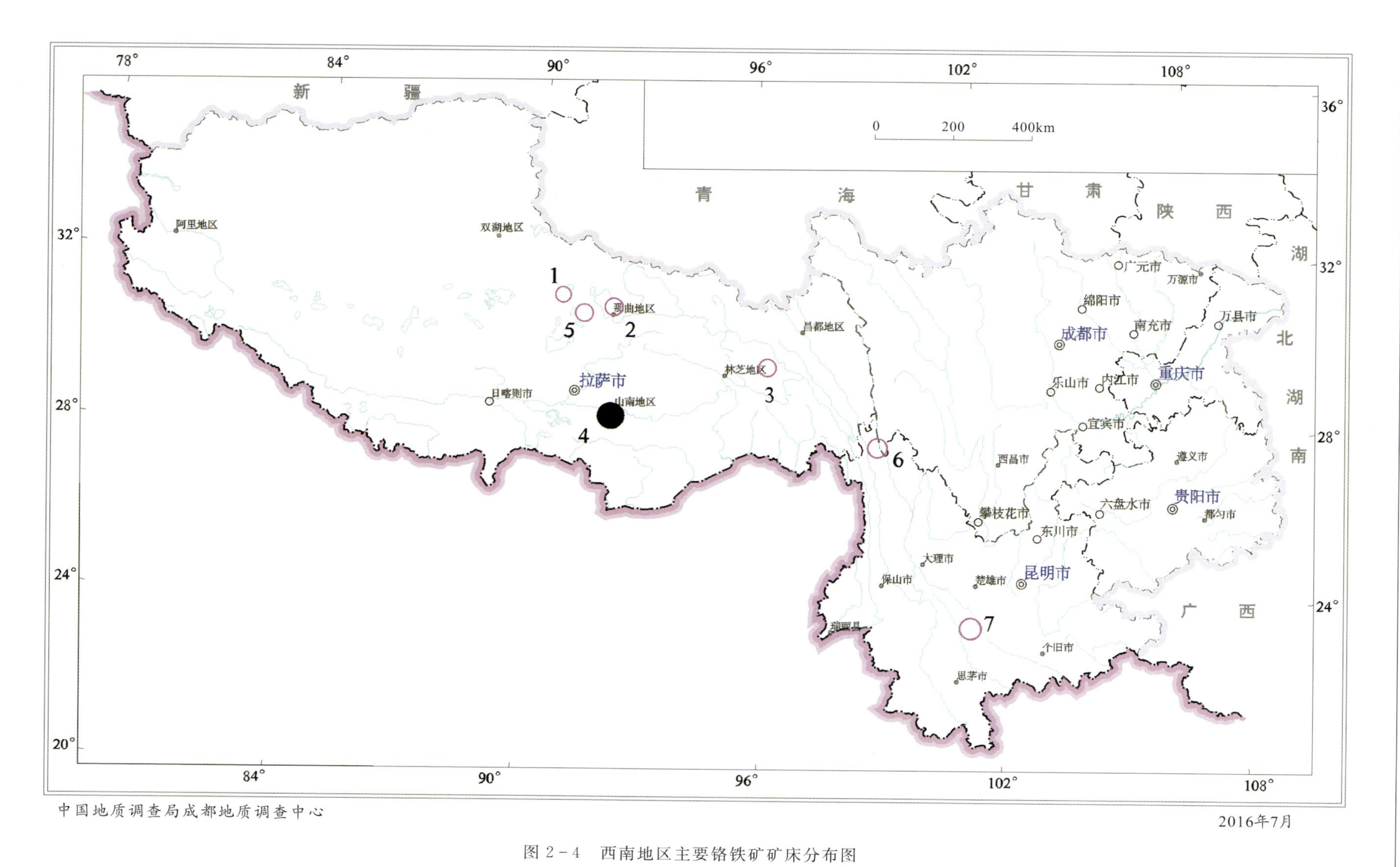

图2-4 西南地区主要铬铁矿矿床分布图

1.东巧铬铁矿床;2.依拉山铬铁矿床;3.丁青东铬铁矿床;4.罗布莎铬铁矿床;5.切里湖铬铁矿床;6.东竹林铬铁矿床;7.双沟矿区铬铁矿

罗布莎超基性岩体产于上三叠统和上白垩统或第三系之间。岩体由地幔橄榄岩和堆晶岩组成。罗布莎岩体总体呈东西向分布，西起尼色拉，经罗布莎、香卡山、康金拉至加查县康萨，全长41km。中段宽，两段窄，面积约70km²。该岩体在罗布莎地段是一个向南倾的单斜岩体。岩体展示的层位关系是，橄榄岩位于堆晶杂岩之上，是一层序倒转的岩体。

罗布莎矿床包括罗布莎、香卡山和康金拉3个矿区，其中以罗布莎矿区矿体规模最大，分布上也比较集中，同时亦最具工业价值。罗布莎矿区除堆晶岩中似层状铬铁矿外，主要的工业矿床为豆荚状铬铁矿，由7个矿群240个矿体组成两个矿带，即北矿带和南矿带。罗布莎区铬铁矿矿体规模悬殊很大，矿体的形态一般以透镜状和豆荚状为主，较小的矿体为不规则的透镜状、囊状、饼状、杏核状、眼球状等。矿体形态与矿体规模有一定的相关性；矿体愈大其形态愈简单，反之则形态愈复杂。

矿石分为致密块状和浸染状两种。矿石品位17%～55%之间，铬铁比值多大于4，少数在3～4之间，是很好的冶金级铬铁矿。同时，矿石中还含平均0.497×10^{-6}的铂族元素，具有很高的综合利用价值。

2. 东巧铬铁矿[①]

东巧矿区位于安多县东巧区北兹格塘错湖西南侧，属西藏自治区安多县东巧区管辖。矿床类型属阿尔卑斯蛇绿岩型铬铁矿矿床，矿体产于东巧超基性岩体的纯橄岩及以斜辉辉橄岩为主的超基性岩体当中。

东巧超基性岩体由东、西两个岩体组成。东巧铬铁矿矿床产于西岩体中。该岩体呈近东西向分布，长约17.5km，面积约45km²。其东端窄，为1.5km，向西逐渐变宽，达4.1km，中段更窄，仅1.07km，平面形态呈豆荚状。

东巧西岩体主要由方辉橄榄岩和纯橄岩及其蚀变岩石组成，其次局部见有少量伟晶辉石岩脉。方辉橄榄岩构成岩体主体，占岩体的85%，纯橄岩约占10%，其他岩石占5%。

矿体围岩均为纯橄岩，其厚度由几十厘米至几米不等，往往呈薄壳状包在矿体的四周；厚度与矿体大小无关，两者产状一致，只是偶见矿体边缘有小的支脉插入薄壳纯橄岩中。

岩体内共发现矿体（点）302个，矿体数量多、规模小。长度大于20m的矿体约占矿体总数的12%，长度小于5m的约占75%，其余的则在5～20m之间。规模较大的有6个，最大的有3个，矿体具有成群出现、成带分布的特点。

按照矿体的分布特征与集中程度，可分为两个含矿带。①中部含矿带：位于岩体中部，即岩体的膨大与变窄的部位，该矿带呈近东西向展布，矿体断续出露，矿带位于纯橄岩岩相带与斜辉辉橄岩岩相带接触的斜辉辉橄岩南侧。②东部矿带：位于岩体东部，该带矿体密集分布，大致呈290°～330°方向分布，长约5km，宽约1km。具有工业价值的较大型矿体主要赋存于纯橄岩-方辉橄榄岩杂岩相带中。工业矿体（约26个）构成5个主要矿群。

矿石以中、粗粒半自形—他形结构，细粒—粗粒结构为主，部分为伟晶镶嵌结构。矿石构造以致密块状和准致密块状为主，仅在矿体边部出现中—细粒浸染状构造矿石，局部见有具斑杂状、豆状构造的矿石。

① 西藏地质五队，西藏安多县东巧铬铁矿矿区Ⅳ、Ⅵ、Ⅷ、Ⅸ号矿群储量报告，1971；西藏地质五队，西藏安多县东巧铬铁矿矿区XⅦ号矿群储量报告，1969。

矿石矿物成分除以铬尖晶石为主外，尚有少量磁铁矿、赤铁矿、磁黄铁矿、镍黄铁矿、针铁矿及铂族元素和金刚石等。脉石矿物以橄榄石（全蛇纹石化）为主，其次为其蚀变矿物蛇纹石、滑石及碳酸盐等。

铬铁矿矿石的 Cr_2O_3 含量变化于50.51%～59.89%之间，Al_2O_3 9.85%～19.24%，MgO 13.27%～16.43%，TFeO 12.52%～16.06%。

3. 依拉山铬铁矿[①]

依拉山矿区位于西藏自治区安多县扎仁区郭嘉乡境内。

依拉山超基性岩体位于班公湖-怒江缝合带的南侧，处在日土-丁青构造岩浆亚带的尼玛-聂荣构造岩浆段；大地构造单元属班公湖-怒江俯冲增生杂岩带成矿区带，属班公湖-怒江成矿带、日土-改则-丁青成矿亚带。

依拉山岩体总面积17km²，岩体总体走向NE70°～80°，倾向南东，西端向南西拐折为走向NE50°，倾向南西。依拉山岩体为一被肢解的蛇绿岩岩块。

根据依拉山岩体的岩石组合及其空间展布，可将地幔橄榄岩单元划分为纯橄岩相带和方辉橄榄岩两个岩相带，矿体分布于纯橄榄岩相带与方辉橄榄岩岩相带的接触带附近，矿体的直接围岩为纯橄榄岩。

依拉山岩体矿化普遍，几乎各处均有，但以北部及中段、东段为主，只Ⅰ、Ⅱ号矿群具工业价值。主要铬铁矿产于纯橄岩带中，矿体的直接围岩为纯橄岩或硅化碳酸盐化纯橄岩。矿体规模较小，形态复杂，产于纯橄岩与方辉橄榄岩接触处的纯橄岩一侧，矿体成群成带出现。Ⅰ号矿群共圈定23个主要矿体和一些小矿体。矿体长一般为20～40m，延深12～25m，矿体厚度沿走向变化较大，一般为0.6～10.5m。其中23号矿体最大，长143m，宽l 5.5m，厚8.4m。

矿石构造以中等浸染状和稠密浸染状为主，少量为稀疏浸染状和致密块状并见豆状矿石，故区别于堆晶成因的铬铁矿。矿石具半自形、他形中细粒结构，近矿围岩中常有铬尖晶石呈星散稀疏浸染状或条带浸染状不均匀分布。脉石矿物除绿泥石外，尚见翠绿色铬石榴石和浅玫瑰色铬绿泥石。

第四节　钒

一、引言

1. 性质与用途

钒是一种银灰略带蓝色的金属。熔点高（1890±10℃），属于高熔点稀有金属之列。它的沸点3000～3400℃，钒的密度为5.96g/cm³。钒具亲石性、亲铁性和很强的亲氧性，以氧化数为正五价的化合物最稳定。钒金属具有延展性，但是若含有少量的杂质，尤其是氮、氧、氢等，也能显著地降低其可塑性。

钒具有众多优异的物理性能和化学性能，因而钒的用途十分广泛，有金属“维生素”之称。最初

① 西藏地质五队，西藏安多县依拉山超基性岩体铬铁矿地质详查报告，1980。

的钒大多应用于钢铁，通过细化钢的组织和晶粒，提高晶粒粗化温度，从而起到增加钢的强度、韧性和耐磨性。后来，人们逐渐又发现了钒在钛合金中的优异改良作用，并应用到航空航天领域，从而使得航空航天工业取得了突破性的进展。随着科学技术水平的飞跃发展，人类对新材料的要求日益提高。钒在非钢铁领域的应用越来越广泛，其范围涵盖了航空航天、化学、电池、颜料、玻璃、光学、医药等众多领域。在化学工业中，用作氧化反应的催化剂，用来生产硫酸、精炼石油、制造染料的催化剂，还可用作吸收紫外线、热射线的玻璃及玻璃、陶瓷的着色剂。

钒在地壳中的丰度为0.02%，比铜、锌、镍、铬都高，按地壳中元素丰度排列居第13位，但它在自然界的分布很分散，不能形成独立的钒矿床，通常以含钒矿物或类质同象的形式存在。钒的化合物有氧化物（V_2O_5，V_2O_4，VO_2）、钒酸盐（NH_4VO_3，Na_3VO_4，$Na_2V_2O_7$，$NaVO_3$ 等）、卤化物（$VOCl_2$，VCl_2）、硫化物（V_2S_3）、碳化物（VC）、氮化物（VN，V_2N，V_3N）和硅化物（VSi_2）等。虽然目前已经发现百余种含钒矿物，但常见的工业矿物并不多。根据矿物中钒的含量，可将钒矿物分为高钒矿物和低钒矿物。前者含 V_2O_5 20%～30%，有绿硫钒矿、钒钾铀矿和钒云母等。钒钛磁铁矿虽然含钒很低（一般为0.1%～0.2%），但由于其储量巨大，从而成为生产钒的主要矿物资源。主要含钒工业矿物见表2-7。

表2-7 主要含钒工业矿物

矿物名称	化学式	V_2O_5(%)
绿硫钒矿	VS_4	19～25
钒云母	$KV_2 \cdot AlSi_3O_{10}(OH)_2$	21～29
钒铜铅矿	$(Cu,Pb)(OH)VO_4$	18
钒钾铀矿	$K_2(UO_2)_2V_2O_8 \cdot 3H_2O$	20
钒铅矿	$Pb_5(VO_4)_3Cl$	19.3
钒钙铀矿	$Ca(UO_2)_2(V_2O_4)_{24} \cdot H_2O$	19.8
钒磷铁矿	$Fe^{2+}(Fe^{3+},V)_2O_4$	5

2. 矿床类型

钒的独立矿床很少，主要为共伴生矿床，主要工业类型有：

（1）与辉长岩类有关的岩浆型钒钛磁铁矿矿床，钒赋存于磁铁矿中，矿石中 V_2O_5 含量一般为0.*n*%～1%。

（2）铁橄榄岩似伟晶岩岩管中的钒钛磁铁矿矿床，这类矿石中 V_2O_5 含量可达2%以上。

（3）红色砂岩系中的钒钾铀矿矿床，V_2O_5 含量一般为1.5%～2%，属沉积-淋积矿床，是铀钒综合矿床。

（4）绿硫钒矿-地沥青矿床，V_2O_5 含量一般为0.2%～1%，是钒的独立矿床，不少地沥青中发现有钒的富集。

（5）钒铅矿矿床，产于某些多金属矿床的氧化带中，在破碎带中富矿 V_2O_5 含量平均可达2%～3%，这类矿床的矿化深度可达200m。

(6)黑色页岩中的钒、钼、铀矿床，主要与生物有机质有关，平均含 V_2O_5 0.84%。

(7)沉积型铁、铝、煤、石油矿床中，常含钒，可综合利用。

3. 分布

世界上已知的钒储量有98%产于钒钛磁铁矿中。除钒钛磁铁矿外，钒资源还部分赋存于磷块岩矿，含铀砂岩，粉砂岩，铝土矿，含碳质的原油、煤、油页岩及沥青砂中。

世界钒钛磁铁矿的储量很大，并且集中在少数几个国家和地区，包括美国、中国、南非、挪威、瑞典、芬兰、加拿大、澳大利亚等，并且集中分布在南非洲、北美洲等地区。

我国的钒资源主要有两大类：一是钒钛磁铁矿，一是石煤(碳质页岩)。根据2007年全国各省矿产储量统计简表，截至2006年底，我国有18个省和自治区有钒矿资源，产地123处，保有资源储量约 3400×10^4 t(以 V_2O_5 计)，累计查明资源储量约 3600×10^4 t。主要分布在湖南、湖北、安徽、陕西、四川、贵州、河北等省(蒋凯琦等，2010)。

4. 勘查工业指标

《矿产资源工业要求手册》提出钒矿的地质勘查一般工业指标见表2-8。

表2-8　钒矿勘查工业指标

项目 / 矿床类型	边界品位 V_2O_5(%)	最低工业品位 V_2O_5(%)	最小可采厚度(m)	夹石剔除厚度(m)
独立矿床	0.5	0.7	≥0.7	≥0.7
伴生矿床	0.1～0.5		不作要求	

二、资源概况

西南地区的钒矿主要分布于四川、贵州两省(图2-5，表2-9)。

四川省钒矿探明储量居全国之首，四川的钒矿主要以伴生形式赋存于攀枝花式钒钛磁铁矿中，单独产出者极少。钒在硅质沉积建造中局部可形成沉积及沉积变质型矿床，主要成矿时代有晚震旦世、早寒武世及早二叠世。钒与黑色含磷碳硅质岩关系密切，V_2O_5 含量与碳质、黄铁矿、石英呈正相关。

贵州的钒矿主要为沉积型钒矿，多与磷、铀、钼、镍和铅锌矿伴生或共生，成矿期主要是早寒武世牛蹄塘期，在牛蹄塘组底部黑色碳硅质岩层中富集成为矿床，主要分布于黔中、黔东地区。它们的形成和产出与黑色岩系，特别是有机质岩石有不可分割的关系，表现为矿床与黑色岩系的空间相关性。贵州境内因勘查工作和研究程度较低，目前全省范围内发现的矿产地多数为矿点级，达矿床规模的矿产地较少。近年来，随着钼、镍、钒矿价格猛涨，采矿业的兴盛和地勘工作的加强，陆续在黔北松林-岩孔背斜、湄潭背斜、织金大院背斜、铜仁坝盘背斜，以及修文、清镇等地，发现了具有一定工业开采价值的钼矿产地，日益显示出沉积型镍钼钒矿具有一定的资源潜力和找矿远景(朱笑青等，2006)。

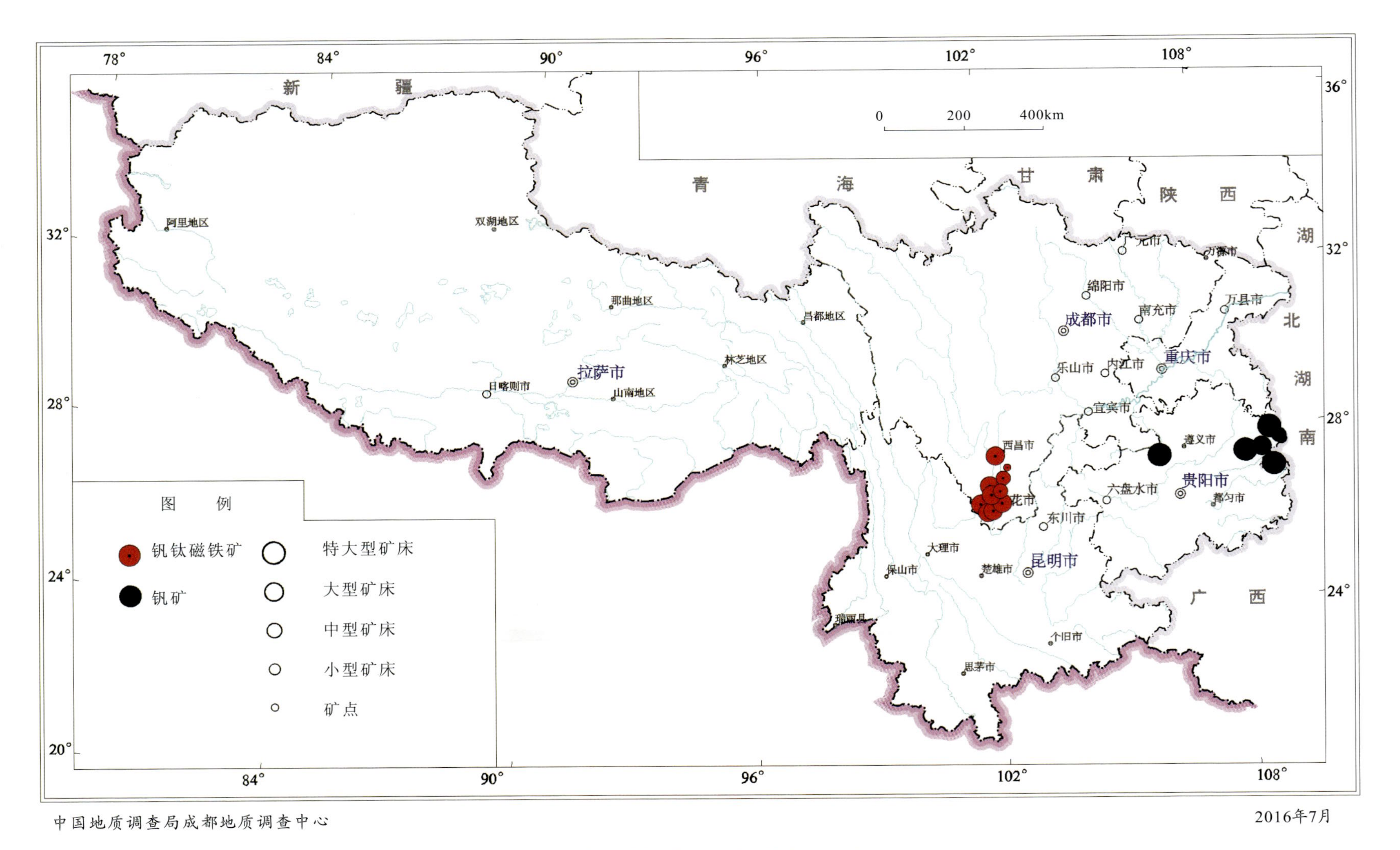

图2-5　西南地区主要钒矿矿床点分布图

表 2-9 西南地区钒矿床一览表

序号	名称	行政地理位置	矿床规模	工作程度
1	遵义县泮水镇柿子坪钒矿	遵义市 260°方位 54km	小型	普查
2	铜仁漾头市钒矿段	铜仁市以东 19km	小型	普查
3	铜仁市渡口钒矿段	铜仁以东 19km	中型	普查
4	铜仁市茶店半溪钒矿矿床	铜仁茶店半溪	大型	普查
5	铜仁瓦屋司前钒矿点	铜仁瓦屋司前,距漾头 6km	小型	普查
6	石阡县青阳乡马宗岭矿床	石阡县城北东 20km	特大型	普查
7	石阡县石固乡王家沟矿床	石阡城东 30km	小型	普查
8	松桃安堂新场钒矿点	松桃安堂乡	小型	普查
9	松桃团寨乡新寨坪矿床	松桃团乡新寨坪	特大型	普查
10	岩孔镇箐口、岳家寨矿床	金沙县北北东,直距 11km	特大型	普查
11	黄平县上塘矿床	黄平县城南西 60km	小型	普查
12	天柱县大河边钒矿区	位于县城北西 16km	特大型	详查
13	贵州岑巩县注溪钒矿	贵州岑巩县注溪镇	大型	详查
14	遵义新土沟钼钒(镍)矿床	遵义市北西平距 15km		
15	铜仁半溪钒矿床	铜仁县城西南平距 35km		普查
16	新坡钒矿	金沙县新坡村		普查
17	青禾钒矿	大方县青禾		
18	镇远县江古钒矿	镇远县城北东平距 24km 处		

三、矿床类型

西南地区的钒矿床的主要有两种:

(1)与辉长岩类有关的岩浆型钒钛磁铁矿矿床,钒赋存于磁铁矿中,矿石中 V_2O_5 含量一般为 0.n%～1%。

(2)黑色页岩中的钒、钼、铀矿床,主要与生物有机质有关,平均含 V_2O_5 0.84%。

四、重要矿床

1. 贵州遵义新土沟钼钒(镍)矿床

该矿床位于遵义市北西平距 15km 处。地理坐标:东经 106°47′00″,北纬 27°45′14″。

地处桐梓背斜中段东南翼。出露地层有灯影组—下寒武统牛蹄塘组。含矿岩层主要为牛蹄塘组底部"黑色金属层"及硅质磷块岩。磷块岩与白云岩呈假整合接触,接触面见古风化壳,为铁锰质氧化物及黏土,厚度受古侵蚀面控制。

含矿层空间分布由下而上为:

①高碳质页岩型钒矿,位于磷矿层之上,层位稳定,分布全区,含 V_2O_5 0.526～0.936%,平均 0.80%,厚 0.2～1.30m。底部含铀磷块岩为黑色致密块状硅质磷块岩,厚 0.1～0.3m,呈似层状产出,含 P_2O_5 30%,U 0.04%～0.05%,含 V_2O_5 0.03%～0.54%。

②碳质黏土岩型钼钒(镍)矿,呈薄层状产出,分布连续,含 Ni 0.052%～0.199,%,不达边界品位;Mo 0.048%～0.35%;V_2O_5 0.611%～1.468%。厚 0.33~1.15m。

③黄铁矿型镍钼矿层("金属层"),呈薄层状产出,分布连续,含 Ni 3%～6%,平均 3.5%;Mo 5%～8.5%,平均 7.1%。厚度 0.01～0.14m,平均 0.041m。

④碳质黏土岩型(镍)钼矿,位于含矿系上部,分布不连续,呈透镜状、似层状产出,顶界与围岩界线不清,靠化验控制,为次(镍)钼矿层,含 Ni 0.05%,不达边界品位;Mo 0.1%。厚 0～5m。

按含矿岩性特征和矿物赋存状态、组合关系将矿石分为两类：黏土岩性和黄铁矿型。

碳质黏土岩型矿石：主要矿物成分为胶磷矿、石英、重晶石、黄铁矿、碳质、硅质等，金属矿物中的镍、钼、钒元素赋存状态不明。

黄铁矿型镍钼矿石：主要矿物为黄铁矿、针镍矿、硫钼矿，次要金属矿物有锑硫镍矿、黄铜矿、闪锌矿、铜蓝等。非金属矿物有碳质、黏土矿物、粉砂状碎屑物、胶磷矿、方解石、重晶石、石英、石膏等。

碳质黏土岩型镍钼钒矿缺少岩矿资料。黄铁矿型镍钼矿的矿石结构有砾屑结构、生物屑结构、藻包粒结构、显微莓球结构、叠层结构，矿石构造有滑动构造、生物扰动构造。

2. 贵州铜仁半溪钒矿床

该矿床位于铜仁县城西南平距35km，通公路。地理坐标：东径108°54′20″，北纬27°31′00″。经1977—1978年普查，计算V_2O_5(C+D)级储量22 560t，其中C级8319t。

该矿床位于坝盘背斜南西倾伏端，出露地层有板溪群、震旦系、下寒武统。含矿层主要为下寒武统九门冲组下部和留茶坡组顶部10m左右的碳质页岩，底板为磷块岩，岩层倾角10°～35°。

矿石具泥状和鳞片状结构，未见独立的钒矿物，只见少量黄铁矿。

矿床主矿层含钒稳定，有一定的工业意义。

3. 贵州岑巩县注溪钒矿床

注溪钒矿在区域大地构造位置上，位于江南造山带西南段。区内主体构造线呈北东向，次为近东向。矿区内出露地层有：青白口系平略组；下南华统铁丝坳组、大塘坡组及上南华统南沱组；下震旦统陡山沱组，震旦系至寒武系留茶坡组，下寒武统九门冲组、变马冲组及杷郎组；第四系。

矿区位于区域焦溪背斜北段轴部及北东倾伏端，该背斜总体轴向北东。断层构造较为发育，总体走向呈北东向展布，以正断层为主。

区内含矿岩系为震旦系—寒武系留茶坡组及下寒武统九门冲组第一段，厚110～140m。留茶坡组由黑色薄—中厚层硅质岩夹少许薄层碳质黏土岩组成；九门冲组第一段由中厚层含碳质粉砂岩夹碳质黏土岩组成，其底部为厚10～20cm的含黄铁矿黏土质粉砂岩（习称“多金属层”），该层之下常为一套厚1～5m的厚层—块状长石砂岩。

注溪钒矿床分为3个矿段8个块段。3个矿段分别为老屋基、大寨及大坡矿段。其中，老屋基矿段包括3个块段，大寨矿段包括2个块段，大坡矿段包括3个块段。

矿层（体）直接顶板围岩主要为黑色中厚层含碳质粉砂岩、细—粉砂岩；直接底板围岩主要为黑色薄—中厚层硅质岩及厚层—块状细—粉砂岩、长石砂岩。围岩品位一般小于0.3%。

矿物组分：区内含矿岩主要为硅质岩、含碳质粉砂岩。

硅质岩结构为微—隐晶结构，层状构造；粉砂岩结构为粉砂状，层纹—条纹—条带状构造。

根据钒矿层（体）的岩性组合，区内主要矿石自然类型为黑色硅质岩型、黑色含碳质粉砂岩型及黑色碳质黏土岩型3类。

五、成矿潜力与找矿方向

根据区域成矿地质条件、矿床成因、成矿规律等，可将西南地区钒矿划分为3个远景区（图2-6）；分别为四川攀（枝花）-西（昌）地区、贵州遵义-金沙和铜仁-镇远地区。四川攀西地区的钒矿为与辉长岩类有关的岩浆型钒钛磁铁矿矿床，钒赋存于磁铁矿中，该远景区的潜力分析参考铁矿章节部分，本章节不再赘述。

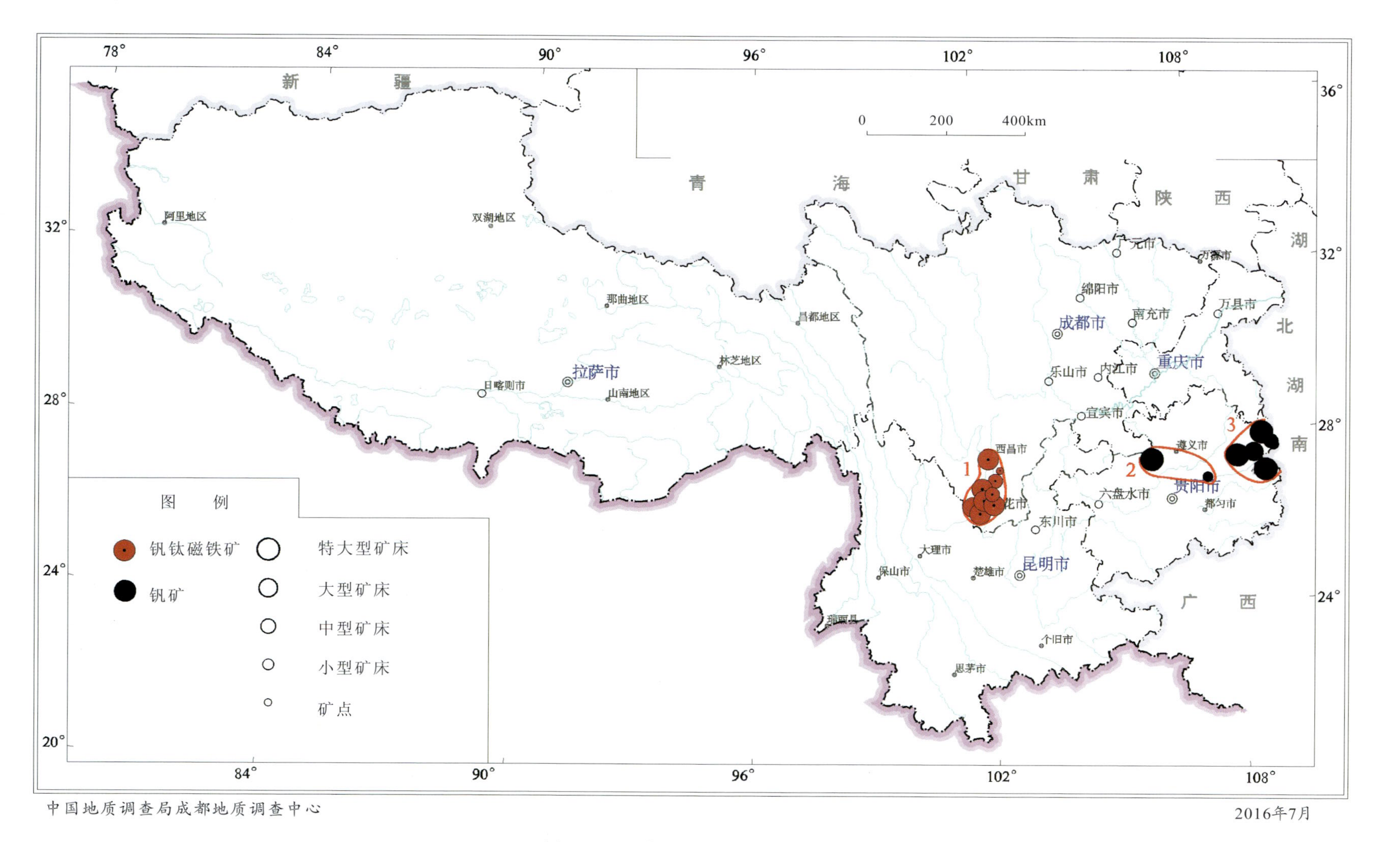

图2-6 西南地区钒矿远景区分布图

第五节　钛

一、引言

钛(Ti)是典型的亲石元素,金属钛是银白色的。钛矿主要包括钛铁矿和金红石。据《世界矿产资源年评》统计,近年来世界钛铁矿(精矿)年生产量 718×10^4 t,金红石(精矿)年生产量为 59×10^4 t,此外,钛渣(炼钢铁副产品)年生产量 226×10^4 t。地壳中含钛在1%以上的矿物有80余种,具有工业价值的有15种。中国主要利用的有钛铁矿、金红石和钛磁铁矿等。

中国钛矿资源十分丰富,居世界首位。至2008年底,钛矿查明基础储量(折合 TiO_2 含量)24 128×10^4 t,原生钛矿占94.5%,集中分布在四川、河北;钛铁砂矿占3.6%,主要分布在海南、云南、广西、广东、江苏和江西等省(区);金红石资源量占1.9%,主要分布在河南、山西、江苏、湖北等省。在攀枝花-西昌地区,除探明储量外,还有较多的资源量,预计氧化钛资源量可达数亿吨。在秦岭、大别山等地,原生金红石,预测远景储量在数千万吨以上。

据行业标准(DZ/T 0208—2002),金红石及钛铁砂矿地质勘查一般工业指标如表2-10。

表2-10　金红石及钛铁矿砂矿一般工业指标参考表

矿石类型 \ 项目		边界品位	最低工业品位	最小可采厚度(m)	夹石剔除厚度(m)	剥采比
砂矿(矿物,kg/m^3)	金红石	1	2	0.5		≤4
	钛铁矿	10	15	0.5~1		0.5~1
原生矿(TiO_2,%)	金红石	1	1.5	1		1

二、资源概况

西南地区钛矿资源丰富,主要分布于四川、云南两省。四川省以原生钛矿为主,攀枝花-西昌地区的攀枝花、红格、白马、太和四大矿区,已探明的储量达 8.7×10^8 t(以 TiO_2 计),占全国的90.5%,占世界的35%。其中攀枝花的 TiO_2 储量 5.04×10^8 t,占国内已探明储量的52%(王荣凯等,2000)。云南省已探明的钛铁矿床有30个,其中大型矿床15个,中型矿床5个,小型矿床10个,探明的钛铁矿储量约 5561×10^4 t。其主要分布在滇中武定—禄劝、昆明西山—富民,滇南弥勒—建水—石屏,滇西的洱源、保山、勐海等地(雷霆等,2005)。

三、矿床类型

西南地区钛矿床类型比较齐全,与基性岩有关的伴共生钒、钛、磁铁矿床最为主要,代表性矿床有四川攀枝花、红格、白马、太和等。以攀枝花为例,矿体产于辉长岩-橄辉岩等基性、超基性火成岩体中。详见铁矿有关章节。

与基性岩有关的钛铁砂矿以云南武定大奕坡、保山板桥为代表,由富含钛铁矿辉长岩、辉绿岩风化富集形成砂矿床。

变质基性岩(硫辉石)中含金红石原生矿床以四川会理干沟为代表,产于会理群立马河组下部灰绿色含金红石变玄武凝灰岩中,属变质玄武质、流纹质粗面质火山岩中的矿床。

金红石内陆砂矿床也有发现,四川九龙、西藏江达和工布江达等有矿(化)点分布。

四、重要矿床

(一)云南武定大奕坡钛铁砂矿

矿区位于县城110°方向,平距1.5km处。

1. 成矿母岩地质特征

区域内海西期辉长-辉绿岩群,产出受控于新元古代南北向西昌-安宁河-易门岩石圈大断裂,沿大断裂东、西两侧有次级断裂产出,与攀枝花-西昌地区基—超基性杂岩及四川矿山梁子式磁铁矿成矿有关的玄武岩为同期、同源不同空间产出的岩浆岩体。

武定西城矿区大奕坡矿段岩体侵位在泥盆系中。岩石呈灰黑色,辉绿结构,主要由基性斜长石、透辉石、橄榄石和玻璃质基质组成。副矿物为磷灰石、榍石,偶见锆英石。钛铁矿、磁铁矿分散在岩石中。原岩风化壳平均厚18.09m(最厚22.7m)。原岩以高铁富钛为特征,主要有钛铁矿与磁铁矿产出。

2. 成矿母岩风化壳地质特征

在新近纪至第四纪漫长岁月中,集新构造运动、古气候、地貌、雨水下渗排泄等一切有利的条件,使其能形成硅铝-铁质-铝土质(红土型)风化壳并保存至今。一些破坏的含矿风化壳,则转变成坡积或滨湖-河流型冲积砂矿床。

大奕坡岩体风化壳自下而上可分为4层:①新鲜原岩;②半风化壳岩体(过渡层),厚度大于10m,含钛铁矿7～10kg/m^3;③棕黄灰色砂土层,砂土型砂矿含矿层,厚2～19.25m,由黏土、高岭土夹石英砂岩屑组成,最高含钛铁矿177.95kg/m^3;④棕红色黏土层,红土型砂矿含矿层,厚0～3.5m,最高含钛铁184.95kg/m^3、磁铁矿35.07kg/m^3。

3. 风化壳砂矿地质特征

风化壳砂矿的规模、品位、面积、厚度,与其红土化的彻底程度密切相关。红土化愈彻底,有用矿物解离愈好,残留岩屑愈少,就可形成易采、易选的高品位富矿。

(1)红土型砂矿。品位富,储量相对少。由亚黏土、绢云母,及少量石英砂、钛铁矿、磁铁矿物组成,平均含钛铁矿120.11 kg/m^3。

(2)砂土型砂矿。是赋存储量的主体。总体色浅,其组成与红土型相同,只是黏土减少,岩屑增多,偶见基性岩残余结构。平均含钛铁矿125.90kg/m^3。

两类砂矿矿物组成基本相同,主要由钛铁矿、磁铁矿组成,另有少量赤铁矿、褐铁矿、锐钛矿、白钛矿、锆英石、金红石、电气石等。

(二)云南板桥钛铁砂矿

矿区位于保山盆地东北部,县城45°方向,平距9km处。滇缅公路通过矿区西侧,相距2～6km。

1. 地层

保山盆地周围出露古生界及三叠系。盆地中分布第三系和第四系。

第三系(湖积层):砂层、砾石层浅褐黄色;砂层中常见交错层理;砾石层的砾石成分主要是砂岩,次为石英、基性岩、板岩、页岩等,砾径一般 1～15cm,最大 42cm,砂砾的分选性均较好。黏土层灰白色,细腻,局部夹褐煤层。本系全厚未揭穿,厚度大于 180m。

第四系(湖积层为主):组成成分基本上同第三系,唯颜色较深,常为灰绿色、黄绿色和灰黑色;分选性也较差;腐殖质较多,不同物质成分常互相掺杂;厚度各处不一。

两种岩层都是未固结的松散堆积。不同岩性的湖积层在平面上和剖面上都是反复交替地变化。其产状特点是走向大体平行于盆地边缘线,朝盆地中心倾斜,倾角 3°～16°。第三系和第四系都有钛铁矿砂矿产出。

2. 构造

褶皱构造主要是保山复式背斜,走向近南北。保山盆地处于复式背斜的东翼,受北东东向断裂组和北北西向断裂组控制。

3. 岩浆岩

保山盆地周围产出的岩浆岩主要是基性岩类(深成相至喷出相),偶见中性岩。

辉长岩类:普通辉长岩、次闪辉长岩和橄榄辉长岩等。岩石均含一定数量的钛铁矿和钛磁铁矿矿物,是砂钛矿中钛铁矿的主要含矿母岩。大蒿子箐辉长岩体的风化壳本身就已经构成了工业钛铁矿床。

辉绿岩类:有普通辉绿岩和橄榄辉绿岩,含钛铁矿副矿物,也是砂钛矿中钛铁的含矿母岩之一。

玄武岩类:有普通玄武岩和杏仁玄武岩两种,钛矿物含量较低。

以上各类基性岩主要分布于盆地的北、东、南三面的中高山地带,特别是富含钛铁矿的辉长岩和辉绿岩多集中产出于北东边。大多数产出在石炭纪地层中。玄武岩类成层产出,与岩层产状一致,属石炭纪海底喷溢产物。辉长岩、辉绿岩有沿层侵入岩,也有断裂侵入而呈各种脉状岩,应属海西期产物。

4. 矿体特征

含矿层即前述第三纪、第四纪各种不同岩性的湖积层和部分冲积层。

矿体主要赋存于细砂层中,次为土质砂或砂质土层、砾石层和砂砾互层。第三纪湖积层中的钛铁矿含量普遍高于第四纪。

矿体共 3 个,编号为Ⅰ、Ⅱ、Ⅲ。

Ⅰ号矿体:在平面上矿体呈带状分布于盆地北东边缘的丘陵区新近系中。矿体产状与湖积层一致,自北向南,走向从约 NW20°变为近南北向,朝西倾斜。平面上矿体常变大变小,剖面上分支复合,向北向东均有变薄、变贫以至尖灭的现象。

Ⅱ号矿体:即丘陵区产于第四系中的矿体(未包括丘陵顶部表土层中的矿体)。厚度一般为数米至 10 余米。常有分支复合、贫富交替变化现象。

Ⅲ号矿体:指东河沿岸第四纪河床冲积层中的全部矿体。矿体呈水平状态产于冲积层中,被夹层分隔为若干矿层,分支复合,贫富变化较频繁。

5. 重矿物组合及特点

有用的重砂矿物为含钛矿物和锆英石。含钛矿物以钛铁矿为主，白钛石、锐钛矿、钛磁铁矿、金红石次之。脉石矿物以石英为主，角闪石、电气石、石榴石等次之。

钛铁矿铁黑色，粒度细，一般附着在0.12～0.06mm粒级的砂粒中。锆英石、锐钛矿和金红石富集在小于0.053mm的粒级中。除金红石、锆英石尚有完整的晶形外，其余矿物多呈碎屑状、棱角状和半滚圆状。矿物分离度好，多呈单体存在。

（三）四川会东干沟金红石矿

矿点位于扬子地台西缘，康滇地轴之东川断拱。居新山向斜内。含矿层为会理群立马河组下部灰绿色含金红石变玄武凝灰岩。

矿体呈厚层状，产状与地层一致，延伸稳定，矿化均匀。矿石呈变余凝灰、鳞片变晶、鳞片粒状变晶结构；平行、定向、条纹—细纹及变余气孔构造。矿石成分除金红石外，主要为绢云母，次为石英、铁白云石，少至微量为黄铁矿、磷灰石、电气石、绿帘石、白钛石、方铅矿等，偶见独居石、锆石。金红石单晶呈自形—半自形微粒状，少数他形粒状，时见膝状双晶。

五、综合利用

西南地区钛铁矿一般共伴生于与基性岩有关的钒钛磁铁矿矿床中，在利用钒钛磁铁矿时，应重视钛的综合利用。原生金红石也与其他有用矿产伴生，在砂矿中常与独居石、锆英石（尚需注意铪）、石榴石等伴生，应注意综合回收利用。

第三章　有色金属矿产

第一节　铜

一、引言

1. 性质与用途

铜，呈紫红色，元素符号 Cu，硬度 2.5～3，密度 8.5～9g/cm^3，熔点 1083 ℃，沸点 2567 ℃。公元前 3000 年，塞浦路斯就开始开采铜矿（Wilson，1998）。我国是世界上较早开采利用铜矿的国家之一，湖北大冶铜录山铜矿开采就始于 3000 多年前的商代晚期，云南东川铜矿开采始于东汉时期。我国历史上的货币大多是用铜或铜的合金制成。

铜是继铁和铝后第 3 个最为有用的金属。由于铜具有良好的延展性和导热性，导电性高，化学稳定性强，并易与锌、铅、镍、铝、钛等熔成合金等特点，因而被广泛用于电子电气和制造业，并在国防工业、化工业、海洋工业、医药工业、工艺美术和农业中得到使用。

含铜矿物已发现约有 280 种，表 3－1 列出了日常最为常用和重要的 8 种铜矿物。当前，我国选冶铜矿物原料主要是黄铜矿、辉铜矿、斑铜矿、孔雀石等。在金属矿床中，硫化物铜通常与铁硫化物、镍硫化物、铅锌和钼硫化物共生或伴生产出，并常含有痕量金银元素。

表 3－1　主要铜矿物一览表（Wilson，1998）

矿物名称	化学组成	铜含量(%)
赤铜矿	Cu_2O	88.8
辉铜矿	Cu_2S	79.9
铜蓝	CuS	66.4
斑铜矿	Cu_5FeS_4	63.3
孔雀石	$Cu_2[CO_3](OH)_2$	57.5
蓝铜矿	$Cu_3[CO_3](OH)$	55.3
硅孔雀石	$(Cu, Al)_2H_2Si_2O_5(OH)_4 \cdot nH_2O$	36.2
黄铜矿	$CuFeS_2$	34.6

2. 矿床类型

铜矿产出类型多样。根据赋矿岩石类型，主要铜矿床类型见表3-2。

表3-2 铜矿主要矿床类型(Wilson，1998)

矿床类型	亚类型
产于侵入岩中的铜矿	斑岩铜矿
	产于超镁铁质和镁铁质的铜矿
	产于碳酸岩杂岩中的铜矿
产于火山岩中的铜矿	块状和浸染状有色金属硫化物铜矿
产于沉积岩中的铜矿	沉积喷流铜矿
	产于红层中的铜矿
产于脉或角砾中的铜矿	产于石英脉中的交代的和角砾岩体中的铜矿

铜的产量大多来自斑岩铜矿和相关矿床，其次是沉积岩容矿的铜矿、火山成因块状硫化物矿床、热液脉状或交代矿床以及超镁铁质和碳酸盐铜矿(Jolly，Edelstein，1992)。

我国铜矿工业类型主要有斑岩铜矿床、矽卡岩型铜矿床、变质岩层状铜矿床、超基性岩铜镍矿床、砂岩铜矿床、火山岩黄铁矿型铜矿床以及各种围岩中的脉状铜矿床。斑岩铜矿是我国最重要的铜矿类型，约占全国铜矿储量的45.5%，大型、超大型矿床较多，代表性矿床有江西德兴铜矿，西藏玉龙铜矿、驱龙铜矿，云南普朗铜矿，新疆土屋铜矿和黑龙江多宝山铜矿等。与国外不同，矽卡岩型铜矿在我国铜矿中占较大的比例，约占全国铜矿储量的30%，分布较广，以中小型居多。

3. 分布

铜矿资源丰富，据美国地质调查局估计，陆地铜资源量为30×10^8t，大洋深海底锰结核中的铜资源量为7×10^8t。此外，大洋底或深海多金属硫化物矿床也含有大量的铜资源。至2008年底，世界铜探明储量为5.5×10^8t，基础储量10×10^8t，主要分布在智利、秘鲁和美国，其次是加拿大、墨西哥、波兰、澳大利亚、俄罗斯、哈萨克斯坦、扎伊尔、刚果、赞比亚、南非和印度尼西亚等国。铜矿的主要产出国是智利，其次是美国和加拿大(Wilson，1998)。我国长期以来铜供应不足，2008年国内铜产量仅占年消费量的74%，而我国铜的年消费量已居世界第1位(《矿产资源工业要求手册》，2012)。我国的铜矿资源具有分布广、相对集中的特点。至2013年底，铜矿查明资源储量9111.9×10^4t(中国矿产资源报告，2014)。铜矿资源主要分布在西藏、江西和云南，其次是山西、内蒙古和安徽，另外在甘肃、湖北、黑龙江、福建、四川和新疆等地也有分布。

4. 勘查工业指标

根据《中华人民共和国地质矿产行业标准》(DZ/T 0214—2002)，我国铜矿床地质勘查一般工业指标见表3-3。

根据国土资源部2000年4月24日发布的规定(国土资发〔2000〕133号)，铜矿床规模划分标准为：大型储量$\geqslant50\times10^4$t，中型储量$(10\sim50)\times10^4$t，小型储量$<10\times10^4$t。

表 3-3　铜矿床地质勘查一般工业指标

项目 \ 矿石类型	硫化矿石		氧化矿石
	坑采	露采	
边界品位(%)	0.2～0.3	0.2	0.5
最低工业品位(%)	0.4～0.5	0.4	0.7
矿床平均品位(%)	0.7～1.0	0.4～0.6	
最小可采厚度(m)	1～2	2～4	1
夹石剔除厚度(m)	2～4	4～8	2

二、资源概况

西南地区铜矿资源丰富，是我国重要的铜矿富集区，主要分布于西藏和云南，四川次之，贵州和重庆较少。西南地区铜矿在全国资源优势明显，尤其是斑岩型铜矿在全国占有重要地位。到2008年，西南地区保有铜资源储量(包括基础储量和资源量)已达2780×10^4t，占全国的比例已由29.5%上升到36.1%(刘增铁，2010)，与华东、华北、东北、中南和西北五大区域相比，列全国第1位。据不完全统计，到2010年，西南地区已发现铜矿床(点)1026个，其中，超大型矿床5个(西藏玉龙铜矿、驱龙铜矿、甲玛铜矿、多不杂铜矿，云南普朗铜矿)，大型以上矿床23个，中型矿床44个，小型矿床182个。西南地区大中型以上铜矿床分布见图3-1及表3-4。

西藏自治区有铜矿床(点)515个，其中，大型以上矿床16个，中型矿床17个，小型矿床49个，其余均为矿点(《西藏自治区铜矿资源潜力评价》，2011)。截至2008年底，西藏保有资源储量1500×10^4t，占全国19%，在全国排位第1(国土资源部，2009)。

云南省有铜矿床(点)264个，其中，大型以上矿床6个，中型矿床21个，小型矿床126个，其余均为矿点(《云南省铜矿资源潜力评价》，2011)。截至2008年底，云南保有资源储量1050×10^4t，占全国储量的14%，在全国排位第3位(国土资源部，2009)。

四川省有铜矿床(点)165个，其中，大型矿床1个，中型矿床6个，小型矿床13个，其余均为矿点(《四川省铜矿资源潜力评价》，2011)。截至2008年底，四川保有资源储量220×10^4t，占全国储量的3%，在全国排位第12位(国土资源部，2009)。

贵州省有铜矿床(点)21个，其中，小型矿床6个，其余均为矿点(贵州省铜矿资源潜力评价，2011)。截至2008年底，贵州保有资源储量10×10^4t，占全国储量的0.1%，在全国排位第26位(国土资源部，2009)。

重庆市有铜矿床(点)61个，均为矿点(《重庆市铜矿资源潜力评价》，2011)。

三、勘查程度

西南地区铜矿勘查程度总体较低，开展过详查-勘探工作的矿区不多，多数矿床尚处于普查以下勘查程度。

20世纪50—60年代，铜矿主要围绕老矿山开展勘查开发，云南东川铜矿的开发历史可追溯到1000多年前；1951年开始勘查，相继发现了汤丹、稀矿山、滥泥坪等铜矿床；到1957年，东川铜矿累计探明铜储量达210×10^4t，成为西南地区第一个铜矿基地，这一时期还相继发现了四川拉拉铜矿、云南大红山铜矿和易门铜矿等，并相继转入开发。

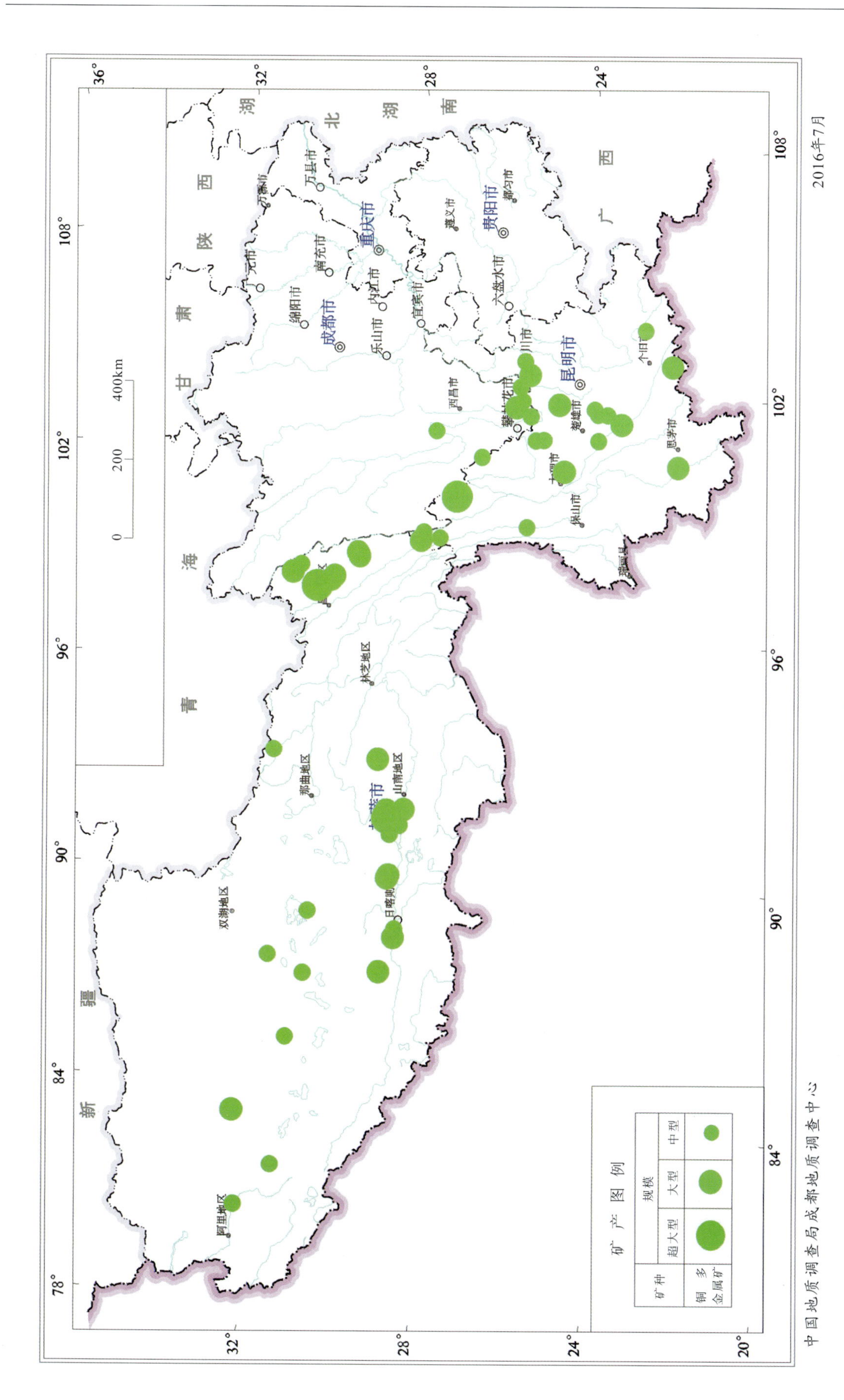

图3-1 西南地区主要铜矿床点分布图

表 3-4 西南地区铜矿(大中型以上)一览表

编号	矿床名称	地理位置	矿床类型	规模	勘查程度
1	江拉昂宗铜矿	西藏尼玛县	矽卡岩型	中型	普查
2	舍索铜多金属矿	西藏申扎县	矽卡岩型	中型	详查
3	朱诺铜(银)矿	西藏昂仁县	斑岩型	大型	详查
4	得琼弄铜多金属矿	西藏江达县	矽卡岩型	中型	预查
5	仁达铜矿	西藏江达县	矽卡岩型	中型	详查
6	彭岗铜铅锌多金属矿	西藏尼木县	斑岩型	中型	普查
7	驱龙铜矿	西藏墨竹工卡县	斑岩型	特大型	勘探
8	甲玛铜多金属矿	西藏墨竹工卡县	矽卡岩型	特大型	勘探
9	莽总铜钼矿	西藏妥坝县	斑岩型	大型	普查
10	玉龙铜矿	西藏妥坝县	斑岩型	特大型	勘探
11	扎那尕铜钼矿	西藏妥坝县	斑岩型	中型	普查
12	马拉松多铜矿	西藏察雅县	斑岩型	大型	详查
13	白容铜钼矿	西藏尼木县	斑岩型	中型	普查
14	冲江铜钼矿	西藏尼木县	斑岩型	大型	普查
15	岗讲铜钼矿	西藏尼木县	斑岩型	大型	普查
16	厅宫铜矿	西藏尼木县	斑岩型	大型	普查
17	多霞松多铜钼矿	西藏贡觉县	斑岩型	大型	详查
18	各贡弄铜金矿	西藏贡觉县	斑岩型-矽卡岩型	中型	普查
19	克鲁铜金矿	西藏扎囊县	矽卡岩型	中型	详查
20	雄村铜金矿	西藏谢通门县	斑岩型	大型	勘探
21	汤白铜金矿	西藏日喀则市	斑岩型	中型	预查
22	尕尔穷铜金矿	西藏革吉县	矽卡岩型	中型	普查
23	巴弄坐寺铜矿	西藏革吉县	热液型	中型	普查
24	多不杂铜矿	西藏改则县	斑岩型	大型	普查
25	波龙铜金矿	西藏改则县	斑岩型	特大型	普查
26	弄洼优者铜多金属矿	西藏贡觉县	矽卡岩型	大型	普查
27	拉萨跃进铜矿	西藏拉萨市	矽卡岩型	中型	详查
28	塔吉冈铜矿	西藏尼玛县双湖区	矽卡岩型	中型	预查
29	努日钨铜矿	西藏乃东县	矽卡岩型	大型	普查
30	丁钦弄铜铅锌银多金属矿	西藏生达县	矽卡岩型	大型	普查
31	汤不拉铜钼矿	西藏工布江达县	斑岩型	中型	普查
32	拨拉扎铜矿	西藏尼玛县	矽卡岩型	中型	详查
33	查吾拉铜矿	西藏巴青县	沉积型	中型	普查
34	大村铜矿田房矿	云南大姚县	沉积型	中型	详查
35	东川滥泥坪铜矿	云南昆明市	沉积变质型	中型	勘探
36	东川落雪铜矿	云南昆明市	沉积变质型	中型	勘探
37	东川石将军铜矿	云南昆明市	矽卡岩型	中型	勘探
38	东川汤丹铜矿	云南昆明市	变质岩层状铜矿	大型	勘探
39	东川新塘铜矿	云南昆明市	变质岩层状铜矿	中型	普查
40	红山铜多金属矿	云南中甸县	斑岩-矽卡岩型	中型	详查
41	金满铜矿	云南兰坪县	砂岩铜矿	中型	详查
42	普朗铜矿	云南香格里拉县	斑岩型	特大型	勘探
43	大平掌铜矿	云南思茅	火山岩型	中型	详查

续表 3-4

编号	矿床名称	地理位置	矿床类型	规模	勘查程度
44	通吉格铜矿	云南德钦县	矽卡岩型	中型	普查
45	大红山铜矿	云南新平县	火山岩黄铁矿型铜矿	大型	详查
46	雪鸡坪铜矿	云南香格里拉县	斑岩型	中型	普查
47	易门三家厂铜矿(凤山矿)	云南易门县	变质岩层状铜矿	中型	勘探
48	易门铜厂铜矿	云南易门县	变质岩层状铜矿	中型	勘探
49	易门狮山铜矿	云南易门县	变质岩层状铜矿	中型	普查
50	易门矿区铜矿	云南易门县	沉积变质型	中型	普查
51	扎热隆玛铜矿	云南德钦县	矽卡岩型	中型	普查
52	大姚六苴铜矿	云南大姚县	砂岩型铜矿	中型	普查
53	迤纳厂铜铁矿	云南武定县	变质岩层状铜矿	大型	普查
54	德钦鲁村铜矿	云南德钦县	火山岩型	中型	踏勘
55	羊拉铜矿	云南德钦县	矽卡岩型	大型	勘探
56	金平铜镍矿	云南金平县	超基性岩铜镍矿	中型	详查
57	稀矿山铜矿	云南昆明市	变质岩层状铜矿	中型	普查
58	薄竹山锡铜多金属矿	云南文山县	矽卡岩型	中型	普查
59	龙脖河铜铁矿	云南金平县	热液型	大型	普查
60	马厂箐铜钼矿	云南祥云县	斑岩型	中型	详查
61	西范坪铜矿	四川盐源县	斑岩型	中型	普查
62	淌塘铜矿	四川会东县	火山-沉积变质剪切带型	中型	详细普查
63	大箐沟铜矿	四川会理县	变质岩层状铜矿	中型	详查
64	老羊汗滩沟铜矿	四川会理县	变质岩层状铜矿	中型	详查
65	里伍铜矿	四川九龙县	火山-沉积变质剪切带型	中型	勘探
66	拉拉铜矿	四川会理县	火山沉积变质型	大型	勘探
67	大铜厂铜矿	四川会理县	沉积型	中型	勘探

20世纪60—90年代,新的成矿理论及找矿方法得以应用,一些新的大型矿床相继被发现,如云南省大平掌铜矿、雪鸡坪铜矿、羊拉铜矿,西藏玉龙铜矿、马拉松多铜矿和多霞松多铜矿等,大幅度地提高了西南地区铜资源储量。

2000年至今,随着我国地质大调查的开展,在西藏、云南等地又找到一批重要铜矿,相继发现和评价了云南普朗铜矿,西藏驱龙铜矿、甲玛铜多金属矿、雄村铜矿和多龙铜矿等超大型铜矿床,以及朱诺、冲江等一批大型斑岩铜矿床,在很大程度上改变了我国的铜资源分布格局,形成了驱龙-甲玛、雄村、多龙、普朗等多个国家级铜矿勘查/开发接续基地。

由于交通能源、开采条件等多方面原因,西南地区新发现的大型以上铜矿床中,除云南大平掌铜矿、雪鸡坪铜矿和羊拉铜矿,西藏甲玛铜矿已建立矿山开发外,绝大多数矿床尚处于未开发或准备开发阶段。

四、矿床类型

西南地区铜矿矿床类型较多,以斑岩型、矽卡岩型最为重要,次为火山岩型和沉积变质型。斑岩型铜矿占西南地区储量的52%,占全国44%,矽卡岩型占西南地区储量的31%,占全国储量的27%,火山岩型占西南地区储量的8%,占全国储量的13%(刘增铁等,2010;陈毓川,王登红,2007)。西南地区铜矿床主要类型、分布及主要特征与代表矿床见表3-5。

表 3-5　西南地区铜矿床主要类型及特征简表

矿床类型	分布	主要特征	规模及品位	代表矿床
斑岩铜矿	主要分布于西藏冈底斯成矿带东段、班公湖-怒江成矿带西段以及藏东-滇西三江成矿带中	产于各种浅成斑岩(花岗闪长斑岩、二长斑岩、闪长斑岩等)岩体及其周围岩层中,矿体形态较简单,多呈囊状、筒状或层状等	中型、大型至超大型,品位一般偏低	西藏玉龙铜矿、多霞松多铜矿、驱龙铜矿、尼木铜矿、多龙铜矿、厅宫铜矿,云南普朗铜矿、雪鸡坪铜矿,四川西范坪铜矿
变质岩层状铜矿	主要分布于云南东川地区、武定地区、易门地区,四川会理地区、里伍地区	多产于元古宙中浅沉积变质系中,矿体形态以层状为主,其次有脉状等	多为中—大型,品位一般较富	云南东川汤丹铜矿、稀矿山铜矿、滥泥坪铜矿、迤纳厂铜铁矿、易门狮山铜矿、易门三家厂铜矿,四川拉拉铜矿、淌塘铜矿、里伍铜矿
矽卡岩型铜矿	分布在西藏冈底斯成矿带、班公湖-怒江成矿带、藏东三江成矿带,云南三江成矿带和滇东南成矿带	产于中酸性侵入岩与碳酸盐岩等含钙质沉积岩的接触部位,钙质多与铅锌矿、金矿、锡矿等其他金属相伴生,矿体形态复杂,多呈囊状、层状或脉状等	一般为中小型,个别为大型,品位一般较富	西藏甲玛铜多金属矿、克鲁铜矿、努日铜钨钼矿、嘎尔穷铜矿、嘎拉勒铜矿、仁达铜矿,云南羊拉铜矿、北衙铜金矿
海相火山岩型铜矿	分布于云南三江成矿带和滇中成矿带	矿体形态以层状为主,次有脉状等	中—大型,品位一般较富	云南新平大红山铜矿、普洱大平掌铜矿、德钦鲁村铜矿等
铜镍硫化物型铜矿	集中分布于四川攀枝花—云南武定地区	矿体形态复杂,多呈囊状、层状或脉状等	中小型,品位中等	四川力马河铜镍矿、杨柳坪铜镍矿
陆相火山岩型铜矿	在滇东北、黔西北和川南地区有少量分布	产于峨眉山玄武岩中	多为小型铜矿床或矿点	云南鲁甸小寨铜矿,贵州威宁铜厂河铜矿
砂岩铜矿	在滇中、川南地区及西藏昌都地区有少量分布	在红色砂岩中的灰至灰绿色砂岩中沿层产出,矿体形态主要呈似层状、扁豆状、透镜状等	个别为中型,多为小型或矿点	西藏查吾拉铜矿,云南大姚铜矿

五、重要矿床

1. 西藏驱龙铜矿

驱龙铜矿，为超大型斑岩铜矿，位于西藏墨竹工卡县甲玛乡境内，距拉萨84km，318国道在矿区北侧通过，交通方便。

驱龙铜矿的含矿斑岩为中新世斑状黑云母花岗闪长岩、二长花岗斑岩、花岗闪长斑岩、闪长玢岩等。

蚀变和矿化密切相关，互相依存。黄铁绢英岩化带主要与黄铜矿、黄铁矿、斑铜矿、辉钼矿化有关。一般铜矿化主要富集在黄铁绢英岩化带内，其品位与该蚀变强度呈正相关关系。硅化泥化带主要与黄铁矿化有关，有时可见少量的辉钼矿化。青磐岩化带主要与黄铁矿、镜铁矿化有关，有时可见少量的方铅矿、闪锌矿、金、银等矿化。

矿床主要金属矿物以黄铁矿、黄铜矿为主，辉钼矿次之，斑铜矿、方铅矿、闪锌矿等；非金属矿物主要为石英、长石、绢云母、硬石膏，少量是绿泥石、方解石、绿帘石、石膏等。

矿石自然类型大致可分为氧化矿石（氧化率＞30％）、混合矿石（氧化率10％～30％）、硫化矿石（氧化率＜10％）。氧化矿石主要发育于近地表，矿石矿物以孔雀石为主，次为蓝铜矿。混合矿石分布于氧化矿石之下，矿石矿物以黄铜矿为主，次为孔雀石，及少量蓝铜矿、斑铜矿、辉钼矿。硫化矿石为铜矿的主要矿石类型，矿石矿物主要有黄铜矿、黄铁矿，次为辉钼矿、斑铜矿、方铅矿、闪锌矿等。

矿石构造以细脉浸染状构造为主，次有脉状构造、浸染状构造、团块状构造、块状构造及胶状构造等。矿石结构为自形粒状结构、半自形粒状结构、他形粒状结构、包含结构、交代残余结构、交代溶蚀结构、充填交代结构、交代反应边结构和固溶体分离结构等。

矿床主矿体产于全岩矿化的斑岩体内及其围岩中，总体上表现为隐伏—半隐伏矿体，地表仅在局部地段见及。矿石主要以铜为主，伴生有益组分为钼、银。Cu在走向和垂向上有富—贫—富和贫—富—贫的品位变化规律，总体上矿化较均匀，平均品位为0.44％。

2. 西藏甲玛铜多金属矿床

矿床位于拉萨市墨竹工卡县甲玛乡和斯布乡境内，从矿区10km可到国道318线，再西行61km可到达拉萨市，交通方便，为超大型矿床，现正在开发。

矿区蚀变发育，可见矽卡岩化、角岩化、绢云母化、硅化、大理岩化、绢云母化、绿帘石化、绿泥石化、碳酸盐化及泥化等，其中，以矽卡岩化、角岩化、绢云母化、硅化与矿的关系较密切。矽卡岩是矿区主要的赋矿岩石，也是直接的找矿标志。矽卡岩化主要发育于多底沟组灰岩顶部以及与林布宗组的层间过渡地带，另外在林布宗组砂板岩中亦少量见及，矽卡岩矿物主要有石榴石、透辉石、透闪石、阳起石、斜长石、钾长石、石英、方解石、硅灰石、绿泥石、绢云母等，赋存的金属矿物有方铅矿、黄铜矿、斑铜矿、闪锌矿、辉钼矿、硫钴矿、辉砷钴矿、磁黄铁矿、黄铁矿等。角岩化主要发育于林布宗组砂板岩底部，形成角岩、角岩化板岩，与钼矿化的关系密切。硅化主要发育于多底沟组灰岩、林布宗组砂板岩的砂岩中，分布广，发育程度不均，总体由北至南逐渐增强，以石英脉的广泛发育为特征，局部形成石英岩，与矽卡岩化叠加部位往往形成富矿体。

甲玛矿床包括斑岩型铜钼矿体、矽卡岩型铜多金属矿体、角岩型钼铜矿体。矽卡岩型铜多金属矿体是矿区的主矿体，夏工普以东以Cu＋Mo为主，以西以Cu＋Pb＋Zn为主，由浅部向深部出现从 Cu+Pb+Zn 向 Cu、Mo 为主的变化趋势，矿体连续性好，Cu 平均品位为 0.97%，Mo 平均品位为 0.053%，伴生品位 Pb 3.48%，Zn 1.04%，Au 0.5×10^{-6}，Ag 20.67×10^{-6}。角岩型钼铜矿体呈筒状产于 0～40 线斑岩矿体上部围岩角岩中，钻孔最大见矿厚度达 826m，铜平均品位 0.24%，钼平均品位 0.054%。脉状独立金矿体产于外围的石英闪长玢岩中，矿体厚度介于 8～17.2m 之间，金平均品位介于$(3.0\sim9.3)\times10^{-6}$之间。

据氧化程度，可将矿石类型分为硫化矿石、氧化矿石和混合矿石 3 类，并以硫化矿石为主。矿石矿物为方铅矿、黄铜矿、斑铜矿、闪锌矿、辉钼矿、硫钴矿、辉砷钴矿、磁黄铁矿、黄铁矿等为主，脉石矿物为石榴石、透辉石、透闪石、斜长石、钾长石、硅灰石、石英、方解石等。

矿石构造主要有 3 种类型：矽卡岩型矿石构造以稀疏—稠密浸染状和细脉—网脉状为主，团块状构造、角砾状构造以及晶洞构造次之，角岩与斑岩中矿石构造主要为细脉—浸染状构造。矿区各类矿石中，浸染状矿石和细脉浸染状矿石约占总体储量的 95%。矿石结构以他形—半自形粒状结构为主。李光明等(2005)对矽卡岩型矿石测定获辉钼矿等时线年龄(15.18±0.98)Ma，代表了矿床的成矿年龄。

3. 西藏厅宫铜矿床

矿床位于尼木县彭岗乡，距尼木县城北西方向 27.5km。"厅"在藏语中即铜的意思。相传厅宫铜矿很早就已开发，当初开采氧化带的孔雀石作为布达拉宫和大昭寺的绿色彩绘颜料。

矿区含矿斑岩的 SiO_2 变化于 64.26%～72.11%之间，Al_2O_3 变化于 14.32%～16.09%之间，Na_2O 在 2.77%～4.61%之间，K_2O 在 3.06%～4.75%之间，为高钾花岗质岩石。矿床成岩年龄为(17.0±0.6)Ma，成矿年龄为(15.49±0.36)Ma(李光明等，2005)。

矿床蚀变强烈。主要的蚀变类型有钾化、硅化、泥化、青磐岩化和黄铁矿化等。矿化整体形态为东、南、西厚，北残缺，呈变形的钟状，北侧矿化区为主矿化区。

矿区主要发育 2 个矿体，其中 Cu-Ⅰ矿体：分 3 段，即东段、中段和西段。东段：钻孔内工业氧化矿体不连续，品位 Cu 0.42%～0.88%，Mo 0.027%～0.046%。中段：由数个带状矿体组成，近东西向展布，单矿体长 250～350m，宽 2～6m，叠加宽度 9.85m。西段：钻孔内工业氧化矿体不连续，品位 Cu 0.41%～0.60%，Mo 0.051%～0.082%。Cu-Ⅱ矿体：氧化矿品位 Cu 1.78～3.25%，最高 8.94%，平均 2.25%；钻孔于次生富集带底板开孔，品位 Cu 0.40%～0.56%，最高 0.96%，平均 0.53%；Mo 0.023%～0.048%，最高 0.054%。

矿石类型主要为氧化矿石、混合矿石和硫化矿石。矿石主要金属矿物为黄铜矿、辉钼矿、斑铜矿，方铅矿、闪锌矿数量极少。矿石结构有自形粒状、半自形—他形粒状、包块状、交代溶蚀、交代残余、交代假象、充填结构等。矿石构造以浸染状、细脉浸染状为主，其次有细脉状、小团块状、网脉状等。

4. 西藏谢通门雄村铜金矿床

雄村矿区位于西藏谢通门县荣玛乡境内，距日喀则—谢通门县高等级公路约 4km，交接处向西距谢通门县城约 35km，向东距日喀则市约 53km，交通方便，为一大型铜金矿床。

矿区已发现Ⅰ号和Ⅱ号 2 个铜金矿体。经中国地质科学院矿产资源研究所勘探，Ⅰ号矿体估算铜属资源量 104.3×10^4t(其中 331+332 占 99.96%)；伴生金 144.2t(331+332 占 99.97%)；伴生银 917.5t(331+332 占 99.97%)。在Ⅱ号矿体估算铜金属资源量 139.2×10^4t(其中 331+332 占 99.1%)；伴生金 82.4t(331+332 占 99.2%)；伴生银 409.5t(331+332 占 99.1%)。

矿石结构有自形—半自形结构、反应边结构、他形晶结构、残余结构、填隙结构、共边结构、嵌晶结构、乳滴乳浊结构、包含结构、共边结构等。

矿石构造主要有土状构造、蜂窝状—多孔状构造、胶状构造、变胶状构造、角砾状构造、块状构造、稠密浸染状构造、细脉浸染状构造、脉状—网脉状构造等。

矿石矿物有黄铜矿、辉铜矿、蓝辉铜矿、斑铜矿、辉砷铜矿，孔雀石、蓝铜矿、铜蓝等，在地表、近地表有较多次生氧化形成的孔雀石、蓝铜矿、铜蓝，在次生硫化物富集带有赤铜矿、辉铜矿、蓝辉铜矿等。其他的金属矿物还有黄铁矿、磁黄铁矿、毒砂、闪锌矿、方铅矿、辉钼矿、褐铁矿、磁铁矿、钛铁矿等。脉石矿物主要有石英、红柱石、钾长石、斜长石、绢云母、黑云母、绿泥石、绿帘石、电气石、石榴石、透辉石、高岭石、蛋白石、水铝英石等。

雄村矿床主要成矿元素是Cu，主要的伴生有用元素为Au，次有Ag、Zn等。

5. 西藏江达玉龙铜矿床

该铜矿为超大型斑岩铜矿床，矿区位于西藏江达县青泥洞乡，在县城280°方向平距约60km处。矿区向南有约9km的简易公路与317国道相接，西距昌都140km、邦达机场270km、拉萨1270km，东至江达县城80km、成都1150km，交通尚属方便。2005年6月，西藏玉龙铜业有限股份公司成立，9月底玉龙铜矿进入开发投产。

矿床工业矿体主要有Ⅰ、Ⅱ、Ⅴ号3个矿体。Ⅰ号矿体为矿区主矿体，矿体最大厚度为362.00m，最小为6.54m，平均为232.94m，厚度变化程度较稳定；铜品位最大为0.60%，最小为0.15%，平均为0.44%，钼品位最大为0.033%，最小为0.001%，平均为0.020%，品位变化较均匀；Ⅱ号矿体主要由氧化铜矿层、铜铁矿层、铜硫矿层、铁矿层、矽卡岩型铜矿层组成，产于玉龙含矿斑岩体东侧的矽卡岩带中；Ⅴ号矿体主要由氧化铜矿层、铜铁矿层、铜硫矿层、铁矿层、矽卡岩型铜矿层、大理岩型铜矿层组成，产于玉龙含矿斑岩体西侧的矽卡岩带中。

玉龙矿区包括斑岩体中的细脉浸染状矿石、接触带角岩型矿石、隐爆角砾岩型矿石、矽卡岩中的细脉浸染状矿石、矽卡岩次生富集型矿石、大理岩中的铜铅锌银矿石等多种矿石类型。

矿石结构主要为结晶结构、交代结构，次为固溶体分离结构、压力结构和表生结构。Ⅰ号矿体(包括斑岩型铜钼矿石和角岩型铜钼矿石)矿石构造主要为细脉浸染状构造和细脉网脉状构造，次为稠密浸染状构造、团块状构造和角砾状构造；Ⅱ、Ⅴ号矿体矿石构造以胶状构造为主。

斑岩矿体(Ⅰ号矿体)主要金属矿物为黄铜矿、黄铁矿和辉铜矿，其次为辉钼矿、黝铜矿、铜蓝、磁铁矿、赤铁矿等，脉石矿物主要为石英、钾长石、斜长石、埃洛石、高岭石、多水高岭石、绢云母、白云母等。矽卡岩次生氧化富集型矿体(Ⅱ、Ⅴ号矿体)主要金属矿物主要有辉铜矿、蓝辉铜矿、孔雀石、蓝铜矿、黄铜矿、铜蓝、铜铁矿、赤铜矿、自然铜，次有辉钼矿、磁黄铁矿、斑铜矿、闪锌矿、白钨矿等。

根据《西藏自治区江达县玉龙铜矿勘探报告》，2010年，矿区已获(331+332+333)类别资源量：铜624.41×10^4t，铁矿石1267.37×10^4t，伴生钼40.74×10^4t，伴生硫70.05×10^4t，伴生钴2803.37t，伴生金4.46t，伴生银242.29t，伴生WO_3资源量2107.28t。其中矿床氧化矿资源量127.43×10^4t，平均品位1.31%，工业硫化矿资源量为496.97×10^4t，平均品位0.54%，矿床铜品位0.62%，为超大型矿床。

6. 西藏改则多不杂铜矿床

该矿床位于西藏改则县境内铁格山地区，南东距改则县城约90km，交通较方便。为特大型斑岩型铜金矿床。

佘宏全等(2009)在矿区获含矿斑岩体锆石的U－Pb年龄和辉钼矿Re－Os同位素等时线年龄分别为(120.9±2.4)Ma和(118.0±1.5)Ma。

矿床矿化为黄铜矿矿化，多以浸染状产出，少量以石英-黄铜矿脉发育，脉多有钾长石化蚀变晕。矿床铜和金品位呈正相关关系。

斑岩体具全岩矿化特征，铜矿体产于花岗闪长斑岩体及其与围岩接触带附近的钾硅化带以及与钾硅化带接触的绢英岩化带、角岩化带内。平面上，在岩体与围岩的内外接触带部位，铜品位有增高的特征；垂向上，矿体上部为细脉浸染状矿石，向深部逐渐过渡为稀疏浸染状矿石，铜含量相应降低。矿体平均品位 Cu 0.52%，Au 0.28×10^{-6}。

矿石矿物为黄铜矿、黄铁矿，少量辉铜矿、自然铜和赤铜矿等；表生氧化矿物有孔雀石、蓝铜矿、铁锰矿、褐铁矿等；脉石矿物主要为钾长石、石英、绢云母、绿泥石，微量铁碳酸盐。

矿石自然类型有细脉浸染状矿石、含铜褐铁矿矿石、含铜黄铁矿矿石 3 种。

矿石构造有稀疏浸染、细脉状构造，块状、角砾状等构造。矿石结构主要为填间结构、压碎粒间结构。

7. 云南香格里拉普朗铜矿

普朗铜矿位于香格里拉县格咱镇，是一个特大型斑岩铜矿。

普朗铜矿产于普朗复式斑岩体内，矿体主要产于石英二长斑岩中，部分脉状矿体产于花岗闪长斑岩及围岩中；在岩体中心形成由细脉浸染状矿石组成的筒状矿体，岩体边部产出脉状矿体。矿区圈定 7 个矿体，主矿体 KT_1 呈北西向展布。矿体厚 17.00～750.20m。探获铜资源量 293.44×10^4t，平均品位 0.40%；伴生金 132.24t，平均品位 0.18×10^{-6}；伴生银 933t，平均品位 1.27×10^{-6}；伴生钼 2.94×10^4t，平均品位 0.004%；伴生硫 9218.30×10^4t，平均品位 1.25%。

矿石自然类型以石英二长斑岩型铜矿石为主，其次为石英闪长玢岩型铜矿石、花岗闪长斑岩型铜矿石，另有少量角岩型铜矿石。矿石工业类型以硫化矿为主(硫化铜占 98.40%)，氧化矿、混合矿零星分布。

矿石具半自形晶、他形晶、交代溶蚀、交代残余、压力结构和表生结构。其中，以他形晶结构和交代溶蚀结构最发育。矿石构造以细脉浸染状构造为主，其次为浸染状、脉状、角砾状。矿床氧化带深度 10～40m，混合带不发育。

金属矿物主要为黄铜矿、斑铜矿、铜蓝、磁黄铁矿、方铅矿、辉钼矿、紫硫镍矿、孔雀石、磁铁矿、赤铁矿、褐铁矿、自然金等。脉石矿物主要为石英、斜长石、钠长石、角闪石、钾长石、黑云母、绢云母、绿方解石、黄铁矿、绿泥石、钠黝帘石、透闪石、黏土类矿物等。

矿石中主要有用元素为 Cu，集中分布在 0.20%～1.20%之间；伴生有益组分主要有 Au、Ag 等，Cu 与 Au、Ag 关系密切，相关系数分别为 0.73 和 0.64；矿体含金 $(0.06\sim0.87)\times10^{-6}$，平均 0.18×10^{-6}，含银 $(0.34\sim3.93)\times10^{-6}$，平均 1.27×10^{-6}；矿石中主要有害组分砷、锌、氧化镁等在原矿中含量极低(As<0.1%，Zn 0.047%，MgO 0.23%～2.74%)。

据辉钼矿 Re-Os 测年和矿化斑岩体 K-Ar 测年数据，普朗斑岩铜矿石英-辉钼矿阶段的辉钼矿 Re-Os 年龄大致为(213±3.8)Ma。主矿体钾长石 K-Ar 年龄为(182.5±1.8)Ma(曾普胜，2006)。

8. 云南德钦羊拉铜矿

该矿床位于滇西北德钦县，为大型铜矿。

矿体分布于印支期加仁花岗闪长岩体两侧，主要赋存于内接触带及外接触带砂板岩夹大理岩的下泥盆统江边组和中上泥盆统里农组中，主成矿时代为印支期。羊拉铜矿由 7 个矿段组成，包括里农矿段、路农矿段、江边矿段、通吉格矿段、尼吕矿段、加仁矿段和贝吾矿段(里农、路农、江边 3 个矿段为主矿段),共圈定39个矿体。矿体呈层状、似层状和脉状产出。矿体长100～1860m,平均厚0.87～22.96m,品位Cu 0.54%～2.99%,伴生元素品位Au (0.08～0.25)$\times10^{-6}$,Ag(7.47～38.6)$\times10^{-6}$,WO_3 0.026%～0.062%,Cd 0.002%～0.007 3%,Co 0.009%,Sn 0.033%～0.11%。矿床铜金属量77.73$\times10^4$t,平均品位0.93%。

矿石类型及矿物组合按矿化岩石类型主要有4种:矽卡岩型铜矿石,角岩型铜矿石,花岗闪长岩、二长花岗岩型铜矿石,构造角砾岩型铜矿石。另外,局部有少量大理岩型铜矿石、斑岩型铜金矿石、角闪安山岩型铜矿石、闪长玢岩型铜矿石等。

矿石的金属矿物有黄铜矿、斑铜矿、铜蓝、磁黄铁矿、黄铁矿、白铁矿、方铅矿、闪锌矿、辉铋矿、辉锑矿、辉铜矿、辉钼矿、蓝铜矿、孔雀石、菱铁矿;氧化物有磁铁矿、褐铁矿、钛铁矿、锡石、自然金、自然铜、毒砂、白钨矿、水胆矾、黄钾铁矾;硅酸盐类有硅孔雀石;脉石矿物有透辉石、钙铁榴石、角闪石、阳起石、纤闪石、透闪石、斜长石、钾长石、绿泥石、绿帘石、绢云母、黑云母、黏土、方解石、白云石、铁白云石、石英、锆石等。

矿石结构有细粒—微粒他形、自形—半自形晶粒结构,以及包含、交代充填结构;矿石构造有浸染状、细网脉状、块状、斑杂状、蜂巢状、土状构造。

蚀变主要为钾化、硅化、碳酸盐化、绢云母化、泥化、绿泥石化、角岩化及矽卡岩化。其中,矽卡岩化、硅化、角岩化、钾化与矿化关系密切。

9. 云南普洱大平掌铜矿

该矿床位于云南省普洱市思茅区思茅湾镇,为中型矿床。

矿床赋矿地层为大凹子组(DC*d*),为一套基性—酸性火山岩-沉积岩组合,以石英角斑岩、角斑岩、流纹(斑)岩、英安岩、角砾状凝灰岩为主,少量细碧岩、沉凝灰岩、硅质岩及块状硫化矿层等。

矿区南北长13km,东西宽3～5km,面积近50km²。矿区目前发现的主要铜矿体有V_1、V_2两条。

V_1矿体:为块状硫化物铜多金属矿体,赋存于第一旋回顶部凝灰岩层之下,矿石类型以块状硫化物为主,矿体铜平均品位2.90%,铜资源量15.20$\times10^4$t。伴(共)生铅锌、金、银等分别赋存于黄铜矿、方铅矿、闪锌矿中;伴生有益组分为Au、Ag。矿石中发现银金矿、银黝铜矿、辉银矿、自然银4种金银矿物,其中银金矿为主要载金矿物。金主要赋存于黄铜矿、银金矿中,在闪锌矿中也有少量分布,银赋存于银黝铜矿、辉银矿、自然银、方铅矿中。伴生金银多以包裹状为主。金、银含量分别与铜、铅含量呈正相关关系。V_1矿体可露天开采。

V_2矿体:为细脉浸染状矿体。矿体产于陡倾斜的筒状角砾状的流纹斑岩中,矿石有益组分为Cu,伴有有益组分为Au、Ag,主要呈包裹状赋存在黄铜矿中,总体含量低。金、铜含量呈正相关关系。矿体铜平均品位0.95%,铜资源量37.33$\times10^4$t。

矿石自然类型以硫化矿为主,氧化矿较少。按矿石成分和结构构造将矿石划分为:块状硫化物铜多金属矿石、细脉浸染状铜矿石两种类型。V_1为块状硫化物铜多金属矿体,矿石矿物含量达83%以上,其中黄铁矿43.57%,闪锌矿20.56%,黄铜矿17.03%,方铅矿、白铁矿1.21%,孔雀石、褐铁矿、银黝铜矿微量;脉石矿物小于17%,其中石英8.09%,方解石5.66%,绢云母1.94%,重晶石0.48%,绿泥石微量。V_2为细脉浸染状矿体,矿石矿物含量36%左右,主要有黄铁矿26.84%,黄铜矿8.74%,闪锌矿0.94%,方铅矿0.13%,辉铜矿0.03%,铜蓝0.05%,褐铁矿0.08%;脉石矿物含量64%左右,主要有石英22.21%,隐晶长英质21.58%,绢云母17.45%,方解石2.22%,绿泥石和磷灰石微量。

矿石结构构造:V_1矿体结构有自形—半自形粒状结构、固溶体结构、包含结构、次文象结构、交代残留结构，局部见草莓结构和鲕粒结构。V_1 矿体构造为致密块状构造，局部显条纹条带状构造、碎块角砾状构造。V_2 矿体结构有晶粒结构、交代残余结构、包含结构。V_2 矿体构造有细脉浸染状构造和浸染状构造。

10. 云南东川汤丹铜矿

该矿床位于云南省昆明市东川区境内，为大型矿床。

含矿地层为落雪组泥质白云岩段与白云岩段地层。

矿区有 7 个矿段，以汤丹本部为主，次为马柱硐矿段。汤丹主要矿体 11 个。矿体产状大致与岩层一致，但形态复杂，大致可分为上、中、下 3 个部分。下部矿体群：主要赋存于落雪组第一段的过渡层及第二段含藻白云岩底部，最大主矿体长 3900m，厚 27.97m，平均含 Cu 0.87%，占全区储量的 77.5%。中部矿体群：是落雪组第二段中上部的一些小矿体，呈透镜状，一般长 100～400m，厚 2～35m，含 Cu 0.7%左右。上部矿体群：为辉长岩体北面落雪组与黑山组接触界面附近的较小矿体，扁豆状，长 200～450m，厚 12～55m，含 Cu 1%以上。矿区铜平均品位不高(0.87%)，但富矿含铜平均 1.22%～1.34%，富矿比例汤丹本部占 20.74%，马柱硐矿段占 17.82%。除铜外，伴生银 4.75×10^{-6}、金$(0.059\sim0.115)\times10^{-6}$、钴 0.012%、锗 0.0016%。在不同铜矿物中，伴生元素的含量有差异。银在斑铜矿中比黄铜矿、硫砷铜矿中高 1.6～1.8 倍；金在硫砷铜矿中比黄铜矿、斑铜矿中高 2.8～4.1 倍；锗在硫砷铜矿中比黄铜矿、斑铜矿中高 23.1～69.3 倍；钴在氧化带中与锰钼结合，可以富集成有单独开采意义的土状矿。

矿石类型主要为氧化矿。汤丹本部硫化矿约占 3.9%，混合矿约占 8.9%，氧化矿约占 87.2%。马柱硐矿段氧化矿约占 61.1%，混合矿约占 38.9%。矿石矿物以黄铜矿、斑铜矿为主，少量辉铜矿、黝铜矿、黄铁矿。脉状矿体中还有硫砷铜矿、含钴黄铁矿。氧化带矿石出现黑铜矿、孔雀石、蓝铜矿、自然铜。脉石矿物主要为白云石、石英、方解石，次要有重晶石、绿泥石、钠长石、电气石、磷灰石、菱锰矿、镁菱铁矿等。

矿石结构：为含铜碎屑结构、细菌菌落结构、格状结构、乳滴状结构、共边结构、文象结构、自形半自形假象代晶结构、交代残余结构、表生交代环边结构、放射状或球粒状表晶结构、网格状结构等。

矿石构造：为稠密浸染—层状构造、稀疏浸染—层状构造、层纹状构造、韵律条带状构造、显微团粒浸染状构造、块状构造、角砾状构造、揉皱状构造、脉状构造、网脉状构造、钟乳状构造、皮壳状构造等。

汤丹铜矿近矿围岩蚀变不强烈。脉状小铜矿附近蚀变较强烈，但范围小，常见白云石化、铁白云石化、硅化、重晶石化。在辉长岩体边缘，次闪石化、绿泥石化、黝帘石化叠加于矿体群之上。

11. 云南兰坪金满铜矿

该矿床位于云南省兰坪县营盘镇，为中型矿床。

矿体主要产于中侏罗统花开左组上段(J_2h^2)长石石英砂岩及钙质板岩中南北向断裂及倒转背斜轴部附近的层间破碎带、劈理裂隙带中。

铜矿床包括北部的连城矿段和南部的金满矿段两部分，共圈定矿体 17 个，其中金满矿段 11 个矿体，连城矿段 6 个矿体。Ⅰ号主矿体，它赋存于 J_2h^{2-1} 板岩与 J_2h^{2-2} 砂岩之接触界面及其附近的层间断裂破碎带中，矿体长度 1350m，最大延深 350m，厚度 0.28～15.05m，平均 8.14m。V_1 号主矿体是矿区内勘查及获取储量的主要对象。主矿体以硫化矿石为主，氧化带不发育，氧化矿石只占主矿体的 8.6%。

氧化矿石主要由铜的次生矿物孔雀石和蓝铜矿以及褐铁矿组成。硫化矿石主要的矿石矿物有黝铜矿、黄铜矿、斑铜矿、辉铜矿，黄铁矿、闪锌矿、方铅矿、磁铁矿；脉石矿物以石英、方解石、绢云母为主，尚有微量的石墨、重晶石。

硫化矿石结构以他形粒状结构、交代结构、共边结构为主，其次为乳浊状结构、格子结构、拉长石变晶结构。氧化矿石结构以隐晶结构、胶状结构为主。他形粒状结构其粒径多在0.01～0.3cm间。硫化矿石构造以角砾状、条带状、脉状构造为主，多分布于层间破碎带和板岩中，其次为浸染状构造，铜硫化物呈星点状、斑点状分布于砂、板岩中。亦有呈大小不同且很不均一的分布者，又称斑杂状构造。氧化矿石构造为孔雀石、蓝铜矿呈薄膜状、胶状、网脉状构造等。

12. 云南德钦鲁春铜矿

该矿床位于云南省德钦县境内，为中型矿床。

铜铅锌多金属矿体赋存于流纹质火山碎屑岩系中。已圈定工业矿体5个，产于中三叠统上兰组上段第一层（T_2s^{2-1}），受层间破碎带或层间裂隙带控制，矿体呈似层状、透镜状产出，其空间产状与赋矿岩层一致。

该铜矿在KT_1矿区为最主要的矿体之一，似层状产出，含矿岩石有含铜铅锌磁铁矿石、黄铁黄铜铅锌矿化绿泥板岩、大理岩，矿体与围岩呈渐变关系，矿体长1760m，矿体厚度0.52～6.69m，平均5.16m，品位Cu 0.30%～2.76%，平均0.49%；Pb 0.60%～10.28%，平均1.61%；Zn 0.88%～15.71%，平均3.18%；Pb+Zn 4.78%。

矿石自然类型分为氧化矿、混合矿、硫化矿3类。矿石工业类型可划分为6类：黄铜矿-方铅矿-磁铁矿型，黄铜矿-磁铁矿型，方铅矿-闪锌矿-磁铁矿型，菱锌矿-方铅矿（白铅矿）型，铜铅锌磁铁矿（化）大理岩型，铜铅锌磁铁矿绿泥板岩型。

矿石中除铜、铅、锌外，矿石中的银已达伴生有益组分的评价指标。

矿石矿物主要为黄铜矿、辉铜矿、黄铁矿、闪锌矿、铁闪锌矿、方铅矿、磁铁矿、赤铁矿等；脉石矿物有方解石、石英、绿泥石、萤石、绿帘石、绢云母等。

次生氧化矿石矿物主要有孔雀石、蓝铜矿、硅孔雀石、白铅矿、水锌矿。

矿石结构：自形—半自形粒状结构、他形粒状结构、碎裂结构、包裹或包含结构、充填交代结构。

矿石构造：浸染状构造、斑状构造、块状构造、脉状—网脉状构造、似角砾状构造等。

蚀变主要有4种：绿泥石化、黄（褐）铁矿化、矽卡岩化和角岩化。前二者与成矿关系比较密切。

13. 四川会理拉拉铜矿

矿床位于会理县黎溪区绿水乡拉拉厂落凼—石龙一带，为大型矿床。

含矿地层主要为古元古界河口群落凼组二段，岩性为白云石英片岩、二云石英片岩、黑云角闪钠长片岩和层纹—条纹状石英钠长岩，铜矿主要产于该组中部富钠质火山沉积变质岩系中，原岩为一套细屑—细碧角斑岩，黄铜矿、赤铁矿、磁铁矿富集部位与富钠火山岩（Na_2O+K_2O为8%～10%，$Na_2O>K_2O$）发育部位吻合，富钾（$K_2O>Na_2O$）或富钙（碳酸盐）岩石则多为铜矿的产出部位。

该矿床包括落凼、老羊汗滩沟、石龙3个矿段。矿体呈似层状、透镜状，以叠瓦形式产出，膨胀现象明显，有分支复合、尖灭再现等现象。矿体产状与围岩产状基本一致，严格受岩性和层位的控制。蚀变有黑云母化、磷灰石化、阳起石化、萤石化、硅化等。

矿床铜含量变化不大，一般0.67%～1.26%，平均品位约0.9%。含有伴生组分较多，主要有银、钼，平均品位Ag 2.029×10^{-6}，Mo 0.031%。

矿石类型：主要为变质岩层状铜矿矿石类型。

矿石矿物主要为黄铜矿、黄铁矿、斑铜矿、磁铁矿、辉铜矿、辉钴矿、自然铜、孔雀石等。

脉石矿物有钠长石、黑云母、白云母、石英、方解石、绿泥石、阳起石、绿帘石等。

矿石以粒状结构为主，次为交代包含结构；矿石构造为浸染状、条带状及条纹状构造。

14. 四川盐源西范坪铜矿

矿区位于盐源县城正西方向，直距 50km，属盐源县桃子乡所辖，为中型矿床。

矿区岩浆活动主要为喜马拉雅期中酸性浅成—超浅成复式岩体，具斑状结构。岩石类型以石英二长斑岩为主，次为闪长玢岩，巨（中）粗粒黑云母石英二长斑岩为主要矿化岩石。

蚀变主要有黑云母化、钾长石化、硅化、阳起石化、钠长石化、黏土化、方解石化、绿泥石化。

矿床共圈出 3 个矿带 16 个矿体，Ⅰ矿带产于 80 号岩体斑岩体中，已圈出 8 个矿体，其中Ⅰ-1、Ⅰ-2、Ⅰ-3 为主要矿体；Ⅱ矿带产于岩体东侧及南侧接触带，已圈出 7 个矿体，其中Ⅱ-1、Ⅱ-2、Ⅱ-3为主要矿体；Ⅲ矿带产于 80 号岩体西南侧角岩带中，已圈出 1 个矿体。

以 80 号岩体为代表，Ⅰ-1 矿体长 590m，厚度 4～157.99m，平均品位 Cu 0.49%，Au 0.10×10^{-6}，Mo 0.02%；Ⅰ-2 矿体长 590m，厚度 3.5～60.0m，平均品位 Cu 0.33%，Au 0.09×10^{-6}，Mo 0.01%；Ⅰ-3 矿体长 280m，厚度 5.3～83.96m，平均品位 Cu 0.45%，Au 0.17×10^{-6}，Mo 0.02%。

矿石类型：按含矿岩石种类可分为斑岩型和角岩型。按结构构造分为浸染状矿石、细脉浸染状矿石及网脉状矿石。

矿床伴生有用组分有 Au、Mo、Ag、S，S 主要分布在角岩型矿石中。另外，斑岩型矿石中 Re 达到或大部分接近伴生组分利用指标。

矿石结构主要有自形—半自形—他形粒状结构、反应边结构、稀疏浸染状结构、叶片状结构、微细粒状结构、交代残余假象结构、细脉状结构、浸染状结构、针状结构等。

矿石构造有星散浸染状、稀疏浸染状、细脉浸染状、网脉状构造。

次生富集带中矿石矿物主要有褐铁矿、孔雀石、铜蓝、蓝铜矿、辉铜矿、斑铜矿、黄铜矿、黄铁矿、辉钼矿，偶见赤铜矿、磁铁矿、赤铁矿、方铅矿、闪锌矿等。接触带中矿石矿物主要有褐铁矿、黄铜矿、黄铁矿、辉钼矿，偶见辉铜矿、磁铁矿、赤铁矿、方铅矿、闪锌矿等。脉石矿物以斜长石、钾长石、石英、角闪石、黑云母、绿泥石、高岭石、伊利石、蒙脱石为主。

15. 四川九龙里伍铜矿

矿床位于四川甘孜藏族自治州九龙县烟袋乡，为中型矿床。

矿区出露地层为中元古界里伍岩群。

矿床赋存于中元古界里伍岩群中部。矿床由柏香林、挖金沟、中咀、笋叶林、黑牛洞—大水沟等矿段（区）组成。各矿段（区）内共圈出 57 个矿体，其中工业矿体 10 个。在黑牛洞—大水沟矿段（区）圈出工业矿体 4 个；中咀矿段（区）圈出工业矿体 2 个、小矿体 2 个；笋叶林矿段（区）圈出工业矿体 2 个、低品位矿体 1 个、小矿体 14 个；柏香林矿段（区）圈出工业矿体 2 个、小矿体 4 个。工业矿体主要赋存在中元古界里伍岩群中，产状主要受穹隆环状滑脱构造带控制，呈似层状、薄透镜状、脉状产出。矿体的倾向与 S3 面理围绕江浪穹隆滑脱构造带基本一致，倾角多在 20°～40°。

矿石矿物以磁黄铁矿、黄铜矿、闪锌矿为主，其次有少量黄铁矿、方铅矿。次生金属矿物不发育，仅在地表氧化带见有褐铁矿、孔雀石、铜蓝，以及铁、铜、锌、铅的硫酸盐类矿物。脉石矿物：以石英、白云母、黑云母、绢云母、绿泥石为主，其次为石榴石、角闪石、电气石、长石等

矿石中主要有用成分为铜和锌，伴生有益组分为金、银、硫等。矿床中元素的品位为：Cu 平均

2.5%,Zn 0.75%。查明铜资源量为262 596t,锌为83 000t。

矿石构造以致密块状构造为主,其次为条带—浸染状构造,少量为脉—网脉状构造、团块状构造和角砾状构造。

蚀变主要有硅化、黑云母化、绢云母化、绿泥石化,其次为电气石化,在挖金沟矿区出现明显的石榴石化,在矿体内或近矿围岩中出现大量数厘米的石榴石,此外在柏香林还出现大量的十字石变斑。

16. 四川会东淌塘铜矿

淌塘铜矿位于四川会东县淌塘镇,为中型矿床。

含矿地层主要为元古宇会理群淌塘组第二岩性段。

矿体系隐伏盲矿体,呈层状、似层状。矿区有7个工业矿体,控制长度900m,最大厚度35.94m,平均8.30m。Ⅰ号和Ⅱ号工业矿体规模较大。Ⅰ号矿体为矿床最大的工业铜矿体,赋矿岩石为碳质凝灰质千枚岩,为隐伏的铜矿体,呈层状、似层状,局部呈分支复合,倾向延伸较大,控制310m。矿体总体走向近南北,向西陡倾,倾角68°～89°,平均79°,控制走向长900m。矿体最大厚度35.94m、最小1.00m,平均8.30m。最高Cu品位为6.86%,最低0.50%,平均1.17%。Ⅱ号矿体位于Ⅰ号矿体上部,相距9～66m,走向上长850m,倾向上延伸210m;赋矿岩石为碳质凝灰质千枚岩,矿体呈层状、似层状,出现分支,走向上呈稳定的层状延伸;矿体走向近南北,向西陡倾,倾角74°～81°,最大厚度15.46m,最小1.33m,平均4.75m;最高Cu品位4.42%,最低0.51%,平均0.91%。

矿石矿物:主要为黄铜矿、斑铜矿、辉铜矿、蓝辉铜矿、铜蓝、黄铁矿,次为辉钴矿、硫镍钴矿、辉钼矿、针镍矿、闪锌矿、针铁矿、磁铁矿、假象赤铁矿等。

脉石矿物:绿泥石、石英、长石、绢云母等。

蚀变:主要有绢云母化、铁白云石化、钠化、硅化、褐铁矿化等。

矿石结构:为中细粒不等粒变晶结构、交代残余结构、充填结构、残余假象结构。

矿石构造:为条带(纹)状构造、浸染构造、块状构造、细脉状、斑杂状、角砾状构造。

矿石主要有益成分为Cu,品位0.50%～1.97%,平均1.17%。伴生Au$(0.01\sim4.01)\times10^{-6}$,平均$0.3\times10^{-6}$。

17. 四川会理大铜厂铜矿

大铜厂铜矿位于会理县鹿厂镇,为中型矿床。

大铜厂铜矿赋存于上白垩统小坝组下段,矿体产于下部砾岩与砂岩的过渡部位和上部砾岩层中。

矿体特征:矿体呈不规则带状分布。矿体在平面、剖面上形态简单,呈层状、似层状产出,产状与围岩总体一致。一般长550～2400m,厚1.7～3.94～,平均品位Cu 1.17%、Ag 43.67×10^{-6},探获铜金属量99 085t、银371t。

蚀变主要有黄铁矿化、方解石化、黄铜矿化及铜矿物的次生氧化。按颜色可分为浅色带、过渡带、紫色带。

金属矿物可分为黄铁矿带、混合带、辉铜矿带和赤铁矿带。主要工业矿体由浅色混合矿-辉铜矿带、过渡色辉铜矿带组成,浅色黄铁矿带一般为矿化,紫色赤铁矿带一般无矿化。

矿石矿物为辉铜矿、斑铜矿、黄铜矿、辉银铜矿、自然铜、自然银、蓝铜矿、孔雀石;脉石矿物为方解石、石英、绿泥石等。

矿石结构具胶状结构、结晶粒状结构、共生分离结构、溶蚀交代结构及次生结构；矿石构造为浸染状、脉状浸染状、条带状及胶状构造等。

主要有益成分为铜，品位 0.61%～2.65%，平均 1.17%。伴生组分 Ag 43.67×10^{-6}。

18. 四川昭觉乌坡铜矿

该矿床位于四川昭觉县，为小型矿床。

矿床赋存于晚二叠世峨眉山玄武岩中，按成矿母岩命名习称“玄武岩铜矿”。

矿（化）体产于第五喷发阶段中的第 12、第 13、第 14 旋回。地表出露矿体 7 个，隐伏矿体 11 个，以 I_1、I_2、II_1、II_2 为主矿体。矿体走向近南北向，呈透镜状或似层状产出。矿体长 80～500m，厚度 2.82～5.25m，Cu 0.34%～1.82%，平均 0.85%，探获铜资源量 2.7393×10^4t。

蚀变主要有绿泥石化、硅化、沸石化、碳酸盐化、绿帘石化及赤铁矿化，其中绿泥石化、沸石化最为发育。与成矿关系密切的是绿泥石化、硅化及碳酸盐化。

矿石特征：矿石中主要含铜矿物为辉铜矿、孔雀石、硅孔雀石、蓝铜矿，次为黄铜矿、斑铜矿、铜蓝及少量自然铜，矿石中还含少量赤铁矿、褐铁矿、钛铁矿。

矿石结构主要为半自形、他形粒状结构，粒径 0.01～0.26mm。

矿石构造主要为角砾状构造，角砾呈棱角状及半浑圆状，砾径一般 2～20mm，部分 20～50mm，少数大于 50mm，亦有部分杏仁状构造。

19. 贵州从江地虎铜矿

矿床位于从江县城西南 57km，是以铜、铅锌、银、金等为主的多金属矿床，矿床规模为小型。

矿区内出露地层为新元古界青白口系下江群甲路组，为赋矿地层。

矿体受滑脱构造带控制，产于带内强硅化绢云母千枚岩、铁锰质绢云母千枚岩、块状石英片岩、绿泥石片岩、变余石英砂岩等岩石中。圈定大小共 38 个矿体，其中，主矿体呈似层状、透镜状、扁豆状产出。矿床主要有益组分为铜、金、银、铅锌等，并伴生镓、锗、镉等，矿床 Au $(2.3\sim6.5)\times10^{-6}$，Ag $(114.8\sim223.6)\times10^{-6}$，Cu 0.97%～1.1%，Pb、Zn 3.8%～6.2%。

矿石矿物有黄铜矿、黝铜矿、方铅矿、闪锌矿，其次为硫锑铅矿、车轮矿、黄铁矿、磁铁矿、磁黄铁矿、白铁矿、毒砂、自然金、银金矿，及少量硫铜银矿、银黝铜矿；脉石矿物主要有石英、绿泥石、绢云母、白云母、黑云母、绿帘石等，见有微量的锐钛矿、金红矿、白钛矿、锆石、电气石、石榴石、褐帘石、纳长石、方解石、重晶石等。

矿石结构：包晶结构，自形、半自形晶结构，他形晶粒结构，交代溶蚀结构，斑状变晶结构。

矿石构造以块状、细脉浸染状、条带状、脉状、充填交代、角砾状构造为主。

蚀变主要表现为与构造有关的动力热液变质作用，蚀变类型主要有硅化、黄铁矿化、磁铁矿化、绿泥石化，次为高岭石化。

六、成矿潜力与找矿方向

西南地区铜矿成矿潜力巨大，根据西南地区铜矿资源潜力评价成果，西南地区铜矿已查明资源量占预测资源量的 1/3，还有很大的找矿潜力。

根据铜矿成矿地质条件、已有资源基础等因素，可以将西南地区划分为嘎尔穷-多龙、侏诺-雄村、厅宫-驱龙、得明顶-汤不拉、玉龙-丁钦弄、羊拉-鲁春、普朗、里伍、拉拉-滇中、大平掌、滇东南 11 个铜矿主要找矿远景区（图 3-2），主要铜矿找矿远景区特征，见表 3-6。

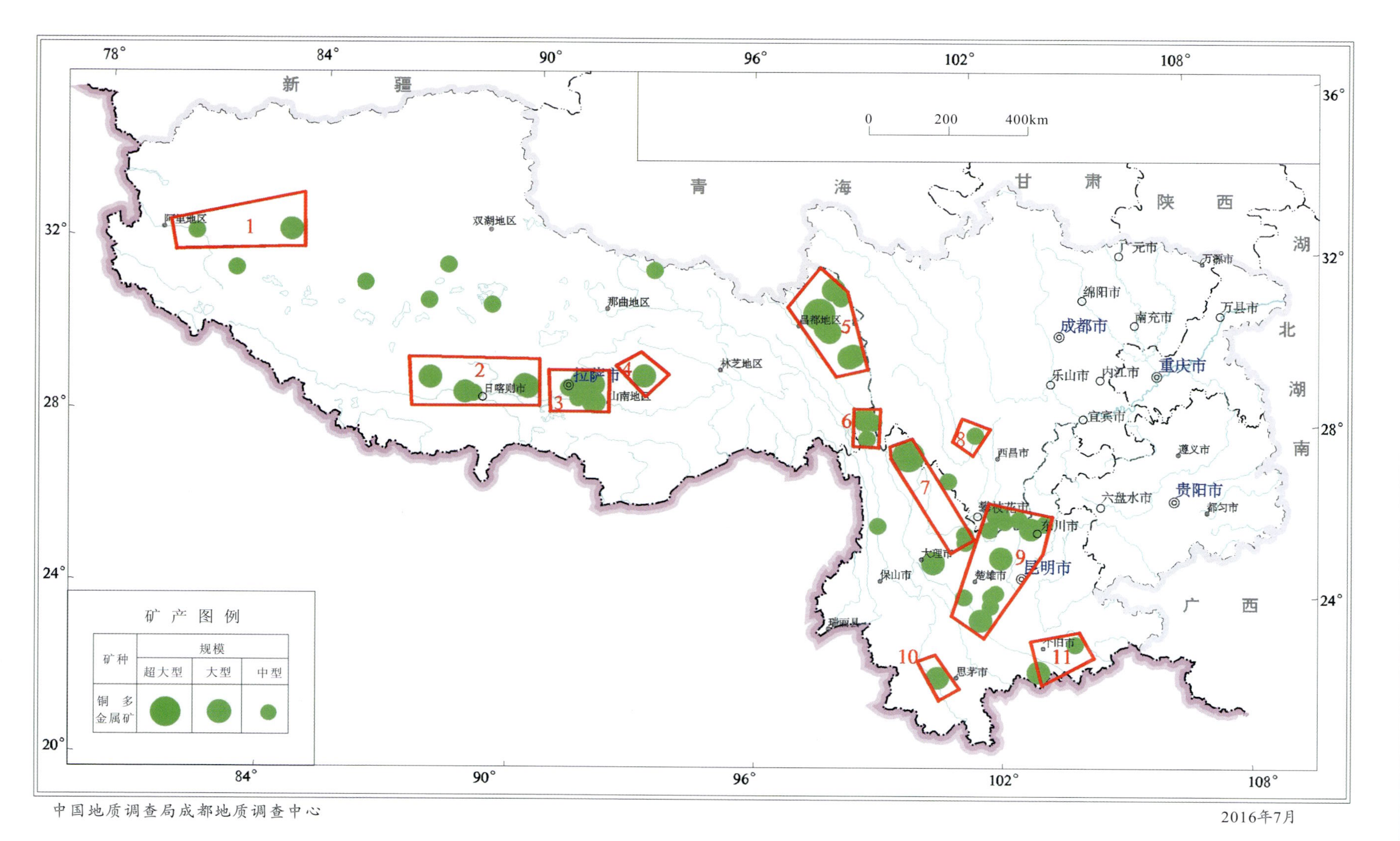

图 3-2 西南地区铜矿远景区分布图

表 3-6　西南地区铜矿主要找矿远景区特征

编号	找矿远景区	分布地区	主要矿床类型	代表矿床
1	嘎尔穷-多龙	西藏班公湖-怒江改则地区	主为斑岩型，次为矽卡岩型	多不杂、波龙、嘎尔穷
2	侏诺-雄村	西藏冈底斯西段	斑岩型	侏诺、雄村、普桑果
3	厅宫-驱龙	西藏冈底斯中东段	主为斑岩型，次为矽卡岩型	驱龙、甲马、厅宫、冲江、岗讲、努日
4	得明顶-汤不拉	西藏冈底斯东段	斑岩型	汤不拉、得明顶
5	玉龙-丁钦弄	西藏昌都地区	主为斑岩型，次为矽卡岩型	玉龙、多霞松多、马拉松多、莽总、各贡弄、足那、丁钦弄
6	羊拉-鲁春	云南德钦地区	矽卡岩型、海相火山岩型	羊拉、鲁春
7	普朗	云南三江地区香格里拉地区	主为斑岩型，次为矽卡岩型	普朗、雪鸡坪、红山
8	里伍	川西九龙地区	变质岩层状型	里伍
9	拉拉-滇中	西昌-滇中地区	变质岩层状型	拉拉、落雪、滥泥坪铜矿、大红山
10	大平掌	云南三江地区	海相火山岩型	大平掌
11	滇东南	滇东南	矽卡岩型	个旧老厂

第二节　铅

一、引言

1. 性质与用途

铅(Pb)是一种蓝灰色金属，新鲜断面具有强烈的金属光泽，硬度 1.5，密度 10.67～11.34 g/cm^3，熔点 327.4℃，沸点 1749℃。铅的展性良好，延性甚微，是热和电的不良导体，可锻性和抗磨性较好，易与其他金属(如锌、锡、锑、砷等)制成合金。铅的化学性质较稳定，在干燥的空气中和不含空气的水中不发生化学变化。铅除能较好地溶解于稀硝酸和 200℃的浓硫酸外，盐酸和硫酸仅能作用于铅的表面，形成几乎不溶的氯化铅和硫酸铅薄膜，具有较好的防腐性。

铅被人类利用已有 5000 多年的历史(Toit，1998)。铅广泛应用于各种工业，大量用于制造铅酸蓄电池，主要用于汽车工业，占总消费量的 60%。此外，在化学工业和冶金工业中，铅常用以制作管件和设备的防腐内衬；原子能工业中，铅可用来制作防辐射外罩；国防工业中用来制造弹头；电气工业中用来制作电缆包皮和熔断保险丝。铅锡合金用于制造焊条；铅板和镀铅锡薄钢板用于建筑工业。

中国已发现铅矿物和含铅矿物有 42 种，具工业意义的有 11 种(《矿产资源工业要求手册》，2012)，铅矿石中通常分散发育有不同含量的亚显微状态含银矿物辉银矿(Toit，1998)。常见的铅矿物见表 3-7。

表 3-7 常见铅矿物表

矿物名称	化学式	铅含量(%)	矿物名称	化学式	铅含量(%)
方铅矿	PbS	86.60	白铅矿	$PbCO_3$	77.6
硫锑铅矿	$Ph_5Sb_4S_{11}$	55.42	铅矾	$PbSO_4$	68.3
脆硫锑铅矿	$Pb_4FeSb_6S_{14}$	40.16	铬铅矿	$PbCrO_4$	64.1
车轮矿	$PbCuSbS_3$	42.54	钼铅矿	$PbMoO_4$	56.4

2. 矿床类型

铅矿床的矿床类型，按照赋矿的岩石建造类型主要有 7 种，即碳酸盐岩型，泥岩-细碎屑岩型，砂、砾岩型，矽卡岩型，海相火山岩型，陆相火山岩型，各种围岩中的脉状矿床。

3. 分布

世界铅矿资源丰富，勘查潜力仍很大。据《世界矿产资源年评》，至 2008 年底，世界已探明的铅储量为 7900×10^4t，储量基础铅17 000$\times10^4$t，铅资源量达 15 多亿吨。主要分布于澳大利亚、中国、美国、哈萨克斯坦、加拿大、秘鲁、墨西哥等国。据《世界矿产资源年评》，2008 年底世界精炼铅年生产量为 817×10^4t，世界铅矿山年生产量为 387×10^4t，世界再生精炼铅年生产量为 431×10^4t，国际铅市场供过于求，商业库存达 27×10^4t(《矿产资源工业要求手册》，2012)。

中国铅矿资源丰富，资源储量居世界第 2 位。据《中国统计年鉴》(2011)，截至 2009 年，我国铅矿基础储量为 1272.04×10^4t，按基础储量大小排前 10 位的是：内蒙古、云南、甘肃、四川、广东、湖南、青海、江西、浙江和河南。近年来，中国地质调查局组织开展的地质大调查评价的重要远景区近 50 处，主要分布在雅江东段、西南三江、秦岭、湘西南、桂北、黔东、黔西北、滇东北、福建等地。

4. 勘查工业指标

据国土资源部 2002 年发布的《中华人民共和国地质矿产行业标准》(DZ/T 0214—2002)，铅矿床地质勘查一般工业指标如表 3-8 所示。

表 3-8 铅矿床一般工业指标

项目 \ 矿石类型	硫化矿石	混合矿石	氧化矿石
边界品位(%)	0.3～0.5	0.5～0.7	0.5～1
最低工业品位(%)	0.7～1	1～1.5	1.5～2
矿区平均品位(%)	5～8	6～9	10～12
最小可采厚度(m)	1～2	1～2	1～2
夹石剔除厚度(m)	2～4	2～4	2～4

根据国内相关规定，铅矿床规模一般采用的大小划分标准为：大型≥50×10^4 t，中型$(10\sim50)\times10^4$ t，小型<10×10^4 t。

二、资源概况

西南地区铅矿极为丰富，主要与锌矿共伴生产出，独立铅矿极少，并常伴生有银、锗、镓、铟、钴等元素，主要分布在川滇黔相邻区，云南三江地区，西藏昌都、念青唐古拉地区，重庆秀山和贵州铜仁地区也有分布。

据不完全统计，西南地区小型及以上铅（含共伴生锌矿，下同）矿床共465个：四川118个，其中大型及以上矿床6个，中型矿床30个，小型矿床82个；云南213个，其中大型及以上矿床20个，中型矿床34个，小型矿床159个；贵州42个，其中中型矿床11个，小型矿床31个；西藏85个，其中大型及以上矿床13个，中型矿床25个，小型矿床47个；重庆7个，其中中型矿床2个，小型矿床5个。

据《中国统计年鉴》（2011），西南地区铅矿储量所占全国的比例为22.35%，云南以Pb储量191.01×10^4 t，占全国的15.02%，列全国第2位，四川Pb储量82.95×10^4 t，占全国的6.52%，列全国第6位；贵州Pb储量6.32×10^4 t，占全国的0.50%；重庆Pb储量3.94×10^4 t，占全国的0.31%。西藏自治区Pb储量19.44×10^4 t（据国土资源部规划司2001年统计数据）。

西南地区大型及以上铅矿主要特征和分布见表3-9和图3-3。

表3-9　西南地区铅矿（大型及以上）一览表（含共伴生锌矿）

编号	矿床名称	地理位置	规模	勘查程度
1	汉源县马托黑区铅锌矿	四川省汉源县	大型	普查
2	白玉县呷村银铅锌多金属矿	四川省白玉县	大型	勘探
3	白玉县呷衣穷银铅锌矿	四川省白玉县	大型	普查
4	会理县天宝山银铅锌矿	四川省会理县	大型	勘探
5	会东县大梁子银铅锌矿	四川省会东县	大型	勘探
6	甘洛县岩润赤普铅锌矿	四川省甘洛县	大型	详查
7	寻甸县妥托铅锌矿	云南省寻甸县	大型	普查
8	寻甸县座鸟铅锌矿	云南省寻甸县	大型	不详
9	会泽县会泽铅锌矿	云南省会泽县	大型	勘探
10	会泽县拖车铜铅锌矿	云南省会泽县	大型	详查
11	鲁甸县马鹿沟铅锌矿	云南省鲁甸县	大型	详查
12	鲁甸县乐红铅锌矿	云南省鲁甸县	大型	详查
13	巧家县茂租铅锌矿	云南省巧家县	大型	勘探
14	彝良县毛坪铅锌矿	云南省彝良县	大型	详查

续表 3-9

编号	矿床名称	地理位置	规模	勘查程度
15	姚安县姚安铅矿	云南省姚安县	大型	勘探
16	砚山县芦柴冲铅锌矿	云南省砚山县	大型	普查
17	思茅市大平掌铜铅锌多金属矿	云南省思茅市	大型	详查
18	江城县马厂铅矿	云南省江城县	大型	勘探
19	澜沧县老厂铅锌银多金属矿床	云南省澜沧县	大型	不详
20	蒙自县白牛厂铅锌银多金属矿床	云南省蒙自县	大型	详查
21	勐腊县勐户铅锌矿	云南省勐腊县	大型	普查
22	保山市西邑铅锌矿	云南省保山市	大型	详查
23	龙陵县勐糯(勐兴)铅锌矿	云南省龙陵县	大型	勘探
24	兰坪县金顶铅锌矿	云南省兰坪县	特大型	勘探
25	维西县洛扎铅锌矿	云南省维西县	大型	重点检查
26	镇康县芦子园铅锌多金属矿	云南省镇康县	大型	详查
27	墨竹工卡县帮浦铅锌铜钼矿	西藏墨竹工卡县	大型	普查
28	墨竹工卡县洞中拉铅锌矿	西藏墨竹工卡县	大型	详查
29	江达县足那铅锌矿	西藏江达县	大型	预查
30	江达县丁钦弄铅锌银铜矿	西藏江达县	大型	普查
31	昌都县干中雄铅银矿	西藏昌都县	大型	预查
32	昌都县包买铅锌矿	西藏昌都县	大型	预查
33	昌都县昂青铅锌银多金属矿	西藏昌都县	大型	预查
34	类乌齐县卓登尕铅锌矿	西藏类乌齐县	大型	预查
35	察雅县都日铅锌矿	西藏察雅县	大型	普查
36	谢通门县纳如松多铅锌矿	西藏谢通门县	大型	预查
37	嘉黎县昂张铅锌银矿	西藏嘉黎县	大型	普查
38	工布江达县洞中松多铅锌矿	西藏工布江达县	大型	详查
39	工布江达县亚贵拉铅锌矿	西藏工布江达县	大型	详查

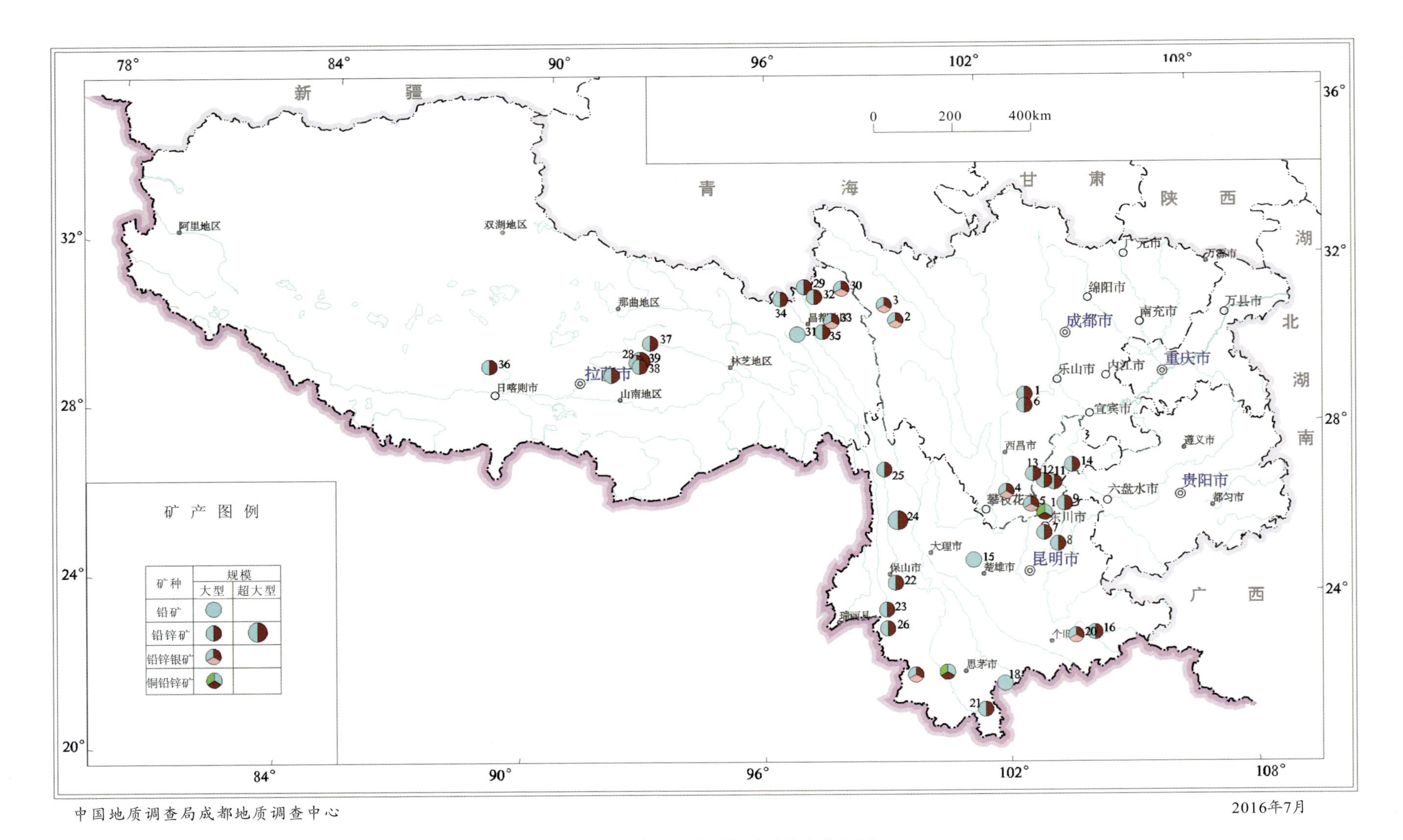

图3-3　西南地区主要铅矿矿床点分布图

三、勘查程度

据不完全统计，西南地区铅矿床小型及以上矿床踏勘 1 处、矿点检查 3 处、矿产勘查 14 处、初查 3 处、预查 49 处、初步普查 11 处、普查 151 处、详细普查 5 处、详查 77 处、初步勘探 6 处、勘探 14 处、不明 131 处。

四、矿床类型

西南地区铅矿主要矿床类型有：矽卡岩型、碳酸盐岩型、砾岩-碎屑岩型、海相火山岩型、陆相火山岩型和各种围岩中的脉状铅矿床等类型(表 3 - 10)。

表 3 - 10　西南地区铅矿床主要矿床类型及特征

矿床类型	分布	主要特征	规模及品位	代表矿床
碳酸盐岩型	扬子陆块西南缘康滇地轴、川滇黔相邻区	碳酸盐岩地层容矿，以白云岩为主；矿体多为似筒状、囊状、扁柱状、透镜状、脉状、多脉状、网脉状及“似层状”	品位高，规模大	汉源黑区-雪区、大梁子、会泽、保山西邑、赫章天桥
砾岩-碎屑岩型	兰坪盆地	碎屑岩容矿；矿体多为板状、脉状和透镜状、似层状、柱状	品位低，规模大	兰坪金顶
矽卡岩型	隆格尔-工布江达弧背断隆带，腾冲地区，保山-镇康地块北部	含矿岩石为矽卡岩化大理岩或透辉石矽卡岩，矿体与围岩呈渐变过渡关系；矿体产状与围岩一致，深部矿体形态较复杂，分支复合现象常见	品位低，规模大	亚贵拉、勒青拉、拉屋、大硐厂、核桃坪
海相火山岩型	三江义敦岛弧带，澜沧地区	含矿岩系为中基性—中酸性“双峰式”火山岩，矿床受火山-沉积盆地内的围陷盆地和火山岩控制；下部为火山热液交代成因的脉状—网脉状铅锌矿体，上部为化学沉积岩中具海底喷气-沉积成因的重晶石型块状铜、铅、锌、银(金)矿体	组分多，品位低，规模大	呷村、澜沧老厂
陆相火山岩型	滇东地区	赋矿围岩为喷溢玄武岩/辉绿岩间的灰岩(主)与白云岩互层，矿体层状、似层状、角砾状	品位低，规模大	富乐厂
产于各种岩类断裂带的充填交代脉状矿床	三江义敦岛弧带，当雄-嘉黎铅银多金属成矿带，藏南	矿化多产于岩体与围岩接触地带，成矿与岩浆热液有关；矿体受断裂破碎带控制，呈脉状—网脉状	品位低，规模多中等，少数达大型、超大型	夏塞、尤卡朗、扎西康

五、重要矿床

1. 西藏工布江达县亚贵拉铅锌矿床

矿床位于工布江达县金达镇北约 35km 处的亚桂拉—扎哇一带。地理坐标：东经 92°41′18″—

92°42′33″,北纬 30°12′33″—30°13′24″。矿床规模为大型。

矿区主要出露上石炭统—下二叠统来姑组,来姑组第二岩性段为该矿区的赋矿层位,主要岩性为变石英砂岩、大理岩及矽卡岩等。含矿岩石为矽卡岩化大理岩或透辉石矽卡岩,矿体与围岩呈渐变过渡关系。

F_1 断裂是矿区规模最大的一条断裂构造,也是区内重要的控矿构造,F_2、F_3 为 F_1 的次级断裂。断裂带内岩石破碎强烈,有矽卡岩化碎裂大理岩、矽卡岩,发育有方铅矿化、闪锌矿化、黄铁矿化、硅化、绿泥石化、矽卡岩化和碳酸盐化等,Ⅳ、Ⅰ号矿体分别产于其中。

本矿区共发现铅锌矿(化)体 10 个,其中Ⅰ、Ⅳ、Ⅵ号矿体为矿区主要铅锌矿体,Ⅲ号为钼矿体。Ⅰ、Ⅳ号铅锌矿体呈似层状,赋存于矿区第二岩性段中下部的碎裂大理岩中,并受近东西向的断裂破碎带控制,二者近平行产出,相距约 30～60m,与围岩产状基本一致。Ⅵ号矿体呈层状,推断长度大于 1600m,分布于矿区中部,赋存于 F_1 断裂上盘(北侧)的变石英砂岩与大理岩岩性转换部位,产状 340°～9°∠59°～86°,矿体产状与围岩一致,深部矿体形态较复杂,分支复合现象常见。

矿石自然类型可划分为矽卡岩型铅锌矿石和碎裂变石英砂岩型铅锌矿石两种,以矽卡岩型铅锌矿石为主,占矿石量的 85%左右,且矿石品位高、质量好。根据赋矿岩石物质成分,矽卡岩型铅锌矿石又可进一步划分为石榴透辉矽卡岩型、石榴石矽卡岩型、矽卡岩化碎裂大理岩型铅锌矿石 3 种。其中,石榴透辉矽卡岩型和矽卡岩化碎裂大理岩型铅锌矿石矿化相对较好。矿石的工业类型主要为原生富硫化物铅锌矿石。矿区内矿物组合简单,矿石矿物主要为方铅矿、闪锌矿、辉银矿,次为黄铜矿、辉钼矿等;脉石矿物主要为石英、方解石、石榴石、透辉石、黄铁矿、磁黄铁矿,其次为绢云母、绿帘石、绿泥石等;次生氧化矿物有褐铁矿、铅矾、孔雀石。

矿石品位:从总体看,本矿区铅锌矿矿石具品位高、质量好的特点,且以富 Pb,低 Zn、Ag,品位分布不均匀为特征。

矿区矿石结构较简单,主要有自形—半自形粒状结构、碎裂结构。矿石构造有块状、细脉浸染状、星散浸染状、脉状(网脉状)和条带状构造等,其中以细脉浸染状、脉状、块状构造最为常见。

矿床类型为矽卡岩型。

2. 西藏昌都县拉诺玛铅锌多金属矿床

拉诺玛铅锌多金属矿矿区位于西藏昌都县城 160°方向约 63km 处,属昌都县卡诺镇管辖。矿区中心地理坐标:东经 97°22′26″,北纬 30°42′32″。距川藏公路 214 国道 4km(有简易公路相通),距昌都邦达机场 66km,距拉萨 1116km,交通方便。矿床规模为中型。

矿区赋矿地层为波里拉组(T_3b),其出露在矿区中部,呈近南北向贯穿矿区,岩性为浅灰白—浅青灰色含砾灰岩、砾状灰岩、细晶灰岩。

矿区构造以断裂构造为主,F_1、F_3 断裂是矿区内主要的导矿构造。

矿体产于上三叠统波里拉组(T_3b)砾状灰岩、碎裂灰岩中,呈条带状、似层状产出,严格受层位控制。矿体强烈氧化,地表和平硐中岩溶发育。Ⅰ、Ⅱ号矿体为矿区主要矿体(图 3-4)。

Ⅰ号矿体:矿体呈条带状、似层状分布,具有膨大分支现象,斜深最大为 175.00m,平均厚度 12.67m。矿体平均品位:Pb 1.90%,Zn 3.04%。

Ⅱ号矿体:矿体地表平均厚度 6.48m,矿体总体向东倾伏,倾伏角为 60°～70°。矿体平均品位:Pb 1.86%,Zn 1.08%。

矿石矿物组成:金属矿物主要为硫锑铅矿、闪锌矿、铅矾、方铅矿、铅锑银矿、硫砷锑铅矿、黄铁矿等,次要矿物为褐铁矿、锑华、红锑铁矿、菱锌矿、水锌矿、白铅矿、雌黄、毒砂、辰砂等;脉石矿物以方解石为主,次有石膏、重晶石、石英、铁白云石等。

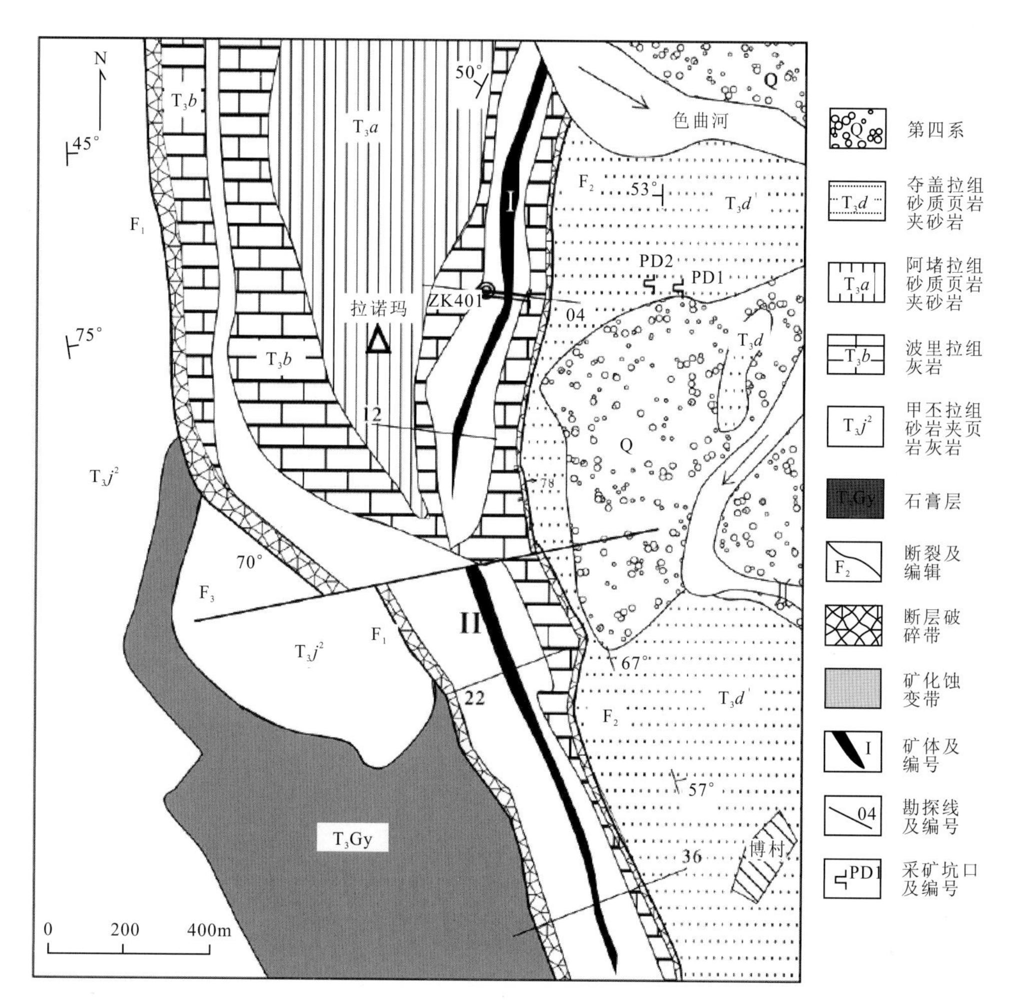

图 3-4 西藏拉诺玛铅锌多金属矿矿区地质略图(陶琰等,2011)

矿石类型:主要为铅锌锑矿石,地表出露铅锌锑氧化物、次生硫化物等。

矿石以块状构造、皮壳状构造、多孔状和峰窝状构造为主,次有角砾状构造、浸染状构造、充填脉状构造等。

主要结构为他形—半自形—自形粒状结构、交代残留结构、反应边结构、压碎结构、网脉状结构、粉末状结构等。

矿区围岩蚀变较弱,蚀变主要发育在"铁帽"氧化带中及近旁围岩中,蚀变类型主要以方解石化、石膏化为主,次为黄铁矿化、白云岩化、硅化等热液蚀变。

该矿床类型为碳酸盐岩型。

3. 西藏隆子县扎西康铅锌锑银矿床

扎西康矿区位于喜马拉雅山北麓,矿区至隆子县城约 48km,距离拉萨市约 330km,交通尚属便利。矿区中心地理坐标:东经 92°00′20″,北纬 28°22′50″。为大型—特大型铅锌银多金属矿。

矿区出露地层主要为下侏罗统日当组(J_1r)与上侏罗统维美组(J_3w)。下侏罗统日当组(J_1r)岩性主要为一套浅变质海相碎屑岩。上侏罗统维美组(J_3w)主要为变质石英砂岩、粉砂质板岩夹变质粉砂岩、含砂屑灰岩、含砾石英砂岩、复成分砂砾岩,含有炭化植物屑和黄铁矿。矿区 F_7 断裂带内至少赋存了矿床 80%以上的金属资源量。

矿区共圈出了9条铅锌银矿(化)体，Ⅳ、Ⅴ、Ⅵ号矿体是矿区的主要矿体，Ⅴ号矿体目前工作程度相对较高且已经进入开采阶段。Ⅴ号矿体产在近南北向的F_7断裂破碎带中，主矿体绝大部分隐伏在地表以下，向北倾伏，延深垂高已经达到383m(图3-5)，矿体最大水平厚度为38.2m，最小为0.42m，平均水平厚度为9.08m，矿体以铅、锌、锑、银矿化为主，平均品位分别为：Pb 1.99%，Zn 2.85%，Sb 1.16%，Ag 87.18×10^{-6}。

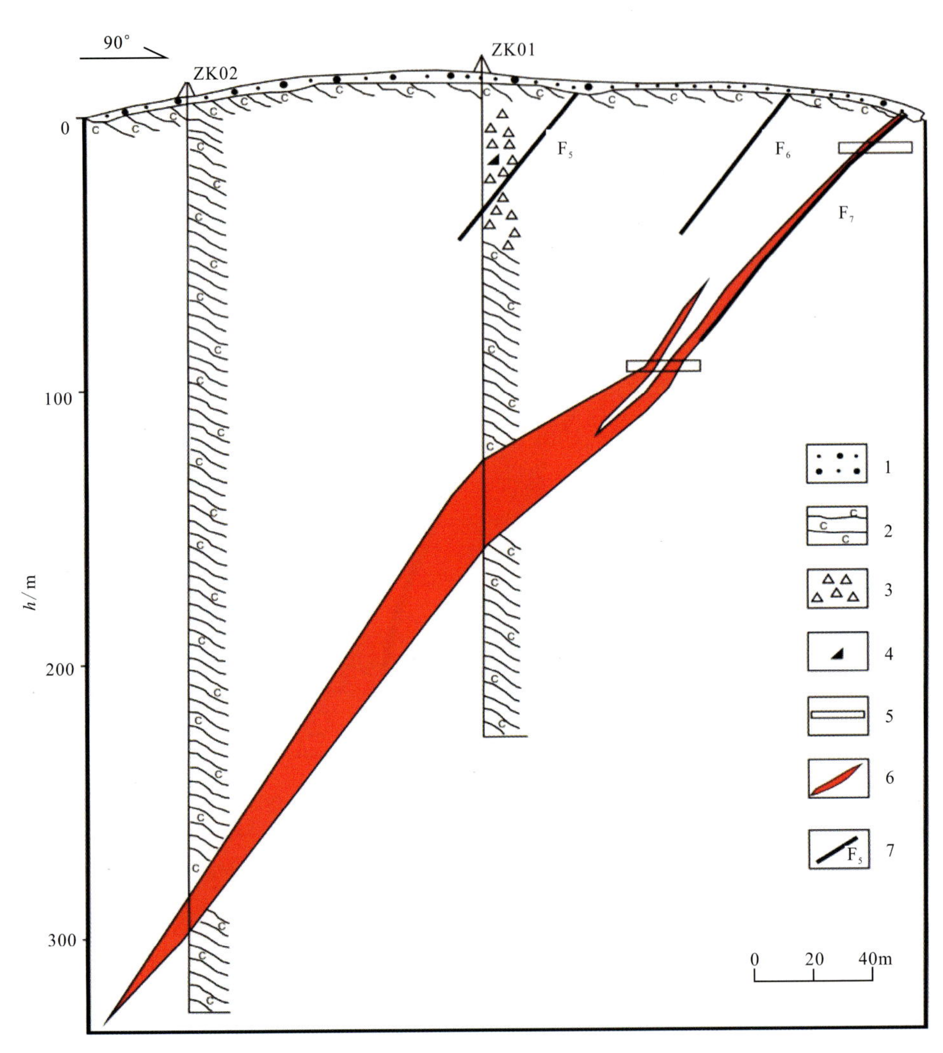

图3-5　西藏扎西康铅锌银矿Ⅴ号矿体剖面图(王晓曼等，2011)

1.第四系；2.碳质板岩；3.构造角砾岩；4.褐铁矿化；5.探矿平硐；6.矿体；7.断层及其编号

矿石矿物主要为闪锌矿、方铅矿、辉锑铅矿、硫锑铅矿、辉锑矿，少量黄铜矿、车轮矿、银黝铜矿、方锑矿、硫锑铅银矿等，偶见蓝铜矿、孔雀石；脉石矿物主要有黄铁矿、菱铁矿、石英、方解石等。氧化矿石中矿物组分以褐铁矿、菱锌矿、铅矾、锑华等为主。

依据矿物颗粒大小和形态分类，扎西康矿区常见的金属矿石结构主要有结晶结构、交代结构和压力结构等类型(张刚阳，2012)。

矿石构造主要有块状构造、条带状构造、脉状—网脉状构造、角砾状构造、环状构造、晶簇状构造、放射状构造、指状构造等。

流体包裹体显微测温结果表明，扎西康矿床石英流体包裹体均一温度范围为162～268℃，峰值210℃(杨竹森等，2006)。

根据矿物组合特征、矿石组构以及不同矿物之间的穿插和交代关系，把扎西康矿床分为6个成矿阶段，其矿物生成顺序如下（张建芳等，2010）：

（1）黄铜矿-黄铁矿-方铅矿-闪锌矿阶段。

（2）菱铁矿-微细黄铁矿-方铅矿-闪锌矿阶段。

（3）石英-毒砂-黄铁矿阶段。

（4）石英-黄铁矿-车轮矿-硫锑铅矿-辉锑矿-闪锌矿-方铅矿（中细粒）阶段。

（5）黄铁矿-方铅矿（粗粒脉状）阶段。

（6）热泉硅华（包裹矿石角砾）阶段。

蚀变主要为硅化、黄铁矿化、毒砂化、菱铁矿化、褐铁矿化、方解石化、绿泥石化、绿帘石化、绢云母化等。其中，以硅化、黄铁矿化、毒砂化与铅锌锑矿化关系最为密切。

张建芳等（2010）对铅锌锑多金属矿床Ⅴ号矿体中代表主要成矿阶段的石英-硫化物脉中的石英进行电子自旋共振（ESR）测定的年龄为18.3～23.3Ma，平均为20.8Ma。

该矿床类型为脉状矿床。

4. 四川白玉县呷村银铅锌多金属矿床

该矿床位于四川省白玉县昌台区麻邛乡境内，距白玉县城东90°，直距70km，矿区中心地理坐标：东经99°32′26″，北纬31°11′08″。矿区有三级公路19km直通昌台，从昌台沿甘孜—白玉公路往西111km抵白玉县城，东行122km达甘孜县，与川藏317公路主干线相衔接，交通方便。

矿床铅锌达超大型，银为大型，铜为中型，伴生金、锑、汞、镉等可综合利用。

矿床位于义敦岛弧北段，矿床赋存于上三叠统图姆沟组中段流纹质火山岩系之上至项部，成矿与流纹质火山岩关系密切。已圈定矿体62个，其中银多金属矿体9个，铅锌矿体47个，重晶石矿体3个，混合矿体3个。有主矿体12个，其中铅锌矿体7个，银多金属矿体2个，重晶石矿体3个。

矿床具有典型的“双重结构”特征：下部为网脉状，有蚀变矿体；上部层状，无蚀变矿体。下带为流纹质角砾熔岩中的网脉状矿体，矿体数量多、规模小、品位低，矿体平均品位：Cu 0.07%，Pb 1.39%，Zn 2.06%，Ag 27.69×10^{-6}，Au 0.13×10^{-6}；上带为一个巨大的似层状块状硫化矿矿层，矿体长1430m，厚4～30m，平均厚17m，平均品位：Cu 0.95%，Pb 6.00%，Zn 8.80%，Ag 238.93×10^{-6}，Au 0.7×10^{-6}；重晶石矿体覆盖在块状矿体之上或在块状矿体与结晶灰岩中呈夹层产出。

矿石类型：银多金属矿石、铅锌矿石和重晶石矿石。

主要矿石矿物：闪锌矿、方铅矿、（含银）黝铜矿、黄铜矿、黄铁矿、磁黄铁矿，少量毒砂、硫银铜矿、汞银金矿、铜银金矿等；脉石矿物主要为石英、钡冰长石、重晶石、绢云母和方解石。矿物组合具有由深至浅部从硫化物、石英→硫化物、重晶石、石英→硫化物、重晶石、硫盐矿物→重晶石的递变规律。

矿石结构构造：矿石结构主要为结晶结构、交代结构；矿石构造以块状、网脉状、脉状、条带状为主，并具有草莓结构和残余微层状、层纹状构造等典型沉积结构构造特征。

呷村矿床类型为海相火山岩型。

5. 云南兰坪县金顶铅锌矿床

金顶铅锌矿位于云南省兰坪县金顶镇以东3.5km处，矿区中心坐标：东经99°25′27″，北纬26°24′38″，兰坪县通过剑（川）兰（坪）公路、维（西）兰（坪）公路、丽（江）兰（坪）公路等呈星形与周边各县相连，至大理市250km，交通方便。铅锌达到特大型规模，伴生银、镉、铊、硫铁矿、天青石、石膏等矿产也均达到大型规模。

矿体为板状、脉状和透镜状、似层状、柱状，主要产在逆冲断裂上盘景星组、下盘古新统云龙组的陆相碎屑岩中。矿区7个矿段共圈出工业矿体401个。单矿体规模10×10^4t以上的15个，达大型规模的矿体6个，有3个矿体接近或超过200×10^4t，成为特大型的单矿体。其中Ⅰ号矿体规模最大，铅锌储量占全区的39%以上。该矿体产于北厂矿段上含矿带中，底部跨入下含矿带，属砂岩型矿体，呈层状，产状与地层一致，走向近于东西，向北倾斜，矿体长1390m，延深1150m，厚度39.6m。此外，与铅锌矿共生的矿体有硫铁矿矿体76个，天青石矿体100个，石膏矿体59个。

主要有黄铁矿化、重晶石化、天青石化、硅化、白云石化、方解石化、赤铁矿化、石膏化，以及褪色等。

矿床类型为砾岩-碎屑岩型。

6. 云南保山市核桃坪铅锌铜多金属矿床

该矿床位于云南省保山市隆阳区东北部瓦窑镇，矿区中心地理坐标：东经99°09′13″，北纬25°27′00″。矿区通公路，南与320国道、大保高速公路相接，交通十分便利。矿床规模为中型。

铅锌矿体受F_1、F_{1-1}、F_2断裂控制。根据重力资料推断，矿区可能存在规模较大的隐伏中酸性岩体。

矿体产于白冲河背斜东翼层间断裂破碎带内，已圈定的有6个矿体，其中规模最大为Ⅴ号矿体。

Ⅴ号矿体受背斜东翼的F_1断层控制，呈南北向产在断裂带及层间裂隙带内的矽卡岩和大理岩中。矿体呈似层状、透镜状，倾向为60°～80°，倾角27°～60°。矿体地表露头长度为590m，工程控制长度为885m，厚0.52～27.65m，平均厚度为8.14m。矿体矿石品位：Pb+Zn 5%～11%。

矿石矿物有闪锌矿、铁闪锌矿、方铅矿、黄铁矿、黄铜矿、磁黄铁矿、磁铁矿等；氧化矿物有水锌矿、白铅矿、异极矿、铅钒、褐铁矿、孔雀石等。脉石矿物有透辉石、钙铁辉石、石榴石、阳起石、绿帘石、透闪石、绿泥石、硅灰石、长石、石英、方解石等。

矿石的自然类型有：矽卡岩铅-锌矿石，石英-方解石脉铅-锌矿石，含铅-锌的铜矿石，含铅、锌的黄铁矿矿石，浸染状铅-锌矿石，以前两者为主。

矿石主要具粒状结构、交代结构和残余结构；稀疏—稠密浸染状、致密块状、条带状构造和脉状构造。

围岩蚀变有矽卡岩化、硅化、大理岩化、方解石化、黄铁矿化和褐铁矿化等，在矿体近侧矽卡岩化、硅化较强，局部地段可见角岩化。其中矽卡岩化、黄铁矿化、硅化、方解石化是主要矿化蚀变，与矿体的形成关系密切。

矿床类型为矽卡岩型。

7. 云南澜沧县老厂铅锌银多金属矿床

老厂铅锌银矿位于澜沧县城北西，平距约30km，属澜沧县竹塘乡管辖。地理坐标：东经99°43′13″—99°44′59″，北纬22°43′52″—22°46′02″。该矿床为大型。

矿床中—上石炭统、下二叠统为碳酸盐岩，是区内脉状铅锌银多金属矿床的赋矿层，早石炭世火山-沉积岩（依柳组）是层状（似层状）铅锌银铜多金属矿体的主要容矿层之一。

矿区内共有7个钻孔揭露到隐伏花岗斑岩脉或岩体。

矿区内主要控矿构造为老厂背斜及F_3断裂。F_3断裂纵贯矿区中部，出露长度大于4000m，总体走向NW340°，沿断裂发现了Ⅳ号陡倾斜大脉状矿体。

矿区控制矿带长1600余米，宽200～400m，共有6个矿体群（图3-6），138个矿体，其中主要矿体有8个，以Ⅰ$_{1+2}$、Ⅱ$_2$号矿体规模最大。其中，Ⅰ$_{1+2}$矿体长975m，厚2.5～22.6m，矿体平均品位Ag 222.3×10^{-6}，Pb 5.38%，Zn 4.38%，伴生Cu 0.21%。Ⅵ号矿体群为产于C_1^{5+6}矽卡岩化凝灰岩或矽卡岩中的与喜马拉雅期隐伏花岗斑岩有关的细脉浸染状Mo(Cu)矿体。

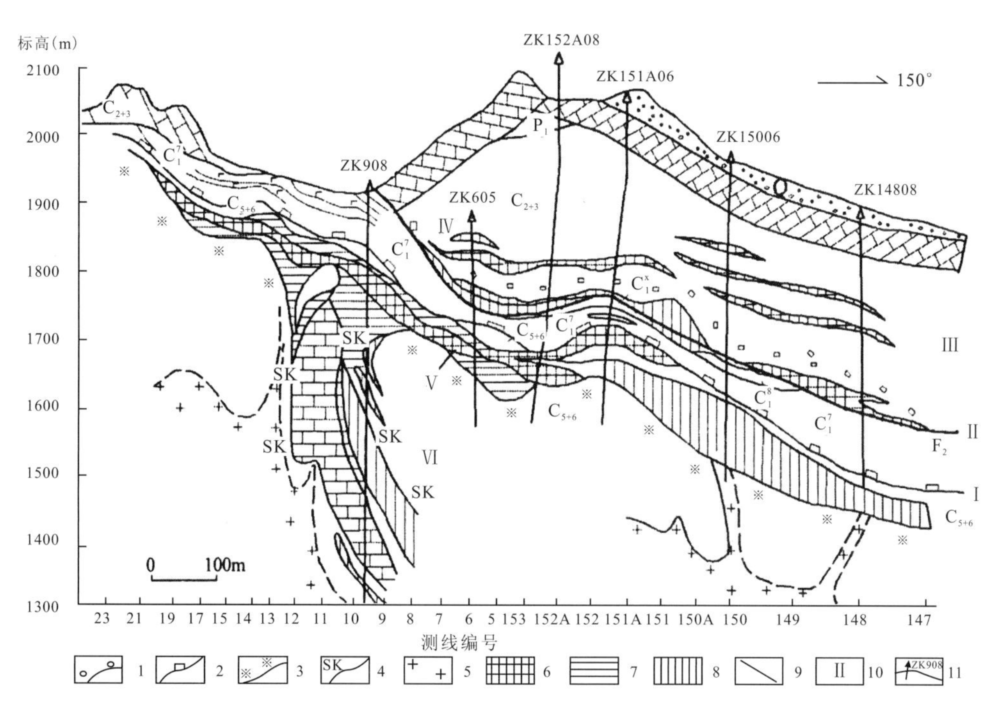

图3-6　云南澜沧县老厂铅银锌多金属矿纵剖面图(据李光斗，2010)

Q.第四纪堆积层；P_1.早二叠世灰岩；C_{2+3}.中晚石炭世白云质灰岩；C_1^3.早石炭世沉积火山碎屑岩；C_1^7.早石炭世玄武岩；C_1^{5+6}.早石炭世安山凝灰岩。1.铁锰碳酸盐岩；2.青磐岩化；3.黄铁绢英岩化；4.矽卡岩化；5.花岗岩脉及花岗岩；6.银铅锌矿体；7.硫矿体；8.铜矿体；9.断层及编号；10.为矿群编号；11.钻孔编号

矿石自然类型划分为火山岩型、碳酸盐型、矽卡岩型及斑岩型4种。

火山岩型矿石矿物成分复杂，主要金属矿物为方铅矿、铁闪锌矿、黄铜矿等。按矿石共生元素组合划分的工业类型有银铅锌黄铁矿矿石、含铜银铅锌黄铁矿矿石、块状黄铁矿矿石、银铅锌碳酸盐矿石等。主要金属矿物呈稠密浸染状、块状、粒状、散点状、细脉状与黄铁矿共生，银赋存于上述载体矿物中。

碳酸盐型矿石主要金属矿物有白铅矿、铅矾、方铅矿、菱锌矿、硅锌矿、异极矿、铜蓝、孔雀石、黄铁矿等。呈浸染状、粒状、团块状、不规则脉状、胶状、皮壳状产出，银矿物主要赋存于白铅矿及残留的方铅矿中。

矽卡岩型、斑岩型矿石主要为细脉浸染型。

矿石结构有沉积成岩成因的草莓状结构，也有热液充填交代成因的交代溶蚀结构、交代残余结构、细脉—网脉状充填交代结构、固溶体分离结构、胶体自形重结晶结构等。

矿石构造有胶状结构、块状构造、稠密浸染状构造、层纹状构造、角砾状构造、条带状构造、脉状构造、晶洞状构造等。

围岩蚀变强烈，有铁锰碳酸盐化(锰帽)，青磐岩化，碳酸盐化，黄铁矿化，硅化，矽卡岩化，角岩化，雄黄、雌黄化及大理岩化等。

该矿床类型主体为海相火山岩型铅锌银矿(VMS)，后期有喜马拉雅期花岗斑岩-矽卡岩型-热液型钼铜铅锌多金属叠加。

8. 四川会东县大梁子铅锌矿床

大梁子铅锌矿位于会东县大桥区小街乡境内。矿区距成昆铁路永郎站 216km，有公路衔接，交通方便。地理坐标：东经 102°51′54″，北纬 26°37′50″。1992 年，经四川省矿产储量委员会批准矿区累计探明储量为：Pb 12.85×10^4t，Zn 200.72×10^4t，伴生 Ag 655t（矿石平均含 Ag 51×10^{-6}），成为四川最大的铅锌矿床。

本矿床的赋矿地层主要为灯影组中部、上部，矿体顶部延入筇竹寺组底部。

大梁子铅锌矿床由Ⅰ号和Ⅱ号两个矿体组成，前者规模大，为主矿体，其储量占整个矿床的99%以上。

矿体的产状、形态、规模、分布以及矿石构造都明显地受断裂构造控制。矿床具有矿体厚度大、延深大、矿化集中、矿石富及储量大等特点。

矿石矿物主要为闪锌矿，其次为方铅矿，其他金属矿物有黄铁矿、黄铜矿、白铁矿、（砷、银）黝铜矿等；脉石矿物主要为白云石和石英；此外，还有方解石、重晶石、沥青、石墨、绢云母等。近地表以及深部一些断裂带中及旁侧发育次生氧化矿物，如菱锌矿、异极矿、水锌矿、白铅矿、褐铁矿等。

矿石的有用化学成分以 Zn 为主，Pb 次要，平均品位 Zn 10.47%，Pb 0.75%，Zn∶Pb≈14∶1。Ag、Cd、Ge、Ga、S 等为可综合利用的伴生组分，其平均含量为：Ag 43.1×10^{-6}，Cd 0.116%，Ge 0.001 29%，Ga 0.001 06%，S 4.99%（据冶金 603 队，1983）。单矿物化学成分的分析结果表明，闪锌矿富含 Cd、Ge、Ga 等元素，铅、锌、铜的硫化物富含 Ag。各种矿物含银量从高到低的顺序为：银黝铜矿→砷黝铜矿→闪锌矿→辉铜矿→方铅矿。Ag 在黝铜矿、方铅矿、辉铜矿等矿物中主要呈类质同象存在，而在闪锌矿中主要以机械混入物赋存于晶体缺陷、晶间、矿物解理、微裂隙中。

矿石结构有粒状结构、固溶体分离结构、交代残余结构、胶状结构、碎裂结构、草莓状结构、填隙结构等；矿石构造有层纹状、角砾状、脉状、网脉状、致密块状、团块状、星散浸染状等构造；此外，氧化带中还发育蜂窝状、土状、钟乳状、皮壳状等次生氧化构造。

矿体围岩蚀变较弱，仅见硅化、炭化、黄铁矿化和碳酸盐化，这些围岩蚀变与矿体关系密切，尤以硅化和黄铁矿化最广，其次是炭化，是重要的找矿标志。

矿床类型为碳酸盐岩型。

9. 四川汉源县马托黑区铅锌矿床

黑区铅锌矿位于四川省汉源县城东南，距汉源县城直距约 25km，乌斯河火车站北东方向约 4km 处的大渡河谷北岸，地理坐标：东经 102°52′49″，北纬 29°16′04″。矿床规模为大型。

矿体产于灯影组麦地坪段白云岩所夹的黑色硅质岩层（又称"黑区"）和角砾状白云岩（又称"雪区"）中。按 Zn≥1.0%或 Pb≥0.5%圈出上、下两层矿体。

上层矿体为主矿体，呈整合层状产出，矿体厚度 0.50～4.86m，平均厚度 1.81m，矿体横向延伸规模大，从黑区向北东方向延至雪区，地表露头断续长达 6000m 以上，矿层西界被王帽山逆断层错失，而东界尚未圈闭（图 3-7）。

下层矿体呈透镜状，较不稳定，分布于矿区西南部山斗崖一带，工程控制厚度 1.16m。

矿体的平均品位 Zn 8.62%，Pb 1.96%，Zn+Pb 10.58%，Zn∶Pb=4.4∶1，说明矿石以锌为主，铅次要。

矿石的矿物成分较简单。金属矿物以闪锌矿为主，其次为黄铁矿、方铅矿，有极少量白铁矿；非金属矿物主要为微晶石英，其次为玉髓、白云石，含少量重晶石、胶磷矿、水云母以及沥青等。

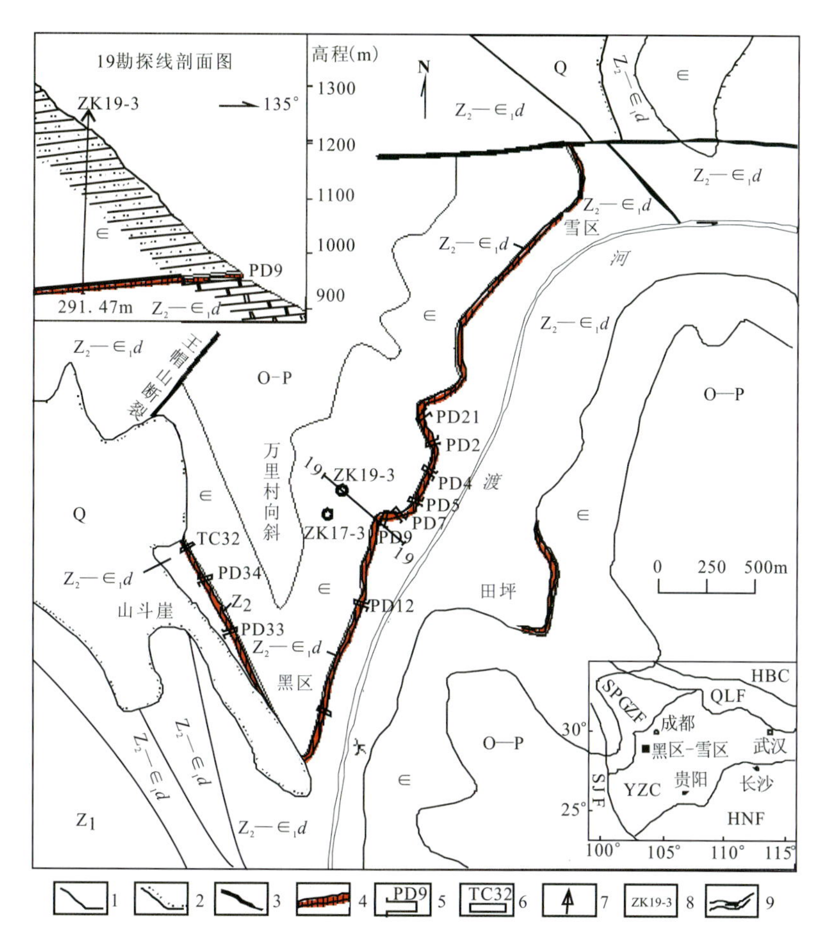

图 3-7　黑区-雪区铅锌矿床地质简图①

1. 地质界线；2. 不整合界线；3. 断层；4. 铅锌矿（化）层露头；5. 坑道口位置及编号；6. 探槽及编号；7. 钻孔；8. 钻孔编号；9. 河流及方向。Z_1. 下震旦统苏雄组陆相火山岩、碎屑岩；$Z_2-\in_1 d$. 上震旦统一下寒武统灯影组白云岩；∈. 寒武纪碎屑岩、碳酸盐岩；O—P. 奥陶纪一二叠纪碎屑岩、碳酸盐岩；Q. 第四系。YZC. 扬子地台；HBC. 华北地台；QLF. 秦岭褶皱系；SPGZF. 松潘甘孜褶皱系；SJF. 三江褶皱系；HNF. 华南褶皱系

根据矿石的矿物组合和结构构造特征，矿区内发育以下几类矿石：层纹状矿石、条带浸染状矿石、浸染状矿石、块状矿石、脉状矿石、角砾状矿石。

该矿床成因类型为海底喷流沉积型（SEDEX）。

10. 云南会泽县会泽铅锌矿床

会泽铅锌矿位于会泽县城北东 63°方向，平距 45km 附近。会泽铅锌矿由矿山厂矿段和麒麟厂矿段组成。矿山厂矿段位于县城北东 58°方位 48km 处，地理坐标：东经 103°43′00″，北纬26°36′20″；麒麟厂矿段位于矿山厂矿段北东 3.08km 处，地理坐标：东经 103°43′31″，北纬 26°36′08″，紧依牛栏江西岸。矿床以矿体巨大、铅锌品位特富而著名，为超大型矿床。

矿区下石炭统摆佐组（C_1b）在矿区内广泛出露，是矿区最主要的赋矿地层。矿山厂、麒麟厂断层为矿区主干构造，也是矿区重要的控矿构造，分别控制了矿山厂矿床、麒麟厂矿床。

① 据四川省地质矿产局 207 地质队．四川汉源县马托乡黑区铅锌矿普查地质报告[R]．1993 资料改编．

矿区上部为氧化矿，下部(指标高 1800m 以下)为原生矿，中间为混合矿。

麒麟厂矿段Ⅲ、Ⅵ、Ⅷ、Ⅹ号矿体和矿山厂矿段Ⅰ号矿体是会泽超大型矿床规模最大的矿体，5个矿体铅锌金属量约占整个矿床总储量为 90%。铅锌品位高(平均大于 30%)是该矿床最明显、最重要的特征，其中Ⅲ号矿体 Pb+Zn 平均品位为 36.5%，Ⅵ号矿体为 34.6%，Ⅷ号矿体为 25.8%，Ⅹ号矿体为 33.5%，Ⅰ号矿体为 32.6%。此外，矿石中伴生的 Ag、Ge、Ga、Cd 等元素均达到可综合利用的品位，其储量也非常可观。

矿石自然类型有氧化矿石、混合矿石和原生矿石。原生矿石根据矿石的结构和矿物共生组合不同，划分为闪锌矿型矿石、闪锌矿-方铅矿型矿石、方铅矿-黄铁矿型矿石和黄铁矿型矿石。

金属矿物最主要是闪锌矿、方铅矿和黄铁矿，在闪锌矿和方铅矿中包裹有少量的黄铜矿、硫锑铅矿、硫砷铅矿、深红银矿和自然锑等。脉石矿物主要为方解石，其次为白云石，偶见重晶石、石膏、石英和黏土矿物。

矿石结构有粒状结构、包含结构、交代环状结构、固溶体分解结构、揉皱结构、压碎结构、细(网)脉状结构、斑状结构、共结边结构、交代结构、填隙式结构；矿石的构造有条带状构造、层状—似层状构造、浸染状构造和脉状构造等。

矿体与围岩接触界线清楚，最常见的围岩蚀变作用为白云岩化和黄铁矿化，偶见方解石化、硅化和黏土化等。

矿床类型为碳酸盐岩型。

11. 贵州织金县杜家桥铅锌矿床

杜家桥铅锌矿床位于织金县城南 24km，属织金县熊家场乡所辖，地理坐标：东经 105°37′47″—105°39′58″，北纬 26°25′55″—26°27′30″，位于五指山铅锌成矿远景区。矿床勘查程度为详查，达小型规模。

铅锌矿主要产于灯影组、清虚洞组的碳酸盐岩中，但杜家铅锌矿详查仅对产于灯影组中的铅锌矿进行控制。

矿体特征：矿区共发现了 9 个矿带，主要位于清虚洞组二段三亚段、二段二亚段中。矿带呈似层状、透镜状产出。Ⅰ号矿带分布最为稳定，全区可见。该矿带位于灯影组顶部，也圈定了一个矿体，矿体产状与岩石产状基本一致，呈似层状产出，倾向 290°～340°，倾角 15°～35°，走向长 1800m，倾向延深 600m。矿体厚一般 0.41～2.47m，最厚达 10.78m，平均厚 3.26m；Pb 品位一般 0.50%～2.12%，平均为 1.27%，估算铅金属资源量30 684t。围岩主要为白云岩、含燧石团块白云岩。围岩蚀变主要为白云石化、硅化，次为重晶石化、黄铁矿化，与矿化密切相关的是白云石化和硅化。

矿石有用组分为 Pb，品位为 Pb 0.92%～2.11%，平均含 Pb 1.33%，最高达 16.03%。伴生有益组分为 Zn，锌含量一般为 0～10%。矿石矿物主要为方铅矿，次为闪锌矿；脉石矿物主要为白云石、石英，次为重晶石、方解石。

矿石中主要见自形—半自形—他形粒状结构、碎裂结构及溶蚀交代结构。

矿石自然类型主要为原生矿石，次为混合矿石和氧化矿石；根据矿石构造又可划分为角砾状矿石、浸染状矿石等。

矿床类型为碳酸盐岩型。

12. 云南蒙自县白牛厂铅锌银多金属矿床

白牛厂铅锌银多金属矿区位于云南省蒙自县东北部老寨乡白牛厂村，距县城南西 255°方向，平距 30km。地理坐标：东经 103°46′12，北纬 23°28′48″。为大型规模。

矿区与成矿关系较密切的是中寒武统田蓬组和龙哈组。次级褶皱与断裂是矿区的主要控矿和容矿构造，直接影响矿化的富集及矿体的形态。

矿区由70多个矿体组成，分布于阿尾、对门山、白牛、穿心洞和咪尾5个矿段。其中V_1矿体规模最大，横跨咪尾、白牛、对门山和阿尾矿段，又延深于穿心洞矿段，集中了矿区总储量的98%以上，构成白牛厂铅锌银多金属矿床的主体。

矿体产状受断裂F_3控制，并与下盘围岩产状基本一致，倾向192°～239°，一般227°左右，倾角15°～30°，一般为17°～22°。矿体走向长1220m，倾向延深630m，面积0.42km^2，厚0.38～14.49m，平均3.34m。平均品位Ag 175.79×10^{-6}，Sn 0.38%，Pb 2.63%，Zn 3.77%，矿化铅锌银矿中伴生Au、Cu、In等，矿化锌矿中伴生Au、Ge、In等。银和铅锌达大型，锡接近大型。

该矿床由原生硫化矿石组成，呈浸染—稠密浸染状、块状、条带状构造。金属矿物主要有黄铁矿、白铁矿、磁黄铁矿、闪锌矿-铁闪锌矿、方铅矿、毒砂、硫锑铅矿、锡石(约占Sn总量的77%)，次要的有磁铁矿、黄铜矿、辉锑锡铅矿、车轮矿、硫锡铅锌矿、黄锡矿、硫锑铜矿、自然铅，还有微量的硫锑铋铅矿、辉铋矿、斜辉锑铅矿等。银矿物主要为银黝铜矿、黝锑银矿、深红银矿及辉锑银矿，次要的有脆银矿(斜方辉锑银矿)、硫锑铜银矿、含银硫锑铋铅矿及辉锑铅银矿，还有微量硫铋银矿、含银硫锡铅矿。银主要呈半自形—他形粒状分布在方铅矿(占53%，其中90%呈独立矿物存在)、铁闪锌矿、硫锑铅矿、磁黄铁矿、黄铁矿、锡石等矿物和脉石中，亦有呈滴状、发状、叶片状沿矿物解理或裂隙分布。脉石矿物主要有石英、方解石、铁白云石、绢云母、白云母及铁锰质黏土。

V_1矿体除银、铅锌和锡紧密共生外，还有硫，可供综合利用的伴生组分还有铜、金、砷、镓、铟、镉、锗等。

铜主要以银黝铜矿和黄铜矿形式产出。铜在硫精矿中，品位分别为0.28%、0.38%和0.36%。

矿床类型为矽卡岩型。

六、成矿潜力与找矿方向

根据西南地区铅锌矿资源潜力调查评价成果，西南地区铅锌矿已查明资源量占预测资源量的28.14%，还有很大找矿潜力。

根据铅锌矿成矿地质条件、已有资源基础等因素，可将西南地区铅锌矿划分为11个找矿远景区，在11个找矿远景区中，又进一步圈定出47个找矿靶区(表3-11，图3-8)

表3-11　西南地区铅矿主要找矿远景区特征

找矿远景区	找矿靶区	分布地区	主要矿床类型	代表矿床
Ⅰ西藏日喀则-拉萨找矿远景区	Ⅰ-1 尤卡郎	南冈底斯-念青唐古拉成矿带	矽卡岩型、脉型	拉屋、亚贵拉、勒青拉、蒙亚啊、尤卡朗
	Ⅰ-2 查个勒			
	Ⅰ-3 下尼巴弄—则学			
	Ⅰ-4 浦桑果			
	Ⅰ-5 蒙亚啊			
	Ⅰ-6 新嘎果			
	Ⅰ-7 日乌多			

续表 3－11

找矿远景区	找矿靶区	分布地区	主要矿床类型	代表矿床
Ⅱ西藏昌都找矿远景区	Ⅱ－1 纳多弄 Ⅱ－2 干中雄—拉诺玛 Ⅱ－3 优日—都日	班公湖-怒江成矿带	碳酸盐岩型、脉型	拉诺玛、颠达、措纳
Ⅲ四川白玉-云南中甸找矿远景区	Ⅲ－1 白玉呷依穷—理塘正沟 Ⅲ－2 白玉连龙—巴塘那玛阔 Ⅲ－3 巴塘将巴地—纳交系	义敦-香格里拉成矿带	海相火山岩型、碳酸盐岩型	呷村、纳交系
Ⅳ云南维西-兰坪找矿远景区	Ⅳ－1 维西楚格札—白岩子 Ⅳ－2 兰坪—云龙	昌都-兰坪-思茅地块	砂砾岩型、海相火山岩型、脉型	金顶、楚格札、白秧坪
Ⅴ云南腾冲找矿远景区	Ⅴ－1 腾冲棋盘石—老厂坪子	腾冲地块	矽卡岩型	老厂坪子
Ⅵ云南保山-澜沧找矿远景区	Ⅵ－1 保山核桃坪 Ⅵ－2 施甸东山—龙陵勐兴 Ⅵ－3 镇康 Ⅵ－4 澜沧老厂	保山-镇康地块	矽卡岩型、碳酸盐岩型、海相火山岩型	核桃坪、芦子园、勐兴、西邑、老厂
Ⅶ普洱-勐腊找矿远景区	Ⅶ－1 思茅银子山 Ⅶ－2 勐腊易田—新山	思茅盆地	脉型、海相火山岩型	曼旭、萝卜山、大平掌、勐腊新山
Ⅷ川南-滇中找矿远景区	Ⅷ－1 康定寨子坪—二郎 Ⅷ－2 汉源—甘洛 Ⅷ－3 雷波—金阳 Ⅷ－4 布拖—宁南 Ⅷ－5 会东长新—大梁子 Ⅷ－6 米易—会理 Ⅷ－7 姚安 Ⅷ－8 鹤庆	康滇隆起成矿带	碳酸盐岩型、陆相火山岩型	黑区、茂租、大梁子、五星厂、乐红、陆相火山岩型
Ⅸ渝东南-黔东找矿远景区	Ⅸ－1 石柱—武隆 Ⅸ－2 黔江—沿河 Ⅸ－3 松桃—玉屏 Ⅸ－4 镇远—三都 Ⅸ－5 福泉—都匀 Ⅸ－6 织金	上扬子陆块东南缘都匀-凯里-铜仁、普定-习水成矿带	碳酸盐岩型	牛角塘、纳雍枝、杜家桥
Ⅹ滇东-黔西找矿远景区	Ⅹ－1 彝良—赫章—水城 Ⅹ－2 鲁甸 Ⅹ－3 威宁—会泽 Ⅹ－4 普安 Ⅹ－5 富源 Ⅹ－6 建水	川滇黔相邻区昭通-曲靖（弧间盆地）	碳酸盐岩型	麒麟厂、毛坪、富乐、猫猫厂、建水暮阳
Ⅺ滇东南找矿远景区	Ⅺ－1 建水官厅—虾洞 Ⅺ－2 个旧 Ⅺ－3 砚山—广南 Ⅺ－4 文山 Ⅺ－5 马关	个旧-文山-富宁成矿带	矽卡岩型、碳酸盐岩型	白牛厂、个旧老厂、芦柴冲

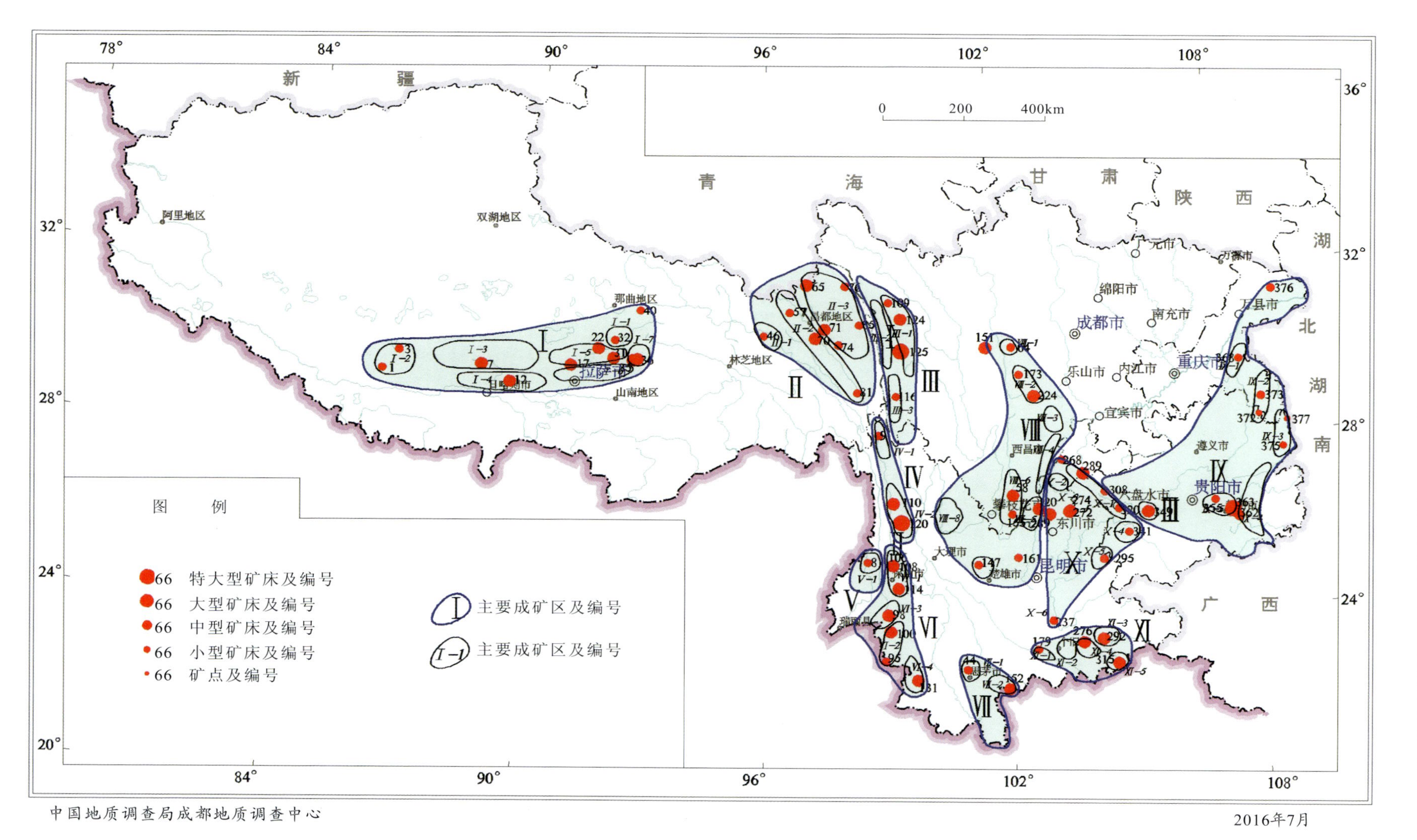

图3-8　西南地区铅矿主要找矿远景区分布图

第三节　锌

一、引言

1. 性质与用途

锌(Zn),具蓝白色,新鲜断面具有金属光泽,硬度2,常温下密度7.19g/cm^3,熔点419.4℃,沸点906℃。锌在常温下发脆,在100～150℃时,具有良好的压延性,但继续加热到250℃时,又变为很脆,甚至成为粉末。锌的导热、导电性比铅强。锌的化学性质较活泼,易溶于稀硫酸、盐酸和碱溶液,但在常温下的干燥空气中不被氧化。当在潮湿的空气中时,锌表面易形成致密的碳酸锌和氢氧化锌薄膜,从而保护内部的锌金属不再被氧化。

锌被人类用于制造黄铜和青铜已有2000多年的历史,在现代工业中,其重要性排在铁、铝和铜之后位居第4位(Toit,1998)。锌在工业上广泛用于制造各种合金,如黄铜、白铜、青铜等。锌的另一个用途是大量用来镀锌。高纯锌制造的银-锌电池,用于飞机和宇宙飞船的电气仪表。锌还用在冶金、纺织工业和农业生产中。据《世界矿产资源年评》,近年来世界精炼锌年消费量为1132×10^{4}t.其中主要消费是用于镀锌,约占50%;其次,制造青铜和黄铜,约占20%;铸造合金,约占15%(《矿产资源工业要求手册》,2012)。

锌工业矿物主要有6种,以闪锌矿最为重要,还有菱锌矿等。常见的锌矿物见表3-12。

表3-12　常见锌矿物表

矿物名称	化学式	锌含量(%)	矿物名称	化学式	锌含量(%)
闪锌矿/纤锌矿	ZnS	67.1	硅锌矿	Zn_2SiO_4	58.6
菱锌矿	$ZnCO_3$	52.1	水锌矿	$Zn_3(CO_3)_2(OH)_6$	59.6
异极矿	$Zn_4Si_2O_7(OH)_2 \cdot H_2O$	54.3	红锌矿	ZnO	80.34

2. 矿床类型

锌矿床的矿床类型,按照赋矿的岩石建造类型,主要有6种,即碳酸盐岩型,泥岩-细碎屑岩型,砂、砾岩型,矽卡岩型,海相火山岩型,各种围岩中的脉状矿床。

3. 分布

世界锌矿资源丰富。据《世界矿产资源年评》,至2008年底,世界已探明的锌储量18 000×10^{4}t,锌48 000×10^{4}t,锌资源量可达19×10^{8}t,主要分布于澳大利亚、中国、美国、哈萨克斯坦、加拿大、秘鲁、墨西哥等国。

中国锌资源比较丰富。据美国地质调查局2010年资料统计,世界锌矿保有储量现在约为25 000×10^{4}t,我国约为4200×10^{4}t,占全球储量的16.8%,均居世界第2位。

根据《中国统计年鉴》(2010),截至2009年,锌矿基础储量为3251.42×10^{4}t,按基础储量大小排前5位为云南、内蒙古、甘肃、四川、广东。

近年来，中国地质调查局组织开展的地质大调查评价的重要远景区近50处，主要分布在雅江东段、西南三江、秦岭、湘西南、桂北、黔东、黔西北、福建等地。

4. 勘查工业指标

据国土资源部2002年发布的《中华人民共和国地质矿产行业标准》(DZ/T 0214—2002)，锌矿床地质勘查一般工业指标，如表3-13。

表3-13　锌矿床一般工业指标

项目	硫化矿石	混合矿石	氧化矿石
边界品位(%)	0.5～1	0.8～1.5	1.5～2
最低工业品位(%)	1～2	2～3	3～6
矿区平均品位(%)	5～8	6～9	10～12
最小可采厚度(m)	1～2	1～2	1～2
夹石剔除厚度(m)	2～4	2～4	2～4

根据国内相关规定，锌矿床规模一般采用的大小划分标准为：锌矿大型≥50×10^4t，中型$(10\sim50)\times10^4$t，小型<10×10^4t。

二、资源概况

西南地区锌矿较为丰富，并主要与铅矿等金属矿产共伴生产出，独立产出的锌矿床较少。据不完全统计，西南地区小型及以上矿床(除与铅伴共生的矿床外)共36个：四川11个，其中中型矿床3个，小型矿床8个；云南11个，其中特大型矿床1个，中型矿床5个，小型矿床5个；贵州9个，其中中型矿床2个小型矿床7个；西藏5个，其中中型矿床2个，小型矿床3个。

据《中国统计年鉴》(2011)，西南地区锌矿储量所占全国的比例为28.75%，云南Zn储量682.05×10^4t，占全国的20.98%，位列全国第1位；四川Zn储量222.40×10^4t，占全国的6.84%，列全国第4位；贵州Zn储量15.62×10^4t，占全国的0.48%；重庆Zn储量14.78×10^4t，占全国的0.45%；西藏自治区Zn储量1.46×10^4t(据国土资源部规划司2001年统计数据)。

西南地区中型及以上锌矿主要特征和分布见表3-14和图3-9。

表3-14　西南地区锌矿(中型及以上)一览表

编号	矿床名称	地理位置	规模	勘查程度
1	九龙县里伍铜锌矿	四川省九龙县	中型矿床	勘探
2	巴塘县崩扎锌铜矿	四川省巴塘县	中型矿床	不详
3	木里县后所新山锌多金属矿	四川省木里县	中型矿床	普查
4	富源县富乐厂锌矿	云南省富源县	中型矿床	勘探

续表 3－14

编号	矿床名称	地理位置	规模	勘查程度
5	武定县桃树箐锌矿	云南省武定县	中型矿床	踏勘
6	建水县苏租铅锌矿	云南省建水县	中型矿床	普查
7	砚山县旧城大花园锌矿	云南省砚山县	中型矿床	普查
8	麻栗坡县凉水井锌矿	云南省麻栗坡县	中型矿床	普查
9	马关县都龙锌锡多金属矿	云南省马关县	特大型矿床	勘探
10	墨竹工卡县那茶淌北锌矿	西藏墨竹工卡县	中型矿床	预查
11	波密县沙拢弄锌矿	西藏波密县	中型矿床	普查
12	织金县新麦锌矿	贵州省织金县	中型矿床	勘探
13	都匀市独牛锌矿	贵州省都匀市	中型矿床	普查

三、勘查程度

西南地区与铅矿共伴生的锌矿勘查情况，请见本章第二节铅矿部分。其余锌矿床的勘查程度小型及以上矿床预查 2 处、普查 20 处、详查 2 处、勘探 4 处、不明 8 处。

四、矿床类型

西南地区锌矿与铅矿共伴生的主要矿床类型有矽卡岩型、碳酸盐岩型、砾岩-碎屑岩型、海相火山型、陆相火山岩型和各种围岩中的脉状铅矿床等类型（详见本章第二节铅矿部分）。

西南地区独立锌矿的矿床类型主要为矽卡岩型、碳酸盐岩型和脉型（表 3－15）。

表 3－15　西南地区锌矿主要矿床类型及特征

矿床类型	分布	主要特征	规模及品位	代表矿床
碳酸盐岩型	扬子陆块黔北台隆	碳酸盐岩地层容矿，以白云岩为主；矿体多为似筒状、囊状、扁柱状、透镜状、脉状、多脉状、网脉状及“似层状”；矿石矿物主要为闪锌矿，偶见方铅矿	品位低—中等，规模大小不等	织金新麦、都匀独牛
矽卡岩型	滇东南坳褶断带	含矿岩石为矽卡岩；矿体形态为多层状、似层状、条带状、透镜状、囊状等；为与锡石共生的锡锌矿	品位低，规模大	马关都龙
脉型	黔东南	矿体呈脉状分布在破碎带中，围岩蚀变以硅化为主	品位低，规模小	丹寨竹留

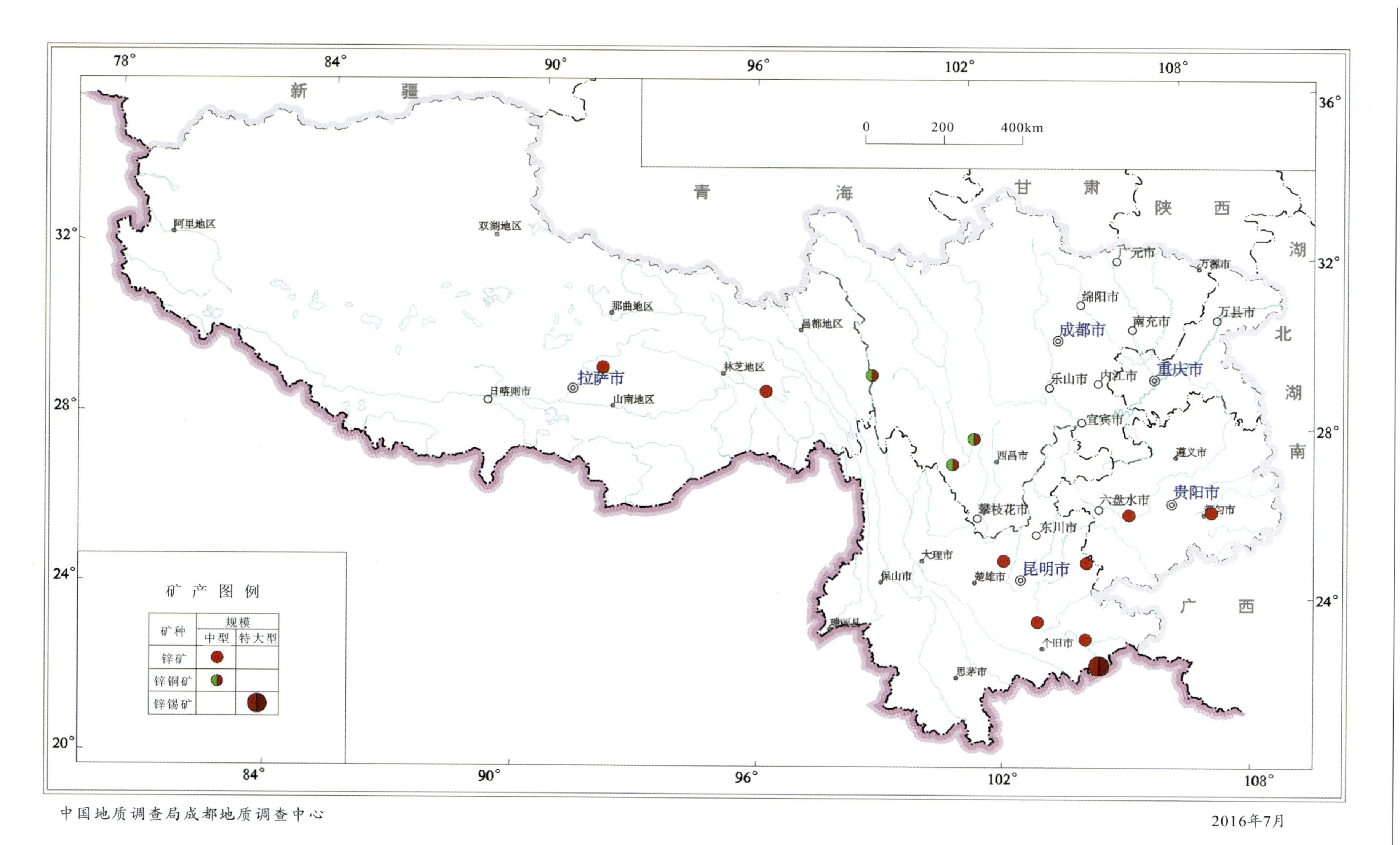

图3-9　西南地区主要锌矿矿床点分布图

五、重要矿床

1. 云南马关县都龙锌锡多金属矿

都龙锌锡矿位于云南省马关县都龙镇境内，产于老君山变质核杂岩的西南部(张世涛等，1998)，矿区累计探明锡约 40×10^4t、锌约 400×10^4t、铟约 6000t，均已达到超大型规模，是我国著名的锡锌产地和世界最大的产铟基地。

中寒武统田蓬组中下部是锡锌多金属矿的赋矿层位，矿体产于碎屑岩与碳酸盐岩接触带的复杂矽卡岩中。主要断层 F_1 纵贯矿区南北，全长 8km，既是导矿构造，又是储矿空间，在长达 8km 的构造破碎带中，蚀变矿化普遍而强烈，沿构造带形成的剥离空间赋存有工业矿体，并有花岗斑岩脉和长英岩脉侵入断层中。

都龙矿区，在南北长 5km、东西宽 2.1km 的范围内分布有铜街、曼家寨、水硐厂和辣子寨 4 个矿段(床)，共探明矿体 339 个，矿体规模大，其中 10 余个为中—大型，个别(ⅩⅢ号矿体)为特大型(锡金属储量 15.5×10^4t)。10 个主矿体储量占总储量的 80%以上，主矿体厚 8.65～20.03m，最大厚度 69.28m，矿体倾斜延伸一般几十米至几百米，最大延伸 394m。主要金属组分 Sn、Zn 含量分布不均匀，平均含 Sn 0.2%～0.76%，含 Zn 1.86%～11.71%，并伴生铜、铅、银、铟、镉、砷、硫磁铁矿等可回收有益组分，这些伴生组分可达到中—大型储量规模。

矿体外形为不规则状，具分支、膨胀、收缩等变化。形态为多层状、似层状、条带状、透镜状、囊状等。

矿石自然类型主要有锡石硫化物矽卡岩型矿石、锡石矽卡岩型矿石、锡石磁铁矿矽卡岩型矿石 3 种；金属类别有共生矿石、单锡矿石、单锌矿石 3 种。

金属矿物种类极多，以磁黄铁矿、铁闪锌矿为主，其次为黄铁矿、黄铜矿、锡石、磁铁矿，少量毒砂、辉铜矿、白钨矿、闪锌矿、方铅矿等。另外，尚伴生有可综合回收利用的铟、镉、银、金、锗、镓等稀有金属，尤其铟含量高于国内同类型的矿山，与铁闪锌矿关系密切。

矿石结构构造主要有变晶结构、变余结构、交代结构、压力结构、放射状结构等；矿石构造主要有层纹条带状构造、块状构造、片麻状构造、浸染状构造、斑点—斑杂状构造、脉状—网脉状构造、角砾状构造等。

蚀变主要有矽卡岩化、绿泥石化、蛇纹石化、硅化、碳酸盐化。矽卡岩化与成矿关系最密切，形成透辉石、阳起石、透闪石、绿帘石、黝帘石、绿泥石等硅酸盐矿物，是含锡硫化物的主要赋存场所，分布遍及整个矿田。

2. 贵州织金县新麦锌矿

新麦锌矿位于贵州省织金县南西方向的熊家场乡糯冲村境内，与织金县县城直距 53km。矿区中心地理坐标：东经 105°38′28″，北纬 26°26′13″，行政区划隶属于织金县熊家场乡。矿床勘查程度为勘探，矿床达中型规模。

锌矿赋存于下寒武统清虚洞组($\in_1q$)白云岩内，受层间裂隙或碳酸盐岩和泥岩岩性界面控制。

目前，发现两个矿体，其中Ⅰ号矿体走向长 140m，倾斜延深 200m，走向南东-北西，倾向南西，倾角为 13°～20°；Ⅱ号矿体走向长 400m，倾斜延深 200m，走向南东-北西，倾向南西，倾角 13°～20°。

矿石自然类型为硫化锌矿石。矿石矿物主要为闪锌矿，偶见方铅矿。脉石矿物主要为白云石、石英。矿石具半自形、他形晶粒状、交代残余结构，角砾状、脉状、星点状、浸染状、块状构造。围岩蚀变主要有黄铁矿化、硅化、白云石化，蚀变强烈，沿矿体四周分布，主要以“花斑”状展现，是一种较好的找矿标志。

矿石化学成分较简单，有用元素主要为锌、硫，伴生铅，含 Zn 2%～13.13%。

3. 贵州都匀市牛角塘锌矿

矿床位于都匀市区南东 18km 处。地理坐标：东经 107°39′07″，北纬 26°13′35″。矿床为中型规模。

矿区内铅锌矿赋存于下寒武统清虚洞组($\in_1 q$)。区内断裂发育，北东早楼断层及旁侧与之平行的次级断层是区内主要控矿断层或导矿断层。

矿床内分布有两个矿带，由下往上编号为Ⅰ、Ⅱ矿带，每个矿带由若干个矿体组成。Ⅰ矿带：矿体含 Zn 3.25%～16.42%，平均 6.62%，品位变化系数 73%。Ⅱ矿带：Zn 品位 2.11%～22.14%，平均为 3.75%，品位变化系数 55%。

矿石化学成分简单，主要有用组分为锌，矿体中平均含锌 2.0%～51.07%。有用伴生组分有镉、锗、镓，其中镉含量最高，有综合利用价值。矿石矿物主要为闪锌矿、铁闪锌矿，次为菱锌矿、方铅矿、异极矿等；脉石矿物主要为白云石，次为黄铁矿、方解石、重晶石、石英等。

矿石结构有不等粒镶嵌结构、碎裂结构、交代残余结构、溶蚀交代结构；矿石构造有致密块状、条带状、浸染状、角砾状、团块状、球粒状等构造。按氧化率将矿石分为硫化矿石、混合矿石、氧化矿石。混合矿石、氧化矿石仅分布于地表浅部和王家山矿段内，其余绝大部分为硫化矿石。

围岩蚀变主要为白云石化、黄铁矿化，次为硅化、重晶石化、方解石化。

矿床类型为碳酸盐岩型。

4. 贵州丹寨县丹寨竹留锌矿

丹寨竹留锌矿位于贵州省丹寨县，勘查程度为普查。

曼洞断裂与野记断裂是区内的控矿断层，区域断层之间的次级断裂为容矿构造。

矿体呈脉状分布在北东向竹留寨石英脉破碎带中，圈定两个矿体，矿体长 140～160m，倾斜延伸 50～160m，矿体厚 0.45～0.46m。矿体锌品位 8.34%～12.21%。

矿石矿物主要为闪锌矿、铁闪锌矿，次为方铅矿、黄铜矿；脉石矿物主要为石英，次为方解石、绿泥石。

矿石具有粒状结构、镶嵌结构、压碎结构，具有角砾状、块状、星点状构造。

围岩蚀变主要为硅化，次为弱黄铁矿化、方解石化、绢云母化。

六、成矿潜力与找矿方向

如上所述，西南地区锌矿主要是与铅矿共伴生产出，成矿潜力大(详见本章第二节铅矿部分)。

根据成矿地质条件、已有资源基础等因素分析，西南地区锌矿，与铅矿相同，划分为 11 个找矿远景区，在 11 个找矿远景区中，又进一步圈定出 47 个找矿靶区(表 3-11 和图 3-8)。其中，在渝东南-黔东找矿远景区的镇远-三都、福泉-都匀、织金 3 个找矿靶区和滇东南找矿远景区的马关找矿靶区中具有找到独立锌矿的成矿条件。

第四节 铝土矿

一、引言

1. 性质与用途

铝土矿不是独立的一种矿物，而是包括三水铝石[$Al(OH)_3$]、硬水铝石[$\alpha-Al_2O_3H_2O$]、软水铝石[$\gamma-Al_2O_3H_2O$]、赤铁矿、高岭石、蛋白石等多种矿物的混合体，因而成分变化很大。铝土矿一般含 Al_2O_3 40.0%～75.0%，常含镓。通常呈致密块状、豆状、鲕状等集合体。灰、灰黄、黄绿红、褐等色，常具棕色斑点，无光泽。铝土矿是含铝较多的某些火成岩和变质岩在湿热条件下风化残留的产物，或由胶体沉积形成。

铝土矿是生产金属铝的最佳原料，其用量占世界铝土矿总产量的 90%以上。铝土矿的非金属用途主要是作耐火材料、研磨材料、化学制品及高铝水泥的原料。铝土矿在非金属方面的用量所占比重虽小，但用途却十分广泛。例如：化学制品方面以硫酸盐、三水合物及氯化铝等产品可应用于造纸、净化水、陶瓷及石油精炼方面；活性氧化铝在化学、炼油、制药工业上可作催化剂及脱色、脱水、脱气、脱酸、干燥等物理吸附剂；用 $\gamma-Al_2O_3H_2O$ 生产的氯化铝可供染料、橡胶、医药、石油等有机合成应用；玻璃组成中有 3%～5%的 Al_2O_3 可提高熔点、黏度、强度；研磨材料是高级砂轮、抛光粉的主要原料；耐火材料是工业部门不可缺少的筑炉材料。

2. 矿床类型

铝土矿矿床主要类型有 3 种：

(1)沉积型铝土矿矿床，多产于碳酸盐岩侵蚀面上，少数产于砂岩、页岩、玄武岩的侵蚀面上或其组成的岩系中。矿体形态、规模及矿石物质组分等均受含矿岩系基底岩性和古地形控制，据此又可划分为两个亚类：①产于碳酸盐岩侵蚀面上的一水硬铝石铝土矿矿床；②产于砂岩、页岩、泥灰岩、玄武岩侵蚀面或由这些岩石组成的岩系中的一水硬铝石铝土矿矿床。

(2)堆积型铝土矿矿床，该类矿床系原生铝土矿在适宜的构造条件下经风化淋滤，就地残积在岩溶洼地(或坡地)中重新堆积而成。

(3)红土型铝土矿矿床，产于硅酸盐岩上的三水铝石铝土矿矿床。中国的红土型铝土矿矿床产于玄武岩风化壳中，由玄武岩风化淋滤而成。

3. 分布

全球铝土矿资源分布广泛，遍及五大洲 50 多个国家，资源丰富，储量巨大。主要分布在澳大利亚、巴西、中国、希腊、几内亚、圭亚那、印度、牙买加、哈萨克斯坦、俄罗斯、苏里南、委内瑞拉和越南等国。

我国铝土矿资源储量居世界第 6 位，资源储量居第 7 位，但是储量仅占世界总量的 2.8%。我国铝土矿资源主要分布在山西、广西、贵州和河南 4 省区，占全国资源储量的 90%以上，年开采量占世界开采总量的 8%，但具有经济意义可开采利用的储量只占查明资源储量的 21.5%(王辉民等，2008)。因资源保障程度有限，我国是铝土矿资源相对缺乏的国家。根据《中国统计年鉴》(2011)，截至 2011 年，我国铝土矿基础储量为89 732.66×10^4 t，按基础储量大小依次是广西、河南、贵州、山西、重庆、云南、陕西、山东、河北、湖北、湖南、福建、四川。

4. 勘查工业指标

工业上提取金属铝是先从铝土矿中提取氧化铝，然后氧化铝经电解成为金属铝。

氧化铝的含量和铝硅比值（Al_2O_3/SiO_2），是评价铝土矿质量的主要依据，铝硅比值不同，其炼铝的方法也不同。

中华人民共和国国土资源部2002年发布的地质矿产行业标准《铝土矿、冶镁菱镁矿地质勘查规范》（DZ/T 0202—2002）提出铝土矿矿床的一般参考工业指标见表3-16、表3-17。

表3-16　铝土矿床一般工业指标

项目 \ 矿床类型 \ 矿石类型		一水硬铝石型	
		沉积型矿床	
		露采	坑采
边界品位	铝硅比值	1.8～2.6	1.8～2.6
	$w(Al_2O_3)$(%)	≥40	≥40
块段最低工业品位	铝硅比值	≥3.5	≥3.8
	$w(Al_2O_3)$(%)	≥55	≥55
最低可采厚度(m)		0.5～0.8	0.8～1.0
夹石剔除厚度(m)		0.5～0.8	0.8～1.0
剥采比值		10～15	

表3-17　堆积型与红土型铝土矿参考工业指标

项目 \ 矿石类型 \ 矿床类型		广西某地堆积型	海南某地红土型
		一水硬铝石型	三水铝石型
边界品位	铝硅比值	2.6	2.1～2.6
	$w(Al_2O_3)$(%)	≥40	≥28
块段最低工业品位	铝硅比值	≥3.8	
	$w(Al_2O_3)$(%)		
有害组分最大允许含量 w_B(%)	S	≤0.3	
	CaO+MgO	≤1.5	
	CO_2	≤1.3	
	P_2O_5	≤0.6	
	有机物	暂不限	
最低可采厚度(m)		≥0.5	≥0.2
夹石剔除厚度(m)		≥0.5	
剥采比值			12～15
边界含矿率(kg/m^3)		≥200	≥30
矿区(段)平均含矿率(kg/m^3)		≥300	

二、资源概况

西南地区铝土矿主要分布于贵州省、云南省、重庆市、四川省(表3-18、表3-19,图3-10),西藏目前还未发现有铝土矿产出。根据西南各省矿产资源潜力评价成果,西南地区共发现铝土矿矿床(点)213个,其中大型及以上4个,中型44个,小型97个,矿点68个(表3-18、表3-19)。根据《中国统计年鉴》(2011),截至2010年,西南地区铝土矿基础储量25 362.38×10^4t(表3-20),占全国基础储量的31.05%。

表3-18　西南地区铝土矿统计表

(单位:个)

省份	大型	中型	小型	矿点	合计
贵州	3	27	37	17	84
重庆	1	9	16	16	42
云南	0	6	36	17	59
四川	0	2	8	18	28
西南地区总计	4	44	97	68	213

表3-19　西南地区大中型铝土矿矿产地一览表

序号	矿床名称	地理位置	矿床成因类型	矿产预测类型	规模
1	南川区柏梓山铝土矿矿床	重庆市南川区	沉积型	大佛岩式	中型
2	南川区娄家山铝土矿矿床	重庆市南川区	沉积型	大佛岩式	中型
3	南川区菜竹坝铝土矿矿床	重庆市南川区	沉积型	大佛岩式	中型
4	南川区磨子沟铝土矿矿床	重庆市南川区	沉积型	大佛岩式	中型
5	南川区吴家湾铝土矿矿床	重庆市南川区	沉积型	大佛岩式	中型
6	南川区大佛岩铝土矿矿床	重庆市南川区	沉积型	大佛岩式	大型
7	武隆县长槽铝土矿矿床	重庆市白马镇	沉积型	大佛岩式	中型
8	武隆县白岩湾铝土矿矿床	重庆市武隆县	沉积型	大佛岩式	中型
9	武隆县子母岩铝土矿矿床	重庆市武隆县	沉积型	大佛岩式	中型
10	黔江区水田坝铝土矿矿床	重庆市黔江区	沉积型	大佛岩式	中型
11	遵义县苟江铝土矿矿床	贵州省遵义	沉积型	遵义式	中型
12	遵义县宋家大林铝土矿矿床	贵州省遵义	沉积型	遵义式	中型
13	遵义县后槽铝土矿矿床	贵州省遵义	沉积型	遵义式	中型
14	遵义县川主庙铝土矿矿床	贵州省遵义	沉积型	遵义式	中型
15	遵义县仙人岩铝土矿矿床	贵州省遵义	沉积型	遵义式	中型
16	息峰县赶子铝土矿矿床	贵州省息峰县	沉积型	遵义式	中型
17	开阳县赵家湾铝土矿矿床	贵州省开阳县	沉积型	遵义式	中型

续表 3-19

序号	矿床名称	地理位置	矿床成因类型	矿产预测类型	规模
18	开阳县石头寨铝土矿矿床	贵州省开阳县	沉积型	遵义式	中型
19	务川县大竹园铝土矿矿床	贵州省务川县	沉积型	大竹园式	大型
20	务川县瓦厂坪铝土矿矿床	贵州省务川县	沉积型	大竹园式	大型
21	正安县红光坝铝土矿矿床	贵州省正安县	沉积型	大竹园式	中型
22	正安县新模-晏溪铝土矿矿床	贵州省正安县	沉积型	大竹园式	中型
23	道真县大塘铝土矿矿床	贵州省道真县	沉积型	大竹园式	中型
24	道真县新民铝土矿矿床	贵州省道真县	沉积型	大竹园式	中型
25	道真县子母岩铝土矿矿床	贵州省道真县	沉积型	大竹园式	中型
26	贵阳市斗蓬山铝土矿矿床	贵州省贵阳市	沉积型	猫场式	中型
27	修文县小山坝铝土矿矿床	贵州省修文县	沉积型	猫场式	中型
28	修文县长冲铝土矿矿床	贵州省修文县	沉积型	猫场式	中型
29	修文县大豆厂铝土矿矿床	贵州省修文县	沉积型	猫场式	中型
30	修文县乌栗铝土矿矿床	贵州省修文县	沉积型	猫场式	中型
31	清镇市林歹铝土矿矿床	贵州省清镇市	沉积型	猫场式	中型
32	清镇市燕垅铝土矿矿床	贵州省清镇市	沉积型	猫场式	中型
33	清镇市麦坝铝土矿矿床	贵州省清镇市	沉积型	猫场式	中型
34	清镇市长冲河铝土矿矿床	贵州省清镇市	沉积型	猫场式	中型
35	清镇市老黑山铝土矿矿床	贵州省清镇市	沉积型	猫场式	中型
36	清镇市杨家庄铝土矿矿床	贵州省清镇市	沉积型	猫场式	中型
37	清镇市猫场铝土矿矿床	贵州省清镇市	沉积型	猫场式	大型
38	清镇市麦格铝土矿矿床	贵州省清镇市	沉积型	猫场式	中型
39	清镇市坛罐铝土矿矿床	贵州省清镇市	沉积型	猫场式	中型
40	织金县马桑林铝土矿矿床	贵州省织金县	沉积型	猫场式	中型
41	砚山县红舍克铝土矿矿床	云南省砚山县	堆积型	卖酒坪式	中型
42	广南县板茂铝土矿矿床	云南省广南县	堆积型	卖酒坪式	中型
43	西畴县卖酒坪铝土矿矿床	云南省西畴县	堆积型	卖酒坪式	中型
44	麻栗坡县黄家塘铝土矿矿床	云南省麻栗坡县	堆积型	卖酒坪式	中型
45	麻栗坡县铁厂铝土矿矿床	云南省麻栗坡县	沉积型	铁厂式	中型
46	邱北县飞尺角铝土矿矿床	云南省邱北县	堆积型	卖酒坪式	中型
47	四川大白岩铝土矿矿床	四川省宝兴县	沉积型	大白岩式	中型
48	乐山市新华铝土矿区	四川省峨边县	沉积型	新华式	中型

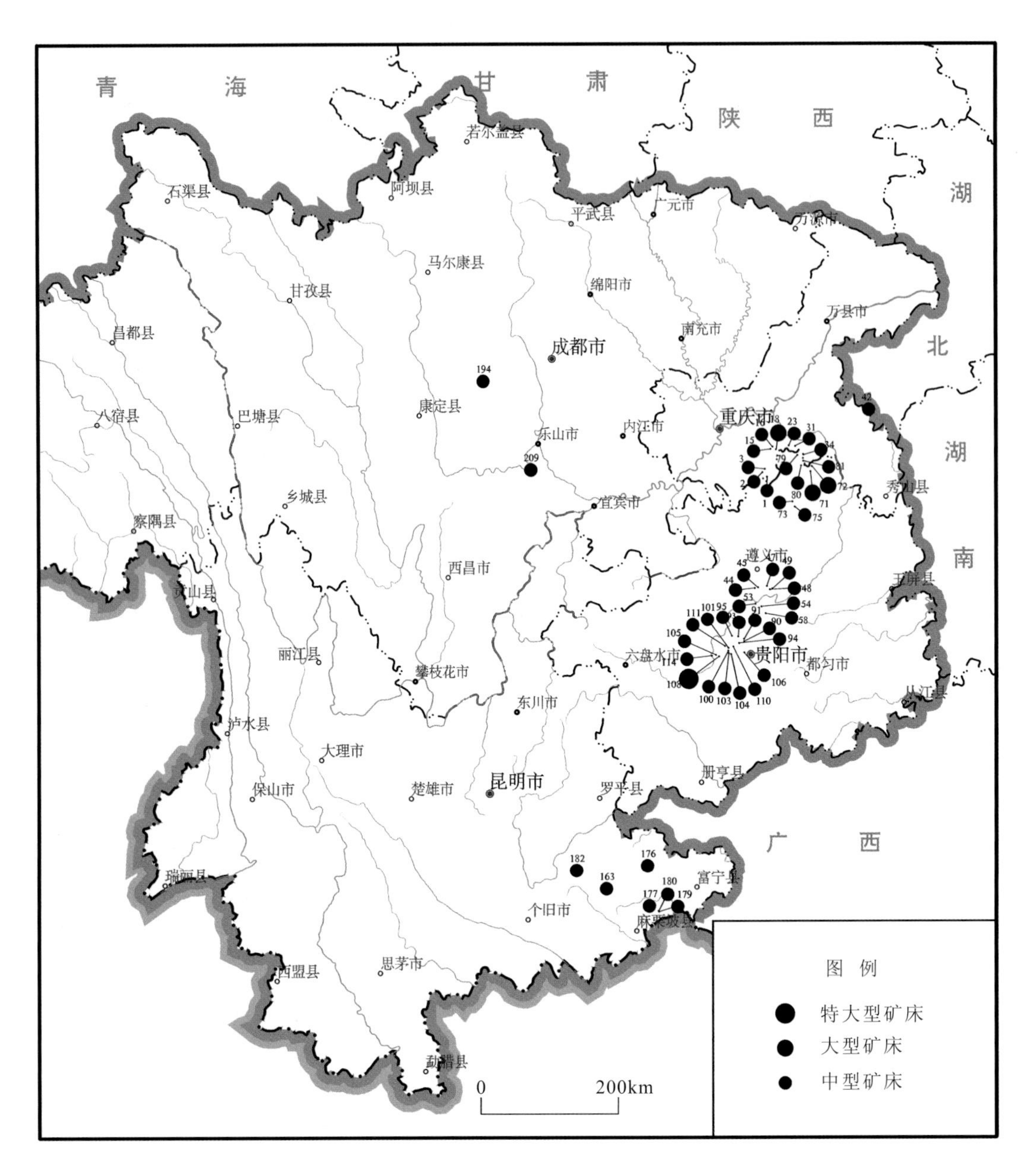

图 3-10　西南地区大中型铝土矿矿床分布图

表 3-20　西南地区铝土矿基础储量情况(截至 2010 年底)

地区	贵州	云南	重庆	四川	西南地区总计	全国
基础储量 (矿石,$\times10^4$t)	20 157.04	1551.84	3639.1	14.4	25 362.38	89 732.66
占全国比例	22.46	1.73	4.06	0.02	28.26	
全国排位	3	6	5	13		

注:据《中国统计年鉴》(2011)。

三、勘查程度

贵州省铝土矿勘查工作历史悠久，早在1914年丁文江、黄汲清、王曰伦、罗绳武等老一辈地质学家在贵州就发现了云雾山铝土矿。1949—1957年间，发现了息烽天台寺、赶子等铝土矿，并进行初步的勘查工作。1958—1965年间，重点对修文小山坝、干坝、清镇林歹铝土矿进行了勘探，同时还新发现了清镇猫场大型铝土矿。1979—1992年间，在黔北遵义苟江、后槽、仙人岩等地发现了露采条件较好的大中型矿床，并在务川、正安、道真等地新发现了大竹园、大塘等铝土矿，同时对黔中一带的麦格、斗蓬山、猫场将军岩铝土矿床进行了勘探工作。21世纪随着国家的迅速发展，对矿产消耗的加快，已掀起了新一轮的找矿高潮，新探明了大尖山铝土矿大型矿床。

重庆市铝土矿地质勘查工作程度较低，铝土矿地质勘查工作始于20世纪50年代后期，地勘投入的相对高峰期为50—60年代及重庆市直辖以来。70—90年代初为铝土矿地勘工作低潮期，仅有冶金部门进行了菜竹坝及大佛岩2个矿区的勘探工作。直到20世纪90年代后期重庆直辖后，在市政府、市国土局及地勘单位的共同努力下，重庆市铝土矿勘查工作才有了明显的进展，并取得了较好的勘查效果。

四川省铝矿资源相对贫乏，已发现矿产地28处，列入《四川省截至2005年底矿产资源储量统计汇总表》中的仅有8处产地，探明资源储量1985.9×10^4t，以贫铝矿石为主，目前尚未开采利用。铝土矿地质勘查工作程度低，以预查为主，进行过普查以上的矿床很少，资源远景不清；达到普查工作程度的有9处，预查工作程度有10处，预查工作程度以下的有9处。

截至2008年底，云南省上表矿区数有29个。其中，大型矿床1个，中型矿床3个，小型矿床25个。按勘查工作程度划分：勘探工作程度有3处，详查工作程度有13处，普查工作程度有13处。保有资源储量9735.10×10^4t，居全国第5位。

四、矿床类型

西南地区的铝土矿主要有两种类型，即沉积型和堆积型（表3-21）。

表3-21　西南地区铝土矿主要矿床类型及特征

矿床类型	分布	主要特征	规模及品位	代表矿床
沉积型	扬子陆块、华南陆块	矿岩系呈假整合覆盖于灰岩、白云质灰岩、白云岩、砂岩、页岩、玄武岩侵蚀面或由这些岩石组成的岩系中侵蚀面上	品位低—中等，规模大小不等	大竹园、大佛岩、后槽、猫场、老煤山、大白岩、新华
堆积型	华南陆块	第四纪堆积物，主要分布于大塘组、威宁组的岩溶坡地、洼地中	品位高，规模小	卖酒坪

五、重要矿床

1. 重庆南川区大佛岩铝土矿矿床

矿区位于重庆南川东30km处，矿床规模为大型。

大佛岩铝土矿床大地构造单元属扬子陆块区、上扬子陆块、扬子陆块南部碳酸盐台地内的武隆凹褶束构造单元中的白马长坝向斜扬起端。

区内地层,除缺失泥盆系、石炭系外,志留系和二叠系出露广泛。含矿地层梁山组假整合于中志留统韩家店组砂、页岩侵蚀面上,局部假整合于残存厚小于3m的中石炭统灰岩上,与上覆中二叠统栖霞组灰岩呈整合接触。

含矿岩系为中二叠统梁山组,由一套含铝土矿的黏土岩、页岩组成,厚4～12.65m,一般8～10m,铝土矿主要产于该组中部。

铝土矿赋存于中部,为层状、似层状的单矿层,矿层产状与围岩一致,倾角15°～30°。走向延长4000m,倾向延深2000m,厚0.1～4.59m,平均厚1.31m。

大佛岩铝土矿矿床的矿石类型可划分为土状(含半土状)、土豆状、致密状、豆(鲕)状、砾屑状铝土矿石5种自然类型。其中以土状(含半土状)铝土矿石质量最好,土豆状次之,砾屑状及豆(鲕)状铝土矿石再次之,致密状铝土矿石相对较差。

主要组成矿物有硬水铝石、软水铝石、高岭石、绿泥石、伊利石;次要矿物有铝凝胶、三水铝石、黄铁矿、菱铁矿、赤铁矿、针铁矿;微量矿物有锐钛矿、榍石、金红石、硝石、绿帘石、电气石、石英、方解石等,偶见长石。其中主要矿物含量一般均在80%以上。

2. 贵州务川县大竹园铝土矿矿床

大竹园铝土矿矿区位于务川自治县北部,距离70km,分布在该县濯水镇、砚山镇、泥高乡和分水乡辖地内,矿床规模为大型,目前已进入开发阶段。

矿区位于扬子陆块南部被动边缘褶冲带之凤冈南北向褶皱区Ⅳ级构造单元黔中-渝南铝土矿成矿带北段的道真铝土矿带内。大竹园铝土矿矿区的主体构造是栗园向斜,该向斜在矿区内呈北东向展布,长7km,向南西延出区外。

矿区出露地层由老至新依次有下志留统韩家店群,上石炭统黄龙组,中二叠统大竹园组、梁山组、栖霞组、茅口组,上二叠统长兴组、吴家坪组,下三叠统夜郎组、茅草铺组及第四系。期间缺失中、上志留统,泥盆系和石炭系大部分。其中大竹园组为区内铝土矿赋存层位,习惯称铝土矿含矿岩系。

矿区矿体厚1.12～3.30m,平均厚2.05m,含Al_2O_3 58.26%～69.57%,平均64.85%,SiO_2 6.95%～12.88%,平均9.70%;A/S 4.6～10.0,平均6.7;Fe_2O_3 2.29%～11.97%,平均5.14%。TS 0.06%～3.19%,平均0.70%。

区内矿体在走向上无明显变化特征,一般含Al_2O_3 60%～70%,A/S除个别块段矿体外,一般小于10,硫含量普遍较低,以低硫为主。矿体在倾向上变化特征较走向上明显,越往深部Al_2O_3含量呈逐渐降低、A/S逐渐减小的变化趋势。

区内铝土矿矿石结构有碎屑结构、豆鲕结构、粉晶结构和泥晶结构等。矿石构造有块状构造、半土状构造和致密状构造。

3. 贵州遵义县后槽铝土矿矿床

该矿床位于遵义县县城南东35km,属于尚稽镇、团溪镇和茅栗镇管辖,矿床规模为大型。

矿区位于扬子陆块Ⅰ级构造单元内的上扬子陆块Ⅱ级构造单元,属稳定的陆块区。矿区为两翼不对称平缓向斜。出露地层为中上寒武统娄山关组至中二叠统茅口组及零星分布的第四系。铝土矿赋存在九架炉组中,由浅灰色、灰色、深灰色、灰黑色、紫红色及杂色铝土矿(岩),黏土岩,黏土页岩,碳质页岩,黄铁矿黏土岩(黄铁矿层)及含黄铁矿黏土岩组成。

矿体形态、大小、厚度及品位明显依附于基底古岩溶洼地的形态和大小，往往在基底低洼处矿层厚度大，连续性好，层数增多，且矿石质量亦佳，凸起处或相对凸起区厚度变薄，成单层矿体，矿石品位低，或无矿，形成无矿天窗。位于上部的主矿体呈似层状产出，矿体产状与围岩一致。在主矿体之下的诸层矿体呈扁豆状、透镜状，且单个矿体延伸短、规模小。

后槽矿区铝土矿的矿石矿物以一水硬铝石为主，其次为高岭石、水云母、伊利石和绿泥石，及少量和微量的赤铁矿、黄铁矿、锆石、锐钛矿、金红石、板钛矿，极少量的电气石等。

矿石主要有碎屑结构、豆鲕结构、碎屑豆鲕复合结构、粉晶结构和泥晶结构等。主要有块状构造、半土状构造、致密状构造和斜交层理构造。

4. 贵州清镇市猫场铝土矿矿床

猫场铝土矿矿区位于贵州省清镇市犁倭乡、站街乡。勘查程度已达普查以上，部分矿段达详查，是一个特大型的沉积铝土矿矿床。

矿区位于扬子陆块南部被动边缘褶冲带（Ⅲ级构造单元）的织金宽缓褶皱区的东部，北北东向的黔中-渝南铝土矿成矿带南西段内。区域构造线以南北向为主体，已知铝土矿区区域上处于北东向的三岔河背斜东端近南北向穹状小背斜上，东邻南北向区域构造带，两者呈斜接的复合关系。总体构造简单，地层平缓。区内出露地层由老而新为下石炭统大埔组，二叠系梁山组、栖霞组、茅口组及峨眉山玄武岩。寒武系娄山关群均隐伏于地下。峨眉山玄武岩分布在矿区北西部边缘。

含矿岩系为九架炉组，上覆地层大埔组白云岩，按岩性组合分为上、下两段，上段含铝岩系由黏土岩、黄铁矿、铝土岩、铝土矿等组成，厚0.30～25.09m；下段含铁岩系由铁质黏土岩、绿泥石岩、赤铁矿等组成，厚0～10.75m，假整合于寒武系娄山关组和明心寺组的白云岩、黏土岩之上。

猫场矿区东西长9844.53m，南北宽7827.17m，面积80km^2。现已查明有5个矿体，其中Ⅰ、Ⅱ号矿体规模最大。

矿石以铝矿物为主，次为黏土矿物、铁矿物、硫化物及钛矿物。

按照铝土矿的矿物颗粒形态、大小及颗粒间的相互关系划分为晶粒结构、碎屑结构、鲕状结构、凝胶结构、交代结构。矿石构造有块状和土状构造、层状构造、纹层层理、粒序层理及少许的斜交层理，此外还有胶状构造、网状构造。

5. 贵州凯里市鱼洞铝土矿矿床

鱼洞铝土矿矿区位于凯里市北西方向直距离约26km，行政区划属凯里市大风洞乡及龙场镇管辖，矿床规模为小型。

大地构造位置处于扬子准地台黔北台隆遵义断拱的贵阳复杂构造变形区。出露地层及岩性有：寒武系娄山关组白云岩；下奥陶统石灰岩、白云岩；志留系翁项群石英砂岩、黏土岩；上泥盆统高坡场组白云岩；中二叠统梁山组含矿岩系、栖霞组—茅口组灰岩。

区内构造总体呈北东向。断层有北北东向、近南北向及北东向3组；褶皱属黄平复式向斜南段，主要有大泡木向斜、鱼洞向斜和苦李井向斜，分别控制着含矿岩系的展布。

凯里地区铝土矿矿区的含矿岩系为中二叠统梁山组（P_2l），铝土矿赋存于梁山组底部古岩溶风化面上的沉积岩层中，下伏地层为上泥盆统高坡场组白云岩，上覆地层为二叠系栖霞组灰岩。

矿体分布主要受向斜构造控制，含矿岩系呈半椭圆形出露，与下伏地层呈假整合接触。矿体形态简单，平面上露头呈带状、长条状、不规则状；剖面上呈层状、似层状、扁豆状、透镜状、漏斗状等，产状与岩层产状一致。

矿石的组成矿物以一水硬铝石为主，占50%～90%；其次是高岭石、水云母等黏土矿物，占

5%～30%;菱铁矿、赤铁矿、黄铁矿等铁矿物含量较少;锆石、金红石等重矿物含量微。

铝土矿矿石结构主要有隐晶—微晶结构、胶状结构、他形粒状结构、半自形—自形结构等;矿石构造以豆鲕状构造和碎屑状构造为主,其次为致密状构造和土状构造,其中以土状铝土矿质量为最好。

6. 云南老煤山铝土矿矿床

老煤山铝土矿矿区位于云南省昆明市富民县城东平距10km处,矿床规模小型。

矿区位于扬子地台康滇基底断隆带的嵩明上叠裂谷盆地西侧。老煤山矿区出露地层为上石炭统,下二叠统梁山组、栖霞组及第四系。含矿层位为下二叠统梁山组,铝土矿赋存于含矿岩系的中上部。矿体呈似层状产出,产状与地层产状基本一致。矿区地质构造较为简单,断裂不发育,褶皱主体是老煤山向斜,出露长度6km,宽3km。

含矿层位中二叠统梁山组,为一套滨海沼泽相的砂泥岩夹铝土矿、铝土岩及煤层,其上覆地层为中二叠统栖霞组灰岩,与下伏上石炭统灰岩假整合接触。

老煤山铝土矿矿床分布在老煤山向斜东南翼,矿体呈似层状,南北长1100m,宽96～385m,矿体厚度最厚5.34m,最薄0.73m,平均厚度2.56m,分南、北两个矿段,矿体出露海拔标高2130～2210m。

北段以灰白色致密块状铝土矿为主,南东见豆状铝土矿,长600m,宽105～385m,平均厚度2.57m,呈单斜状,倾向北西,走向北东,倾角8°～18°,局部受小断层影响倾角变大至40°,向东露出地表,向西覆盖逐渐加厚。

南段以豆状铝土矿为主,底部见少量灰白—浅灰色致密块状铝土矿,长500m,宽96～280m,平均厚度2.53m,走向北北东,倾向北西西,倾角7°～17°,在断层附近,裂隙中充填堆积型土状铝土矿。

矿石矿物主要有一水硬铝石、地开石、一水软铝石。次要矿物为三水铝石、褐铁矿、高岭石、黏土质矿物及少量绿泥石等。

矿石结构有鲕状结构、豆状结构;矿石构造有土状构造、块状构造。

7. 云南麻栗坡县铁厂铝土矿矿床

铁厂铝土矿矿区分布于F_1断层(董马-铁厂断裂南东段分支断裂)附近,为一中型铝土矿床,由铁厂、团山包和黄家塘3个矿段组成。

矿区出露地层有石炭系大塘组、威宁组,二叠系马平组、栖霞组、茅口组、吴家坪组,以及三叠系洗马塘组、永宁镇组,除上二叠统含铝岩段为局限海域沉积外,其余均属浅海相碳酸盐岩建造。

上二叠统吴家坪组下段(P_2w^1)是本区沉积型铝土矿唯一含铝岩段,也是堆积型铝土矿主要物质来源,直接影响到堆积型铝土矿床质量。

单矿体呈似层状、透镜状。

矿石矿物单一,主要为一水硬铝石,脉石矿物主要为方解石、黄铁矿、褐铁矿、赤铁矿、高岭石等。

铝土矿层原生带矿石结构包括假鲕状结构、碎屑结构、鲕状结构,氧化带中矿石结构,除部分保留有原生带矿石的一些结构特点外,还有鳞片粒状镶嵌结构、砂状结构等。

矿石构造主要有块状、纹层状、条带状、砾状、角砾状等,其中以块状者为主。

8. 云南西畴县卖酒坪铝土矿矿床

卖酒坪铝土矿矿区位于云南省西畴县城85°方向,平距32km处。

矿床处于云贵高原的西南地带,岩溶地貌发育,以峰丛洼地为主。在大地构造上,矿区处于华南褶皱系滇东南褶皱带文山-富宁褶皱束西畴拱坳(弧形褶断)区,属越北古陆边缘坳陷带。

晚三叠世以来，本区长期处于上升剥蚀阶段，未接受沉积，仅在部分河谷、凹地和岩溶坡地中有第四系松散层分布，在毗邻沉积型铝土矿的第四系松散层中产堆积型铝土矿，矿石质量较好，是区内重要的含矿层位。

矿区与太平街、铁厂矿区共处于一个成矿带上。出露泥盆系—二叠系、三叠系和第四系。区内主要断裂构造为北西向的董马-铁厂断裂，主要背斜有大毛地背斜、雷家塘子背斜、芹菜塘向斜及苞苞上向斜。堆积型铝土矿产于董马-铁厂断裂南西盘的卖酒坪矿段和转堡矿段，总体为一向南倾斜的单斜构造。在断裂北东盘为芹菜塘沉积型铝土矿。区内岩浆（火山）活动不甚强烈。

矿区内堆积型铝土矿为第四纪堆积物，主要分布于卖酒坪、转堡矿段，沿大塘组、威宁组的岩溶坡地呈近东西向分布，形成溶丘地貌特征，面积 5.14km^2，覆盖率 65%。这套含铝岩层由基底碳酸盐岩和含铝岩系的碳质灰岩、铝土岩、黏土岩及铝土矿层等，经物理、化学风化和次生岩溶坠积作用形成的残坡积物组成，一般厚度 5～10m，最大厚度大于 31.6m。在层序发育最完整的部位，自下而上大致表现为五层结构。

堆积物中的岩块、铝土矿块呈角砾状，棱角明显，组分比较单一，没有远距离搬运特征。堆积物的分布和厚度变化与基底岩溶面起伏高低和地貌形态关系明显。早期的岩溶地貌控制了第四纪的堆积，主要为石林期的岩溶漏斗、洼地，现代地貌多为凸起的山包和山脊，第四纪堆积厚度较大，一般规模达到 200m×200m，厚度大于 20m，小于 30m。晚期（元江期）的岩溶漏斗、洼地堆积较薄或无堆积。现代岩溶漏斗由于地下水的强烈垂向侵蚀，无堆积。

卖酒坪堆积型铝土矿位于北西向的董马-铁厂断裂的南西盘，矿体的延长方向为北西-南东向。矿体堆积在中石炭统威宁组灰岩的岩溶风化面之上。

矿区范围内岩溶地貌发育，与堆积型铝土矿床密切相关的岩溶地貌主要为溶丘漏斗、溶蚀坡地、石牙坡地和峰丛谷地 4 种类型及其两种或两种以上类型的复合岩溶地貌类型。

矿区内岩溶地貌对堆积体厚度及形态起控制作用。各地貌类型堆积型铝土矿厚度变化大。一般在溶丘漏斗、岩溶洼地、峰丛谷地分布区铝土矿堆积厚度大，溶蚀坡地及石牙坡地分布区铝土矿堆积厚度薄。矿体平面形态如破被状，边缘呈港湾状。剖面上以残盖状为主，连续性好的部位呈似层状。

矿石主要为矿粉和/或黏土胶结型铝土矿。其主要矿物是一水硬铝石，含量在 50%～90%之间，其次为经水化而成的三水铝石含量在 1%～3%之间，个别高达 40%。其他矿物有叶蜡石、绿泥石、高岭石、霞石、黑云母、石英、氯黄晶、铁泥质、黄铁矿、锐钛矿。与铁厂式沉积型铝土矿矿石特征相同。

矿石多为假鲕状结构、砾状结构，次为砂屑状结构、致密状结构。以块状构造为主，砂屑状和致密结构铝土矿显层纹（条带）状构造，氧化淋滤带显孔穴（针孔）状次生构造。

9. 四川大白岩铝土矿矿床

大白岩铝土矿矿床位于四川省芦山县城北东直距 70km 处，矿床规模达中型，工作程度达普查。

矿区大地构造位置属龙门山前山盖层逆冲带的宝兴背斜南东翼。背斜核部古老基底前震旦系黄水河群结晶基底宝兴杂岩裸露，呈冲断片出现。上震旦统不整合于基底之上，奥陶系—二叠系的不同层位又超覆于上震旦统之上，缺失石炭系。中二叠世和早、中三叠世海侵波及全区，在中二叠世梁山期沉积形成铝土矿。晚二叠世有不厚的玄武质碎屑岩及红色复陆屑建造，显示为陆相环境。

含矿岩系为中二叠统梁山组。含矿岩系与我国同类型铝土矿具有相似性，自上而下为含煤岩系、含铝岩系、含铁岩系。矿区将含矿岩系梁山组分为上、下两个岩性段。

梁山组上段：页岩、砂质页岩、碳质页岩，夹透镜状无烟煤和石英砂岩；最大厚度 19.6m，最小厚度 6m，平均厚 12.8m。

梁山组下段：最大厚度 15.59m，最小厚度 0.10m，一般 3～6m，全矿区平均厚 5.12m。具韵律特征，至下而上为含铁岩系、含铝岩系。

含铁岩系下部富含铁绿泥石，上部多为菱铁矿，侧向上可相变为赤铁矿。矿区有 11 个工程见含铁岩系，除扬开矿段 4 个工程见连续铁矿体外，其余的仅单工程见铁矿。这此铁矿皆夹于黏土岩或铝土岩中。

含铝岩系岩性组合从下至上为黏土岩、铝土岩、铝土矿。

矿石的岩矿矿物成分：主要矿物有一水硬铝石、高岭石、水云母，次要矿物有菱铁矿、绿泥石、赤铁矿、褐铁矿、针铁矿、碳质，少—微量矿物有绿帘石、天青石。陆源碎屑矿物有锆石、电气石、榍石、金红石、钛铁矿、白钛石。

矿石的结构构造：铝土矿呈微晶—隐晶结构，以碎屑状或豆（鲕）粒碎屑状构造为主，还有致密状构造、晶粒状构造。

10. 四川乐山市峨边县新华铝土矿矿床

新华铝土矿矿床位于四川乐山城西约 37km 的新华乡。矿床规模中型，工作程度达普查。

新华式铝土矿属峨眉山断块（Ⅳ级构造单元）的次级构造（背斜、向斜）的两翼，属滇东-川南-黔西成矿带（Ⅲ-77-①）。西部地区构造线方向为北东向及南北向，褶皱断裂较发育，有峨眉山背斜、牛郎坝背斜及龙池向斜等，断裂构造多沿褶皱轴部及翼部分布；东北部主要褶皱构造有牛背山背斜；东南部属川中台拱，褶皱多呈平缓的短轴向斜构造，断裂稀少。

新华铝土矿区，南北延长约 1.26km，地层出露从西往东由老到新，除石炭系，泥盆系，中、上志留统及上奥陶统缺失外，其余各系地层均有出露。

含矿岩系为上二叠统宣威组。据其岩石的颜色差异划分为上、中、下 3 个岩性段。宣威组下段又分上、下两个亚段，下亚段为紫红色铁质高岭石黏土岩，上亚段下部为灰色至深灰色岩屑中、细粒砂岩，中部主要是灰色、灰绿色至深灰色的高岭石黏土岩，灰白色铝土岩夹碎屑状、鲕粒状铝土岩；上部为灰色至深灰色中、细粒砂岩，铝土矿主要赋存于该层位中；宣威组中段由杂色黏土岩、黏土质粉砂岩及砂质黏土岩等组成；宣威组上段以浅色黏土岩和砂岩为主，夹数层碳质黏土岩、劣煤及绿泥石岩。

矿体产于宣威组下段。铝土矿可对比的有 3 层，自下而上编号Ⅰ、Ⅱ、Ⅲ，其中第Ⅱ层最稳定，为主矿体。矿体延长 1260m，最大延深 250m，呈似层状、透镜状产出，厚度 0.28～1.98m 不等，一般 1～2m，矿体产状与地层一致，倾向北东，倾角 5°～10°。

矿石主要有隐晶胶状或泥晶状、鲕粒状和碎屑状等结构，其次有显微晶质结构。构造以致密状为主，次为土状、半土状构造，后者多见于地表和浅部的矿石中。按结构构造可分为 4 类矿石：致密块状铝土矿，碎屑状铝土矿，土状、半土状铝土矿，鲕状铝土矿。

主要矿物成分为一水硬铝石，含量为 80%～90%，呈 0.009mm 单体存在，呈显微隐晶质集结而成；次要矿物为高岭石，含量为 15%～30%，显微隐晶质和呈 0.009mm 单体存在，分散于一水硬石之间、绿泥石等；其他矿物为锆石、铁电气石、榍石、石英、板钛矿、水针铁矿等。

铝土矿中黏土矿物及含铁矿物分布普遍，且常常含量较高，以硅高、铁高、钛高中低品位矿石为主。

11. 云南省鹤庆县中窝铝土矿矿床

中窝矿区位于鹤庆县城南南东 29.9km，地理坐标：东经 100°17′，北纬 26° 18′。矿区出露中、上

三叠统灰岩，属于松桂向斜的东翼，倾角 10°～30°，区内南北向断裂发育，并有煌斑岩及石英正长岩脉的贯入。含矿岩系剖面自上而下为：

上覆地层：上三叠统厚层鲕状灰岩

……………………整合……………………

6. 浅黄色黏土页岩	0.5～7.0m
5. 浅褐色铝土页岩	0.3m
4. 黄褐色、灰黑色豆状碳质铝土矿	0～1.5m
3. 灰白色、浅红色豆状铝土矿	0～0.55m
2. 深灰色—黄褐色豆状铝土矿	0～2m
1. 褐红色致密豆状铝土矿	0～1.0m

……………………假整合……………………

下伏地层：中三叠统北衙组灰岩

上列剖面除第 6 层外，其余各层均极不稳定，属古岩溶侵蚀面上的残留堆积物。矿体形态极不规则，有扁豆状、漏斗状等多种形态。单个矿体呈扁豆状者，长 50～140m，厚 0.3～3.15m；漏斗状者，直径 1～15m，延深小于 20m。在含矿系中，含矿系数小于 70%。矿石为高岭石一水硬铝石豆状铝土矿石，组成矿物以一水硬铝石为主（40%～80%），其次为水云母、高岭石、褐铁矿，以及少量有机质、方解石、一水软铝石和赤铁矿。主要组分含量：Al_2O_3 一般 39.84%～57.8%，SiO_2 < 20%，A/S 值 2.9～6.6，Ga 0.004%～0.03%。

六、成矿潜力与找矿方向

西南地区铝土矿主要分布于扬子陆块、华南陆块。根据区域成矿地质条件、矿床成因、成矿规律等，可将西南地区铝土矿划分为 10 个远景区[①]（图 3-11）：①广元-天全铝土矿远景区；②新华-雷波铝土矿远景区；③渝南-黔北铝土矿远景区；④黔中铝土矿远景区；⑤大理鹤庆铝土矿远景区；⑥昆明铝土矿远景区；⑦滇东南铝土矿远景区。

第五节　镍

一、引言

1. 性质和用途

镍金属主要用于制造不锈钢、合金钢和非铁合金，三者占镍消耗量的 85%。其他如电镀、镍镉电池和翻砂等约占 15%。

不锈钢和合金钢是十分重要的军工材料。在高温下具有抗张强度和抗蠕变强度的超级合金，主要用于飞机的汽轮机、涡轮增压机和喷气发动机中。含镍不锈钢、马氏体钢和合金钢大量用于制

① 贵州省凯里鱼洞铝土矿床、云南老煤山铝土矿床、云南鹤庆中窝铝土矿均为小型矿床，故未列出。

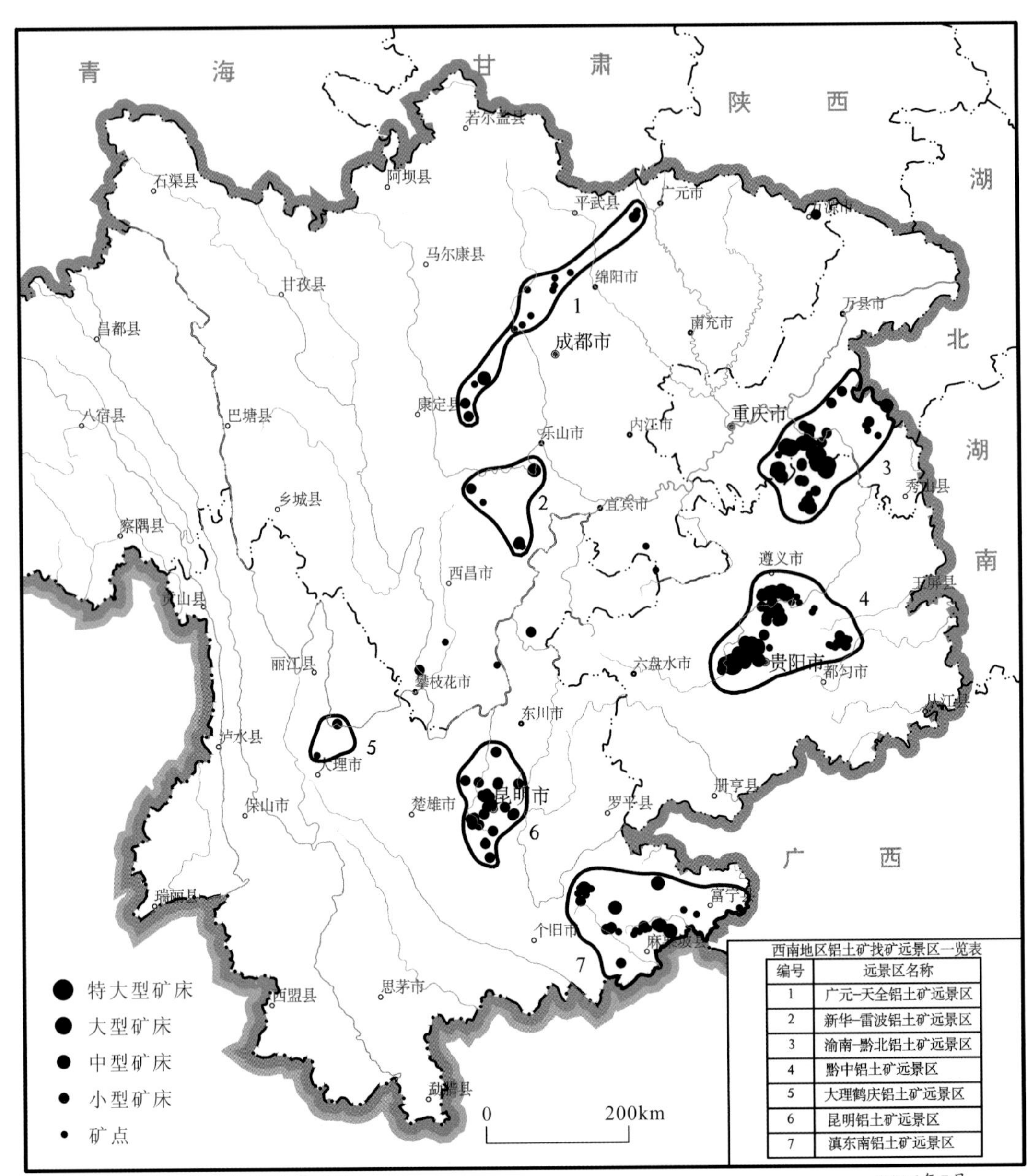

图 3-11　西南地区铝土矿找矿远景区分布图

造飞机构架。雷达、导弹、坦克、潜艇、原子能反应堆和常规武器耗镍量也很大。镍钴合金是一种重要的永磁材料，主要用于电子工业、遥控装置、雷达设备(纯镍片可替代镉片，做热中子断续器)和超声工艺等领域中。

目前发现的含镍矿物多达几十种，常见的矿物也有近 20 种，多以硫化物、砷化物、氧化物等单矿物形式存在，部分以类质同象存在于硫化物中。常见矿物如表 3-22 所示。

2. 矿床类型

世界镍矿床主要类型有 4 种：①超基性岩铜镍矿床，产于超基性岩体中、下部，或分布在脉状岩体中；②热液脉状硫化镍-砷化镍矿床，产于中酸性岩体裂隙及与围岩的接触带；③沉积型硫化镍矿床，分布于黑色页岩中(下寒武统等)，沿层产出；④风化壳型镍矿床，产于超基性岩风化残坡积层中。

表 3-22　主要含镍矿物

矿物名称	化学式	镍含量(%)
镍黄铁矿	$(Fe,Ni)_9S_8$	22～42
紫硫镍(铁)矿	$FeNi_2S_4$	38.9
针镍矿	NiS	64.7
辉(铁)镍矿	Ni_3S_4、$(Ni,Fe)_3S_4$	57.9(42～54)
含镍磁黄铁矿	$Fe_{1-x}S_{(x=0\sim0.2)}$	0.25～14.22
方硫镍矿	NiS_2	47.8
红砷镍矿	NiAs	43.9
辉砷镍矿	NiAsS	35.4
镍磁铁矿	$NiFe_2O_4$ 或 $(Fe,Ni)_3O_4$	NiO 31.9

注:引自《矿产资源工业要求手册》,2012。

3. 分布

至2008年底,中国镍矿查明基础储量 286.5×10^4t,主要集中在甘肃,约占全国查明资源储量的55%;其次分布在新疆、云南、吉林、四川、陕西和青海6省(区),约占36%。据预测,中国镍矿资源(小于500m垂深)的潜力大于上千万吨,成矿远景区主要分布在新疆、甘肃、吉林、四川等省(区)。

4. 勘查工业指标

据行业标准(DZ/T 0214—2002),镍矿床地质勘查一般工业指标如表3-23所示。

表 3-23　镍矿地质勘查工业指标

项目 \ 矿床类型	硫化镍矿				氧化镍-硅酸镍矿
	原生矿石		氧化矿石		
	坑采	露采	坑采	露采	
边界品位 Ni(%)	0.2～0.3	0.2～0.3	0.7	0.7	0.5
最低工业品位 Ni(%)	0.3～0.5	0.3～0.5	1	1	1
矿床平均品位 Ni(%)	0.8～2	0.6～1	1.5	1.2	
最小可采厚度(m)	1	2	1	2	1
夹石剔除厚度(m)	≥2	≥3	≥2	≥3	1～2

注:引自《矿产资源工业要求手册》,2012。

二、资源概况

中国西南地区成矿条件好,是镍矿床的重要成矿区,资源丰富。截至2010年,已查明矿床17个,矿点多个(图3-12)。其中大型矿床(镍金属 $>10\times10^4$t)2个,中型矿床[镍金属 $(2\sim10)\times10^4$t]6个,小型矿床[镍金属 $(0.4\sim2)\times10^4$t]7个(表3-24)。区内分布有我国第一个开发利用的镍矿山力马河中型镍矿床。

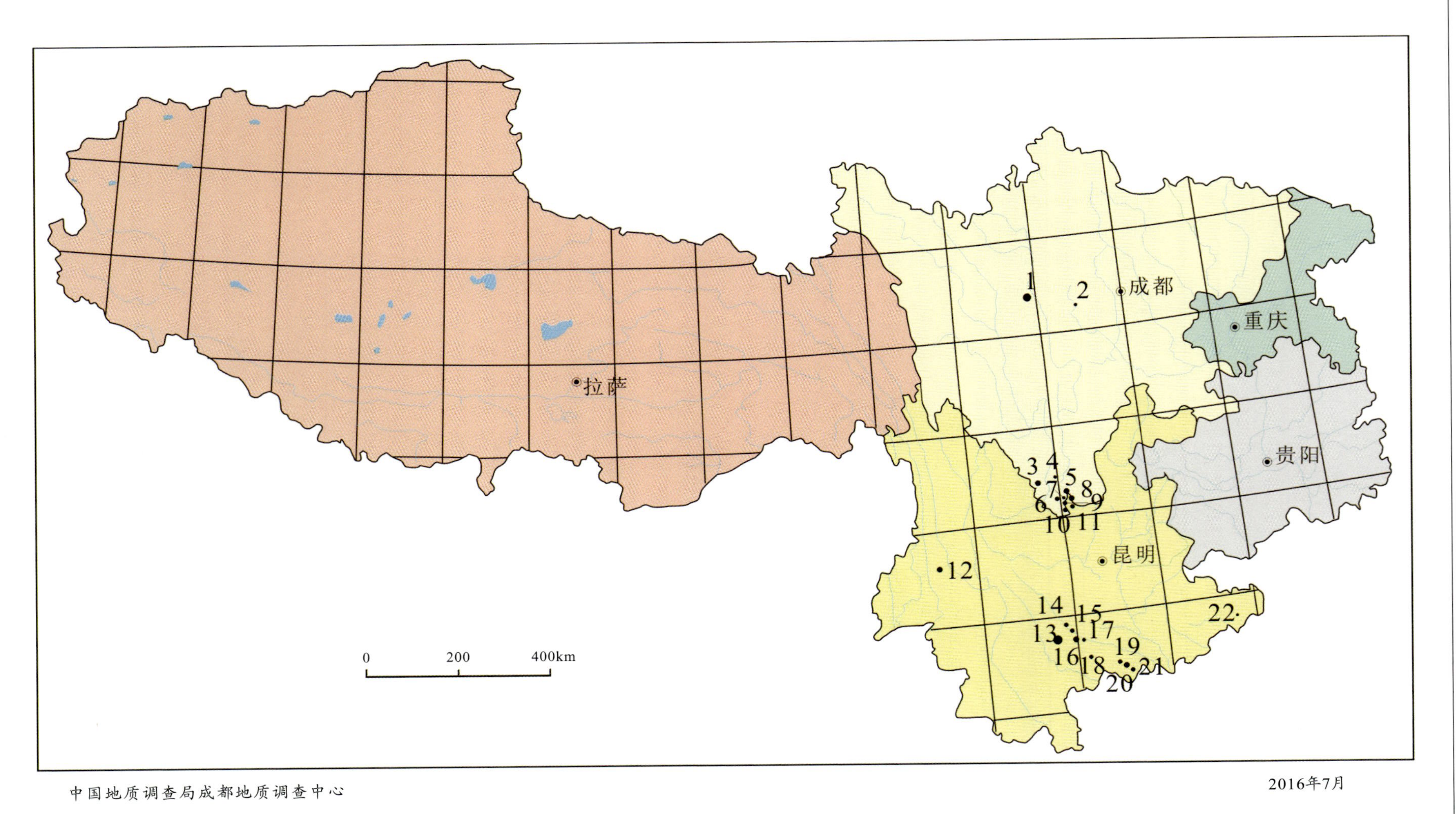

图3-12　西南地区主要镍矿床分布图

表 3-24 中国西南地区主要镍矿床一览表

编号	矿区名称	矿种	规模	成矿类型	编号	矿区名称	矿种	规模	成矿类型
1	丹巴杨柳坪	铂镍	大	岩浆型	12	保山大雪山	铜镍	中	岩浆型
2	芦山白铜尖子	铜镍	矿点	岩浆型	13	墨江金厂	镍	大	风化壳型
3	盐边冷水菁	铜镍	中	岩浆型	14	新平白腊都	镍	小	风化壳型
4	盐边阿布郎当	铜镍	矿点	岩浆型	15	墨江金厂	镍	小	热液型
5	会理力马河	铜镍	中	岩浆型	16	元江安定	镍	中	风化壳型
6	会理青矿山	铜镍	小	岩浆型	17	元江龙潭	镍	小	风化壳型
7	会理小关河	镍	矿点	风化壳型	18	红河米的	镍	小	风化壳型
8	会理兴隆	镍	中	风化壳型	19	金平营盘	铜镍	矿点	岩浆型
9	会理杨合五	铜镍	矿点	岩浆型	20	金平白马寨	铜镍	中	岩浆型
10	会理清水河	铜镍	小	岩浆型	21	金平牛栏冲	铜镍	矿点	岩浆型
11	会理身田沟	铜镍	小	岩浆型	22	富宁安定	铜镍	矿点	岩浆型

三、矿床类型

中国西南地区具有工业价值的镍矿床，按成矿特征不同可划分为3种类型：岩浆型硫化物铜镍矿床、风化壳型镍矿床、热液型镍矿床，其中岩浆型硫化物铜镍矿床为主要类型。

四、重要矿床

1. 四川会理力马河岩浆型铜镍硫化物矿床

力马河铜镍矿床位于康滇地轴中段安宁河-易门深断裂带之西侧，受次级构造控制。矿区内的南北向断裂(F_1)是控制力马河岩体、矿体的主要构造，其具有多期次活动特点。不同的活动阶段分别形成不含硫化物的辉长-闪长岩体、富含硫化物的橄榄岩脉和致密块状硫化铜镍矿脉，充分揭示了断裂构造与成岩成矿的密切关系。力马河硫化铜镍矿床主要由产于橄榄岩脉中的浸染状—海绵陨铁状矿体、充填于断裂构造中的致密块状硫化铜镍矿体(脉)及接触同化-混染交代充填型的斑杂状—细脉浸染状矿体所组成。

产于橄榄岩脉中的浸染状—海绵陨铁状矿体构成了力马河硫化铜镍矿床的主矿体，矿体产状与橄榄岩脉一致，呈似层状、透镜状产出。矿体厚度及硫化物富集程度与橄榄岩脉的厚度成正比。矿体厚度一般约占橄榄岩脉厚度的1/2～3/4，局部地段与其相等。矿体的形态严格受橄榄岩脉控制，矿体与无矿橄榄岩(或橄榄岩)无明显界线。组成矿体的矿石类型有浸染状矿石(稀疏浸染状和稠密浸染状矿石，前者含金属硫化物5%～15%，后者15%～25%)及海绵陨铁状矿石(含金属矿物25%～80%)两种，二者无明显界线。

矿石的金属矿物均较简单，主要有磁黄铁矿、镍黄铁矿和黄铜矿，并有少量的黄铁矿、磁铁矿等。脉石矿物以辉石、橄榄石及其蚀变产物蛇纹石和透闪石为主，其次为棕色角闪石、黑云母等。

2. 金厂-安定风化壳镍(钴)矿床

金厂-安定风化壳镍(钴)矿床位于唐古拉-昌都-思茅褶皱系墨江-绿春褶皱带中部哀牢山岩带镁质超基性岩体中。矿体形态和风化壳形态基本一致，矿体规模与风化壳规模一般呈正消长关系，但总是小于风化壳规模。矿床垂向分带明显，岩体风化壳自上而下可划分为5个带和2个亚带，分别为坡残积棕红色黏土带、赭土带、蛇纹岩残余构造带(细分为赭土化蛇纹岩残余构造亚带和蒙脱石化蛇纹岩残余构造亚带)、蒙脱石化蛇纹岩带、淋滤蛇纹岩带，各带之间均为渐变过渡关系。

在垂向上Ni含量一般是中部高，上、下部较贫；Co和Cr在上部高，向下逐渐变贫；Cu含量甚微，变化不大。造渣组分MgO、Al_2O_3、Fe_2O_3、SiO_2中，CaO含量甚微，一般为0.3%～0.4%，垂向变化不明显。MgO及SiO_2含量自顶部至底部逐渐增高，Fe_2O_3及Al_2O_3则相反，自顶至底逐渐降低。

总之，风化壳镍(钴)矿床是由镁质超基性岩在原地经风化、淋滤作用而成，矿体在风化壳中呈面状分布，其成因类型属风化残余矿床。

3. 云南墨江金厂热液型镍矿床

金厂热液型硫砷化物镍矿床产于金厂镁质超基性岩体西缘的老金牛、烂山、猫鼻梁子一带，南北长约2.5km，东西宽约0.3km。矿体产于岩体与围岩接触带的蚀变构造破碎带内，含矿围岩主要为绿色水云母泥岩、石英岩，及少量变余粉砂岩、板岩、蛇纹岩等，组成具有相当规模的金镍矿田。镍矿体多出现在金矿体的上、下部位，少数与金矿体呈叠置、连接、交叉、重合产出。矿体形态多呈透镜状、不规则状，与围岩呈渐变过渡关系。

矿石结构主要为自形—他形不等粒结构，含镍矿物大部分呈半自形—他形粒状，少数呈自形晶。此外有包含结构、环带结构、交代结构、网状结构、乳浊状结构、压碎结构、揉皱结构等。矿石构造以浸染状构造为主，局部有斑点状、脉状及细脉浸染状构造。

矿物生成顺序一般是：黄铁矿(Ⅰ、Ⅱ世代)、方硫镍矿—黄铁矿(Ⅲ世代)—辉砷镍矿—针镍矿—锑硫矿—磁黄铁矿—辉锑矿—白铁矿—闪锌矿，表生期为褐铁矿、镍华、碧矾等。

矿区表内镍矿平均品位为0.846%，其中“泥岩”型矿石一般含镍0.8%～1.2%，“石英岩”型一般含镍0.5%～1%。伴生有益元素Co 0.017%～0.073%，Au$(0\sim1.063)\times10^{-6}$，Ag$(0\sim19.32)\times10^{-6}$，Se 0.001%～0.16%，S 0.6%～24.03%。

五、成矿潜力与找矿方向

已知的硫化物铜镍矿床分布于宁蒗-弥渡、金平、西昌、元谋-绿汁江、丹巴和马关-富宁各岩带，它们分别位于扬子陆块西缘及其邻接的构造带内，而马关-富宁岩带则位于越北古陆的北缘，这些岩带的形成均与古陆边缘长期活动的深大断裂如程海-宾川、元谋-绿汁江，安宁河、哀牢山、红河、普渡河等断裂有关，特别是海西期岩浆旋回对川滇地区基性—超基性岩带及铜镍矿床的形成与分布具有十分重要的意义。

铜镍硫化物矿床需要一个相对稳定的对岩浆分异有利的构造环境。扬子陆块区相对稳定，具备岩浆分异的良好条件。根据西南地区镍矿床成矿地质条件、时空分布等特征，划分出以下7个找矿远景区：元谋找矿远景区(Ⅰ)；丹巴找矿远景区(Ⅱ)；金河-箐河断裂沿线及盐源-盐边找矿远景区(Ⅲ);滇西找矿远景区(Ⅳ);景谷半坡找矿远景区(Ⅴ);德钦-维西找矿远景区(Ⅵ);金平基性超基性杂岩带找矿远景区(Ⅶ)。

第六节 钴

一、引言

1. 性质与用途

钴是一种具有金属光泽的、具高熔点和良好稳定性的磁性钢灰色硬质金属。钴在元素周期表上属于第Ⅷ副族,位于铁和镍之间,与铜近邻,故在自然界中与上述金属在空间上密切伴生。钴元素具良好的铁磁性和延展性,加热到1150℃时磁性消失,它的熔点为1495℃,沸点为2930℃,比重8.9g/cm^3,比较硬而脆,具耐高温性。钴是两性金属。

金属钴在国民经济中具有广泛的用途,它是制造耐热合金、硬质合金、防腐合金、磁性合金和各种钴盐的重要原料,广泛用于航空、航天、电器、机械制造、化学和陶瓷工业,是一种重要的战略物资。

2. 矿床类型

钴很少形成独立矿床,大多数情况下都呈伴生元素产于其他矿床中。因此,钴矿床的类型通常很大程度上取决于其所赋存的其他矿床类型。我国共(伴)生的钴矿可归纳为四大类型(张苺等,1993;丰成友等,2002):①岩浆岩型硫化铜镍钴矿床(甘肃金川铜镍钴矿);②热液型矽卡岩铁铜钴矿床(湖北大冶铜录山铜铁钴矿床、斑岩型铜钴矿床);③沉积型砂岩铜钴矿床、火山气液-火山沉积铁铜钴矿床(新疆哈密磁海铁钴矿床、海南昌江石碌铁钴铜矿床);④风化壳型红土镍钴矿床及其他风化型伴生钴矿床(云南墨江元江镍钴矿、海南安定居丁钴土矿床)。

3. 分布

世界钴资源丰富,储量富足。陆地上金属钴主要以伴生矿的形式产出,这些钴矿大部分是镍红土矿,其余大部分是硫化镍铜矿和砂岩型铜钴矿,纯钴矿量比较少。镍钴矿主要分布在加拿大、俄罗斯及澳大利亚,钴含量为0.04%;铜钴矿主要分布在刚果(金)、赞比亚等国,钴含量为0.1%~0.5%。

我国的钴资源紧缺,主要伴生在铜、镍、铁矿中,独立成矿的钴矿仅占全国保有储量的4.70%。中国钴矿主要分布在甘肃、山东、云南、河北、青海、山西6省,其中以甘肃省储量最多,四川、青海等省次之,6省储量之和占全国总储量的70%,其余30%的储量分布在新疆、四川、湖北、海南、安徽等省(区)。

4. 勘查工业指标

依据矿床金属储量,钴矿可以分为大型(≥2t)、中型(0.2~2t)和小型(<0.2 t)矿床。单独钴矿床一般分为砷化钴矿床、硫化钴矿床和钴土矿矿床3类。硫化钴矿床及砷化钴矿床的一般工业要求为:边界品位≥0.02%,工业品位≥0.03%,最低可采厚度≥1m,夹石踢除厚度为1m;钴土矿

的一般工业要求为：边界品位≥0.3%，工业品位≥0.5%，最低可采厚度0.3～1m，剥离比<1。

目前，自然界中已发现的钴矿物和含钴矿物共百余种，分属于单质、炭化物、氮化物、磷化物和硅磷化物、砷化物和硫砷化物、锑化物和硫锑化物、碲化物和硒碲化物、硫化物、硒化物、氧化物、氢氧化物和含水氧化物氢氧化物、砷酸盐、碳酸盐以及硅酸盐十四大类。

二、资源概况

我国西南地区钴矿主要集中分布在四川和云南。据不完全统计，西南地区共(伴)生钴矿(化)床(点)总计55处(主要是铜钴矿、镍钴矿、锰钴矿及铁钴矿)，其中，四川12处，云南25处，贵州16处，西藏仅有矿(化)点1处。整个西南片区钴矿较少，整体勘查程度也不高，在统计的西南地区55个已发现矿(化)点中，达到勘探的有13处(四川4处、云南9处)，详查12处(四川3处、云南8处、西藏1处)，普查27处(四川4处、云南7处、贵州16处)，预查3处(四川1处、云南2处)。西南地区大中型以上钴矿床分布见表3-25和图3-13。

表3-25　西南地区主要钴矿床(中型及以上)一览表

序号	矿床名称	地理位置	规模	矿床类型	工作程度
1	四川会理拉拉铜矿	四川省会理县	中型	火山-沉积变质岩型	勘探
2	四川汉源601钴锰矿床	四川省汉源县	中型	沉积(淋积)型	勘探
3	四川汉源轿顶山矿区钴矿床	四川省汉源县	中型	沉积(淋积)型	勘探
4	四川会理县菜子园蛇纹岩带兴隆蛇纹岩铁镍矿段	四川省会理县	中型	基性—超基性岩风化壳型	普查
5	云南墨江-元江镍矿	云南省元江县	中型	基性—超基性岩风化壳型	勘探
6	云南永平铜钴矿	云南省永平县	中型	沉积改造型	勘探
7	贵州江口梵净山青龙硐铜镍矿床	贵州省江口县	大型	岩浆熔离型	普查

三、勘查程度

西南地区钴矿勘查程度总体较低，开展过详查-勘探工作的矿区不多，多数矿床尚处于普查以下勘查程度。

四、矿床类型

结合前人的研究成果(张莓等，1993；丰成友等，2002；薛步高等，2001)，西南地区共(伴)生钴矿可划分为5种类型：岩浆热液型矿床(云南金平白马寨镍钴矿)、火山-火山沉积变质岩型矿床(四川拉拉铜钴矿床)、沉积-改造型矿床(云南易门老厂铜钴矿)、基性—超基性岩风化壳红土型矿床(云南墨江-元江镍钴矿)、沉积(淋积)型矿床(四川汉源轿顶山钴锰矿)。

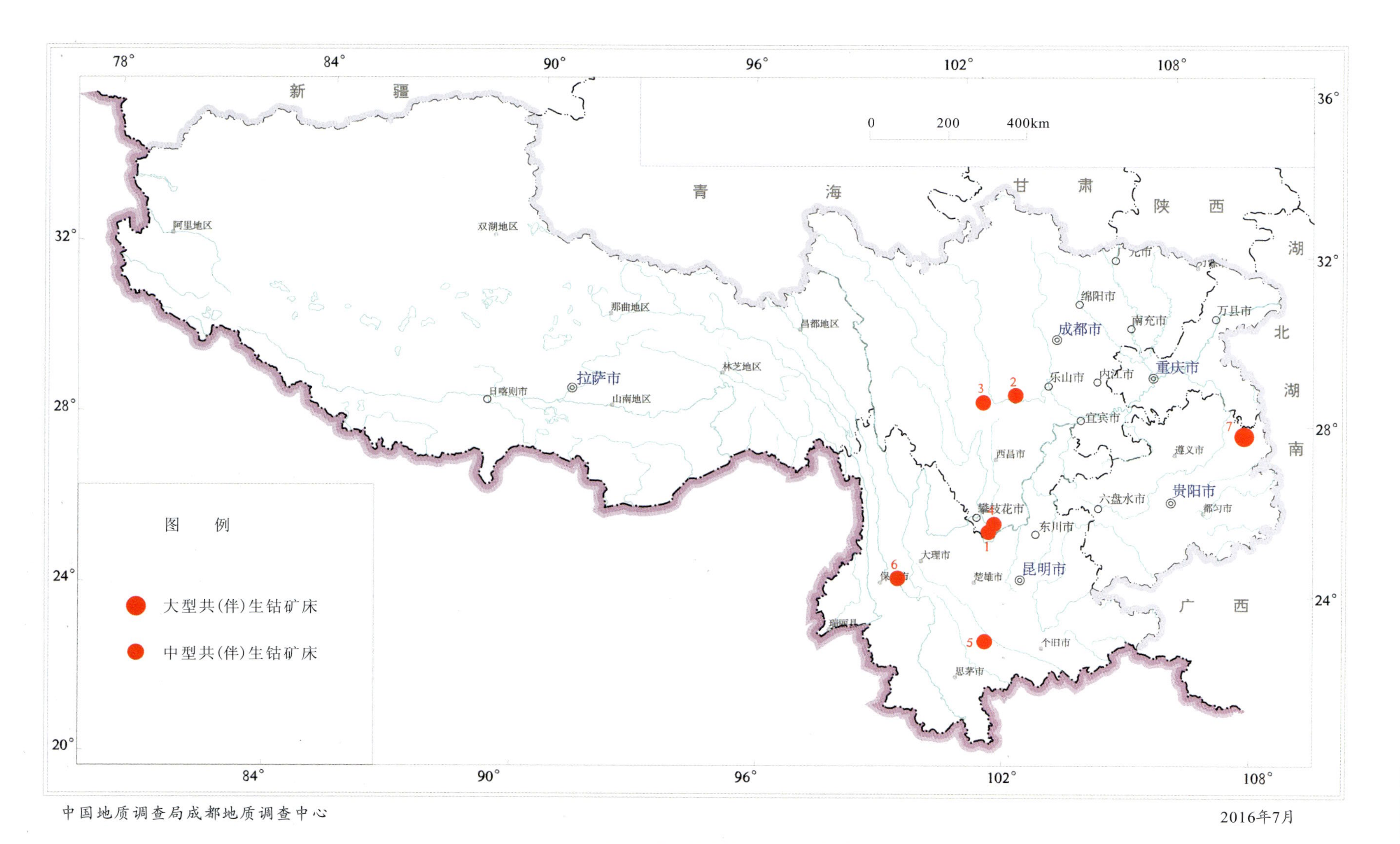

图3-13 西南地区主要钴矿床分布图

五、重要矿床

1. 云南金平白马寨铜镍钴矿

金平白马寨镍钴矿矿区位于金平县城289°方位，水平距离为27.65km。该矿床钴矿规模达小型，勘查程度达详查。

矿区褶皱构造主要为孟谢倒转背斜，矿区位于孟谢倒转背斜腹部，矿体赋存于背斜近转折端的南西翼。

矿区内出露大量基性岩—超基性岩，由Ⅰ、Ⅱ、Ⅲ三个岩体组成，Ⅲ号岩体位于中部，Ⅰ号位于西部，均为北西倾斜的扁柱状(宋立军等，2003)。Ⅲ号岩体矿化最好，规模也最大，岩体与围岩走向一致。矿体赋存于岩体中上部与围岩接触处，为一反角砾状矿脉带，由数条矿脉构成。反角砾状矿脉带总长232m，宽7～52m，厚0.8～5m。矿石以反角砾状为主，局部为斑杂状和细脉浸染状，平均含Ni 3.09%，Cu 1.41%，Co 0.126%。

区内不同类型矿石的金属矿物组合基本相同，主要有磁黄铁矿、镍黄铁矿、黄铜矿、磁铁矿，少量紫硫镍（铁）矿、针镍矿、黄铁矿，微量镍质辉钴矿、硫铋镍矿、辉砷钴矿等。

2. 云南易门老厂铜钴矿床

云南易门老厂铜钴矿床隶属云南省玉溪市易门县管辖；该矿床规模达小型，其勘查程度达详查。

矿区落雪组顶部白云岩及鹅头厂组底部泥砂质白云岩是老厂钴矿的主要赋矿层位。矿区主构造体呈北北东向穹状复式背斜，矿床即位于复式背斜的近轴部，老厂钴矿是易门地区唯一的钴矿床(薛步高，1996)，伴生铜矿化。钴矿化在上，而铜矿化在下。钴矿体主要赋存在落雪组顶部的白云岩及鹅头厂组底部的泥砂质白云岩中。区内构造发育(背斜及交叉或网状断裂)，矿物组合中存在独立钴矿物，区内围岩发育有强烈的硅化、黄铁矿化、黑云母化等蚀变。

硫化物主要为辉砷钴矿、辉砷镍矿、硫钴矿、含钴黄矿、毒砂，含铁的黄铜矿、斑铜矿，次为辉铜矿、黝铜矿等；氧化物有钴华、杂水钴矿、水锰钴矿，孔雀石、蓝铜矿等；脉石矿物为石英和白云石。

3. 云南永平铜钴矿

云南永平铜钴矿床隶属云南省永平县管辖，其矿床规模为中型，整体勘查程度达勘探。

永平铜钴矿主矿区为厂街矿区，赋矿地层为侏罗系坝注路组、花开左组紫红色砂岩、泥岩，厂街矿区控矿构造为厂街-上别列向斜北端抬起处，北西向断裂(F_{111})及破碎带控矿。

厂街主矿体为倾层状V_{11}矿体(薛步高，2001)，赋存在花开左组白云质泥岩退色层间破碎带中，北西(305°)走向，长560m，宽300m，倾向南西，倾角0°～50°，平均厚度5.54m，平均含Cu 1.32%(最高11.76%)，Co 0.076%(最高0.796%)，占该矿床铜储量65%、钴储量64%(薛步高，2001)。

矿床主要金属矿物为砷黝铜矿、黄铜矿(主)、黄铁矿，次为方铅矿、闪锌矿、辉锑矿、辰砂等。载钴矿物多为黄铁矿、毒砂等。厂街矿区具独立钴矿物：辉砷钴矿、辉钴矿、辉砷镍钴矿等。

4. 云南墨江-元江镍钴矿

云南墨江-元江镍钴矿位于云南境内南部墨江县与元江县接壤地带，该矿床为一已探明含钴储量达中型的露天风化壳红土镍(钴)矿床，勘查程度达勘探。

墨江-元江镍钴矿床地质构造上位于扬子地块与中缅地块之间哀牢山浅变质岩带，九甲-安定断裂带的东侧（宋学旺，2006）。矿区第四系为风化硅酸镍矿的含矿层位。矿区内与成矿关系密切的主要是因远向斜。该向斜大致呈北北西-南南东走向，与哀牢山大断裂带平行（宋学旺等，2006）。

区内出露的与成矿有关的岩浆岩主要包括龙凯辉绿岩带和墨江超基性岩带。龙凯辉绿岩带分布于区域西部，呈北北西-南南东向延伸。墨江超基性岩带属哀牢山基性、超基性岩的一部分，岩带受哀牢山断裂带西南缘的次一级断裂的控制，岩浆沿断裂带内大致平行的小裂隙组或层间裂隙贯入，岩石组合主要由纯橄榄岩、辉石橄榄岩组成。

矿体赋存于风化壳的中间部位，即蛇纹岩残余构造层和绿脱石化蛇纹岩层中，矿体占风化壳面积25%左右。矿体厚度与风化壳厚度呈正消长关系，一般数米至10余米，厚者达30～45m。矿石品位中部富，向下逐渐变贫（宋学旺等，2006）。

第七节 钨

一、引言

1. 性质与用途

钨（W），元素周期表中属第六周期 VI_B 族，原子序数74，原子量183.75。钨的化学性质很稳定，常温时不与空气和水反应，在常温条件下任何浓度的单一盐酸、硫酸、硝酸、氢氟酸对钨都不起作用；王水只能使其表面氧化，溶于硝酸和氢氟酸的混合液，但在碱溶液中不起作用。高温下钨能与氯、溴、碘、碳、氮、硫等化合，但不与氢化合。在400℃时钨开始氧化，失去光泽。高于600℃的水蒸气使钨迅速氧化，生成 WO_3 和 WO_2；在有空气存在的条件下，熔融碱可以把钨氧化成钨酸盐，在有氧化剂（$NaCO_3$、$NaCO_2$、$KClO_3$、PbO_2）存在的情况下，生成钨酸盐的反应更猛烈。

从1783年西班牙首次用碳从黑钨矿中提取了金属钨至今有200余年的钨矿开发、冶炼、加工历史。钨及其合金是现代工业、国防及高新技术应用中的极为重要的功能材料之一，广泛应用于航天、原子能、船舶、汽车工业、电气工业、电子工业、化学工业等诸多领域。钨合金钢用于制造高速钻头、切削工具和机械中抗磨、抗打击、耐腐蚀的结构材料。高比重钨基合金（钨、铁、镍、铜、锰制成）用于反坦克、反潜艇的穿甲弹头。含钨高温合金，应用于宇航业做火箭喷嘴、喷管、离子火箭发动机的热离解器；其他还应用于颜料、油漆、橡胶、纺织、石油、化工等方面。

在自然界中，钨的矿物有20多种，常见的有14种。具工业意义的仅黑钨矿和白钨矿。常见钨矿物见表3-26。

2. 矿床类型

按工业类型可将钨矿床划分为矽卡岩型钨矿、斑岩型钨矿、云英岩型钨矿、石英脉型钨矿、硅质岩型钨矿。

3. 分布

世界上钨矿床主要分布在环太平洋成矿带、地中海北岸，少部分分布在亚洲、欧洲、美洲、非洲腹地，其中环太平洋成矿带的钨矿总量占世界钨矿总量的一半以上。钨矿储量比较丰富的国家除了中国以外，还有俄罗斯、美国、加拿大、玻利维亚等国。据美国地质调查局2013年统计，世界钨储量310×10^4t，中国是世界上钨矿资源最丰富的国家，储量占世界总储量的61.3%。

钨矿是我国的优势矿种之一，素有“世界钨都”之称，据国土资源部报道，到2014年我国累计查明钨(WO_3)资源储量780×10^4t，保有钨(WO_3)资源储量696.88×10^4t。全国共有23个省(市、自治区)发现有钨矿产地，据2008年统计湖南、江西、广东、河南、广西、福建、甘肃、西藏、云南、黑龙江、内蒙古、吉林、湖北、安徽等14个省(区)共占我国查明资源储量的99%(盛继福等，2015)。

表3-26　常见钨矿物表

矿物名称	化学分子式	钨含量(%)	矿物名称	化学分子式	钨含量(%)
黑钨矿	$(Fe\cdot Mn)[WO_4]$	51.25	水钨华	$H_2WO_4\cdot H_2O$	68.66
钨铁矿	$Fe[WO_4]$	60.53	高铁钨华	$Fe_2O_3\cdot WO_4\cdot 6H_2O$	36.22
钨锰矿	$Mn[WO_4]$	60.72	铜钨矿	$Cu_2[WO_4](OH)_2$	44.88
白钨矿	$Ca[WO_4]$	63.89	辉钨矿	WS_2	74.19
钼白钨矿	$Ca[Mo\cdot W]O_4$	47.92	钨铅矿	$Pb[WO_4]$	40.44
铜白钨矿	$(Ca\cdot Cu)[WO_4]$	52.27	钼钨铅矿	$3Pb[WO_4]\cdot Pb[MoO_4]$	14.89
钨华	H_2WO_4	73.6	钨锌矿	$(Zn\cdot Fe)[WO_4]$	49.73

4. 勘查工业指标

据中华人民共和国国土资源部2002年发布的地质矿产行业标准《钨、锡、汞、锑矿产地质勘查规范》(DZ/T 0201—2002)提出钨矿床的一般参考工业指标、伴生组分评价指标、规模划分标准等工业利用要求详见表3-27。

表3-27　钨矿床一般工业指标参考表

项目	要求	备注
边界品位(WO_3质量分数)(%)	0.064～0.1	坑采厚度<0.8m时应考虑米百分值计算
最低工业品位(WO_3质量分数)(%)	0.12～0.2	
可采厚度(m)	≥1～2	
夹石剔除厚度(m)	≥2～5	

根据中华人民共和国国土资源部2002年发布的地质矿产行业标准《钨、锡、汞、锑矿产地质勘查规范》(DZ/T 0201—2002)规定，钨矿床规模一般采用的大小划分标准为：WO_3资源量大型$\geq5\times10^4$t，中型$(1\sim5)\times10^4$t，小型$<1\times10^4$t。

二、资源概况

西南地区是我国重要的钨矿分布区，据目前掌握的资料，西南地区共发现预查以上锡矿产地(含伴生)77处，其中大型9处，中型9处，小型29处，矿点30处。主要分布于云南省的滇东南的个旧市、马关县、麻栗坡县、文山县，滇西的腾冲县、云龙县、泸水县、中甸县；四川省的会理县、巴塘县、康定县、乡城县；西藏的察隅县、定结县、八宿县、乃东县、类乌齐县、申扎县；另外在贵州省的江口县、从江县有少量分布。

西南地区小型以上钨矿产地及分布详见表3-28和图3-14。

表3-28 西南地区小型以上钨矿产地一览表

编号	矿床名称	矿产类型	矿床规模	工作程度
1	四川平武县广子岩钨矿	钨	小型	普查
2	四川平武县雪宝顶白钨矿	钨	小型	普查
4	西藏类乌齐县昌国晒钨矿	钨	小型	预查
5	四川道孚县根深沟钨锡矿	钨、锡	小型	预查
6	四川道孚县玉科锡钨矿	锡、钨	小型	普查
8	西藏申扎县甲岗钨钼铋矿	钨、钼(铋)	中型	普查
10	西藏当雄县拉屋铜锌钨多金属矿床	铜、锌、钨	小型	普查
11	四川康定县日那玛钨锡矿	钨、锡	小型	普查
12	四川巴塘县赤琼锡多金属矿	锡、钨、铜	小型	普查
14	西藏左贡县的拉荣钨(钼)矿	钨、钼	中型	普查
15	四川康定县赫德钨锡矿	钨、锡	小型	普查
16	西藏乃东县的努日钨铜钼矿	钨、铜、钼	大型	普查
22	云南中甸县休瓦促钨钼矿	钨、钼	大型	预查
23	云南中甸县沙都格勒钨钼矿	钨、钼	小型	普查
26	贵州印江县标水岩锡钨铜矿	钨、锡、铜	小型	详查
27	贵州印江县跃进沟锡钨矿	钨、锡	小型	普查
28	贵州江口县梵净山黑湾河钨锡矿	钨、锡、铜	小型	勘探
29	云南中甸县哈巴钨矿	钨	小型	普查
30	贵州印江县唐家院钨矿	钨	小型	预查
31	云南中甸县麻花坪钨铍矿	钨、铍	大型	详查
33	四川会理县大黑依钨矿	钨、锡	小型	普查
34	云南鹤庆县北衙马头湾钨矿	钨、铁	小型	普查
35	贵州从江县乌牙钨锡矿	钨	小型	普查
36	云南泸水县五权村钨锡矿	钨、锡	小型	普查
37	云南泸水县石缸河锡钨矿	钨、锡	大型	详查
38	云南云龙县滴水岩锡钨矿	锡、钨	小型	普查
39	云南腾冲县马鞍山钨锡矿	锡、铁	小型	预查
41	云南腾冲县新歧钨锡矿	钨、锡多金属	小型	普查
43	云南峨山县方丈、日期白钨矿	钨、锡	小型	普查
44	云南石屏县龙谭钨矿	钨、铅、锌	大型	勘探
45	云南石屏县钨金矿	金、钨、铁	大型	详查
46	云南文山县老君山钨矿	钨、铜	大型	详查
47	云南个旧锡矿老厂锡矿田	铜、锡、钨	大型	勘探
48	云南个旧锡矿卡房锡矿田	铜、锡、钨、铋、银等	小型	勘探
49	云南马关县大丫口钨铜多金属矿	钨、铜	大型	普查
50	云南麻栗坡县瓦渣钨矿	钨	中型	普查
51	云南马关县向阳山铜钨矿	钨、铜	小型	普查
52	云南麻栗坡县南秧田钨矿	钨	中型	普查
53	云南麻栗坡县洒西丫口钨矿	钨	小型	普查
54	云南马关县花石头村钨锡矿	钨	中型	普查
55	云南麻栗坡县丫口寨钨矿	钨	小型	普查
56	云南麻栗坡县瑶山湾铅锌钨矿	铅、锌、钨	小型	预查

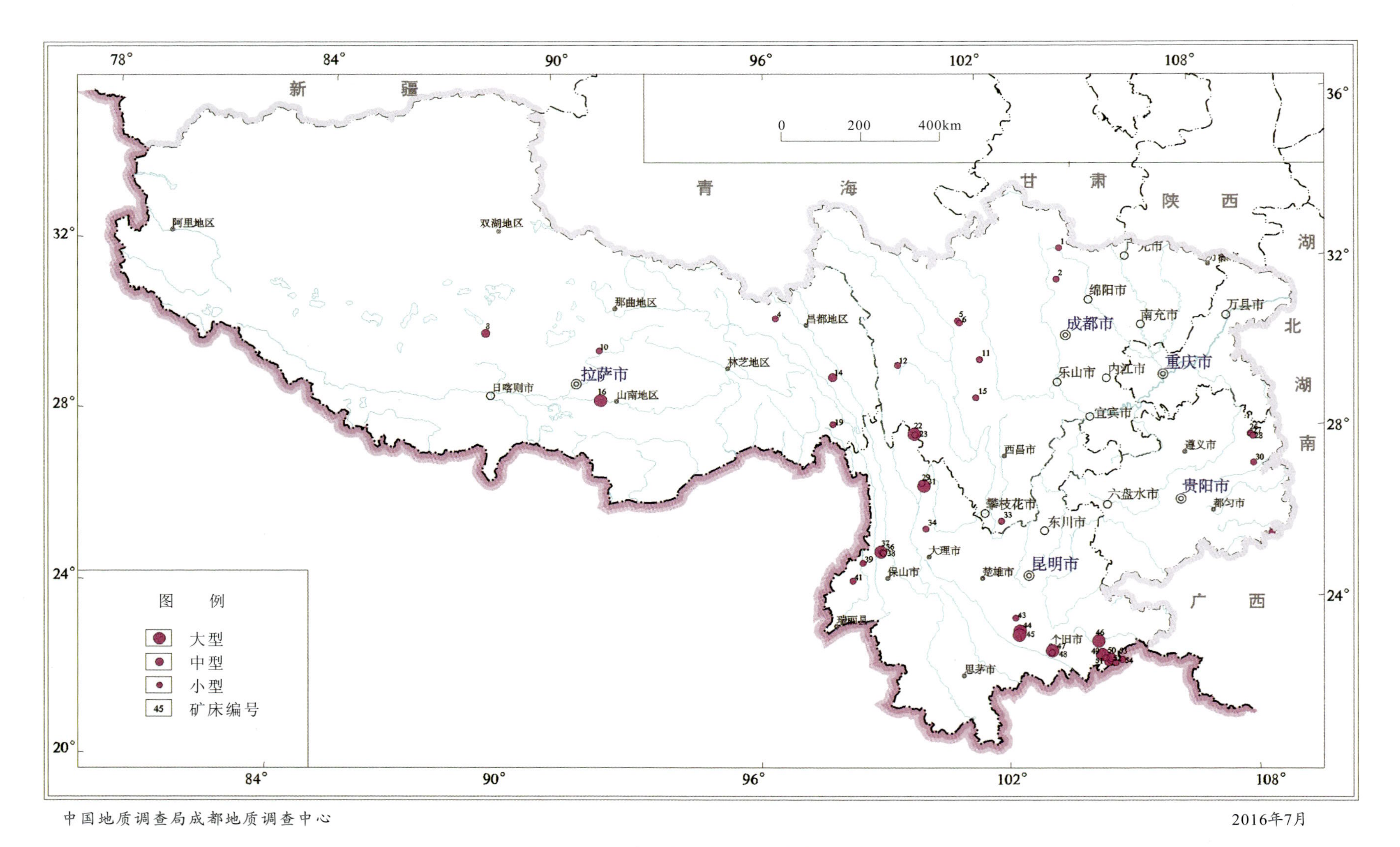

图 3-14 西南地区主要钨矿矿床点分布图

三、勘查程度

目前收集到的开展过预查以上的锡矿床(化)点68处,其中勘探5处,详查8处,普查48处,预查7处,其中云南省的勘查程度最高,四川、贵州两省次之,西藏的勘查程度最低,仅开展过少量普查、预查工作。

四、矿床类型

西南地区钨矿的主要工业类型有矽卡岩型、斑岩型、云英岩型、石英脉型,其中矽卡岩型和斑岩型规模大,石英脉型点多,但多以中小型为主。

西南地区钨矿主要矿床类型及特征见表3-29。

表3-29　西南地区钨矿主要矿床类型及特征

矿床工业类型	分布	主要特征	规模及品位	代表矿床
矽卡岩型	云南个旧、麻栗坡,西藏乃东,四川省巴塘、冕宁等地	产于花岗岩类岩体与碳酸盐岩或火山-沉积岩系接触带及其附近,矿体一般呈似层状、透镜状,少量呈脉状,矿石呈块状、角砾状、细脉状、浸染状构造,主要金属矿物为白钨矿矿石等	大、中、小型均有	南秧田、个旧老厂、卡房,老君山、努日等
斑岩型	西藏左贡	钨矿产于花岗岩类(花岗闪长斑岩、石英斑岩、花岗斑岩)岩体上部或顶部内外接触带中,具钾化、绢云母化、泥化、青磐岩化等蚀变,矿体一般呈透镜状、带状,呈网脉状构造;主要金属矿物为白钨矿或黑钨矿	以大、中型为主	拉荣钨(钼)矿
云英岩型	云南马关、石屏,四川乡城等地	钨矿产于花岗岩类岩体上部及顶部硬砂岩、砂岩和页岩层中,花岗岩围岩中常见钾长石化和云英岩化,矿体一般呈脉状、网脉矿化体,呈块状、细脉状、浸染状构造,主要金属矿物为黑钨矿,伴生白钨矿等	以中、小型为主	马关都龙
石英脉型	云南马关、泸水,四川巴塘,贵州印江等地	钨矿产于花岗岩类岩体上部与围岩的内外接触带裂隙中,花岗岩具钾长石化、云英岩化,泥质岩具角岩化;矿体一般呈脉状和脉带状、块状、细脉状,时见角砾状、浸染状构造;主要金属矿物为黑钨矿,有时为白钨矿,伴生锡石、辉钼矿、黄铁矿等	以中、小型为主	花石头、石缸河、甲岗、乌牙

五、重要矿床

1. 云南麻栗坡县南秧田钨矿[1]

南秧田白钨矿位于云南省文山州麻栗坡县城 195°方向，距离县城 17.5km。地理坐标：东经 104°37′32″，北纬 22°57′57″。勘查程度达普查，获钨金属储量：0.58×10^4t，规模达中型。

矿区地层出露较简单，为新元古界猛硐岩群，岩性以各类片岩、斜长角闪岩、斜长角闪片麻岩、变粒岩为主及少量钙硅酸岩，呈捕虏体分布在花岗片麻岩中。

构造主体上表现为沟秧河背斜及断裂构造。断裂构造较发育，主要为 F_1、F_2、F_3、F_4，均属成矿后断层，错断了矽卡岩和矿体，部分被燕山期花岗斑岩脉充填。

矿区位于燕山期老君山岩基的东侧，地表无岩体出露，但脉岩较发育，呈东西向分布，一般延长数十米至几千米，宽几米，产状近于直立；充填于断裂带内，为与老君山岩体同期的花岗斑岩脉。

矿床由南秧田矿段、茅坪矿段、大渔塘矿段等组成，各矿段地质特征、矿化特征类似。

南秧田矿段主要工业矿体为Ⅰ、Ⅱ号矿体，均分布在"矽卡岩"层中。矿体长约 1400～1680m，倾向延伸平均为 700～1280m；矿体厚 1.0～3.73m，钻孔中厚度可达 5～6m。矿体形态较简单，与围岩呈整合接触，呈层状或似层状产出，产状大部分与地层主产状一致，走向北北东至北东，向东倾，倾角平缓，一般为 5°～15°。

矿体围岩为透辉石、透闪石、绿帘石、斜黝帘石类矿物组成的"矽卡岩"。

矿石结构主要有自形晶结构、半自形—他形粒状结构、充填结构等；矿石构造为具沉积作用特征的层纹状构造、浸染状、细脉浸染状、致密块状构造等。

矿石矿物主要为白钨矿、锡石，次要矿物为辉钼矿、黄铜矿、黄铁矿、闪锌矿等；脉石矿物为石英、长石、透闪石、石榴石等。

主要热液蚀变主要有"矽卡岩化"、硅化、绿泥石化。

工业类型属矽卡岩型钨矿。

2. 云南马关县花石头村钨锡矿床

花石头村钨锡矿位于马关县都龙镇北东 20°、距 3km 处的花石头村北，老君山区的西南麓。地理坐标：东经 104°33′00″，北纬 22°55′10″。勘查程度达普查，获 WO_3 金属储量 0.90×10^4t，规模达小型。

区内出露地层为下寒武统大寨组（$\in dz$）。花岗岩侵入其内，有钨矿化。

矿区处于老君山莲花状构造西南，有走向 70°～90°、40°～60°、130°～100°、近东西向和南北向 5 组裂隙，其中前 4 组有钨、锡矿脉。

老君山地区的岩浆活动主要为燕山晚期，主要为具钠长石化、云英岩化的中粗粒含斑二云母花岗岩、中细粒不等粒二云母花岗岩和花岗斑岩。

矿区内有 3 种类型矿体：

(1)高温热液石英脉型黑钨矿，产于花岗岩过渡相带裂隙中，矿脉较厚，规模较大，一般 0.7～2m，长 20～60m，是区内的主要工业矿体，脉体常有分叉、变薄、尖灭现象。黑钨矿呈团块状断续出现在石英脉中。金属矿物以黑钨矿为主，毒砂、黄铁矿、锡石次之，脉石矿物为石英，围岩蚀变有云

---

[1] 云南省地质矿产勘查开发局区域地质矿产调查大队，1∶5 万麻栗坡县幅、都龙幅区域地质调查联测报告，1999。

英岩化、电气石化。

(2)气化热液黑钨矿矿巢,产在花岗岩过渡相裂隙中,矿体为单纯的黑钨矿矿巢;围岩云英岩化。矿石矿物除黑钨矿外,尚有绿柱石、锂云母、电气石等。

(3)中—高温热液石英脉型黑钨矿,赋存于花岗岩外接触带的石英岩、片岩裂隙中,发现0.5m以上者22条,个别达4m,长度30～80m,个别大于100m。

矿石为粗—巨晶集块结构,结晶完好的板状黑钨矿单晶达(1～5)cm×(1.5～7)cm,呈块状、团块状集合体。

矿床工业类型属石英脉型钨矿。

3. 云南泸水县石缸河锡钨矿[①]

石缸河锡钨矿位于泸水县南东35°,平距36km。地理坐标:东经98°59′55″,北纬25°44′30″。勘查程度达详查,获表内金属储量:WO_3 1.81×10^4t,品位0.509%;Sn 0.64×10^4t,品位0.401%;达中型。

位于西藏-三江造山系保山微地块保山-永德地块中的保山地块北端。

出露地层主要为古生界上寒武统核桃坪组浅变质或未变质的砂板岩、灰岩及深变质的斜长角闪片岩、变粒岩等。

构造主要表现为褶皱和断层构造较为发育,褶皱主要有志本山背斜、石缸河平卧褶曲,石缸河平卧褶曲为主要容矿构造;断层具有多期活动的特点,依据断层产状可分为北西—北北西向、北东向和东西向3组,均为成矿后断层。

岩浆活动发生在加里东晚期至燕山晚期,加里东晚期为辉绿岩,燕山晚期为闪长-辉长岩脉、细粒花岗岩等,与成矿关系密切。

矿化位于志本山岩体西接触带附近到外接触带100～300m的范围内。按空间位置分为东、西两个大致平行的长14km的矿带。矿体平行排列,大多呈脉状,少数呈囊状、透镜状产出。矿体陡倾斜,倾角30°～90°,斜深14～168m,由地表向下大部分矿体变薄或分支,品位降低。计算储量的矿体共31个,原生Sn平均品位0.401%,WO_3平均品位0.509%,伴生铍。

矿石自然类型分为石英型和电气石石英型。石英型矿物组合主要为石英、长石,次为电气石、云母,有用矿物为锡石、白钨矿、绿柱石;电气石石英型矿物组合主要为电气石、石英、长石,次为云母。有用矿物为白钨矿、绿柱石及锡石。

矿石结构为自形—他形粒状结构、包含结构、碎裂结构等;构造有块状构造、浸染状构造、网脉状构造等。锡石多为浅褐色不等径的自形—他形粒状充填状于石英脉、石英电气石脉、云英岩脉中。

围岩蚀变强烈。矿脉蚀变有硅化、云英岩化、钠化;围岩蚀变有硅化、电气石化、黑云母化、碳酸盐化。

矿石工业类型属石英脉钨矿。

4. 云南香格里拉县麻花坪钨矿[②]

麻花坪钨矿位于香格里拉县东南73km。地理坐标:东经100°09′15″,北纬27°16′00″。勘查程

① 云南省铜、铅锌、金、钨、锑、稀土矿资源潜力评价成果报告,云南省地质调查局,2011.6。

② 云南省铜、铅锌、金、钨、锑、稀土矿资源潜力评价成果报告,云南省地质调查局,2011.6,第八章　钨矿预测成果;云南省区域矿床总结,云南省地质矿产局,1993。

度达普查，获(333+334)$WO_3$16 507t，规模达中型。

出露地层主要为古生界的泥盆系、石炭系和二叠系。中生界的中、下三叠统仅在矿区边缘零星分布。

区内主要见有二叠纪玄武岩、基性辉长岩和基性煌斑岩脉出露。

构造严格受北北西向与北北东向两组断裂构造控制，两组断裂构造活动以及近南北向褶皱、断裂和更次一级的横断裂、裂隙，为区内成矿创造了良好条件。

在长约3km的钨铍矿化带内共圈定大小矿体25个。矿体均产于下石炭统与中—上石炭统的接触界面之大理岩一侧的地层中，呈与接触界面近于垂直的东西向平行排列展布。每个矿体主要由密集微细脉和细脉组成，矿体的形态特征随着脉组的变化而变化。接触界面附近矿脉密集，含脉率高达40～70条/m，脉幅宽，蚀变强，矿化强，品位高，矿体厚度大；远离接触面，矿脉分布稀疏，含脉率低，38条/m，脉幅变窄，蚀变减弱，矿化弱，品位低，矿体厚度变小，出现分支，直至尖灭。所圈的25个矿体其中2、3、9、10、23、27、30、32号8个矿体规模较大，9、10号矿体厚度达75m，27号矿体长达453m；2号矿体钨铍品位最高，WO_3为0.817%，BeO为0.461%。

金属矿物主要有白钨矿、绿柱石、蓝柱石，少量黑钨矿、硅铍石。脉石矿物主要有方解石，次有萤石、白云石，少量石英、铁金属物质。伴生矿物有黄铁矿、闪锌矿、方铅矿等。

矿石结构主要有交代结构、变晶结构、交代溶蚀结构等。矿石构造有近平行密集微细脉状构造、斑块状构造、似条带—条纹状构造。

可分为白云母萤石型铍钨矿石、白云母萤石型钨矿石、白云母萤石型铍矿石等几种矿石类型。

围岩蚀变明显而强烈，有褪色、硅化、黄铁矿化、碳酸盐化、白云母化、萤石化，都与矿化有关，而尤以白云母化和萤石化与矿化富集更为密切。

5. 西藏左贡县的拉荣钨(钼)矿①

拉荣钨(钼)矿位于左贡县10°方向，平距30km处。地理坐标：东经97°52′50″，北纬29°55′50″。勘查程度达普查，规模达中型。

该矿位于羌塘弧盆系唐古拉-左贡地块上。出露地层主要为卡贡群下岩组(C_1Kg^1)的灰色板岩、变质砂岩，偶夹少量结晶灰岩、大理岩。

岩脉或小型浅成侵入岩体发育，多为花岗斑岩类岩石。钨(钼)矿化主要产于二长花岗斑岩中。

两条近南北向的层间构造破碎带(F_2、F_3)，均产有小型钨(钼)矿化。

矿区内已发现钨(钼)矿体3处。

Ⅰ号钨(钼)矿体：产于二长花岗斑岩中，斑岩体长1000m，宽100～300m，面积约0.2km^2。钨(钼)矿化与斑岩体分布范围一致，目前工程控制矿体宽36～112m，平均宽82.7m。矿体平均品位WO_3 0.1560%，Mo 0.0772%。

Ⅱ号钨矿体：产于F_2层间破碎带中，呈北北东走向，倾向西，倾角60°～80°。工程控制矿体长200～300m，宽4～6m，平均宽5m。赋矿岩石为石英板岩、变质砂岩、板岩，矿体平均品位WO_3 0.1730%。

Ⅲ号钨矿体：产于F_3层间破碎带中，近南北走向，倾向NW285°～300°，倾角70°～80°，工程控制长200～300m，宽6～18m，平均宽14m。赋矿岩石为矽卡岩，矿体平均品位WO_3 0.1880%。

矿石具细—中粒结构；细脉浸染状、细脉状、星散状、块状构造。

---

① 西藏昌都左贡县拉荣钼矿2007年度普查地质工作总结[R]，西藏自治区地质矿产勘查开发局第六地质大队，2007。

金属矿物主要有白钨矿、辉钼矿、黄铜矿、黄铁矿、锡石、辉铋矿等;非金属矿物主要为石英、绿帘石、石榴石及方解石等。

围岩蚀变有硅化、黄铁绢英岩化、矽卡岩化、碳酸盐化、绢云母化、绿泥石化及高岭土化。

矿体氧化带不发育。矿石类型主要为斑岩型钼钨矿石,其次为矽卡岩型钼钨矿石等。

矿床工业类型属斑岩型钨矿。

6. 西藏乃东县的努日钨铜钼矿

努日钨铜钼矿位于西藏乃东县,距泽当镇15km。地理坐标:东经91°45′50″,北纬29°17′07″。勘查程度达普查,获(333+334)WO_3 12.3×10^4t,规模达大型。

从老至新依次出露前奥陶系松多岩群、三叠系、侏罗系—下白垩统,侏罗系—下白垩统主要出露多底沟组(J_3d)、门中组($K_{1-2}m$)、比马组(K_1b),上白垩统—古近系等。多底沟组、比马组、门中组等地层的碳酸盐相与碎屑岩相的过渡带出现层矽卡岩型层状—似层状铜铅、铜钨钼、铜矿体(闫学义,2010)。

侵入岩体发育,由老至新依次有石英闪长岩($\delta o E_2$)、花岗闪长岩($\gamma\delta E_2$)、二长花岗岩($\eta\gamma E_2$)和石英闪长玢岩($\delta o E_3$)-似斑状钾长花岗岩($\xi\gamma E_3$)。其中,二长花岗岩、石英闪长玢岩、钾长花岗岩与成矿密关系密切(闫学义,2010)。

矿化集中产于斑岩体的外接触带、碳酸盐相与碎屑岩相的过渡带。

可划分为钨矿体、铜矿体、钼矿体和钨铜钼多金属矿体。其中钨矿体呈层状、似层状,主矿体长200~1600m,控制延伸300~480m。矿体走向为15°~20°,倾向北西,倾角20°~58°。矿体厚度变化较大,真厚度1.83~38m。矿体平均品位WO_3 0.13%~0.36%(闫学义,2010)。

矿石结构主要为中至细粒自形粒状结构、中至细粒不等粒不规则粒状结构。构造主要为细粒浸染状、条带状、稠密浸染状、斑点状和脉状构造。

矿石矿物组合为:黄铜矿+斑铜矿(银、金含量高)+白钨矿±辉钼矿±硫铋铜矿。

围岩蚀变主要为矽卡岩化,上部为厚层块状石榴石(±透辉石±透闪石±绿帘石)矽卡岩,下部或边部为层纹—条带状石榴石(±硅灰石±萤石±石膏)矽卡岩,其次尚可见萤石化、方解石化等。

矿石类型主要为层矽卡岩型钨铜钼矿石、斑岩型钼(钨铜)矿石。

矿床工业类型属矽卡岩型钨矿。

7. 四川道孚县根深沟钨锡矿①

根深沟钨锡矿位于道孚县城北东25°方向,平直距19km。地理坐标:东经101°13′07″,北纬31°08′49″。勘查程度达预查,获(333+334)WO_3 0.19×10^4t,规模达小型。

出露地层较简单,主要为上三叠统杂谷脑组(T_3z),山间沟谷有少量第四系分布。

构造上处于南北向纳隆背斜与北西向铜炉房背斜复合部位,节理裂隙发育,岩石较破碎。

侵入岩体为燕山晚期登青沟黑云二长花岗岩体。围岩普遍角岩化,宽600~700m。内外接触带见较多石英脉、长英脉及少量辉绿岩侵入。石英脉部分含钨、锡矿及其他硫化物。

矿区已发现含矿石英脉22条,其中以Ⅰ号矿脉规模最大。

Ⅰ号矿脉产于燕山晚期云祝措二长花岗岩体($\eta\gamma_5^3$)外接触带内,呈不规则脉状,长116m,厚1.98m,倾向350°~20°,倾角31°~81°。矿脉及角砾边缘和裂隙中都有云英岩化。矿物成分简单,以石英为主,含少量黑钨矿,局部含锡石、黄铁矿、黄铜矿。矿化比较连续,含WO_3 0.24%~

① 1∶20万丹巴幅区调,四川省地质局区域地质调查队王滋洋等,1980。

17.77%，平均为5.59%；含Sn 0.024%～1.68%。求得远景储量WO_3 1925t。

Ⅰ号脉西侧有13条黑钨矿脉，长3～15m，厚0.1～0.53m，含WO_3一般为0.487%～1.96%；Sn 0.021%～0.193%，附近尚有较多含黑钨矿的云英岩细脉分布。

在岩体内，Ⅰ号脉南面有5条含黑钨矿石英脉，长5～30m，厚0.08～0.7m，脉壁具云英岩化，含WO_3 0.016%～2.21%，Sn 0%～0.048%。

矿床具明显的水平分带，以Ⅰ号脉为中心组成钨锡带，向外为硫化物钨锡带，再向外为含方铅矿、黄铁矿、方解石、绿泥石的不含钨锡带。

Ⅰ号脉品位高，黑钨矿晶体大，露头良好，储量达小型矿床。可供地方小型开采。

矿床成因类型为中温热液型（岩浆期后热液脉型）。工业类型为石英脉型钨矿。

8. 贵州从江县乌牙钨锡矿①

乌牙钨锡矿位于贵州省从江县。地理坐标：东经107°42′20″，北纬26°03′25″。勘查程度达普查，获(333+334)WO_3 0.26×10^4t，规模达小型。

出露中元古界四堡群河村组(Pt_2h)及新元古界下江群甲路组(Pt_3j)一段、二段和少量分布的第四系。四堡岩群和下江群，它们均遭受了区域变质作用。

该矿位于吉羊穹状背斜北倾伏端，区域性池洞断层的北段—高武断层(F_2)北西段。区内构造不发育，仅在变质岩中见到一些小褶皱。

出露的岩浆岩主要为摩天岭花岗岩，面积约2km^2。形成时代均为新元古代中期，岩石类型主要为不等粒花岗岩、中粒花岗岩。

钨锡矿体主要赋存于花岗岩外接触带中，矿体主要受外接触带黑色蚀变岩体带(hst)控制，矿体产状与“hst”底界一致，矿体走向近东西向，与地层走向约有30°交角，总体倾角20°。

目前工程控制的矿体有3个，其他均为小矿体，矿体呈似层状、透镜状产出。

矿体呈似层状产出于外接触带“hst”中部，倾向北，倾角15°～30°。东西走向长约460～960m，倾向延深50～290m，厚度1.81～2.32m。

矿石结构主要要细—中粒结构，构造有浸染状、脉状构造。

矿石矿物为白钨矿，脉石矿物有石英、绢云母、黑云母、电气石等。

矿石有用组分较单一，主要为白钨矿(WO_3)，伴生组分主要有Ag、Ga、Au等。

围岩蚀变主要有电气石化、黑云母化、硅化、方解石化，其中与矿化密切相关的围岩蚀变为电气石化、黑云母化。

矿床工业类型属石英脉型钨矿。

六、成矿潜力与找矿方向

依据西南地区钨矿的分布及上述划分依据和原则，共划分为云南滇东南找矿远景区、云南腾冲找矿远景区、云南铁厂找矿远景区、云南丽江-四川巴塘找矿远景区、西藏拉荣找矿远景区、西藏泽当找矿远景区6个重要找矿远景区和老君山、个旧等5个找矿靶区。主要分布于滇南、滇西、川西、黔东南、藏东、藏南等地区。重要找矿远景区名称及分布详见图3-15和表3-30。

---

① 贵州省从江县乌牙钨锡矿普查报告，贵州省地质矿产局105地质大队，2007。

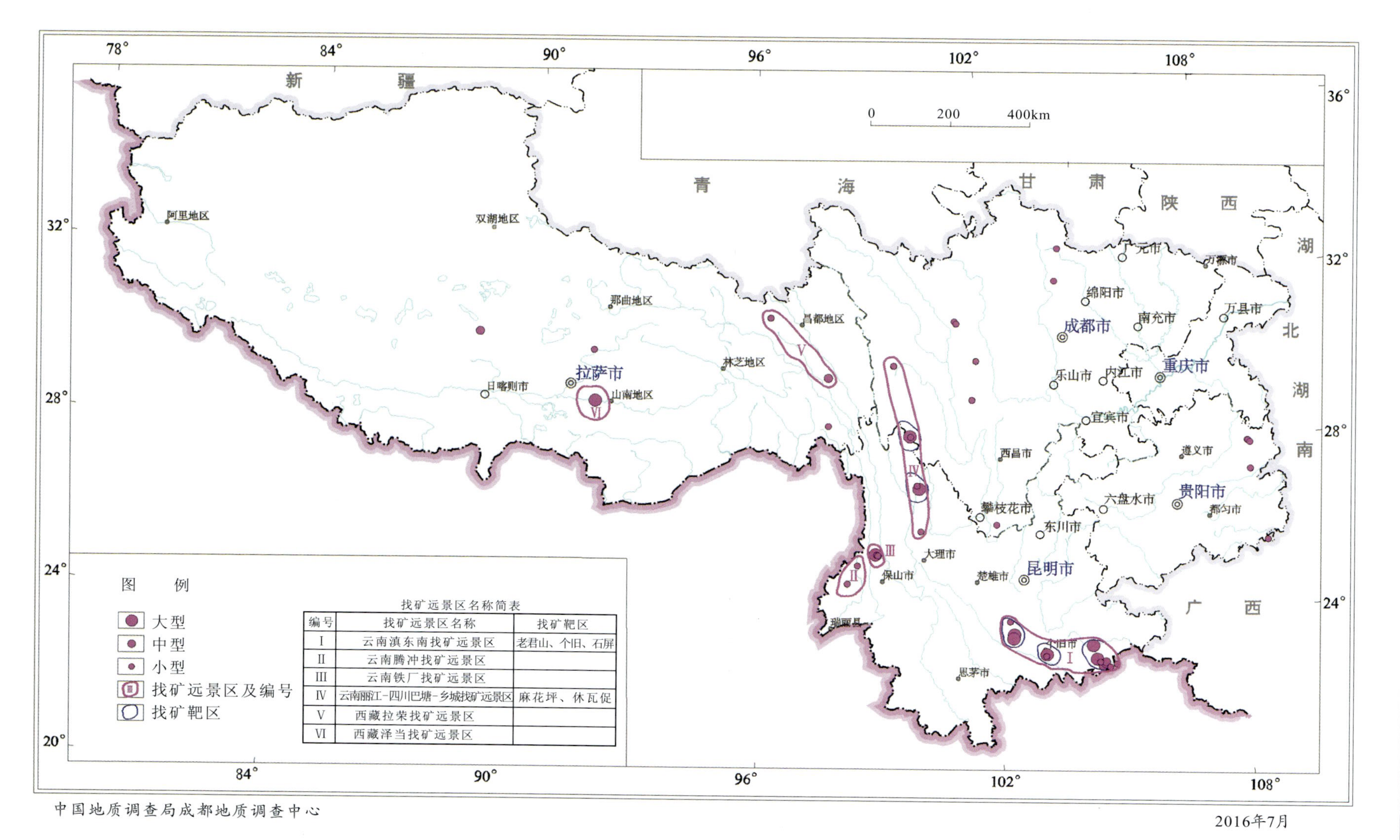

找矿远景区名称简表

编号	找矿远景区名称	找矿靶区
I	云南滇东南找矿远景区	老君山、个旧、石屏
II	云南腾冲找矿远景区	
III	云南铁厂找矿远景区	
IV	云南丽江-四川巴塘-乡城找矿远景区	麻花坪、休瓦促
V	西藏拉荣找矿远景区	
VI	西藏泽当找矿远景区	

图 3-15 西南地区钨矿远景区分布图

表 3-30　找矿远景区简表

编号	远景区名称	位置	大地构造位置	已有矿产	资源潜力评价	找矿靶区
Ⅰ	云南滇东南找矿远景区	位于云南省东南部个旧市，马关、麻栗坡等县，东经103°07′00″—104°50′00″，北纬22°50′00″—24°05′	位于华南地块西部边缘、“越北古陆”	已发现老君山、南秧田、老厂、瓦渣、花石头村等14个钨矿床和多个矿化点。老厂锡矿田伴生钨矿达大型规模	位于华南锡多金属成矿带中，构造复杂，岩浆活动时间长、期次多，与钨矿关系密切的燕山晚期的中酸性花岗岩分布范围广，目前已发现钨矿产地20多处，具有较大的找矿前景，找矿方向主要为白垩纪花岗岩体内部及其与围岩的内外接触带附近，在找矿类型上应以寻找矽卡岩型钨矿为主，石英脉型钨矿为辅	老君山、个旧、石屏
Ⅱ	云南腾冲矿找矿远景区	位于滇西的腾冲县，东经98°15′00″—98°35′00″，北纬24°50′00″—25°35′00″	位于腾冲褶皱束内	已发现腾冲县新歧、马鞍山等4个钨矿床（点），区内锡矿床多伴生钨	位于东南亚锡矿带的北延区中，构造总体呈南北向，断裂发育，岩浆侵入活动频繁，具有较大的找矿前景，钨矿主要与锡矿伴生，找矿方向主要为侵入岩体与围岩的内外接触带中，以勘查云英岩钨矿、矽卡岩钨矿为主，注意寻找石英脉钨矿	
Ⅲ	云南铁厂找矿远景区	位于滇西的云龙县、泸水县，东经98°55′00″—99°15′00″，北纬25°30′00″—25°45′00″	位于保山-永德地块内	现已发现石缸河、五杈村等矿（床）点	地处滇西锡矿带中部，恰好位于澜沧江深断裂与温泉断裂交会所夹持的三角地带内，构造应力集中，次级断裂发育，岩浆活动强烈，变质及混合岩化作用显著，对成矿十分有利，具有较大的找矿前景，找矿方向主要位于侵入岩体与围岩的内外接触带中，以勘查石英脉钨矿为主	

续表 3－30

编号	远景区名称	位置	大地构造位置	已有矿产	资源潜力评价	找矿靶区
Ⅳ	云南丽江-四川巴塘-乡城找矿远景区	位于云南省的香格里拉县，地理位置为东经99°20′00″—99°50′00″，北纬26°00′00″—30°10′00″	义敦岛弧褶皱带	钨矿主要与锡矿伴生，已发现麻花坪、休瓦促、哈巴、沙都格勒等钨矿(床)点	地处白玉-中甸印支、燕山、喜马拉雅期银铅锌铜金锡成矿带。区内构造发育，岩浆作用期次多、范围大。区内勘查程度较低，具有较大的找矿前景，找矿方向主要为燕山期—喜马拉雅期酸性侵入岩体与碱性围岩的外接触带，以勘查矽卡岩型锡钨矿为主	麻花坪、休瓦促
Ⅴ	西藏拉荣钨找矿远景区	位于西藏自治区左贡县，地理位置为东经97°30′00″—98°36′00″，北纬29°20′00″—30°25′00″	夹于北澜沧江大断裂（东界）和班公湖-怒江结合带（东支）（西界）	除大型的拉荣钨(钼)矿床外还发现有较多的钨矿(化)点	属喀喇昆仑-他念他翁成矿带，地质勘查工作程度极低，钨矿的形成主要与喜马拉雅期的二长花岗斑岩有关。是寻找斑岩型和热液型钨锡矿的有利成矿区带。找矿方向主要为喜马拉雅期的二长花岗斑岩体及其与围岩的接触带附近；在找矿类型上应以寻找斑岩型和热液型钨矿为主	
Ⅵ	西藏泽当找矿远景区	位于西藏自治区乃东县，地理位置为东经91°30′00″—92°30′00″，北纬29°10′00″—29°30′00″	冈底斯岩浆带	现已发现努日钨矿等矿(床)点	属南冈底斯-念青唐古拉成矿带。区内侵入岩体发育，岩石种类多，二长花岗岩、石英闪长玢岩、钾长花岗岩与成矿密关系密切。是寻找层矽卡岩型钨矿、斑岩型钨矿极为有利的地区。找矿方向主要为白垩纪晚期-古近纪的潜火山岩和侵入岩及其与围岩的内外接触带附近；在找矿类型上应以寻找矽卡岩型为主，兼顾斑岩型	

第八节　锡

一、引言

1. 性质与用途

锡(Sn)，碳族元素，原子序数 50，原子量 118.71。是一种银白色金属，强光泽，熔点低(231.968℃)，质软(莫氏硬度 3.75)，密度为 7.31g/cm^3(灰锡为 5.85g/cm^3，白锡为 7.2g/cm^3，液体锡箔为 6.98g/cm^3)。锡的展性好而延性差，因此能制成很薄的锡箔而不能拉成锡丝。化学性质稳定，锡盐无毒。随温度变化锡有 3 种同位素异性体：α - Sn，或称灰锡；β - Sn，或称白锡；γ - Sn，或称脆锡。

由于锡的展性好，化学性质稳定，纯锡与弱有机酸作用缓慢，耐腐蚀性好，即使被腐蚀，所生成的化合物也一般无毒，锡合金具有良好的韧性、导热性、耐腐蚀性，因此广泛应用于冶金、机械、轻工、化工、食品、卫生、电子、国防等工业。纯锡主要用来制造马口铁及锡箔，也可用于各种器皿镀锡。镀锡板(马口铁)，占锡消费量的 40%左右，用作食品和饮料的容器、各种包装材料、家庭用具和干电池外壳等。锡与一些金属制成合金广泛用于轴承工业、印刷工业、原子能工业和航空工业等领域。锡的有机化合物主要用作木材防腐剂、农药、催化剂、稳定剂、添加剂和陶瓷工业的乳化剂等。

自然界已知的含锡矿物有 50 多种，分属于自然元素、金属互化物、氧化物、氢氧化物、硫化物、硫盐、硅酸盐、硼酸盐等类。主要锡矿物有 20 多种，具有工业意义的主要矿物为锡石。常见锡矿物见表 3 - 31。

表 3 - 31　常见锡矿物表

矿物名称	化学分子式	锡含量(%)	矿物名称	化学分子式	锡含量(%)
锡石	SnO_2	78.8	辉锑锡铅矿	$Pb_5Sb_2Sn_3S_{14}$	17.1
黑锡矿	SnO	88.1	硫银锡矿	Ag_8SnS_6	10.1
三方硫锡矿	SnS_2	64.9	硫钼锡铜矿	Cu_6SnMoS_8	13.9
黄锡矿	Cu_2FeSnS_4	27.6	银黄锡矿	Ag_2FeSnS_4	22.9
硫锡矿	SnS	78.7	锌黄锡矿	$Cu_2(Zn\cdot Fe)SnS_4$	31.8
硫锡铅矿	$PbSnS_2$	30.5	硫锡铁铜矿	$Cu_6Fe_2SnS_8$	13.7
圆柱锡矿	$Pb_3Sb_2Sn_4S_{14}$	26.5	斜方硫锡矿	Sn_2S_3	71.2
马来亚石(钙硅锡矿)	$CaSn[SiO_4]O$	44.5	水锡石(锡酸矿)	$(Sn\cdot Fe)(OH)_2$	62.2

2. 矿床类型

按工业类型可划分为矽卡岩型锡矿、斑岩型锡矿、锡石硅酸盐脉型锡矿、锡石硫化物脉型锡矿、石英脉及云英岩型锡矿、花岗岩风化壳型锡矿、砂岩型锡矿。

3. 分布

据美国矿业局1995年发表的《矿产品概览》最新储量资料，目前世界锡的储量基础约为1000×10^4t，探明储量为700×10^4t。世界上锡矿主要集中分布于少数几个地区，除中国外最主要的锡矿产区是东南亚、南美中部、澳大利亚的塔斯马尼亚岛和苏联的远东，其次是中南非洲和欧洲西部濒临大西洋地区。锡矿储量比较丰富的国家，除了中国以外，还有巴西（储量120×10^4t）、马来西亚（储量120×10^4t）、泰国（储量94×10^4t）、印度尼西亚（储量75×10^4t）。此外，扎伊尔、玻利维亚、俄罗斯、澳大利亚等国也有一定的储量。

我国锡矿资源丰富，1999年已探明A+B+C级储量占世界储量基础（1200×10^4t）的14.1%。截至1996年底，探明矿产地293处，我国锡矿累计探明储量达到560.37×10^4t，保有储量为407.41×10^4t。我国锡矿产地主要分布于云南、湖南、广西、内蒙古、广东、江西等15个省（区），以云南、湖南、广西、内蒙古、广东5省储量最多，占全国总保有储量的90%以上（陈郑辉，2015）。

4. 勘查工业指标

据中华人民共和国国土资源部2002年发布的地质矿产行业标准《钨、锡、汞、锑矿产地质勘查规范》（DZ/T 0201—2002）规定，锡矿床规模一般采用的大小划分标准为：Sn金属量大型≥5×10^4t，中型（1～5）×10^4t，小型<1×10^4t。并提出钨矿床的一般参考工业指标、伴生组分评价指标、规模划分标准等工业利用要求详见表3-32。

表3-32 锡矿床一般工业指标参考表

项目	要求	备注
边界品位（Sn质量分数）（%）	0.1～0.2	坑采厚度小于0.8m时应考虑米百分值计算
最低工业品位（Sn质量分数）（%）	0.2～0.4	
可采厚度（m）	0.8～1	
夹石剔除厚度（m）	≥2	

注①本参考指标是以全锡计算，适用于以锡石为主的矿床。当矿床中胶态锡、硫化锡所占比例大于10%时，要提高指标。②以胶态锡、硫化锡为主的矿石，要按采、选、冶技术经济条件另行制订指标。

二、资源概况

西南地区是我国重要的锡矿分布区，据目前掌握的资料，西南地区共发现预查以上锡矿产地（含伴生）123处，其中大型9处，中型23处，小型46处，矿点45处。主要分布于云南省的个旧市、马关县、西盟县、腾冲县，四川省的会理县、冕宁县、巴塘县，另外在贵州省的江口县，西藏的类乌齐县、班戈县有少量分布。

西南地区小型以上锡矿产地及分布见表3-33和图3-16。

表 3-33　西南地区小型以上锡矿产地一览表

编号	矿床名称	矿种	矿床规模	工作程度
1	四川石渠县渣陇锡银铅锌矿	锡	小型	预查
2	四川松潘县日火沟锡矿	锡	小型	预查
3	四川石渠县打陇锡、银铅锌矿	锡	小型	预查
6	四川石渠县苋宗锡铜矿	锡	小型	预查
8	四川石渠县射基岭锡矿	锡	小型	普查
9	四川德格县硐中达锡铜矿	锡、铜	中型	普查
13	西藏类乌齐县赛北弄锡矿	锡	小型	普查
14	西藏类乌齐县月穷弄锡矿	锡	小型	预查
15	四川道孚县玉科锡钨矿	锡、钨	小型	普查
16	西藏班戈县期波下日砂锡矿	锡	小型	详查
17	四川白玉县热隆锡矿	锡	大型	预查
19	四川白玉县连龙锡多金属矿	锡铜多金属	中型	普查
20	四川巴塘县措莫隆锡多金属矿	锡、铜、铅、锌	中型	普查
21	四川巴塘县亥隆锡多金属矿	锡、铜、铅、锌	中型	普查
22	四川巴塘县夏塞银铅锌矿	银、铅、锌、锡	小型	详查
23	四川理塘县脚根玛锡矿	锡、锌、银	大型	预查
26	四川康定县日那玛钨锡矿	钨、锡	小型	普查
27	四川巴塘县赤琼锡多金属矿	锡、钨、铜	小型	普查
28	四川康定县赫德钨锡矿	钨、锡	小型	普查
29	四川乡城县绒叟钨锡矿	钨、锡	小型	普查
31	四川冕宁县铁厂乡锡矿	锡	小型	预查
33	四川冕宁县大顶山锡矿	锡	中型	普查
34	四川冕宁县猴子崖锡矿	锡	小型	普查
35	贵州印江县标水岩锡钨矿	钨、锡、铜	中型	详查
36	贵州印江县跃进沟锡钨矿	钨、锡	小型	普查
37	云南贡山县昌娃锡矿	锡	小型	普查
38	贵州江口县黑湾河钨锡矿	钨、锡、铜	小型	勘探
45	四川会理县东星锡铜矿	锡	小型	普查
46	四川会理县岔河锡矿	锡	中型	勘探
50	四川攀枝花市平地锡矿	锡	小型	详查
52	云南泸水县五杈树钨锡矿	钨、锡	小型	普查
53	云南泸水县石缸河锡钨矿	锡	中型	详查
54	云南云龙县滴水岩锡(钨)矿	锡、钨	小型	普查
57	云南云龙县漕涧锡矿	锡	小型	普查
58	云南云龙县铁厂锡矿	锡	中型	勘探
59	云南腾冲县木梁河锡矿	锡	中型	普查
60	云南腾冲县冻冰河锡矿	锡	小型	普查
61	云南腾冲县马鞍山钨锡矿	锡、铁	小型	预查
62	云南腾冲县古凹山锡矿	锡	中型	普查

续表 3-33

编号	矿床名称	矿种	矿床规模	工作程度
63	云南腾冲县白沙沟锡矿	锡	小型	预查
64	云南腾冲县小龙河锡矿	锡	大型	普查
65	云南腾冲县猫舔石锡矿	锡	小型	详查
66	云南腾冲县上山寨砂锡矿	锡	中型	详查
67	云南腾冲县分水岭锡矿	锡	中型	预查
68	云南腾冲县大龙河锡矿	锡	小型	勘探
70	云南腾冲县铁窑山钨锡矿	锡	中型	普查
71	云南腾冲县新歧钨(锡)矿	钨、锡	大型	普查
72	云南腾冲县高楼子锡矿	锡	中型	预查
73	云南腾冲县老平山锡矿	锡	中型	普查
75	云南昌宁县大平坦锡矿	锡	小型	普查
77	云南梁河县来利山锡矿	锡	大型	详查
78	云南昌宁县岩峰锡矿	锡	小型	预查
79	云南昌宁县薅坝地锡矿	锡	中型	详查
81	云南昌宁县瓦谷箐锡矿	锡	小型	普查
85	云南凤庆县石板河锡矿	锡	小型	普查
86	云南安宁县一六街矿区大龙洞砂锡矿	锡	小型	详查
88	云南安宁县大龙洞锡矿	锡	小型	普查
94	云南镇康县乌木兰锡矿	锡	小型	普查
96	云南蒙自县白牛厂银多金属矿	银、铅、锌、锡	中型	勘探
97	云南文山县薄竹山锡多金属矿	锡	小型	普查
98	云南个旧锡矿马拉格矿田	铅、锡、银	小型	详查
99	云南个旧锡矿高松矿田	银、铅、锌、锡	大型	勘探
100	云南个旧锡矿老厂锡矿田	铜、锡	大型	勘探
101	云南个旧锡矿卡房锡矿田	铅、锡、银	大型	勘探
103	云南马关县拔梅锡多金属矿	锡	中型	普查
104	云南麻栗坡县新寨锡矿	锡	大型	详查
105	云南马关县扣哈锡多金属矿	锡、锌	小型	预查
106	云南麻栗坡县毛坪上寨锡矿		小型	普查
107	云南麻栗坡县坝子锡矿	锡	小型	预查
108	云南马关县李子坪铅锌银锡矿	铅、锌、锡	中型	预查
109	云南马关县都龙锡锌矿	锡	中型	勘探
110	云南西盟县阿莫锡矿	锡	中型	勘探
111	云南西盟县永龙锡矿	锡	小型	勘探
112	云南西盟县力梭锡矿	锡	小型	普查
113	云南金平县田房锡矿	锡	小型	普查
115	云南西盟县莫窝锡矿	锡	中型	预查
116	云南西盟县班哲锡矿	锡	小型	普查
121	云南景洪县勐宋锡矿	锡	小型	普查

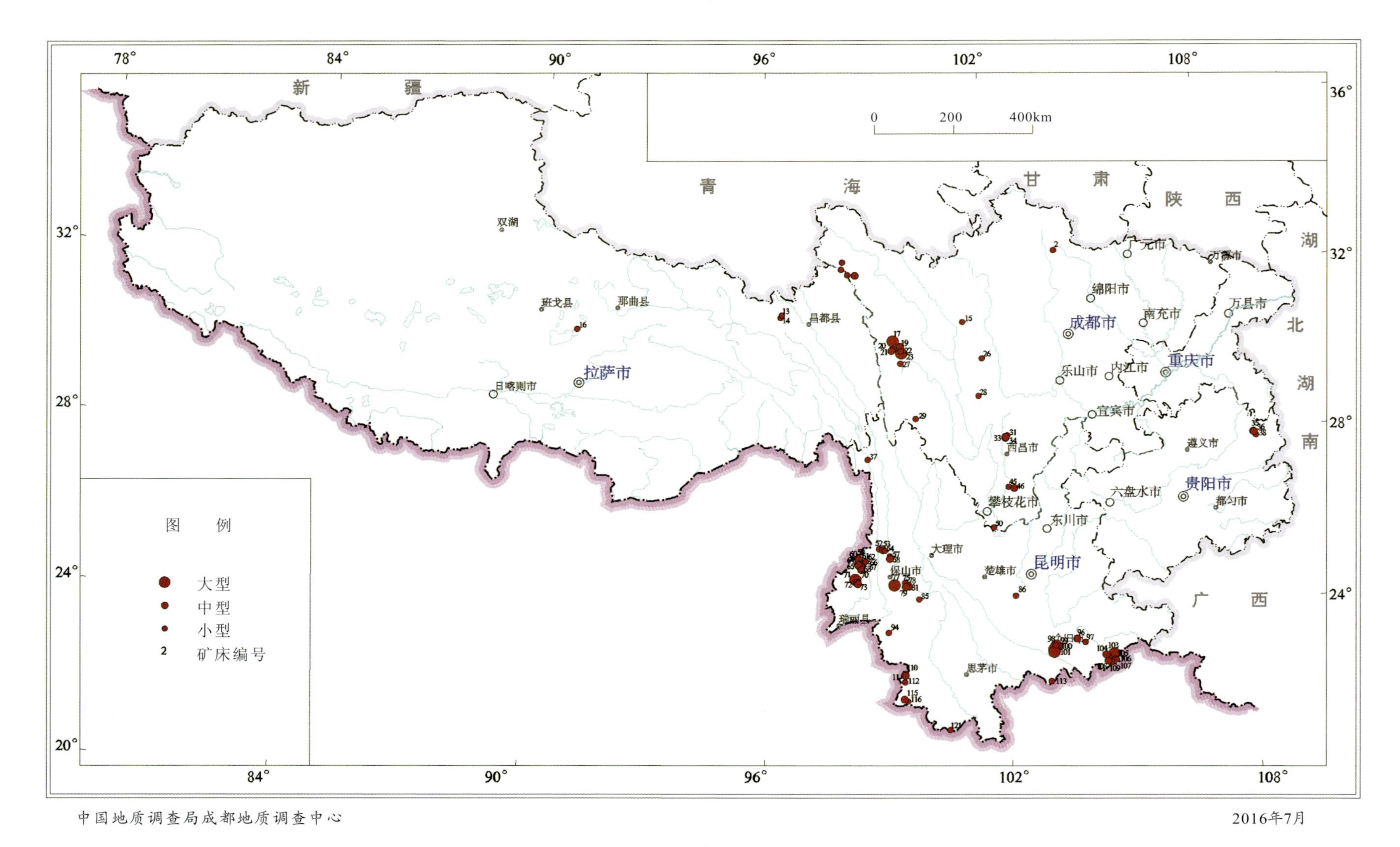

图 3-16　西南地区锡矿矿床点分布略图

三、勘查程度

目前收集到开展过预查以上的锡矿床(化)点 123 处,其中勘探 11 处,详查 12 处,普查 38 处,预查 62 处。其中云南省的勘查程度最高,四川、贵州两省次之,西藏的勘查程度最低,仅开展过少量的普查、预查工作。

四、矿床类型

西南地区锡矿的工业类型齐全,除斑岩型外均有产出,其中矽卡岩型、锡石硅酸盐脉型、石英脉及云英岩型、锡石硫化物脉型为主要类型,其余类型较少。

西南地区锡矿主要矿床工业类型及特征见表 3－34。

表 3－34　西南地区锡矿主要矿床类型及特征

矿床工业类型	分布	主要特征	规模	代表矿床
矽卡岩型	云南个旧、腾冲,四川巴塘、冕宁等地	产于花岗岩类岩体与碳酸盐岩内外接触带,矿体呈似层状、透镜状、囊状、脉状。具浸染状、块状、网脉状构造。主要金属矿物有锡石,次为磁黄铁矿、闪锌矿等	以大中型为主	高松矿田、老厂矿田、马格拉矿田,都龙、薄竹山矿床等
锡石硅酸盐脉型	云南昌宁、泸水、麻栗坡、贡山、腾冲、西盟、云龙,四川石渠,贵州印江、江口等地	产于花岗岩类岩体外接触带的硅铝质岩石中,近岩体蚀变常以电气石化为主,远岩体以绿泥石化为主。矿体呈脉状、带状、镶柱状、网脉状,矿化深达数百米。具浸染状、带状、角砾状构造。主要金属矿物有锡石,伴生有铜和锌的硫化物,有时有黑钨矿。伴生 W、Cu 等	以大中型为主	阿莫、铁厂、木梁河、莫窝、石缸河等
锡石硫化物脉型	云南马关、腾冲、凤庆,四川会理、石渠等地	产于花岗岩类岩体外接触带的硅铝质岩石中。矿体呈脉状、带状、柱状、似层状、透镜状。具浸染状、角砾状构造。主要金属矿物以锡石为主,伴生黄铜矿、方铅矿、闪锌矿等。伴生 Cu、Pb、Zn、W 等	以大中型为主	岔河、李子坪、拔梅等
石英脉及云英岩型	云南腾冲、梁河、镇康,四川康定、攀枝花等地	产于中深成花岗岩类岩体与硅铝质岩石内外接触带附近,具云英岩化、电气石化等。矿体呈脉状、脉带、镶柱状、不规则状。具块状、浸染状构造,少量为角砾状集合体构造。主要金属矿物以锡石为主,常伴黑钨矿等。常伴生有 W	以中、小型为主	小龙河、新歧、来利山、古凹山等
花岗岩风化壳型	云南安宁	产于花岗岩的顶部风化壳中。矿体呈层状、似层状、透镜状、带状。具土状、半松散状构造。主要金属矿物有锡石,伴生黑钨矿、白钨矿等	小型为主	大龙洞
砂矿	云南腾冲、潞西,西藏班戈	系原生锡矿经搬运赋存在第四纪冲积、洪冲积、洪积、洪坡积及湖积中,矿物有锡石、黑钨矿等	小型为主	上山寨、那润、期波下日

五、重要矿床

1. 云南个旧锡矿老厂锡矿田[①]

老厂锡矿田位于个旧市南东20km，地理坐标：东经103°10′50″，北纬23°15′45″。勘查程度达勘探，规模达中型。

除山间盆地及山坡的第四系外，出露基岩均为三叠系个旧组中下部的碳酸盐岩。

褶皱构造主要有黄茅山背斜、湾子街背斜、银洞向斜及黄泥洞挠曲带等，主要呈北东-南西、近东西向展布。褶皱构造往往控制矿化的分布。在背斜倾没部位、层间破碎、层间滑动等处均有矿化，次级小褶皱、挠曲，对于矿体产状形态，则常起到直接的控制作用。断裂构造有东西向，北东-南西向，北西-南东向，北西西-南东东向，近南北向断裂。近东西向断裂对层间氧化矿床有显著的控制作用，既是散矿构造，又是容矿构造。

地表除少量云煌岩脉出露外，未见侵入岩体，岩体隐伏于地下200m以下。主要为中粒状黑云母花岗岩，属燕山旋回晚期的产物(80—64Ma)。

老厂锡矿田在马拉格、松树脚至卡房矿田之间，分为竹林、田湾子街、竹叶山、蠓子庙4个矿段。这里矿化集中，矿床类型多，地表有残积、坡积-洪积型砂锡矿床，原生矿床主要有矽卡岩型锡矿、锡石硅酸盐脉锡矿，在深部隐伏的花岗岩接触带上，还发育着矽卡岩型铝铜矿床。

矿床形态也受岩体形态控制，可分脉状、柱状、透镜状、似层状与洼兜状等类。

主要矿物有磁黄铁矿、毒砂、黄铜矿、黄铁矿、铁闪锌矿、锡石及白钨矿等，脉石矿物为斜长石、石英、钙铝石榴石、绿泥石等。矿石呈致密块状、浸染状构造。有用矿物除锡、铜外，常伴生有铋、铟、镓。

矿床工业类型属矽卡岩型锡矿。

2. 云南腾冲县小龙河锡矿[②]

小龙河锡矿位于云南省腾冲县瑞滇乡。地理坐标：东经98°24′30″，北纬25°26′06″。勘查程度达普查，获Sn金属储量：8.79×10^4t，规模达大型。

地层均零星分布于花岗岩上之残留顶盖，为经不同程度变质的石炭系勐洪群第五段含砾黑云长石石英砂岩、黑云石英砂岩等。

早期侵入的古永岩基主要岩性为粗粒斑状黑云母二长花岗岩，含较多粗大的肉红色钾长石斑晶。晚期侵入的小龙河岩体的主要岩性为等粒黑云母钾长、碱长花岗岩，蚀变作用甚为强烈，并遍及整个岩体，主要有钾长石化、钠长石化、云英岩化，黑云母年龄值71.8Ma。

矿体产于小龙河花岗岩体中，小龙河锡矿区，由小龙河、大松坡、弯旦山、黄家山等矿段组成。受岩体顶部裂隙构造控制，呈北北西至近南北走向，形成平行带状及雁行排列的脉群。单脉或脉群的长度由几米至600余米，沿倾斜向下延伸可达200m以上。矿脉主要倾向西，倾角45°～85°，倾向东者很少。矿体产出特征严格受花岗岩与围岩(残留)顶盖的接触面和构造裂隙控制，其一是形成脉状云英岩锡矿体。在花岗岩顶部或矽卡岩中的脉体分布密集，一般10～50条/m，沿倾斜向下则过渡为大脉型矿体，脉间距增大到数米至十几米。单个矿体长200～640m，厚1～23.28m，延伸一

---

① 云南省区域矿产总结，P251-258。

② 滇西锡矿带成矿规律，施琳等，P207-221。

般都在200m以上。锡品位变化在0.22%～5.15%。

矿石以鳞片粒状变晶结构、粒状变晶结构为主，次为交代残余结构等。构造以浸染状、脉状为主，晶簇状、梳状，条带状、块状构造次之。

围岩蚀变主要有云英岩化、矽卡岩化、钾化、硅化，此外，局部还发育有磁铁矿化、黄铁矿化、镜铁矿化、绢云母化等。

原生晕具垂直分带系列，Bi、Zn，Pb等元素组成了矿体的前缘晕；Sn、W、Sb、Cs、Bc、F组成矿体侧晕；Nb、Y特别是Nb组成矿体尾晕。

矿石类型主要有云英岩型、锡石-云英岩型。云英岩型锡矿石占全矿区锡储量的80%。矿石矿物主要有锡石、黄铁矿、黄铜矿、黑钨矿、白钨矿等。脉石矿物主要有石英、白云母、锂黑云母、黄玉、萤石、绿柱石等。

矿床工业类型属石英脉及云英岩型锡矿。

3. 云南云龙县铁厂锡矿①

铁厂锡矿位于云南省大理白族自治州的云龙县城SW205°方向，直距约34km。地理坐标：东经99°10′12″，北纬25°33′33″。勘查程度达勘探，获Sn金属储量3.75×10^{4}t，规模达中型。

处于澜沧江深断裂(东)及热水塘断裂(西)所夹持的三角地带。主要出露下古生界崇山群、古生界中上泥盆统及第四系(毕助周，1986)。

褶皱总体为轴向北西-南东向(340°～160°)的铁厂向斜，由3个小褶曲组成。北段为李子坪向斜，中段为铁厂河短轴背斜，南段为绿阴塘向斜，西翼受断裂影响显得不完整。

温泉断裂为矿区一级断裂，是本区形成最早、规模最大的主要导矿构造。次级断裂构造有北西-南东向断裂组、东西向断裂组、南北向断裂组、东西向断裂组，北西-南东向断裂组以绿阴塘断层为代表，是矿区内的导矿构造，南北向断裂组、东西向断裂为重要的容矿构造。

矿区呈NW335°方向长条形展布，长7km，包括李子坪、绿阴塘、江黄菁3个矿段。绿阴塘矿段可分为3个矿带，西矿带以电气石-石英细脉为主，中矿带以大脉型复生矿床为主，东矿带除电气石-石英细脉型外，还有角岩型矿床出现。3个矿带分布在南北长900m、东西宽500m、垂高320m的范围内，以中矿带规模大、品位高。见大小20余条矿脉，均呈近南北走向，由北西往南东呈右斜列雁行状排列，剖面上呈叠瓦状产出，重点矿体是22号，长760m，平均厚4.95m，斜深55～200m。走向NW10°，倾向西，倾角55°～65°。锡平均品位2%，与成矿关系密切的蚀变有电气石化、硅化、钾化和硫化矿化等蚀变。

矿物组合较简单，除锡石外，常见金属矿物有毒砂、磁黄铁矿、黄铁矿、辉铋矿、白钨矿、黄铜矿等，矿脉下部偶见闪锌矿和方铅矿。脉石矿物常见石英、电气石、绢云母等。

矿床工业类型属锡石硅酸盐脉型锡矿。

4. 云南梁河县来利山锡矿②

来利山锡矿位于云南省梁河、盈江、腾冲三县交界之分水岭地带，位于梁河县城NW345°方向，平距13km，有简易公路相通。地理坐标：东经99°16′00″，北纬24°55′00″。勘查程度达详查，获Sn金属储量6.92×10^{4}t，规模达大型。

来利山锡矿处于大盈江弧形构造带向东凸拱部位的内侧，新歧-罗梗地复向斜的西翼。出露地

① 三江区域矿产志，P349－373。

② 三江区域矿产志，P321－330。

层除第四系零星分布于缓坡沟谷外，均为石炭系勐洪群第二段、第三段。

矿区主体为来利山背斜构造，断裂发育，断裂大致可分为北东、南北、北西向3组。北东向断裂为区内主要容矿构造，控制矿化带展布，矿体分布于其中。

来利山花岗岩体属古永花岗岩带西支的一部分。为斑状、中—粗（等粒）黑云母花岗岩，岩体边缘及外接触带不同程度硅化、云英岩化、黄铁矿化。Rb－Sr等时线年龄为75.8Ma，为燕山晚期重熔岩浆侵入体。

锡矿体受中粗粒黑云母花岗岩接触带和断裂破碎带控制，成群产出，形态不规则，厚度、品位变化较大，矿石组分比较简单。

共划分为老熊窝、淘金处、三个洞及丝光坪4个矿段。老熊窝矿段：矿化带长500余米，宽10～150m，地表共圈定矿体9个，主矿体长200～264m，水平宽3.6～23.35m，其余矿体一般长数十米。矿体锡平均品位0.21%～1.19%。淘金处矿段矿化带长650m，地表圈定矿体6个。矿体规模一般较小，矿体长数十米至160m，宽度为1.7～16.5m；锡品位0.26%～1.29%。3个硐矿段矿化带长600m。地表圈定矿体4个，长40～160m，宽10m左右，锡品位0.85%～1.58%。丝光坪矿段已揭露矿体4个，矿体长40～100m，水平宽3～13.4m，锡品位0.2%～5.47%。

矿石矿物主要为锡石、黄铁矿、方铅矿、黄铜矿等，脉石矿物除石英外，有长石、白云母、绢云母等。

矿石具他形—自形粒状结构、交代残余结构和压碎结构，浸染状、斑杂状、块状、角砾状、蜂窝状构造等。

围岩蚀变较强，与成矿关系密切的有云英岩化、硅化、黄铁矿化、绿泥石化。

矿床工业类型属石英脉及云英岩型锡矿。

5. 云南昌宁县薅坝地锡矿[①]

薅坝地锡矿位于云南省昌宁县城350°方向，平距约11km。地理坐标：东经99°34′30″—99°36′10″，北纬24°53′47″—24°55′24″。勘查程度达详查，获Sn金属储量0.47×10^4t，规模达小型。

矿区处于澜沧江深断裂之西的水草洼背斜南西翼，地层由下泥盆统和上三叠统组成。

构造线以北北西向为主，东西或北东向次之。褶皱为山背后-竹林坡向斜，褶皱平缓。断裂发育，有北西—北北西向、东西向及北东向3组。

出露的岩浆岩以酸性岩类为主，有坡头岩体和水草洼岩体群（4个），均为燕山晚期的黑云母二长花岗岩。

矿体断续产出于下泥盆统上段第二层上部至顶部的层间破碎带中，层位稳定。从北至南划分为山背后、竹林山和大波罗菁3个矿段，前两个矿段已圈出7个矿体。

矿体呈豆荚状、透镜状及似层状产出。单个矿体出露长度为63～250m，平均厚度1.07～4.46m，水平宽度18～148m。锡平均品位0.29%～0.9%，矿区平均品位为0.71%。矿体规模小，连续性差，变化比较复杂。但受岩性和层间破碎带的破碎程度控制较明显。

金属矿物有锡石、黄铁矿、磁黄铁矿、褐铁矿，偶见白钨矿。脉石矿物主要为石英，次为电气石，少量长石、绢云母，偶见绿泥石。

蚀变有硅化、电气石化和绢云母化，前两种蚀变与矿化关系密切。

矿石的工业类型为锡石硅酸盐脉型锡矿

---

① 三江区域矿产志，P373－380。

6. 云南马关县都龙锡锌矿①

都龙锡锌多金属矿床位于云南马关县都龙镇东侧。地理坐标：东经 104°33′00″，北纬22°53′53″。该矿床是一个以锡锌为主，伴生铅、铜、镉、铟等多种元素的超大型矿床。勘查程度达勘探，获 Sn 金属储量 12.21×10^4 t，规模达大型。

都龙矿田呈南北向延伸，北起老君山岩体南西缘，向南延伸至中越国境线，自北向南分布有铜街、曼家寨、水硐厂、辣子寨 4 个锡锌多金属矿床以及南当厂银铅锌矿床，构成南北长约 8km 的锡、锌、铜、银等多金属矿带。

其中，曼家寨矿段呈南北向延伸，北起老君山岩体南西缘，向南延伸至辣子寨。矿床南北长约 5km，东西宽约 2.1km，是老君山成矿区规模最大的一类矿床。

出露地层主要为田蓬组一段（$\in_2t^1$）、龙哈组（$\in_2l$），田蓬组一段的片岩、大理岩夹似层状矽卡岩是赋矿层位。

矿区位于老君山复式背斜的西翼，构造复杂，主要表现为由宽缓型褶皱及纵向断裂组成的单斜构造带；F_0 断裂呈弧型展布于矿床北东侧，为马关-都龙大断裂的南段；一系列由此引起的南北向的次级断裂分布于矿区的中部；另外还分布有后期近东西向的横断层。

岩浆岩属于燕山晚期 S 型老君山复式花岗岩体，岩性主要为粗粒含斑二云母二长花岗岩、花岗斑岩，可分为 3 期，钨锡矿产多与第二期中细粒含斑二云母二长花岗岩有关。

曼家寨矿段共有大小工业矿体 301 个，其中储量达到中型以上规模的有 7 个矿体。矿体绝大多数为盲矿体，大致顺层产出，部分矿体与含矿层具有一定交角；在平面上呈南北向展布，剖面上多层出现，显示叠瓦状排列特征；矿体产状随含矿层同步褶曲，沿走向和倾斜具波状起伏变化；矿体外形具分支、膨胀、收缩等现象，大矿体一般为似层状，小矿体呈透镜状、扁豆状、囊状、条带状，局部为脉状；矿体中一般有夹石存在。

金属矿物主要有铁闪锌矿、磁黄铁矿、磁铁矿、锡石、黄铜矿、黄铁矿等。脉石矿物有透辉石、绿泥石、阳起石、石榴石、透闪石、绿帘石等。

主要结构有自形—半自形结构、他形结构、环带状结构、变余结构等，构造有致密块状构造、稠密浸染状构造、条带状—层纹状构造、角砾状构造等。

围岩蚀变主要有矽卡岩化、白云母化、硅化、萤石化、方解石化等。矽卡岩化与成矿关系密切。

区内共探明 Sn 资源量 31.14×10^4 t；Pb＋Zn 资源量 281.2×10^4 t，Cu 资源量 8.2×10^4 t。

按矿化类型可分为锡石硫化物矽卡岩型和锡石硫化物石英脉型，其中前者具有特大型规模，后者形态复杂，规模较小。

工业类型属矽卡岩型锡矿。

7. 云南麻栗坡县新寨锡矿

新寨锡矿位于麻栗坡县城南 215°方向，平距 12km 处，地理坐标：东经 04°38′29″，北纬 23°03′13″。勘查程度达详查，获 Sn 金属储量 5.27×10^4 t，规模达大型。

矿床位于老君山穹隆构造北部，属老君山钨锡多金属成矿带外围矿床之一。矿区内地层较为简单，主要为寒武系田蓬组一段（$\in_2t^1$），矿体主要赋存在田蓬组一段二云母石英片岩、黑云母石英片岩等内。

构造以断层为主，褶皱次之。其中 F_4 为一顺层剪切带，为区内最为重要的赋矿断层。

---

① 云南省地质矿产勘查开发局区域地质矿产调查大队，1∶5 万麻栗坡县幅、都龙幅区域地质调查联测报告，1999。

矿区地处老君山花岗岩体北侧，地表未出露花岗岩体，但多种证据证明区内存在隐伏燕山期岩体。

矿体赋存于寒武系田蓬组一段韧性剪切带中，由1个主矿体和15个小矿体组成，顺层互相平行排列，厚大矿体以顺层产出与地层同步褶皱为特征。主矿体南北长1116m，东西宽273～527m，平均厚8.36m，平均品位Sn 0.2%。矿体形态呈似层状、透镜体，具膨缩分支现象，倾向长度大于走向长度。矿体产状与围岩产状基本一致，倾向北，矿体长轴与褶曲走向和主要断裂走向基本一致。

金属矿物有锡石、毒砂、铁闪锌矿、黄铁矿、黄铜矿等。脉石矿物有帘石类、透辉石、方解石、石英等。

与矿化有关的围岩蚀变为硅化、云英岩化、矽卡岩化、白云母化，其次为电气石化、萤石化、绿泥石化和碳酸盐化等。

矿石工业类型主要为石英脉及云英岩型，次为锡石硫化物型。

8. 四川巴塘县措莫隆锡多金属矿[①]

措莫隆锡多金属矿位于四川省甘孜州巴塘县濯拉区境内，地理坐标：东经99°20′—99°26′，北纬30°26′—30°32′。勘查程度达普查，获Sn金属储量1.15×10^{4}t，规模达中型。

出露地层主要为三叠系曲嘎寺组、图姆沟组。其岩性为结晶灰岩、条带状泥质灰岩、板岩、变质砂岩。

出露有措莫隆、若洛隆、辛果隆巴等酸性侵入岩体，岩性为斑状中细粒或细粒黑云母二长花岗岩，形成于燕山晚期，具有壳源重熔S型花岗岩的特征（范晓，2009）。

矿区位于纳拉-冲达断裂带东侧的北北西向构造带上。总体为一复式向斜构造的西翼，走向北北西的层间滑动破碎带，是最主要的控矿、容矿构造。

岩石遭受区域动力变质和广泛的岩浆热接触变质，灰岩多大理岩化，碎屑岩多角岩化。

矿体赋存于矽卡岩中。已知矿体25个，矿化体13个，矿体长100～325m，厚0.6～13.44m，最厚48.48m。以措莫隆岩体的长轴方向为界分为东、西两个矿带。

西矿带南北长2500m，东西宽100～200m。有16个矿体和若干矿化体，主要矿体地表长27～311m，厚1～48m。矿带北段为锡、铅、锌矿化，中段为锡铜矿化。

东矿带有9个矿体和数个矿化砂卡岩，可进一步分为3个矿化层。Ⅰ矿化层长1.7km，宽80～120m。矿体地表长35～440m，厚1～16m。各矿体均为锡多金属矿化，成矿元素组合有锡铜、锡铜铅锌、锡铅锌。Ⅱ矿化层地表一般长40～550m，厚4～8m，均为锡铜铅锌矿化。Ⅲ矿化层长2.7km，宽200～400m。地表一般长57～650m，厚1～11m，皆为锡铅锌矿化。含Sn 0.10%～18.25%，Cu 0.11%～3.26%，Pb 0.12%～4.57%，Zn 0.21%～4.03%。

矿石矿物主要有锡石、黄铜矿、斑铜矿、辉铜矿、方铅矿、闪锌矿等。脉石矿物主要有石英、阳起石、透闪石、绿帘石、石榴石、绿泥石、方解石等。

围岩蚀变主要有砂卡岩化，与矿化有关的蚀变主要为硅化、绿泥石化、透闪-阳起石化、堇青石化、绿帘石化、黄铁矿化等、云英岩化、绢云母化、钾化等，随蚀变种类和强度不同，矿化类型和强度各异。

矿石工业类型主要属矽卡岩型锡矿。

9. 四川会理县岔河锡矿

岔河锡矿位于会理县城18°方位，直距约47km处，地理坐标：东经102°24′00″，北纬27°04′40″。

① 四川省区域矿产总结，胡正纲等，第三篇127－129。

勘查程度达勘探，获 Sn 金属储量 3.85×10^4t，规模达中型。

矿区位于扬子准地台西缘的康滇地轴中段，安宁河深大断裂东侧，安宁河岩浆杂岩带摩挲营花岗岩体东南边缘接触带。

地层为前震旦系会理群天宝山组和上震旦统列古六组。存在晋宁期基底构造和晋宁期后的盖层构造。基底构造形成于成矿前，以岔河复背斜为主体，呈近东西向横贯矿区，并向北东偏转。盖层构造产于成矿后，以唐家湾逆冲断层为骨干的近南北向断裂带，纵贯矿区，切割成矿前褶皱，使天宝山组发生强烈的构造变动（谭榜平，2001）。

晋宁早期的变辉绿岩呈岩床侵入于天宝山组地层中，已强烈次闪石化。晋宁期花岗岩呈岩基侵入天宝山组，为中粒似斑状黑云母花岗岩、中细粒二云母斜长花岗岩。

矿区北起马骡塘，南抵大湾子，南北长约 5km，东西宽 2km，圈定矿体有 10 个，其中以Ⅳ号矿体规模最大。

矿体主要赋存在岔河复背斜轴部或近轴部之两翼的花岗岩与天宝山组大理岩及其顶板变辉绿岩的外接触带中，一般呈似层状或透镜状，矿体随花岗岩体顶面的突起或凹陷而呈波状起伏，且与地层同步褶皱，产状较平缓，主要矿体倾向南东，倾角 10°～30°。矿体长一般 10～400m，最大倾斜延伸 800m，厚一般 1～2m，最厚 21.31m；含 Sn 0.5 2%，最高 35.65%，其中以富矿为主。沿走向、倾斜方向铁质的含量均逐渐增高，部分地段为铁矿体。

矿石矿物主要有锡石、黄铁矿、毒砂、磁铁矿、赤铁矿等。脉石矿物主要有绿泥石、透闪石-阳起石、角闪石、石英、石榴石等。

锡矿物以锡石为主，次有黄锡矿及胶状锡。主要伴生元素有 Cu 、W、Zn 、Bi 、Be、Fe 等，其中铁和铍已达工业利用指标。

矿石构造有块状构造、条带状构造、残余层状构造、脉状及网脉状构造、角粒状构造等。

矿体顶、底板岩石和夹石均有不同程度的矿化，含 Sn 0.01%～0.09%。矿化岩石与矿体呈渐变过渡关系。近矿围岩普遍发生蚀变，以褐铁矿化、黑云母化、硅化、砂卡岩化及绿泥石化为主。

工业类型属矽卡岩型锡矿床。

10. 四川理塘县脚根玛锡矿①

脚根玛锡矿位于四川省巴塘县茶洛乡与理塘县曲登乡接壤地带，地理坐标：东经 99°37′00″，北纬 30°24′05″。勘查程度达预查，获 Sn 金属储量 11.79×10^4t，规模达大型。

区内出露地层主要为上三叠统图姆沟组二段（T_3t^2）。据其岩性组合特征，自下而上进一步分为 3 个岩性段。长石石英砂岩夹绢云母板岩岩性段是主要的赋矿岩层。

矿区位于章德倒转复式背斜东翼，断裂构造主要表现为一系列走向北西—北北西、倾向南西、彼此近于平行的层间破碎带，共发现 4 条破碎带，宽 1～4m，最宽 10m，破碎带内蚀变、裂隙发育，是区内主要的导矿及容矿构造。

区内仅见岩株，属夏塞超单之中的孔隆洛单元。岩株东西长 1km，南北宽 0.8km，面积 0.8km^2，岩性为中细粒斑状黑云母二长花岗岩，是区内成矿物质和成矿热液的主要来源。

矿体呈似层透镜状赋存于岩体北缘外接触带的上三叠统图姆沟组中的北北西向层间破碎带内。共圈定矿体 5 个，矿化体 1 个，矿体呈似层状、透镜状、脉状产于北北西-南南东向，近于平行展布的层间破碎带中。Ⅰ、Ⅲ、Ⅴ号矿体规模较大，矿体长 280～2765m，厚 2.06～4.06m，含 Sn 0.58%～1.56%，Ⅴ号矿体含 Zn 3.24%。矿体倾向 205°～263°，倾角 37°～48°。

① 四川白玉-得荣义敦岛弧带银锡多金属矿评价成果报告，四川省地质调查院，2004.3.29。

矿石呈半自形—他形粒状变晶结构、不等粒状变晶结构、碎裂结构，块状构造、角砾状构造。

与成矿有关的蚀变有云英岩化、硅化、矽卡岩化、碳酸盐化等，其中云英岩化、矽卡岩化直接形成云英岩脉、矽卡岩脉等含锡矿体。

主要含锡矿物为锡石、黝锡矿，其他金属矿物有闪锌矿、黄铁矿、黄铜矿、方铅矿等。脉石矿物有长石、石英、绢云母、方解石等。

矿石有用组分为以锡为主，伴生 Zn 、Ag。

矿床工业类型属石英脉及云英岩型锡矿。

11. 贵州印江县标水岩锡钨矿

标水岩锡钨矿位于贵州省印江县南东，平均距离约 28km 的木黄区，地理坐标：东经 27°57′41″，北纬 108°4′14″。勘查程度达详查，获 Sn 金属储量 0.59×10^4 t，规模达小型。

矿区在大地构造位置上位于遵义断拱内，出露地层由老至新依次有中元古界梵净山群（$Pt_2 fi$）、新元古界板溪群（$Pt_3 Bx$），两者接触关系呈明显的角度不整合。岩浆岩有辉绿岩和花岗岩。花岗岩未出露地表，为隐伏岩体，岩性为白云母花岗岩，呈岩株、岩枝侵位于梵净山群及其辉绿岩中。构造简单，位于北北东—北东向的张家堰（大罗）短轴背斜北西翼近轴部地段。断裂构造计有北东、南北和北西向 3 组，并与上述背、向斜构成“多”字形的梵净山区域构造体系。区内断裂构造带与锡钨矿化关系密切，属导矿构造，次一级的北西组横张构造裂隙与北东组纵张构造裂隙是良好的储矿构造。

矿体赋存于梵净山群第三段中部变质辉绿岩内的石英脉中，锡、钨、铜矿密切共生。共发现矿脉 40 余条，可分为 3 组：①走向北西，倾向 NE30°～50°，倾角 25°～50°；②走向北东，倾向 300°～350°，倾角 10°～30°；③为陡倾斜矿脉，走向北东，倾向 310°左右，倾角大于 70°。矿体形态呈脉状，时有分支复合、膨胀收缩、尖灭再现的特点，矿脉（体）与顶底板围岩分界清楚。矿体（脉）的产出形态、产状变化、规模大小均严格受构造隙控制。仅有 1、2、4、5、12、13、16、45（隐伏）号 8 条矿脉具有工业价值，矿脉沿走向长 100～600m，沿倾向宽 120～520m，厚 0.43～2.02m。含 Sn 品位 0.22%～5.40%，WO_3 品位 0.12%～1.22%，少数矿脉（体）含铜 0.54%～8.30%（朱永红，2010）。

矿石矿物除锡石、白钨矿、黑钨矿和黄铜矿外，有少量斑铜矿、黝铜矿、方铅矿、闪锌矿、辉锑矿等；脉石矿物以石英、电气石、白云母为主（朱永红，2010）。

矿石结构有致密状和晶粒状结构两种。矿石构造以浸染状构造为主，其次为条带状构造（朱永红，2010）。

围岩蚀变有云英岩化、绿泥石化、钠黝帘石化、次闪石化、碳酸盐化、绢云母化及硅化等。其中，云英岩化和绿泥石化近矿围岩蚀变与矿脉中锡、钨、铜的赋存富集关系最为密切（朱永红，2010）。

矿石工业类型属锡石硅酸盐脉型。

六、成矿潜力与找矿方向

依据成矿地质背景、成矿地质条件以及已发现矿床点的分布，划分了云南个旧-老君山、西盟-勐海、梁河、腾冲，四川泸沽-岔河、巴塘-石渠，贵州梵净山 7 个找矿远景区和个旧、老君山、西盟等 11 个找矿靶区，主要分布于滇南、滇西、川南、川西、黔东地区。找矿远景区、找矿靶区划分及简况详见图 3－17 和表 3－35。

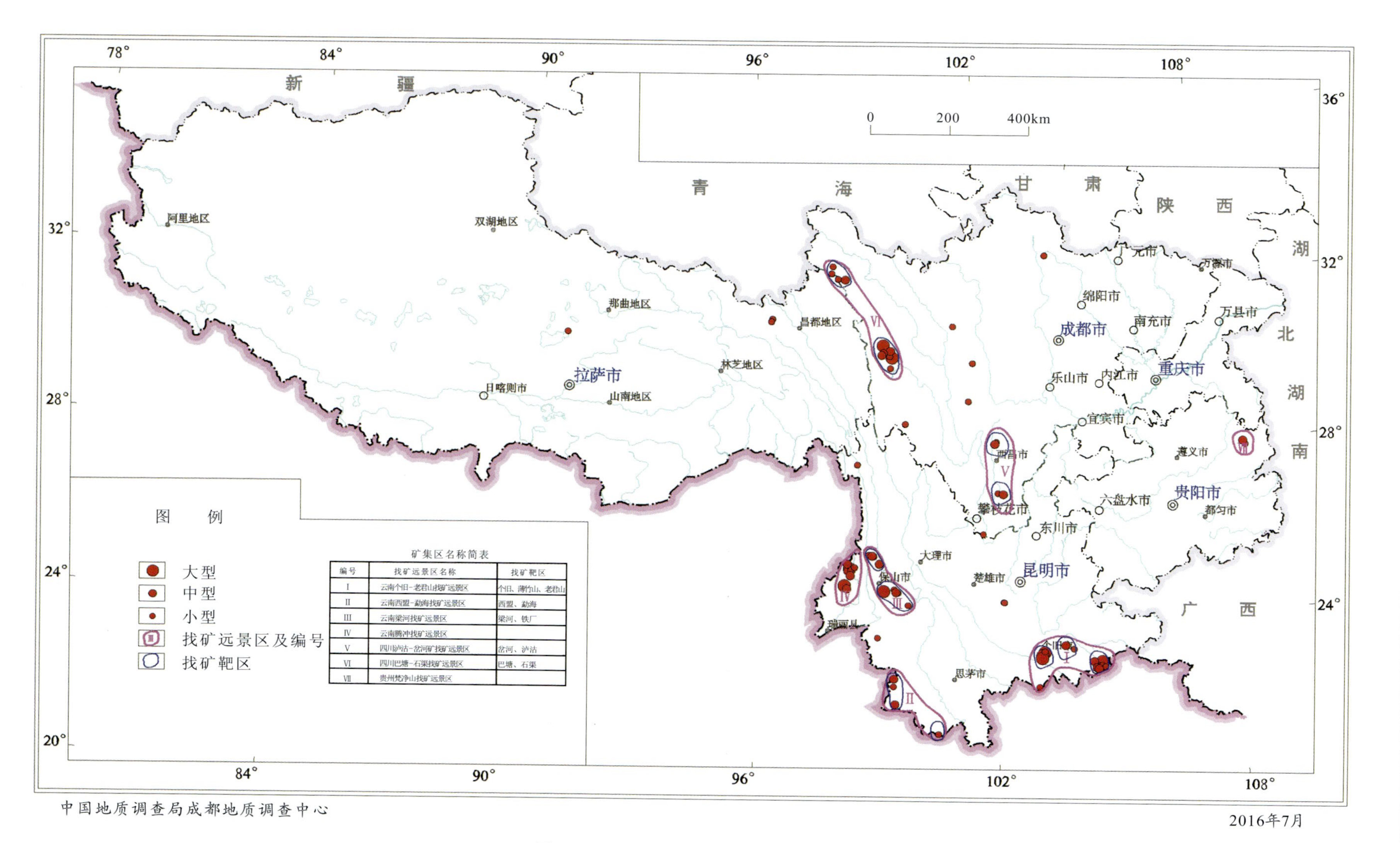

矿集区名称简表

编号	找矿远景区名称	找矿靶区
I	云南个旧-老君山找矿远景区	个旧、薄竹山、老君山
II	云南西盟-勐海找矿远景区	西盟、勐海
III	云南梁河找矿远景区	梁河、铁厂
IV	云南腾冲找矿远景区	
V	四川泸沽-岔河矿找矿远景区	岔河、泸沽
VI	四川巴塘-石渠找矿远景区	巴塘、石渠
VII	贵州梵净山找矿远景区	

图 3-17 西南地区锡矿远景区分布图

表 3-35 西南地区锡矿找矿远景区简表

编号	远景区名称	位置	大地构造位置	已有矿产	资源潜力评价	找矿靶区
Ⅰ	云南个旧-老君山找矿远景区	位于滇东南的中越边境。东经 103°09′26″—104°50′00″,北纬22°50′—22°20′	位于华南地块西部边缘	已发现都龙、老君山、南秧田、老厂、瓦渣、花石头村等 20 多个锡钨矿(床)点	位于滇东南锡多金属成矿带中,构造复杂,不同期次、不同行迹的构造相互叠加,除火山活动外有大量侵入活动,岩浆活动时间长、期次多,对锡矿成矿有利的燕山期花岗岩分布范围广,具有较大的找矿前景,应注意开展理论研究,开展攻深找盲工作,以勘查矽卡岩型锡矿为主	个旧、薄竹山、老君山
Ⅱ	云南西盟-勐海找矿远景区	位于滇西南的西盟、勐海、景洪地区,东经 99°26′00″—100°35′00″,北纬 21°29′00″—22°53′30″	位于昌宁-勐海褶皱带内	已发现阿莫、勐宋等 5 个锡矿(床)点	位于昌宁-澜沧造山带成矿带上,构造总体以北北西向断裂和复式褶皱为主干构造;岩浆活动频繁,具多期活动特点,岩浆岩属碰撞型上地壳重熔花岗岩或 S 型花岗岩,具有较大的找矿前景,应注意提高基础研究程度,查明花岗岩体的分布,以勘查锡石硅酸盐脉锡矿为主	西盟、勐海
Ⅲ	云南梁河找矿远景区	位于滇西的梁河、云龙、泸水地区,东经 98°55′00″—99°55′00″,北纬 24°32′00″—25°45′00″	位于保山-永德地块内	已发现嫣坝地、来利山、石缸河、铁厂等 13 个锡矿(床)点	位于保山地块成矿带上,澜沧江深断裂与温泉断裂交会所夹持的三角地带内,构造应力集中,次级断裂发育,构造-岩浆活动强烈,广泛分布印支期、燕山晚期的陆壳改造型重熔花岗岩,对成矿十分有利,具有较大的找矿前景,应注意提高基础研究程度,以勘查石英脉及云英岩型、锡石硅酸盐脉型和矽卡岩型锡矿为主	梁河、铁厂
Ⅳ	云南腾冲找矿远景区	位于滇西的腾冲县,东经 98°15′00″—98°35′00″,北纬 24°50′00″—28°00′00″	位于腾冲褶皱束内	已发现小龙河锡矿等 15 个锡矿(床)点	位于班戈-腾冲岩浆弧成矿带上,构造总体呈南北向,断裂发育。燕山晚期及喜马拉雅早期岩浆侵入活动频繁,分布面积广,具有较大的找矿前景,以勘查石英脉及云英岩锡矿、矽卡岩锡矿为主,注意寻找锡石硅酸盐脉锡矿	

续表 3-35

编号	远景区名称	位置	大地构造位置	已有矿产	资源潜力评价	找矿靶区
Ⅴ	四川泸沽-岔河矿找矿远景区	位于四川省冕宁、会理地区，东经 102°10′00″—102°30′00″，北纬 27°00′00″—28°20′00″	位于扬子地块的西部边缘，南北向康滇构造-岩浆岩带内	已发现岔河、大顶山、东星、尖子硐、大黑依钨等 7 个锡矿（床）点	地处扬子地台西缘康滇地轴成矿带，锡钨矿主要赋存于澄江期花岗岩与地层接触带附近。具有较大的找矿前景，以勘查矽卡岩型锡矿、锡石硫化物脉型锡矿为主	岔河、泸沽
Ⅵ	四川巴塘-石渠找矿远景区	位于四川省的巴塘、理塘、新龙地区，东经 98°00′00″—99°50′00″，北纬 30°10′00″—32°53′00″	位于义敦岛弧褶皱带内	现已发现热隆、连龙、措莫隆、脚跟玛、亥隆、赤琼、硐中达等 10 余矿（床）点	地处义敦-香格里拉成矿带上，锡钨矿床主要赋存于燕山晚期酸性岩体外接触带内及北北西向层间破碎带内，区内勘查程度较低，具有较大的找矿前景，以勘查矽卡岩型锡矿为主，兼顾锡石硫化物脉锡矿	巴塘、石渠
Ⅶ	贵州梵净山找矿远景区	位于贵州省的印江县，东经 108°30′00″—108°40′00″，北纬 27°50′00″—28°00′00″	位于遵义断拱凤冈北北东向构造变形区内	现已发现标水岩、黑湾河、跃进沟、唐家院等矿（床）点	地处上扬子中东部（台褶带）PbZnCuAgFeMnHgSb 磷铝土矿硫铁矿成矿带。锡钨矿床主要赋存于隐伏花岗岩顶部的梵净山群第三段中部变质辉绿岩内的电气石石英脉及石英电气石脉中，区内勘查程度较低，具有较大的找矿前景，以勘查锡石硅酸盐脉型锡矿为主	

第九节　钼

一、引言

1. 性质与用途

钼位于门捷列夫周期表第五周期、第ⅥB 族，元素符号 Mo，为一过渡性元素。钼原子序数 42，原子量 95.94，硬度 5～5.5，固态密度 10.22g/cm³，液态密度 9330kg/m³，熔点 2610℃，沸点 4615℃，化合价为＋2、＋4 和＋6，稳定价态表现为＋6。钼在地球上没有自然金属的形态，但是在矿物中以各种氧化物的形式出现。在工业上，钼化合物（世界上约有14%的产品）被用于高压和高温应用品，如色素或催化剂等。钼还是钢与合金中的重要元素，常用的含钼炉料有金属钼、钼铁，有时还可以使用氧化钼精矿来直接还原冶炼含钼钢种。

已发现钼矿物及含钼矿物有30多种，其中，具有工业价值的主要是辉钼矿（MoS_2），其他较常见的含钼矿物还有铁钼华[$Fe_2^{3+}(MoO_4)_3 \cdot 8H_2O$]，钼钙矿（$CaMoO_4$），钼铅矿（$PbMoO_4$），铁辉钼矿（$FeMo_5S_{11}$）等。

2. 矿床类型

钼矿床主要有4种矿床类型：斑岩型、矽卡岩型、脉型、沉积型。其中，沉积型又分为砂岩型和页岩型两种，而砂岩型钼矿又可分为钼铜矿床和钼铀矿床（《矿产资源工业要求手册》，2012）。

世界矿山生产的钼，主要来自斑岩型钼矿和斑岩型铜矿的副产品。前者，如中国河南栾川、陕西金堆城，美国的阔茨芒特、克莱马克斯、亨德逊；后者，如智利丘基卡马塔等。

3. 分布

世界钼矿资源非常丰富，据美国地质调查局估计，世界上已查明的钼资源量在1900×10^4t以上。据《世界矿产资源年评》，至2008年底，世界钼探明储量为860×10^4t，基础储量1900×10^4t，主要分布在中国、美国、智利、加拿大和俄罗斯。

钼矿是我国的优势矿种，主要分布在河南、陕西、吉林3省，合计占中国查明资源储量的56%，查明基础储量占全国的72%（《矿产资源工业要求手册》，2012）。

4. 勘查工业指标

根据《中华人民共和国地质矿产行业标准》（DZ/T 0214—2002），我国钼矿床地质勘查一般工业指标见表3-36。

表3-36　钼矿床地质勘查一般工业指标

项目 \ 开采类型	硫化矿石	
	坑采	露采
边界品位(%)	0.03～0.05	0.03
最低工业品位(%)	0.06～0.08	0.06
矿床平均品位(%)	0.1～0.12	0.08～0.1
最小可采厚度(m)	1～2	2～4
夹石剔除厚度(m)	2～4	4～8

根据国内相关规定，钼矿床规模一般采用的大小划分标准为：钼矿大型$\geq10\times10^4$t，中型$(1\sim10)\times10^4$t，小型$<1\times10^4$t。

二、资源概况

西南地区钼矿资源较丰富，是我国重要的钼矿富集区之一。西南地区钼矿主要分布于西藏和云南，四川、贵州和重庆较少。西南地区钼矿独立矿床少见，多为共伴生矿产，多与铜、金、铅锌、镍、钒多金属相共伴生产出，钼矿除以斑岩铜矿共伴生为主外，尚有少量的独立型斑岩钼矿床和矽卡岩型钼矿、沉积岩型钼矿以及脉型钼矿床。据不完全统计，西南地区已发现钼矿床（点）（含共伴生）115个，其中，大型以上矿床10个，中型矿床24个，小型矿床38个，矿点43个。

西南地区钼矿在各省（市、区）分布特征为：西藏自治区钼矿，据不完全统计，已发现有独立钼矿床、共伴生钼多金属矿床（点）29个，其中，大型以上矿床7个，中型12个，小型4个，矿点6个。云南省钼矿，目前已知矿床（点）29个，其中，大型以上1个，中型2个，小型4个，矿点22个。四川省钼矿，主要为伴生，据不完全统计，已知钼矿床（点）6个，其中，大型1个，中型2个，矿点3个。贵州省钼矿主要有沉积型镍钼钒矿和热液型钼矿两种矿床类型，据不完全统计，已知钼矿床（点）38个，其中，中型8个，小型27个，矿点3个。重庆市钼矿合计13个，其中，大型1个，小型3个，矿化点9个。西南地区大型以上钼矿见表3－37和图3－18。

表3－37　西南地区中型以上钼矿床一览表

序号	矿床名称	地理位置	矿床成因类型	规模	勘查程度
1	汤不拉钼矿	西藏工布江达县	斑岩型	大型	普查
2	驱龙铜钼多金属矿	西藏墨竹工卡县	斑岩型	大型	勘探
3	岗讲铜钼矿	西藏尼木县	斑岩型	大型	普查
4	玉龙铜钼矿	西藏妥坝县	斑岩型	大型	勘探
5	帮浦钼矿	西藏墨竹工卡县	斑岩型	超大型	详查
6	甲马铜多金属矿	西藏墨竹工卡县	矽卡岩型＋斑岩型	超大型	勘探
7	昂仁县朱诺铜矿	西藏昂仁县	斑岩型	大型	详查
8	澜沧县老厂钼矿	云南澜沧县	斑岩型	大型	勘探
9	冕宁县牦牛坪	四川冕宁县	岩浆热液型	大型	勘探
10	巫溪田坝钼矿	重庆市巫溪县	沉积型	大型	详查

三、勘查程度

西南地区钼矿勘查工作主要是伴随与其他共伴生金属矿产的勘查开发工作进行的，勘查程度总体相对较低，开展过详查-勘探工作的矿区不多，多数矿床尚处于普查以下阶段。

四、矿床类型

根据钼矿床成因类型及矿体产出形式，世界上的钼矿可分为4种类型：斑岩型钼矿、矽卡岩型钼矿、岩浆热液型钼矿、沉积岩型钼矿。

中国西南地区独立性钼矿矿床类型主要为斑岩型钼矿床和矽卡岩型钼矿，次为沉积岩型和脉型钼矿。

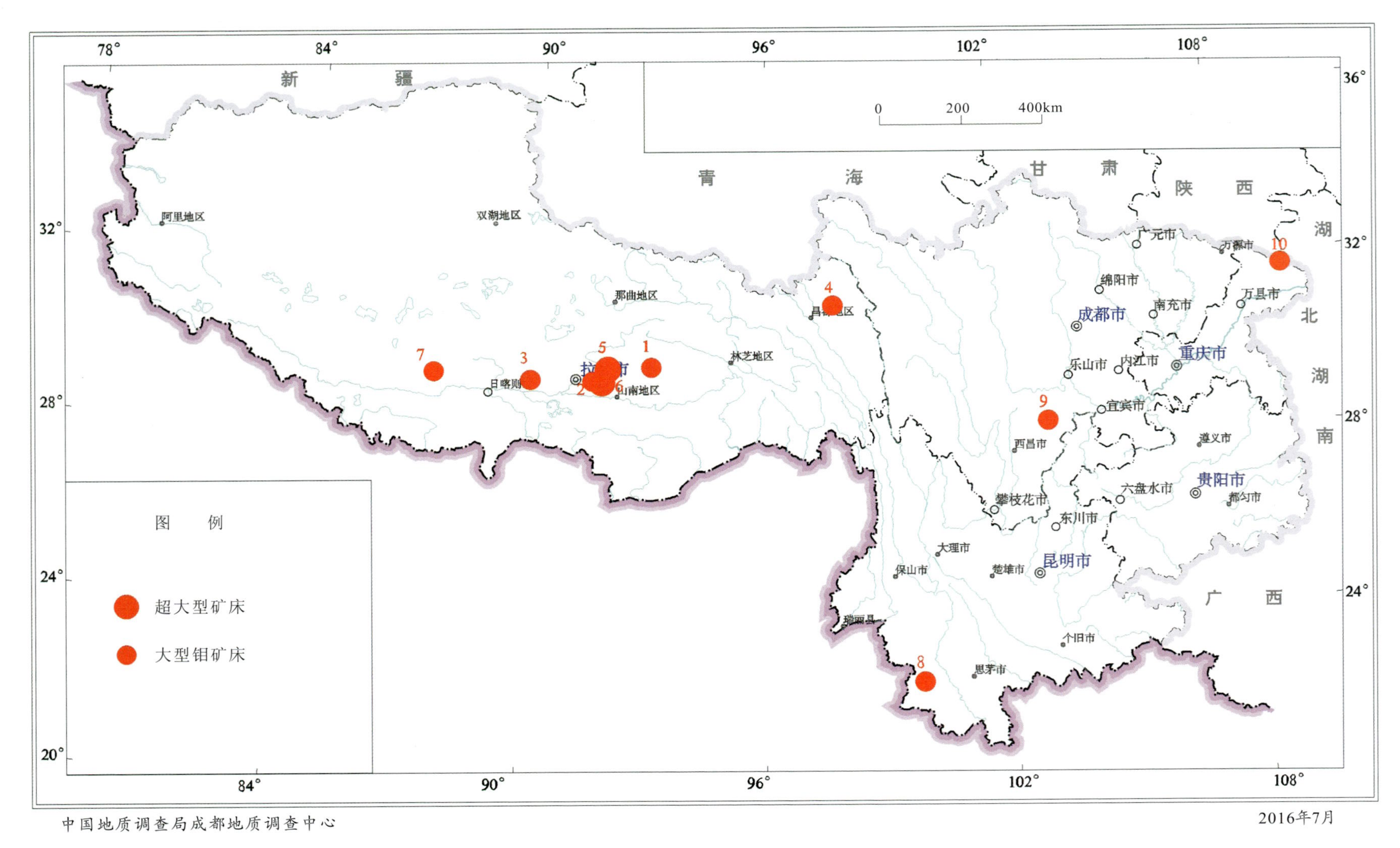

图 3-18　西南地区主要钼矿矿床点分布图

五、重要矿床

1. 西藏帮浦钼矿

帮浦钼矿床位于冈底斯成矿带东段驱龙-甲玛铜钼多金属矿集区内，行政区划规拉萨市墨竹工卡县直接管辖。

矿区侵入岩发育，类型较多。与成矿关系最为密切的是中新世二长花岗斑岩及闪长(玢)岩：①二长花岗斑岩是矿区侵入岩体的主体部分，岩体长度约900m，平均宽度约340m；该岩体矿化主要为辉钼矿化和黄铁矿化，与钼矿成矿关系密切，是矿区的成矿母岩(周雄，2012)；LA－ICP－MS锆石U－Pb测年获得该岩体成岩年龄为(16.23±0.19)Ma(王立强等，2011)。②闪长(玢)岩岩体侵位于(15.16±0.09)Ma(罗茂澄，2012)，主要分布于矿区东部，长度约580m，平均宽度约240m，地表出露形态为"条带状"，与围岩呈侵入接触，矿化主要为黄铜矿化、黄铁矿化和辉钼矿化，是与铜矿化关系最密切的岩体。

帮浦钼矿体总体上为隐伏状矿体，其形态严格受到斑岩岩体制约，钻探工程已控制钼矿体长度800m，宽度约900m，面积0.81km^2，占矿区总面积33.47%。矿体在平面上呈空心椭圆形扁豆体或巨大等轴状体，边缘不规则。全矿区钼矿体平均厚度542.2m，平均品位0.079%，矿化基本连续(周雄，2012)。

帮浦钼矿矿石构造主要为浸染状、脉状、细脉浸染状，其中浸染状构造是钼矿石最常见矿石构造；矿石结构主要为自形—半自形粒状/板状结构、他形晶结构、鳞片/叶片结构等。

矿石矿物主要有辉钼矿、黄铜矿、方铅矿和黄铁矿，其次为磁铁矿、斑铜矿、钛铁矿、辉铜矿、黝铜矿、铜蓝、闪锌矿和针铁矿。脉石矿物主要见长石(斜长石、钾长石)、石英、绢云母、绿泥石、方解石，其次是黑云母、石榴石、重晶石、绿帘石、石膏及黏土类等，可见少量锆石、榍石和萤石等。

2. 巫溪田坝钼矿

巫溪田坝钼矿隶属重庆市巫溪县，为一大型沉积型钼矿床，目前工作程度达详查。大地构造位置属于上扬子陆块—大巴山基底逆推带—南大巴山逆冲带。

钼矿赋存于中二叠统孤峰组(P_2g)上部和下部黑色碎屑岩中。孤峰组为含钙质、玉髓或石英粉砂的碳质页岩与黑色含碳硅质岩，细晶石灰岩不等厚互层。上部1.4～1.8m以碳质页岩为主，夹黑色薄层硅质岩，含钼、钒品位常达到工业品位，即上部钼钒石煤矿层；下部约4m为灰黑色细晶石灰岩、钙质泥岩、含钙质碳质泥岩与硅质岩不等厚互层，钼品位厚度均可达工业品位，即下部钼矿层。下伏层为富含生物碎屑硅质岩、硅质灰岩。含矿层位稳定，延伸较远。

矿体呈似层状、层状，矿层具复层状构造。钼矿体走向出露总长27.9km，矿体北段长17.0km，南段长10.9km。矿层厚度为0.97～6.09m。矿区多为一层矿，局部见两层矿，主矿层产于含矿岩系下部。含矿层常见的矿物组合主要有碳质、黏土矿物、石墨、石英、玉髓、黄铁矿、氧钼矿、硫钼矿，其次为黄铜矿、褐铁矿、褐锰矿、石膏。

矿石类型主要为碳泥质页片状钼矿石。矿石矿物成分为氧钼矿、硫钼矿。矿石，具泥质碳质结构，条带状构造、块状构造。矿石V_2O_5含量0.07%～2.68%，平均0.546%；Mo含量0.005%～0.059%，平均0.062%；P_2O_5含量0.06%～19.58%，平均2.26%。

六、成矿潜力与找矿方向

西南地区钼矿除以斑岩铜矿共伴生为主外，尚有少量的独立型斑岩型钼矿床、矽卡岩型、沉积岩型以及脉型钼矿床。沉积岩型钼矿在贵州、重庆有少量产出。各类脉型钼矿尽管在云南、西藏等省区均有分布，但因规模小、资源量少而工业意义不大。与斑岩铜矿共伴生的钼矿，主要分布于三江成矿带玉龙地区、香格里拉地区，冈底斯成矿带的墨竹工卡和尼木地区，成矿潜力大(详见本章第一节铜矿部分)。斑岩型和矽卡岩型钼矿，是西南地区独立性钼矿的主要产出类型，主要分布在西藏冈底斯，其次在云南澜沧老厂地区，均形成于新生代，具有良好的成矿条件和较大成矿潜力。根据西南地区铜矿资源潜力评价成果，西南地区钼矿已查明资源量占预测资源量的1/3，还有很大找矿潜力。

根据钼矿的成矿地质条件、已有资源基础等，在西南地区可以划分出帮浦-努日、得明顶-汤不拉、香格里拉、澜沧老厂、巫溪田坝5个可以找到独立型钼矿的主要找矿远景区。与其他金属矿产(如铜矿)共伴生的钼矿找矿远景，请见本书相关金属矿产部分的内容。

第十节　锑

一、引言

1. 性质与用途

锑元素名来源于英文名，原意是“辉锑矿”。锑是一种银灰色的金属，其密度6.68g/cm³，熔点630.5℃，沸点1590℃，是电和热的不良导体，在常温下不易氧化，有抗腐蚀性能。高温时锑可与氧反应生成三氧化二锑，三硫化二锑的天然矿物是辉锑矿，是黑色结晶体，密度4.5～4.7g/cm³，熔点550℃，沸点1150℃。

锑在自然界中有120多种锑矿物和含锑矿物。锑矿物种类虽多，但具有工业利用价值、适合现今选冶条件、含锑在20%以上的锑矿物仅有10种(《矿产资源工业要求手册》，2012)，详见表3-38。

表3-38　常见锑矿物表

矿物名称	化学式	锑含量(%)	矿物名称	化学式	锑含量(%)
辉锑矿	Sb_2S_3	71.4	硫氧锑矿	Sb_2S_3O	68.5
方锑矿	Sb_2O_3	83.3	天然锑	Sb	100
锑华	Sb_2O_3	83.3	硫汞锑矿	$HgSb_4S_6$	51.6
锑赭石	$Sb_2O_3 \cdot Sb_2O_4 \cdot H_2O$	74-79	脆硫锑铅矿	$Pb_4FeSb_8S_{14}$	35.5
黄锑华	$Sb_2O_4 \cdot H_2O$	74.5	黝铜矿	$3Cu_2S \cdot Sb_2S_3$	25

2. 矿床类型

根据《矿产资源工业要求手册》划分，锑矿床主要类型有：①热液层状锑矿床，产于碳酸盐岩地层中，位于大断裂附近；②热液脉状锑矿床，产于浅变质板岩、石英砂岩、火山碎屑岩、碳酸盐岩中的层间破碎带和断裂破碎带中；③与铅锌多金属矿伴生锡砂矿床中。

3. 分布

世界锑矿资源丰富。主要分布于中国、俄罗斯、玻利维亚、南非、吉尔吉斯斯坦等国（裴荣富等，2008），详见表 3-39。

表 3-39　世界上主要锑产区产量和资源储量

国家和地区	产量(t)		资源储量(t)
	2009 年	2010 年	
中国	140 000	120 000	950 000
俄罗斯	3500	3000	350 000
玻利维亚	3000	3000	310 000
南非	2800	3000	21 000
吉尔吉斯斯坦	2000	2000	50 000
其他国家	3300	4000	150 000
合计	155 000	135 000	1 800 000

注：据美国地质调查局矿产商品摘要，2011 年 1 月。

根据《中国统计年鉴》(2010)，中国是世界上锑矿资源最为丰富的国家。总保有储量锑 278×10^4t，居世界第 1 位。已探明储量的矿区有 111 处，分布于全国 18 个省（区），我国锑矿分布从大区来看，主要集中在中南区，占全国锑矿储量的 68.7%，居首位；其次是西南区占 21.3%，西北区占 8.3%，华东、东北、华北的锑矿很少，3 个区合计占 1.7%。就各省区来看，储量占有依次为：广西 115.57×10^4t、湖南 56.21×10^4t、云南 28.46×10^4t、贵州 23.93×10^4t、甘肃 15.29×10^4t，5 省区合计储量 239.46×10^4t，占全国锑矿总储量的 86.1%。其次，广东 12.2×10^4t、陕西 7.87×10^4t、河南 5.14×10^4t、西藏 4.43×10^4t，这 4 个省区合计储量 29.64×10^4t，占 10.7%；内蒙古、吉林、黑龙江、浙江、安徽、江西、湖北、四川、青海 9 个省区的储量很少，合计仅占 3.2%。

4. 勘查工业指标

据《钨、锡、汞、锑矿产地质勘查规范》(DZ/T 0201—2002)，锑矿一般工业要求：边界品位，含 Sb 0.5%～0.7%；工业品位，含 Sb 1.0%～1.5%；可采厚度≥0.8～1m，夹石剔除厚度≥2m（表3-40）。

表 3-40　锑矿床一般工业指标参考表

项目	要求
边界品位(Sb 质量分数)(%)	0.5～0.7
最低品位(Sb 质量分数)(%)	1.0～1.5
可采厚度(m)	0.8～1
夹石剔除厚度(m)	≥2

注：<0.8m 时，按工业米百分值计算。

矿床规模划分为大型、中型和小型，分别对应锑金属量≥10×10^4t、$(1\sim10)\times10^4$t和<1×10^4t。

二、资源概况

西南地区锑矿床主要分布于贵州、云南、西藏、四川。

贵州省内已发现锑矿床(点)集中分布于黔东南雷山—榕江、黔南独山和黔西南晴隆一带。

云南锑矿主要分布三江及滇东南地区。在三江地区基本上沿澜沧江、怒江、金沙江流域呈南北向展布，锑矿床点多，在空间分布上有一定规律，并可细分为保山—孟连地区和维西—兰坪—巍山地区。

西藏锑矿主要分布于唐古拉-西亚尔岗-岗玛错构造隆起带，藏南喜玛拉雅地区是西藏南部锑(金)成矿有利地区，已发现沙拉岗锑矿、马扎拉金锑矿和扎西康锑多金属矿等中小型矿床多处，以及金锑矿点、矿化点30余处和众多找矿线索。昌都地区仅有1个达普查程度的铅锌锑多金属矿。

四川锑矿少，据已有报告资料仅有九寨沟县勿角锑矿、西昌马鞍山铅锑多金属矿、道孚辉锑矿和新龙县麦科茶农贡马锑矿4个小型矿床(贵州省地质矿产局，1992)。

西南地区中型及以上锑矿主要特征和分布见表3-41和图3-19。

表3-41　西南地区主要锑矿床一览表

序号	矿床名称	地理位置	矿床类型	规模
1	固路锑矿	贵州晴隆	层控型	中型
2	大厂锑矿	贵州晴隆	层控型	中型
3	支氽锑矿	贵州晴隆	层控型	中型
4	沙家坪锑矿	贵州晴隆	层控型	中型
5	后坡南锑矿	贵州晴隆	层控型	中型
6	西舍锑矿	贵州晴隆	层控型	中型
7	水井湾锑矿	贵州晴隆	层控型	中型
8	半坡锑矿	贵州独山县城东约14km处		大型
9	巴年锑矿	贵州独山县东南方向，平距约15km	层控型	中型
10	摆吉锑矿	贵州榕江县摆吉村	热液型	中型
11	八蒙锑矿	贵州榕江县八蒙村	石英脉型	中型
12	笔架山锑矿	云南巍山县南西72km	层控型	中型
13	广南木利锑矿那丹矿段	云南广南县，木利锑矿区西北部，平距1km	层控型	中型
14	木利锑矿	云南广南县阿用公社木利生产队	层控型	大型
15	田坊锑矿	云南广南县曙光乡，位于广南县城171°，平距约34km	热液型	中型
16	西畴小锡板锑矿	云南西畴县	热液型	中型
17	巍山县石岩村锑矿	云南巍山县北东48km	热液型	中型
18	美多锑矿	西藏安多县	层控型	大型
19	阿尕陇巴锑矿	西藏双湖	层控型	中型
20	沙拉岗锑矿	西藏江孜县	层控型	中型
21	车穷卓布锑金矿	西藏措美县	层控型	中型
22	拉诺玛锑铅锌多	西藏昌都县	层控型	大型

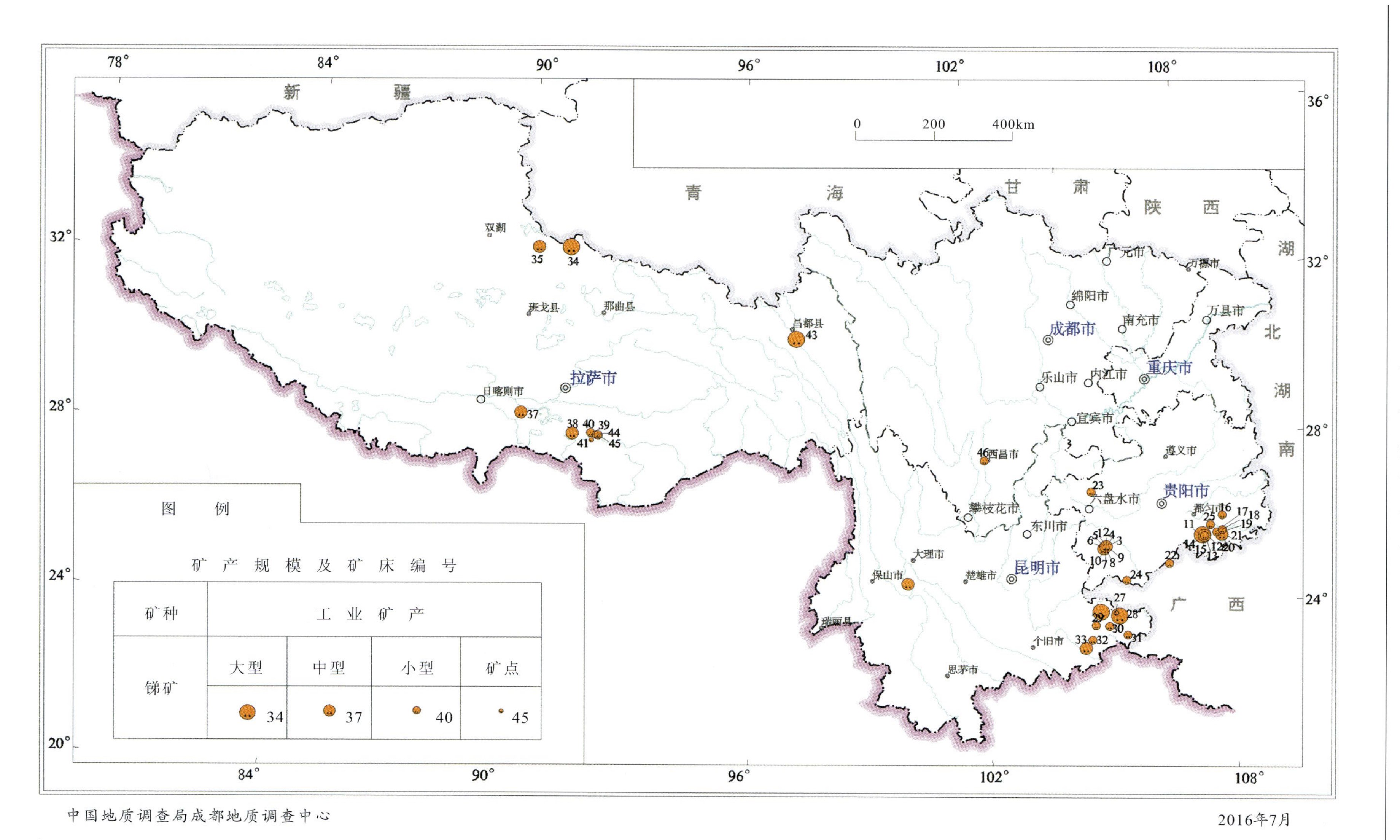

图 3-19　西南地区主要锑矿床分布图

三、矿床类型

西南地区锑矿为热液层状锑矿床和热液脉状锑矿床两大类。前者是西南地区最重要的矿床类型，具有数量多、分布广、储量大等特点。

三江、滇南及黔南地区锑矿主要为热液层状锑矿床，为二叠纪硅质蚀变岩中顺层充填交代型层状锑矿，含矿围岩主要为角砾状石英蚀变岩，硅化角砾状黏土岩，硅化、黄铁矿化黏土岩等，矿体均沿层间破碎带充填交代形成似层状、扁豆状等。如晴隆大厂大型矿床。另二叠纪和三叠纪的硅化碎屑岩和碳酸盐岩中亦有零星的裂隙充填交代型锑矿产出，如册亨板其锑金矿点(刘文均，1992)。

西藏锑矿主要类型为热液脉状锑矿。藏北锑矿的主要含矿地层为土门格拉群，中侏罗统雁石坪群是本区的另一主要地层单元，其中碳酸盐岩地层中也发现有少量锑矿点。藏南喜玛拉雅地区是西藏南部锑(金)成矿有利地区，已发现沙拉岗锑矿、马扎拉金锑矿和扎西康锑多金属矿等中小型矿床多处，以及乌拉堆、哈翁、哲古、查拉普、也金嘎波、沙包、特劣、香打拉、车穷卓布、错麦、勇日、壤拉、每金扎洛、姜仓、塔涡、泽日、下坝、果桌西、洞嘎、拉金、卡达等金锑矿点、矿化点30余处和众多找矿线索。

四、重要矿床

1. 贵州晴隆大厂锑矿

晴隆大厂锑矿是西南地区的大型锑矿之一。晴隆锑矿田，包括大厂、西舍、水井湾、固路、后坡、支氽、黑山箐、沙家坪、银厂坪等矿段或矿床，并与其南部放马坪组成矿田，东西长26km，北西-南东宽16km，总面积达420km^2(夏勇等，1993)。

矿田出露地层主要有下二叠统茅口组、大厂层、峨眉山组玄武岩及上二叠统龙潭组等。褶皱为宽缓的短轴背斜与向斜，轴向北东。断裂较发育，沿断裂带见有硅化、萤石化和锑矿化。矿田由100多个大小矿体组成了20多个含矿体。工业锑矿体大部分产于“大厂层”中，占矿田锑储量的97%。矿体呈层带状、似层状及凸透镜状产出，一般长300～1200m，宽100～500m，厚2～20m。区内最大的矿体长200m，宽400～500m，平均厚12m，最厚达27m。

矿石矿物较单一，主要是辉锑矿，次为黄铁矿、黄铜矿、斑铜矿、辉铜矿，以及锑华、锑赭石等。地表氧化带常见有黄锑华、锑赭石；脉石矿物以石英、方解石、黄铁矿、萤石为主，有少量黄铜矿、辉铜矿、辰砂、自然硫、高岭石、刚玉、菱沸石、石膏、重晶石、绿色石英(贵翠)及黏土矿物。围岩蚀变主要为硅化，次为黏土化，局化有黄铁矿化、方解石化、高岭石化等。

据辉锑矿与石英、黏土矿物、黄铁矿、萤石等组合不同，可分为4种矿石类型：①黏土矿物-石英-辉锑矿矿石(主)；②萤石-石英-辉锑矿矿石；③黄铁矿-石英-辉锑矿矿石；④石英-辉锑矿矿石。

2. 贵州独山半坡锑矿

半坡锑矿区位于贵州省独山县城东约14km处，平距约8km。地理坐标：东经107°37′28″，北纬25°48′58″。矿区面积2km^2，为大型锑矿床(韦天蛟，1991)。

矿床处于北北东向王司箱状背斜轴部，该背斜轴部有一系列呈北北东向、北北西向和北东东向

(近东西向)之断裂发育。矿化产于北北西向张扭性断裂带及其影响范围内的下泥盆统丹林组及舒家坪组中,受岩性构造控制明显,丹林组系主要含矿层位。矿化带总体呈北北西向展布,长1250m,垂直纵投影延深50～430m,向北西收敛尖灭。

各矿体中矿物成分单一,矿石矿物成分简单,以辉锑矿为主,次为黄铁矿、锑华及锑赭石。矿区围岩蚀变常见有硅化、碳酸盐化、重晶石化、黄铁矿化及绢云母化。其中硅化与成矿关系密切,常与辉锑矿伴生产出。

矿石类型可划分为:①辉锑矿-石英组合(主);②辉锑矿-石英-方解石组合;③辉锑矿-黏土-碳酸盐-石英组合等。

3. 云南广南木利锑矿

矿区位于云南省广南县南东东、直距32km的河谷南坡,是西南有色地质勘查局于"七五"期间探明的大型富锑矿床,累计探明锑储量17.39×10^4t(云南省地质矿产局,1993)。

木利矿区矿化带总长3340m,共圈定了3个工业矿体,以产于背斜核部的矿体规模最大,并沿背斜向南东端延伸,探明储量占全区锑储量的99.2%。矿体呈层状、似层状产于下泥盆统坡脚组中段硅化礁灰岩之中。

矿石矿物组分简单,金属矿物主要为辉锑矿、黄铁矿、锑赭石、黄锑华及红锑华。脉石矿物主要为燧石、石英,少量重晶石、方解石、石膏等。

4. 西藏江孜沙拉岗锑矿

矿区西距江孜县城39km,地理坐标:东经89°53′43″—89°55′16″,北纬28°50′41″—28°51′13″,面积约3.0km^2。

矿区内褶皱和断裂构造均较发育。主体褶皱表现为横跨矿区的北东东向短轴背斜。沙拉岗背斜,轴长大于5km,南北宽大于3km,背斜南翼缓、北翼陡,轴面向南陡倾,枢纽波状弯曲,已知锑矿体集中产于背斜北翼近核部地段。

矿区构造线方向有东西向、北北东—南北向、北东向和北西向4组。其中,东西向构造和北北东—南北向构造为容矿构造。断裂破碎带由碎裂含泥硅质岩、构造角砾岩、断层泥和辉锑矿脉组成。

矿体呈脉状、透镜状和不规则团块状产出,严格受层间断裂破碎带控制。单个脉体长一般为5～10m,最长30m,最短1m左右,厚度一般为0.3～0.7m,最厚1.7m,最薄5cm。能见到辉锑矿脉呈团块状,大小约20cm×30cm。

矿石矿物组成简单,主要由辉锑矿和石英组成,含少量黄铁矿,其中辉锑矿含量达50%～60%。

五、找矿潜力与找矿方向

西南地区锑矿床多为独立矿床,分布广。按其产出地质构造与成矿特征可归属于中国扬子锑成矿带、三江锑成矿带和西藏锑成矿带。根据成矿带及矿产地分布特点划分为晴隆锑矿找矿远景区、独山锑矿找矿远景区、雷公-榕江锑矿找矿远景区、滇东南锑矿找矿远景区、滇西锑矿找矿远景区、藏北双湖-安多锑矿找矿远景区、藏南锑矿找矿远景区、昌都铅锌锑矿找矿远景区(赵云龙,2006)。

第十一节 汞

一、引言

1. 性质与用途

汞(Hg),俗称水银,是常温下唯一呈液态的金属,具有银白色金属光泽,凝固点为－38.89℃,熔点－38.87℃,沸点为357.25℃。汞蒸气剧毒,在0℃时蒸气压即达到37.2Pa。加热到暗红色以上的温度就能完全气化,常温下密度13.55g/cm^3;汞有毒性,容易污染环境,有害人体健康,汞的蒸气压变化幅度显著,汞蒸气导电并产生绿色及紫外线光谱。

汞的主要矿物辰砂。中国是世界上发现和利用汞矿最早的国家,可以追溯至5000年前。汞的产品主要是汞和辰砂。汞以其特异的物化性能主要用于氯碱工业及电器、电子工业、仪表和牙科合金汞剂材料等。

汞常见的主要矿物见表3-42。其中,作为工业矿物原料具有开采价值的主要是辰砂、黑辰砂。

表3-42 常见汞矿物表

矿物名称	化学式	汞含量(%)
自然汞	Hg	100.00
辰砂(黑辰砂)	HgS	86.20
硒汞矿	HgSe	71.70
辉汞矿	Hg(S,Se)	83.80
碲汞矿	HgTe	61.14
甘汞矿	Hg_2Cl_2	84.98
氯氧汞矿	$Hg_5O_4Cl_2$	91.00
黄氯汞矿	Hg_2ClO	88.24
橙红石	HgO	92.61

2. 矿床类型

按照赋矿的岩石建造类型,汞矿床主要类型为碳酸盐型,其次是碎屑岩型和岩浆岩型,其中碳酸盐型储量占汞矿床的储量的90%。

3. 分布

世界汞矿资源量约70×10^{4}t,基础储量30×10^{4}t;拥有汞储量的主要国家及其基础储量的有西班牙9×10^{4}t,意大利6.9×10^{4}t,中国8.14×10^{4}t,吉尔吉斯斯坦4.5×10^{4}t。世界汞矿床主要分布在特提斯-喜马拉雅构造带上。

中国是世界上汞矿资源比较丰富的国家之一。至2008年底，汞矿查明基础储量2×10^4t，以贵州省最多，其资源储量为全国的38%；其次为陕西，占19.8%，四川（含重庆）占15.9%，广东占6%，湖南占5.8%，青海占4.4%，甘肃占3.7%，云南占2.7%。中国大多数汞矿床产于中、下寒武统中，占资源储量80%以上。

4. 勘查工业指标

据国土资源部2002年发布的《中华人民共和国地质矿产行业标准》(DZ/T 0214—2002)，汞矿床地质勘查一般工业指标，如表3-43。

表3-43　汞矿床一般工业指标参考表

边界品位(%)	最低工业品位(%)	含矿系数×矿体平均品位(%)	最小可采厚度(m)	夹石剔除厚度(m)
0.04	0.08～0.10	≥0.04	0.8～1.2	2～4

根据国内相关规定，汞矿床规模一般采用的大小划分标准为：汞矿大型≥2000t，中型500～2000t，小型<500t。

二、资源概况

西南地区汞储量占全国汞储量的56.9%，居首位。主要集中产于重庆市秀山、酉阳地区，贵州省铜仁、务川、三都—丹寨、黔中、兴仁地区以及云南省保山—维西地区。据不完全统计：贵州省共有汞矿床(点)247个，其中特大型矿床3个，大型矿床14个，中型矿床17个，小型矿床28个，矿点125个，矿化点59个；云南省共计汞矿床(点)73个，包括大型矿床2个，中型矿床1个，小型7个，矿点及矿化点63个；重庆市共计汞矿床特大型矿床1个，大型矿床1个，中型矿床2个，小型3个，四川省中型1个，四川加重庆共有汞(化)点45个；西藏自治区汞矿工作程度极低。

西南地区主要汞矿床和分布见表3-44和图3-20。

表3-44　西南地区主要汞矿床一览表

编号	矿床名称	地理位置	规模	勘查程度
1	务川县木油厂汞矿	贵州省务川县	特大型	勘探
2	万山汞矿	贵州省铜仁市	特大型	勘探
3	秀山县羊石坑汞矿	重庆市秀山县	特大型	勘探
4	开阳县白马硐汞矿	贵州省开阳县	大型	勘探
5	丹寨县水银厂汞矿	贵州省丹寨县	大型	勘探
6	兴仁县滥木厂汞(铊)矿	贵州省兴仁县	大型	勘探
7	保山市蒲缥金家山汞矿	云南省保山市	大型	勘探
8	巍山县马鞍山汞矿	云南省巍山县	小型	普查
9	巍山县黑龙潭汞矿	云南省巍山县	小型	普查
10	丘北县洗马塘汞矿	云南省丘北县	中型	勘探
11	白玉县孔马寺汞矿	四川省白玉县	中型	勘探

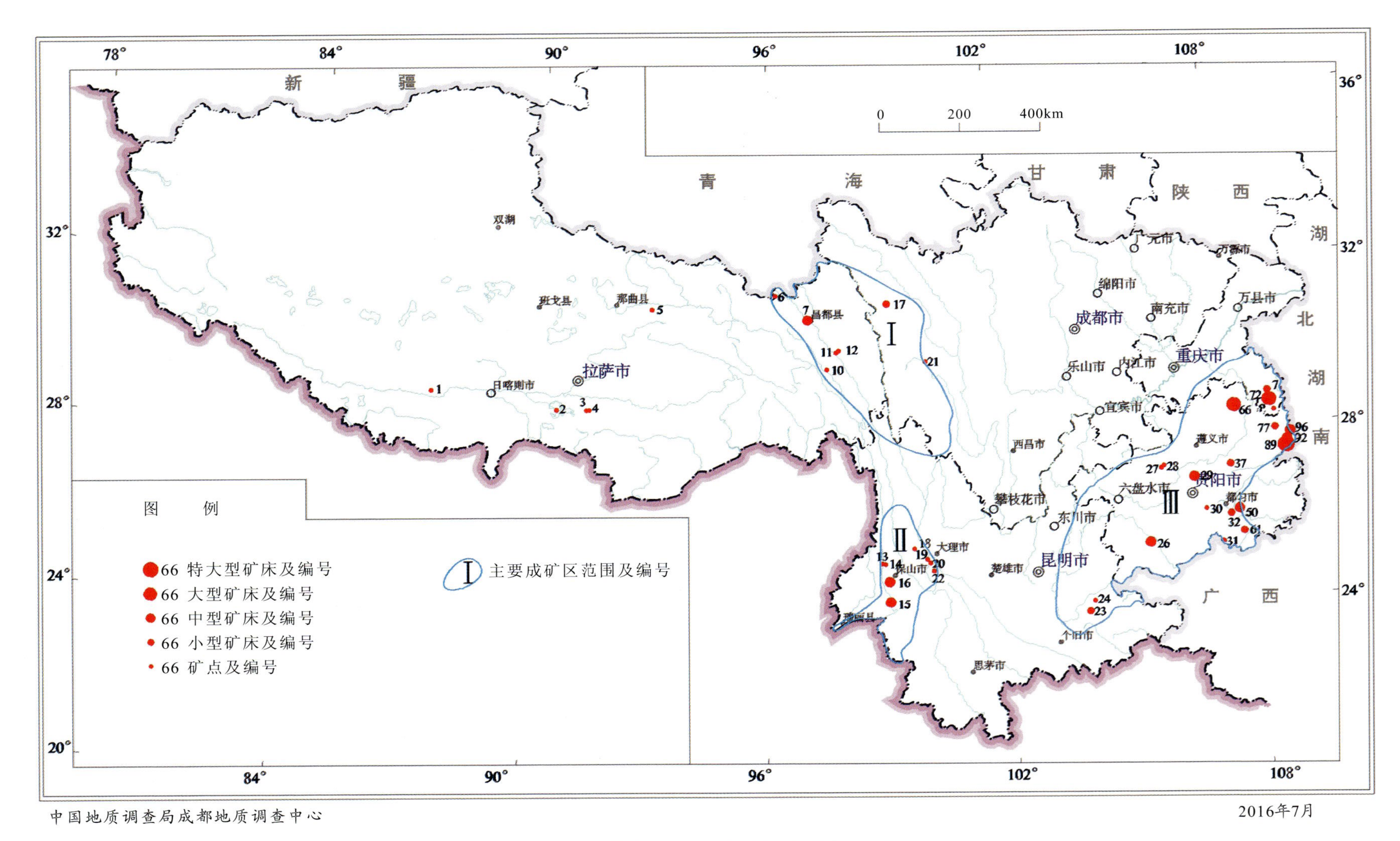

图 3-20　西南地区主要汞矿床分布图（图中矿床编号见正文表 3-43）

三、勘查程度

西南地区汞矿初查 7 处、普查 24 处、详查 22 处、初步勘探 1 处、勘探 24 处、详细勘探 6 处。自 20 世纪 80 年代以来，汞矿勘查工作基本上处于停滞状态。

四、矿床类型

西南地区汞矿床多产于沉积地层中，主要汞矿床类型及典型矿床见表 3－45。

表 3－45　西南地区主要汞矿床类型表

矿床类型	赋矿围岩类型	典型矿床
层控类型	碳酸盐岩型	万山(66) 务川(89) 马鞍山(20) 洗马塘(23)
	碎屑岩型	黑龙潭(22)
脉状类型	碳酸盐岩型	纸房(37) 白马硐(29) 俄龙岬(7)
	与基性岩浆活动有关	金家山(16)
综合类型	碳酸盐岩型	羊石坑(72) 丹寨(47) 邓阳坳(78)
	碎屑岩/火山岩型	滥木厂(26) 孔马寺(17)

五、重要矿床

1. 四川白玉县孔马寺火山岩型中型汞矿床(17)

该矿床位于白玉县孔马寺南侧山上，地理坐标：东经 99°08′52″，北纬 31°30′00″。经四川地矿局 108 队勘查结果，概算了 Hg 金属量为 6680t。

矿床位于孔马寺-洛绒向斜南西翼，摇坝-燃章沟断裂纵贯矿区中部。出露地层为上三叠统图姆沟组(T_3t)变质砂岩夹火山岩。已知矿化带长约 2km，宽 8～27km，基本沿 F_1 摇坝-燃章沟断裂带南西侧酸性火山岩分布。共圈定矿体 13 个，其规模一般长 45～87m，厚 0.55～3.06m，其中Ⅰ号矿体规模最大，长 858m，厚 0.73～6.4m。

含矿岩石主要流纹质碎裂岩、流纹质角砾岩。

金属矿物以辰砂为主，次为黑辰砂和黄铁矿，微量的硫锑汞矿、方铅矿、闪锌矿和雌黄。脉石矿物主要为石英和绢云母。

矿石结构主要有自形—半自形微—细结构，构造主要有星散状浸染构造。

矿石含汞0.04%～0.16%，最高0.36%，平均0.1%左右。一般矿体中心品位较高，向两端逐渐变贫。

与成矿有关的围岩蚀变主要为硅化、绢云母化。

2. 云南保山市蒲缥金家山与基性岩浆活动有关的大型汞矿(16)

该矿床距保山市公路里程为43km。地理坐标：东经99°02′00″，北纬24°58′00″。经勘探评价达大型规模，已采空。

出露地层有早石炭世灰岩，晚石炭世玄武岩、凝灰岩夹灰岩透镜体等。汞矿体与玄武岩为共存关系，在深部钻孔中，绝大多数工业矿体都赋存在玄武岩中，或在玄武岩与沉积岩的接触带附近。

已知5个含矿体(均已采空)，长50～100m，延深15～60m，个别达110m(Ⅳ号)，厚1～2m。含矿体受断裂控制，产状与破碎带产状一致，倾向北东，倾角24°～40°(图3-21)。单个矿体小而富，长数米至30m，厚数十厘米，呈透镜状、小囊状、不规则脉状。

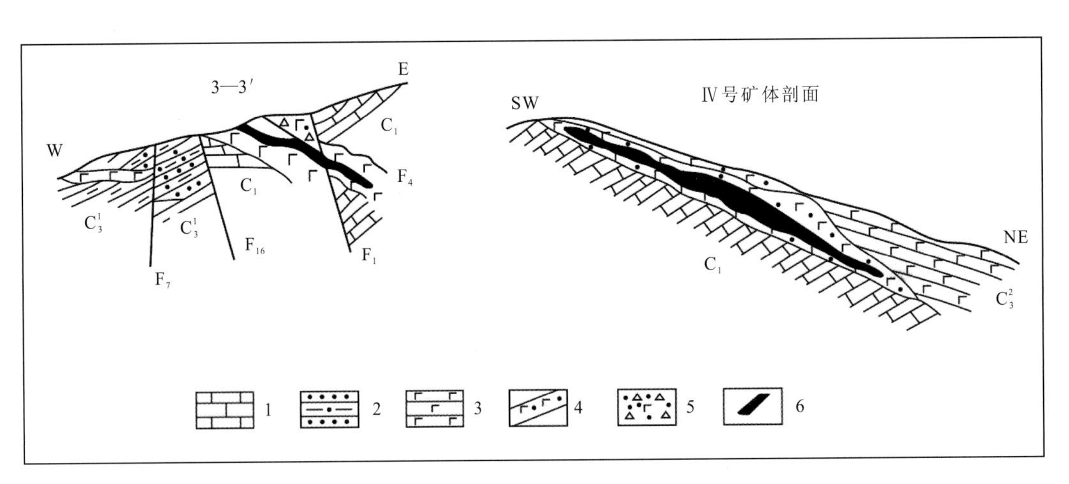

图3-21　金家山汞矿床剖面示意图(据四川省地质局19队，曾若兰等，1988)

1.灰岩；2.砂岩及砂质页岩；3.玄武岩；4.蚀变玄武岩；5.构造破碎角砾岩；6.含矿体

矿石矿物为辰砂，伴生金属矿物有黄铁矿、赤铁矿、褐铁矿。脉石矿物以石英为主，次为方解石、白云石。

矿石具细脉浸染状、致密块状、网脉状、星散状、角砾状、薄膜状(产于页岩节理裂隙中)等构造。

围岩蚀变主要有硅化、铁化、黄铁矿化、白云石化、方解石化等。以硅化、铁化与矿化关系最密切。玄武岩脉几乎都强烈硅化，常形成石英微粒集合体。

3. 贵州万山层控碳酸盐岩型特大型汞矿田(66)

万山汞矿位于万山镇(特区)南平距约2km处。地理坐标：东经109°13′16″，北纬27°30′42″。经详勘及开发勘探，共获审批汞金属储量：B级1623t，C级9595.4t，D级2019.8t，B+C+D级13 238.2t。

矿区沿万山背斜西段南翼的北东向万山断裂分布，长10km，宽7km。近背斜轴部出露下寒武统层位的矿床，翼部则出露中寒武统层位的矿床。矿田内包括十几个矿床，具有规模大、品位中—

高的特点，个别矿床可达巨型。含矿体或矿体以似层状产出为主(图3-22)。按产出层位万山汞矿可分为产于$\in_1 q$中的矿床、产于$\in_2 a$中的矿床。

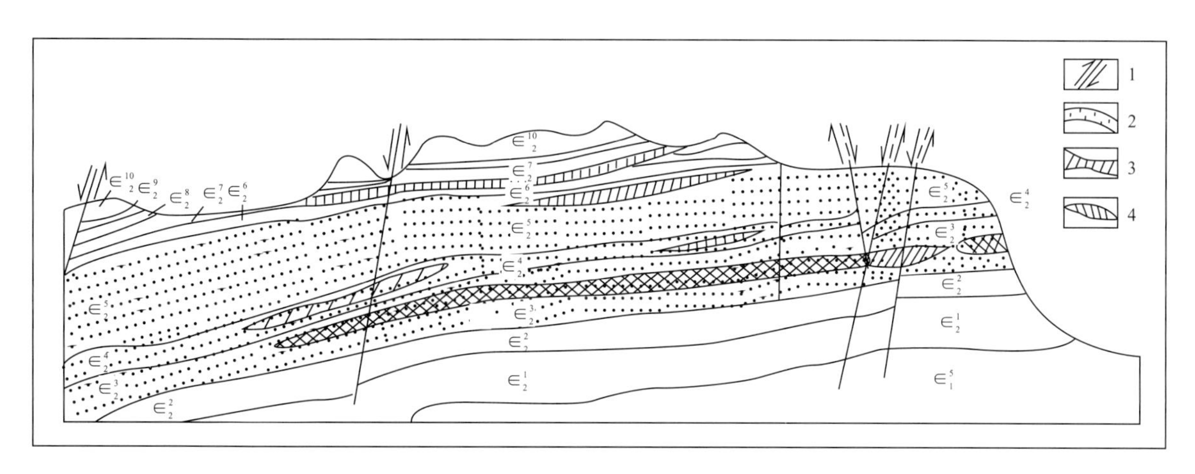

图3-22　万山汞矿某区段地质剖面图(据花永丰，1982)

1.断层；2.主要容矿层；3.剖面线上的矿体；4.按构造情况投影到剖面上的矿体；$\in_2^1$—$\in_2^{10}$为中寒武统第1层至第10层

1)产于$\in_1 q$中的矿床

该含矿岩组中的矿体以矿田北部的冷风洞规模最大，长2000m以上，宽400m，包括6个较大的含矿体，呈北西向横贯万山断层两侧。矿床受北西西向冷风洞褶曲带及冷风洞断裂控制。含矿围岩为硅化灰岩及条带状灰岩。矿体主要赋存在背斜内的$\in_1 q^2$和$\in_1 q^5$层中。含矿体一般长60～300m，厚0.5～2m。

2)产于$\in_2 a$中的矿床

含矿岩组厚150m左右，主要由条带状白云岩夹变晶白云岩组成。在4个地段内见含矿体49个，单个含矿体长12～480m，一般150～300m；宽16～240m，一般50～150m；厚1～33.13m，一般3～6m，平均1.72～5.8m；含Hg 0.04%～11.74%，一般0.2%～0.4%，平均0.163%～0.366%，矿床平均品位为0.268%；含矿系数0.08～0.8，一般0.3～0.5。

矿石矿物主要是辰砂，少至微量的自然汞，伴生有少至微量的闪锌矿、辉锑矿、黄铁矿；脉石矿物主要是白云石、石英，次为方解石。矿床属单汞矿床。

矿石构造主要为条带状、角砾状、细脉状、晶洞状，少数块状、浸染状。

围岩蚀变主要有硅化、白云石化、方解石化、重晶石化等。

六、成矿潜力与找矿方向

西南地区汞矿可划分为昌都-白玉-乡城-中甸、保山-维西、上扬子3个成矿区。其中，昌都-白玉-乡城-中甸汞成矿区可进一步圈定出热加-摇坝、漳腊-小河、曲开隆洼-芒纽、侏倭-忠仁达、中甸5个找矿远景区；保山-维西成矿区可进一步划分为保山汞矿成矿亚带、兰坪-巍山成矿亚带；上扬子成矿区可分为武陵、滇黔、丘北3个找矿远景区，该区目前为最大量汞矿产出区。

第四章　贵金属矿产

第一节　金

一、引言

1. 性质和用途

金，呈黄色，元素符号Au，硬度2.2，密度19.32g/cm^3(20℃)，熔点1064.43℃，沸点2807℃，显微维氏硬度值为50～55kg/mm^2。金具有很好的延展性，其导电率仅次于银和铜，热导率为银的74%。金的化学性质十分稳定，一般不与氧或硫发生化学反应，也不溶于一般的酸和碱，但可溶于王水和碱金属氰化物。碱金属的硫化物能腐蚀金，生成可溶性硫化金。

金主要作为国家的硬通货储备，制作装饰品和用于珠宝。另外，黄金及其合金在电子、电气、医疗、化工、宇航和国防工业中也得到应用。

目前已发现金矿物和含金矿物98种，常见的只有47种，而工业矿物仅有20余种(《矿产资源工业要求手册》,2012)。主要金矿物见表4-1。

表4-1　主要金矿物一览表

矿物名称	化学式	金含量(%)	矿物名称	化学式	金含量(%)
自然金	Au	84.96	碲金矿	$AuTe_2$	42.15
针硫金银矿	$AuAgTe_4$	25.45	金汞齐	Au_2Hg	56.91

2. 矿床类型

金的矿床类型主要有9种类型，即破碎带蚀变岩型金矿床、微细浸染型金矿床、含金石英脉型金矿床、斑岩型金矿床、矽卡岩型金矿床、角砾岩型金矿床、硅质岩层中的含金铁建造型金矿床、含金火山岩型金矿床、砂金矿。

3. 分布

世界黄金资源总量为10×10^{4}t，其中15%～20%为其他金属矿床中的共伴生资源。金矿资源主要分布在南非、俄罗斯、澳大利亚、美国、印度尼西亚、秘鲁、加拿大和中国。南非约占世界黄金资源的50%，巴西和英国各占9%(《矿产资源工业要求手册》,2012)。我国幅员辽阔，地质构造复杂，金矿资源丰富，已建成胶东、小秦岭、陕甘川和滇黔桂金三角区等多个黄金基地，累计发现金矿床(点)7000余处。至2008年底，金矿查明基础储量1868.4t(《矿产资源工业要求手册》,2012)。其中，岩金1259.7t，以山东最为丰富，其次为甘肃、河南、贵州等省；砂金179t，以四川为最多，其次为黑龙江、陕西、甘肃等省；共伴生金429t，以江西为最多，其次为安徽、云南、湖北等省。

4. 金矿勘查工业指标

根据我国《岩金矿地质勘查规范》(DZ/T 0205—2002)，我国岩金及砂金矿床地质勘查一般工业指标见表4-2、表4-3。

表4-2　岩金矿床地质勘查一般工业指标

项目	指标
边界品位($\times 10^{-6}$)	1～2，堆浸氧化矿石为0.5～1
最低工业品位($\times 10^{-6}$)	2.5～4.5
矿床平均品位($\times 10^{-6}$)	4.5～5.5
最低可采厚度(m)	0.8～1.5，陡倾斜者为下限，缓倾斜至水平者为上限
夹石剔除厚度(m)	2～4，地下开采者为下限，露天开采者为上限
无矿段剔除标准(m)	对应工程10～15，不对应工程20～30

表4-3　砂金矿床地质勘查一般工业指标

项目＼开采类型	露天开采						
	全面开采					分别开采	地下开采
	采掘船开采				水枪开采		
	南方		北方(含高寒地区)				
	50～100L	150～300L	50～100L	150～300L			
混合砂边界品位(g/m^3)	0.05～0.07	0.04～0.06	0.06～0.08	0.05～0.07	0.1	0.3～0.5	
混合砂块段最低工业品位(g/m^3)	0.16～0.18	0.14～0.16	0.18～0.20	0.16～0.18	0.3	0.6～0.1	
最小可采宽度(m)	30～35	40～60	30～35	40～60	20		
无矿地段(夹石)剔除宽度(m)	30～35	40～60	30～35	40～60			
矿体最低可采矿砂量($\times 10^4 m^2$)	150～450	900～2000	100～300	600～1400			
砂矿层边界品位(g/m^3)							1
砂矿层块段最低工业品位(g/m^3)							3
砂矿层采幅高(m)							1.3～1.5

依据矿床储量，岩金矿可分为大型≥20t，中型 5～20t，小型＜5t；砂金矿可分为大型≥8t，中型 2～8t，小型＜2t。

二、资源概况

据不完全统计，我国西南地区已发现金矿（化）产地 771 处（含金矿、金铜矿、金银铜矿、金银矿、金铀矿、金铅矿、金铁矿以及砂金矿），其中特大型 2 处，大型 23 处，中型 47 处，小型 166 处，矿（化）点 533 处。按金矿产出类型，有岩金矿 514 处，砂金矿 219 处，共伴生金矿 38 处（表 4－4，图 4－1）。西南地区，以云南金矿勘查提交的金金属量最多，约占总数的 50％；其次为贵州，约占总数的 30％；四川和西藏相对较少，为 10％～15％。概括起来，西南地区金矿资源主要有以下特征：①金矿床空间分布具有区域集中分布趋势；②大型金矿床较少，中小型金矿床居多；③共伴生金矿床较多；④成矿类型较多，成矿作用较为复杂。

西南地区各省（市、区）金矿资源概况如下：

云南省有金矿床 141 个，其中超大型矿床 2 个，大型矿床 6 个，中型矿床 11 个，小型矿床 90 个，矿点 32 个，据不完全统计，已累计查明金资源储量为 684.24t（岩金 676.06t，砂金 8.18t）。

贵州省已探明 7 个大型矿床，3 个中型矿床，11 个小型矿床。金矿类型主要有微细粒浸染型金矿，次有石英脉型、蚀变岩型金矿、红土型金矿、砂金矿。

四川省有金矿产地 500 余处（岩金、砂金、伴生金），上储量表的有 86 处，其中岩金 26 处，砂金 55 处，伴生金 5 处。其中大型 3 处，中型 12 处，小型 56 处，矿（化）点 158 处。据 2011 年四川省国土资源年报，全省金矿资源量 315.10t（据 2004 年平衡表砂金为 142.73t）。

西藏自治区目前已勘查发现岩金矿床、矿点及矿化点 312 个，其中矿床 24 个，矿点数 153 个，矿化点数 135 个。已初步查明独立岩金矿资源量 130.483t，其中构造蚀变岩型岩金矿资源量 67.174t，热液（脉）型岩金矿资源量 28.986t，矽卡岩型岩金矿资源量 23.573t，斑岩型岩金矿资源量 10.750t。另外，对共伴生岩金矿已初步查明资源量 554.38t，其中斑岩型共伴生岩金矿资源量 383.270t，热液型岩共伴生金矿资源量 120.640t，矽卡岩型共伴生岩金矿资源量 25.520t，“矽卡岩型＋斑岩型”共伴生岩金矿资源量 23.360t，沉积型共伴生金矿资源量 1.590t。

重庆市目前仅发现金化探异常及个别矿化现象，无查明资源储量的金矿产地。

三、勘查程度

我国西南地区金矿勘查程度较低，地质勘查工作程度达到勘探 23 处，详查 26 处，普查 177 处，预查与踏勘多达 476 处（表 4－4）。近年来，随着国际金价上涨，西南地区大中型和特大型金矿得以加速开发，如：云南老王寨金矿、北衙金矿，四川东北寨金矿、梭罗沟金矿，贵州烂泥沟金矿、水银洞金矿。

表 4－4　西南地区金矿（大中型以上）一览表

序号	矿床名称	地理位置	矿床类型	规模	勘查程度
1	云南鹤庆县北衙金矿	鹤庆县	岩浆热液型	超大型	勘探
2	云南镇沅县老王寨金矿	镇沅县	岩浆热液型	超大型	勘探
3	贵州安龙县戈塘金矿	安龙县	微细粒浸染型	大型	勘探

续表 4-4

序号	矿床名称	地理位置	矿床类型	规模	勘查程度
4	贵州册亨县丫他金矿区	册亨县	微细粒浸染型	大型	勘探
5	贵州普安县泥堡矿区	普安县	微细粒浸染型	大型	勘探
6	贵州晴隆县老万场矿区	晴隆县	微细粒浸染型	大型	详查
7	贵州兴仁县太平洞金矿	兴仁县	微细粒浸染型	大型	勘探
8	贵州兴仁县紫木凼矿区	兴仁县	微细粒浸染型	大型	勘探
9	贵州贞丰县烂泥沟金矿磺厂沟矿区	贞丰县	微细粒浸染型	大型	勘探
10	四川九寨沟县马脑壳金矿	九寨沟县	微细粒浸染型	大型	勘探
11	四川木里县梭罗沟金矿	木里县	破碎带蚀变岩型	大型	详查
12	四川松潘县东北寨金矿	松潘县	微细粒浸染型	大型	勘探
13	云南广南县老寨湾金矿	广南县	地下水溶滤型	大型	勘探
14	云南金平县长安金矿	金平县	岩浆热液型	大型	详查
15	云南墨江县金厂金镍矿	墨江县	岩浆热液型	大型	勘探
16	云南祥云县马厂箐金矿	祥云县	岩浆热液型	大型	勘探
17	云南元阳县大坪金矿	元阳县	岩浆热液型	大型	勘探
18	云南镇沅县金矿冬瓜林矿段	镇沅县	热液蚀变型	大型	详查
19	西藏革吉县嘎拉勒金铜矿	革吉县	矽卡岩型	大型	详查
20	西藏普兰县马攸木金矿	普兰县	含金石英脉型	大型	详查
21	西藏隆子县查拉普金矿	隆子县	含金石英脉型	大型	详查
22	西藏申扎县崩纳藏布矿区砂金矿	申扎县	冲洪积	大型	勘探
23	西藏墨竹工卡县甲玛铜金矿	墨竹工卡县	斑岩-矽卡岩型	大型	勘探
24	西藏谢通门县雄村铜金矿	谢通门县	斑岩型	大型	勘探
25	贵州册亨县板其矿区	册亨县	微细粒浸染型	中型	详查
26	贵州三都县苗龙金锑矿区	三都县	微细粒浸染型	中型	详查
27	贵州贞丰县水银洞金矿	贞丰县	微细粒浸染型	中型	普查
28	四川巴塘县打马池党铜金矿	巴塘县	接触交代型	中型	普查
29	四川德格县马达柯金矿	德格县	构造蚀变岩型	中型	普查
30	四川甘孜县嘎拉金矿床	甘孜县	构造蚀变岩型	中型	普查
31	四川甘孜县夏雄金矿	甘孜县	成因不明	中型	详查
32	四川九寨沟县草地金矿	九寨沟县	构造热液型	中型	勘探
33	四川九寨沟县联合村金矿	九寨沟县	构造热液型	中型	勘探
34	四川康定县黄金坪金矿	康定县	热液蚀变型	中型	勘探
35	四川木里县耳泽金矿	木里县	风化壳型	中型	勘探
36	四川平武县银厂金矿	平武县	构造热液型	中型	普查
37	四川壤塘县金木达矿床	壤塘县	微细粒浸染型	中型	普查
38	四川石棉县大发沟金矿	石棉县	构造热液型	中型	详查

续表 4-4

序号	矿床名称	地理位置	矿床类型	规模	勘查程度
39	四川石棉县杜家河坝金矿	石棉县	构造热液型	中型	详查
40	云南楚雄市小水井金矿	楚雄市	次火山-岩浆热液型	中型	详查
41	云南富宁县那能金矿	富宁县	地下水溶滤型	中型	详查
42	云南富源县胜境关-东铺金矿	富源县	地下水溶滤型	中型	普查
43	云南广南县下格乍金矿	广南县	地下水溶滤型	中型	详查
44	云南河口县桥头金矿	河口县	地下水溶滤型	中型	普查
45	云南昆明市东川区播卡金矿	昆明市东川区	次火山-岩浆热液型	中型	详查
46	云南潞西上芒岗金矿	潞西市	地下水溶滤型	中型	勘探
47	云南勐海县勐满金矿	勐海县	热液型	中型	详查
48	云南腾冲县葫芦口金矿	腾冲县	岩浆热液型	中型	详查
49	云南巍山县扎村金矿	巍山县	次火山-岩浆热液型	中型	普查
50	云南云龙县功果金矿	云龙县	次火山-岩浆热液型	中型	普查
51	西藏丁青县扎格拉金矿	丁青县	破碎蚀变岩热液型	中型	普查
52	西藏贡觉县各贡弄金银多金属矿	贡觉县	斑岩型	中型	普查
53	西藏革吉县尕尔穷金铜矿	革吉县	矽卡岩型	中型	勘探
54	西藏革吉县夏夏金矿	革吉县	热液型	中型	普查
55	西藏尼玛县屋素拉金矿	尼玛县	变质热液型	中型	详查
56	西藏谢通门县仁钦则金矿	谢通门县	热液型	中型	普查
57	西藏申扎县日那金矿	申扎县	蚀变岩型	中型	详查
58	西藏乃东县娘古处金银矿	乃东县	蚀变岩型	中型	详查
59	西藏墨竹工卡县弄如日金矿	墨竹工卡县	热液型	中型	详查
60	西藏加查县邦布金矿	加查县	构造蚀变岩型	中型	详查
61	西藏尼玛县达查砂金矿	尼玛县	冲洪积	中型	普查
62	西藏朗县洞嘎金矿	朗县	热液型	中型	详查
63	西藏措美县马扎拉金矿	措美县	热液型	中型	详查
64	西藏尼玛县那朗砂金矿	尼玛县	冲洪积	中型	普查
65	西藏乃东县娘古处金(银)矿	乃东县	构造蚀变岩型	中型	普查
66	西藏尼木县普松岩金矿	尼木县	构造蚀变岩型	中型	详查
67	西藏仲巴县桑热砂金矿	仲巴县	冲洪积	中型	普查
68	西藏尼玛县屋素拉-罗布日俄么金矿	尼玛县	构造蚀变岩型	中型	普查
69	西藏革吉县盐湖乡金矿	革吉县	成因不明	中型	普查
70	西藏丁青县扎格拉金矿	丁青县	构造蚀变岩型	中型	普查
71	西藏改则县扎勒芝巴砂金矿	改则县	冲洪积	中型	普查

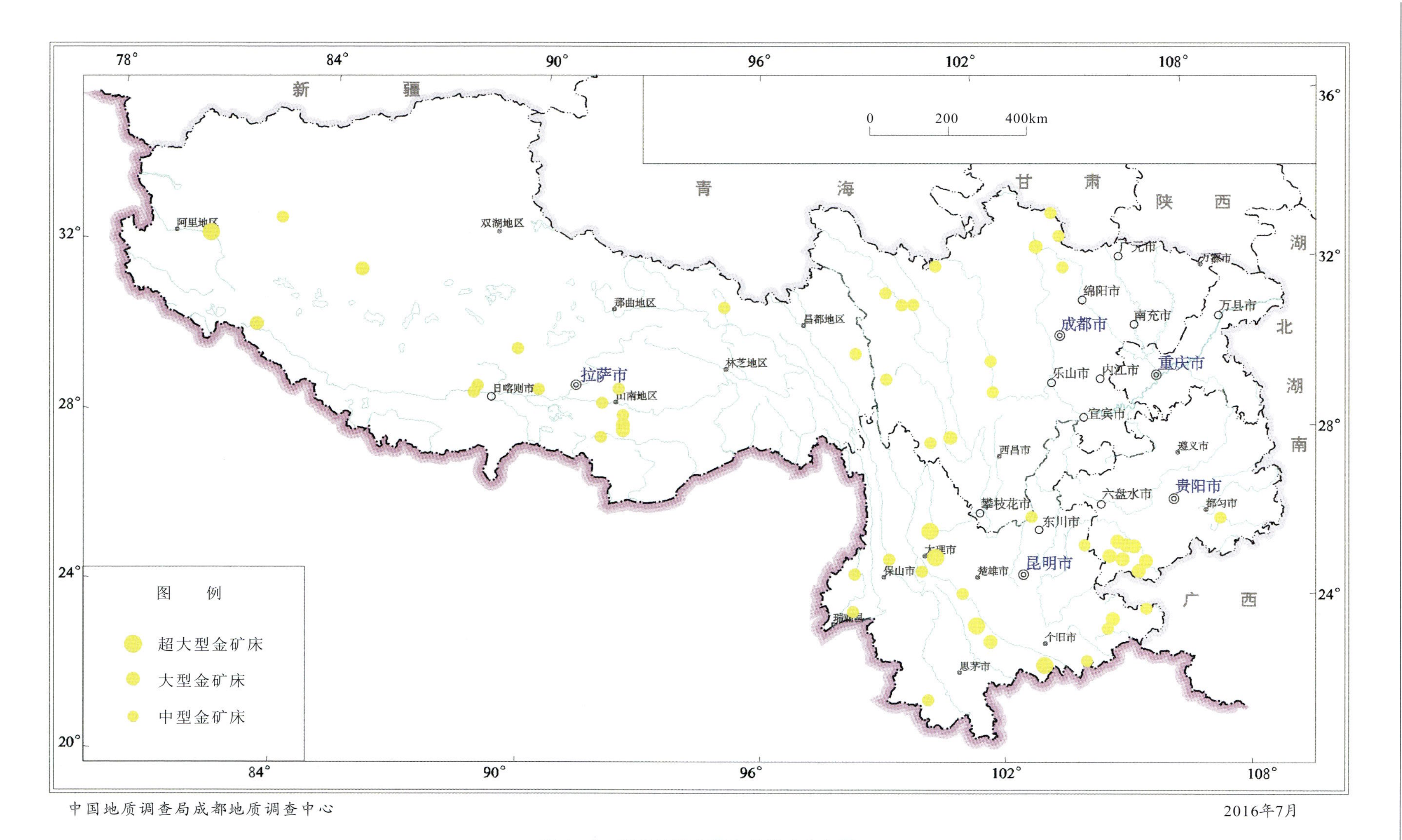

图 4－1　西南地区主要金矿床点分布图

四、矿床类型

西南地区独立岩金矿床成因类型主要有：以大气降水为主的热液型金矿、岩浆热液型金矿、剪切带型中低温混合热液金矿、与碱质斑岩有关的热液蚀变型金矿、混合（岩浆热液-地层水）热液型金矿、地下水溶滤金矿（卡林型）、与碱质斑岩侵入有关的矽卡岩型金矿等。西南地区砂金矿床主要以冲洪积为主。

西南地区独立岩金矿主要工业类型有：构造蚀变岩型、微细粒浸染型、含金石英脉型、矽卡岩型（表4-5）。

西南地区共伴生金矿主要类型是斑岩型和矽卡岩型，次为火山岩型。斑岩型如西藏驱龙斑岩型铜金矿、云南普朗铜金矿等；矽卡岩型如西藏甲玛铜铅锌多金属矿、云南德钦羊拉铜矿等；火山岩型如四川呷村海相火山岩型银铅锌铜金多金属矿。

五、重要矿床

1. 四川木里县梭罗沟金矿

梭罗沟金矿所在行政区属于四川省凉山彝族自治州木里藏族自治县所辖，矿区海拔3600～4200m。其资源量为超大型，勘查程度为普查。

梭罗沟金矿位于中国西南部松潘-甘孜造山带。矿床的产出严格受以下地质条件控制：上三叠统曲嘎寺组（瓦能岩组）中以具有蛇绿混杂岩残片特征的“笨得古型”“嘎拉型”的构造-岩石地层单元为其成矿专属构造相单位；具有亚碱性拉斑系列特征的基性火山岩组合以及火山喷发相的凝灰岩为成矿专属原岩；平行甘孜-理塘构造主边界断裂的，具有逆冲推覆、脆韧性剪切性质的断裂系为最重要的控矿与容矿构造。

矿区金矿氧化矿边界品位按0.5×10^{-6}、原生矿边界品位按1×10^{-6}进行矿体圈定，矿区现已圈定12个金矿体。矿体主要集中分布于F_1控制的构造蚀变带内，形态呈脉状、透镜状，一般长30～930m、厚6.39～65.50m；矿体品位横向变化较小，沿倾斜方向变化较大。平均品位$(3.96\sim5.09)\times10^{-6}$。矿体西段向北或向北北西倾斜，倾角70°左右，东段有向南或向南南东陡倾斜的趋势。

矿石类型可分为绢云褐铁碳酸盐化蚀变基性火山岩型矿石、绢云褐铁矿化蚀变基性火山岩型矿石、褐铁绢云碳酸盐化蚀变基性火山岩型矿石、碳酸盐绢云褐铁矿蚀变基性火山岩型矿石等。

矿床主要蚀变类型为碳酸盐化、绢云母化，生成的蚀变矿物主要有绢云母、白云石、方解石、石英等。

金属硫化物主要为黄铁矿、毒砂，另有少量黝铜矿，其中黄铁矿、毒砂为主要的载金矿物。黄铁矿主要为等轴粒状体、五角十二面体、他形体，毒砂主要呈自形菱形体。

金矿原生矿形成后，地表氧化淋滤及次生富集作用，在原生矿上部的近地表区域，形成了氧化富集带和规模巨大的氧化矿矿体，以褐铁矿化、“红土”化为标志，并构成了矿床中最具工业经济价值的部分。

2. 四川壤塘县金木达金矿

金木达金矿位于四川省壤塘县上杜柯乡金木达村果然沟东侧，隶属于上杜柯乡管辖，该矿规模

表 4-5 西南地区金矿主要类型

矿床类型	成矿地质特征	矿物共生组合		围岩蚀变	矿体形状	规模及品位	矿床实例
		金属矿物	脉石矿物				
构造蚀变岩型	金矿受岩体与构造断层破碎带控制,深大断裂及其产生的次级构造破碎带,既是含矿溶液上侵的通道,又是矿液聚集沉淀成矿的容矿场所	以黄铁矿为主,次为黄铜矿、方铅矿、闪锌矿、磁黄铁矿,少量的银金矿、自然金、自然银、白铁矿、斑铜矿、辉铜矿、黝铜矿、锆石等	石英、绢云母、长石,少量绿泥石、白云石	钾化、硅化、黄铁绢英岩化、绢云母化、碳酸盐化	脉带形	小到特大型	四川梭罗沟、金木达,云南老王寨、长安,西藏弄如日
微细粒浸染型	主要含金层位为中三叠统,由碎屑岩构成的沉积岩系。金及硫化物呈浸染状分布其中	黄铁矿、白铁矿、毒砂、含砷黄铁矿、辉锑矿、自然金、雄黄	水云母、重晶石、萤石、石膏	硅化、高岭土化、碳酸盐化、白铁矿化、毒砂化、含砷黄铁矿化	层状、似层状、透镜状	中型	贵州烂泥沟、水银洞,四川东北寨、马脑壳
含金石英脉型	产于低、中级变质岩地区或碳酸岩、碎屑岩等浊积岩发育区,与构造控矿关系密切,处于两组构造的复合处,围岩常受韧性剪切作用形成蚀变岩	黄铁矿,少量的黄铜矿、方铜矿、闪锌矿、磁黄铁矿、磁铁矿、辉钼矿、辉铋矿	石英、方解石、白云石、钠长石、白云母	绢云母化、黄铁矿化、硅化、绿泥石化	脉状、不规则脉状和透镜状	小到大型,金品位为(1～21.4)$\times10^{-6}$	贵州铜鼓,西藏马攸木、查拉普
矽卡岩型	中酸性小侵入体与不纯灰岩、火山凝灰岩的接触带。围岩多为含石榴石、钙铁辉石、绿帘石矽卡岩	磁铁矿、黄铜矿、黄铁矿、赤铁矿、斑铜矿、银金矿	钙铝榴石、透辉石、绿帘石、石英、方解石	矽卡岩化为主,其次为钾化、硅化、绿泥石化和绢云母化	透镜状、似层状、巢状、串珠状	中到大型,金品位为(2～200)$\times10^{-6}$	云南北衙

为大型，勘查程度为普查。

矿区位于巴颜喀拉印支前陆盆地马尔康大陆斜坡-半深海盆地西部，出露地层几乎全部为中、晚三叠世的浅变质砂岩、粉砂岩和板岩建造。新都桥组黑色岩系既是金矿的主要赋矿层之一，也是金矿主要矿源层之一。

矿区蚀变总体并不十分强烈，蚀变常见为绢云母化、炭化，近矿围岩蚀变类型主要有硅化、黄铁矿化、黄铁绢英岩化、辉锑矿化、碳酸盐化、褐铁矿化、黄铜矿化、绿泥石化等。

金木达金矿区的矿体产出于 F_{2-2} 与 F_{2-4} 夹持的次级小断裂及其破碎带中，与地层及构造破碎带走向一致，呈不规则脉状、透镜状、网脉状、囊状、似层状，倾向北，倾角 30°～50°，矿体长一般宽几米，最宽几十米，延深达几百米。矿石贫富分布不均匀，矿化发育不连续。

矿石类型主要有蚀变板岩型和蚀变闪长玢岩型金矿石。矿床平均品位 2.3×10^{-6}。板岩型金矿石平均品位为 2.03×10^{-6}；石英脉型矿石平均品位为 3.63×10^{-6}；褐铁矿化矿石平均品位为 $(3.25\sim4.66)\times10^{-6}$。玢岩型金矿石的平均品位为 1.65×10^{-6}。

矿物成分较简单，主要为铁、砷、锑的硫化物，黄铁矿（往往含砷）、毒砂、辉锑矿常见，少见黄铜矿、磁黄铁矿，偶见硫砷锑铜矿及银金矿、自然金等。脉石矿物主要有斜长石、绿泥石、绢云母和石英。

矿石结构：碎裂状、碎斑状、角砾状、粒状结晶、交代充填、变余砂状，及莓球状、显微鳞片变晶、结晶交代结构等。

矿石构造：浸染状、碎裂—角砾状、网脉状、团块状、变余纹层、微粒浸染状和细脉—网脉状充填构造等。

3. 云南镇沅县老王寨金矿

云南老王寨金矿位于云南省普洱市境内，隶属于镇沅县管辖。金矿床规模已达大型。

矿区在地质构造上位于三江弧盆系与上扬子陆块两者结合带西侧，哀牢山蛇绿岩套构造混杂岩带北段。

老王寨金矿包括浪泥塘、老王寨、冬瓜林、库独木、石门坎 5 个矿床，它们位于哀牢山断裂（F_3）的东南侧。其出露地层有古生界、泥盆系、石炭系到上三叠统。下石炭统（C_1）与上泥盆统（D_3）为一套含碳变沉火山碎屑岩、绢云板岩、变砂岩、含放射虫硅质板岩，为主要赋矿地层。

区内构造发育，哀牢山断裂和九甲断裂两条北北西向主干断裂纵贯全区，在这两条断裂之间发育有脆-韧性剪切带，老王寨一带的剪切带是本区主要控矿构造，老王寨、冬瓜林、库独木金矿床均位于剪切带上。

矿区主要蚀变为硅化、绢云母化、碳酸盐化、黄铁矿化或辉锑矿化、毒砂化。

老王寨矿体主要赋存于早石炭世含碳绢云板岩、砂板岩中，侵位于上述地层的超基性—基性岩浆岩以及云煌岩类都独自构成工业矿石类型。冬瓜林矿体赋存于晚泥盆世含碳变沉火山凝灰岩中，侵位于其中的数百条煌斑岩为主要矿石类型。库独木赋矿地层与冬瓜林矿段同为晚泥盆世含碳砂质、硅质绢云板岩，侵位于晚泥盆世的玄武岩、花岗闪长斑岩-石英二长斑岩均独立成矿。

矿体呈脉状、似层状、透镜状产出；走向 270°～310°，大部分北倾，局部南倾，浅部倾角较陡，倾角一般 40°～60°，往深部变缓；长度 40～1280m，厚度 0.95～8.87m；金矿床的金资源110 000.83kg，达到超大型规模。

矿石类型为金-黄铁矿橄辉云煌岩型、金-黄铁矿石英杂砂岩型、金-黄铁矿变质砂岩型、金-黄铁矿（砂）硅质绢云板岩型、金-黄铁矿花岗斑岩型、金-黄铁矿蚀变玄武岩型、金-黄铁矿蚀变超基性岩型、金-黄铁矿蚀变煌斑岩型。主要金属矿物为自然金、黄铁矿、白铁矿、辉锑矿，次要矿物为铁白云石、毒砂、黄铜矿、闪锌矿、硫铜锑矿等；脉石矿物主要为石英、铁白云石、方解石、绢云母、石墨、碳质，次要矿物为菱铁镁矿、含铬白云母、含铬水云母、菱铁矿、蒙脱石、钠长石、钾长石等。

矿石结构主要为自形晶—半自形粒状结构、增生环带结构、碎斑状压碎结构、交代残余结构、胶状—半胶状—半自形粒状结构、草莓状结构、包裹结构等。

矿石构造主要为浸染状、细脉—浸染状、细脉—细网脉状、条带状、顺层浸染状、纹层状、角砾状、粉末状、烟灰状构造。

4. 云南祥云县马厂箐金矿

马厂箐金矿是云南省发现较早的斑岩型金、铜钼矿床，金矿床规模已达大型。矿床位于扬子陆块西缘，地处北西向金沙江-哀牢山深大断裂和北北东向程海-宾川断裂的夹持部位。

矿区出露地层主要有奥陶系、志留系、泥盆系、石炭系、二叠系。其中，中奥陶统迎风村组是主要赋矿地层。

矿床处于不同方向构造的交叉复合部位，主要包括北西向、北东向、北北东（或近东西）向的褶皱和断裂构造以及伴随岩浆侵入作用所形成的一套岩浆侵入接触构造体系。金厂箐-人头箐背斜和宝兴厂（铜厂）-乱硐山向斜的层间挤压破碎带是区内主要的容矿控矿构造，北东（北东东）向断裂带是矿区主要的控岩控矿构造，控制着马厂箐复式杂岩体的空间展布。

区内岩浆岩分布较广，喷出岩、侵入岩、脉岩均有出露。各类脉岩较为发育，多见于断裂附近及各时期侵入体内外接触带，顺层和沿拉张、剪切裂隙贯入。

矿区围岩地层蚀变主要与围岩地层中构造破碎带相伴，且与金矿化关系密切。包括白云石化、硅化、方解石化。

马厂箐金矿床总体呈北东向，全长 15.4km，由北东向南西依次为金厂箐、人头箐、乱硐山、宝兴厂、双马槽 5 个矿段。金矿脉主要产于人头箐、金厂箐和双马槽矿段，受构造破碎带控制；铜钼矿主要产于宝兴厂和乱硐山两矿段的斑岩体内、外接触带。目前共发现 35 条金、铜钼矿脉，其中主要金矿脉有金厂箐矿段 101 号脉和人头箐矿段 201 号、202 号和 203 号脉。

马厂箐金矿床金厂箐-人头箐矿段地表氧化较浅，仅在毛栗坡附近少量分布，矿石类型主要为原生多金属硫化物金矿石。矿石中主要金属矿物有自然金、黄铁矿、黄铜矿、方铅矿、闪锌矿、褐（赤）铁矿、毒砂、磁铁矿、钛铁矿等；主要脉石矿物有石英、（白）绢云母、钾长石、斜长石、角闪石、白云石、磷灰石等。

矿石结构主要有（变余）斑状结构、（自形—半自形—他形）粒状结构、显微鳞片状结构、碎裂结构、角砾状结构、碎斑结构、蚀变残余结构、包含结构。

矿石构造主要有块状、角砾状、稀疏浸染状、脉状、条带状、细网脉状、蜂窝状、土状构造等。矿石中金主要以自然金和类质同象金（晶格金）两种类型存在。

5. 云南东川县播卡金矿

矿床地处南北向小江断裂西侧，是产于元古宙变质岩中金矿的典型代表，规模接近大型。

矿区主要出露中元古界昆阳群，其中美党组是主要赋矿地层。

受晋宁晚期强烈的东西向挤压剪切构造作用，使区内昆阳群基底全面褶皱回返，形成 S_1、S_0 为复合变形面的南北向脆韧性剪切断裂带、拖布卡复式向斜主干构造，并经后期多期次的构造叠加复合和改造作用，形成矿床现在的构造格局。区内的岩浆活动以基性侵入岩为主，形成了辉绿岩、辉长辉绿岩、辉绿玢岩等，其次为喷发作用形成的玄武岩。基性侵入岩主要侵入到昆阳群中，呈岩床、岩脉产出。

区内围岩蚀变比较发育，其中硅化、碳酸盐化和黄铁矿化最为常见，与金矿化关系密切。

矿床中金矿化带均分布于脆韧性剪切断裂带中。播卡金矿床可划分为新山、蒋家湾、凉水棚3个矿段和小水阱矿点等。新山矿段是播卡金矿床的主体。

矿石类型及矿物组合：地表及浅部以氧化矿石为主，中深部为低品位原生金属硫化物矿石。主要矿石类型有黄铁矿化石英脉金矿石、黄（褐）铁矿化硅化网脉状金矿石、黄铁矿化石英细脉浸染状金矿石和石英黄铁矿浸染状金矿石4种，其中黄铁矿化石英脉金矿石和黄（褐）铁矿化硅化网脉状金矿石是区内常见且富金的矿石类型。

矿石中已知矿物达40多种，主要金属矿物有黄铁矿，其次为方铅矿、黄铜矿和自然金，含微量闪锌矿、斑铜矿、磁黄铁矿和碲金银矿物；脉石矿物主要为石英和长石，次为角闪石、绢云母等。

矿石结构主要有粒状结构、隐晶质结构、碎裂斑状结构、细粒鳞片变晶结构、交代假象结构等。

矿石构造主要有块状、团块状、角砾状、蜂窝状、胶状、土状、条带条纹状、网脉状、晶簇状、皮壳状、千枚状构造等。

6. 云南广南县老寨湾金矿

老寨湾金矿床行政区划属于云南省广南县，达到大型规模。老寨湾金矿床地处文山-富宁断褶束、西畴拱凹北侧和文山-那洒弧形构造东段。

矿区主要出露古生界，由老到新依次为上寒武统、下奥陶统、下泥盆统等。其中，坡松冲组和闪片山组是矿床的主要出露地层。

矿床地处那洒短轴破背斜北东翼，构造表现形式为各期次断裂构造形成形态各异的单元块体，金矿体即产于两个单斜构造古隆起构造面上坡松冲组下部的不整合面中；断裂构造十分发育，部分断裂构造有矿化发育。

矿区围岩蚀变主要有硅化、褐铁矿化、黄铁矿化、辉锑矿化、碳酸盐化、黏土化、绢云母化等，其中前4种蚀变类型与金矿化关系较为密切。

老寨湾金矿床金矿体产于加里东期不整合面之上的坡松冲组硅化石英砂岩中。主要金矿体为椿树湾 V_3 矿体。该矿体呈似层状产出，局部出现膨大、分支复合现象。矿体控制标高1552.31～1896.00m，控制最大倾斜延深大于1100.00m。单工程矿体铅垂厚度1.36～36.76m，平均11.99m，金品位(1.00～4.15)×10^{-6}，平均1.78×10^{-6}。

老寨湾金矿床矿石自然类型按矿物共生组合可划分为硅化褐铁矿化石英砂岩型金矿石、石英岩型金矿石、黏土化弱褐铁矿矿化石英砂岩型金矿石及辉绿岩型金矿石4种；按矿石结构构造可划分为细粒浸染状金矿石、碎裂（角砾）状金矿石和致密块状金矿石3种。

矿石结构有细粒结构、粒状镶嵌变晶结构、变余砂状结构、隐晶质结构、溶蚀结构；矿石构造有细粒浸染状、块状、碎裂状构造和少量脉状构造。

矿石矿物有褐（黄）铁矿、辉锑矿，少量毒砂，偶见方铅矿；脉石矿物主要有石英、方解石、绢云母、碳酸盐、绿泥石、锆石及少量电气石等。

7. 西藏墨竹工卡县弄如日金矿

弄如日金矿位于西藏自治区墨竹工卡县境内，隶属于墨竹工卡县日多乡管辖。该矿规模为中型，勘查程度为详查。

弄如日矿区及周邻地区位居南冈底斯构造-岩浆带中段东部，大地构造隶属冈底斯-拉萨-腾冲陆块南部，属晚中生代古亚洲大陆南缘冈底斯板块的一部分（黄瀚霄，2011）。区域内主要出露晚中生代和早新生代地层，是冈底斯带近东西向构造线的重要组成部分。弄如日金矿区主要出露地层为上侏罗统—下白垩统林布宗组和中侏罗统叶巴组中酸性火山-沉积岩系(董随亮等,2010)。矿区出露的岩浆岩主要有钾长花岗岩和钾长花岗斑岩,分属于燕山晚期和喜马拉雅晚期。

金矿化主要产于蚀变围岩和沿张性裂隙充填的石英脉体中,蚀变围岩型矿石主要包含角岩型、蚀变花岗斑岩型和硅化角砾岩型3种矿石类型。矿石以浸染状和细脉状为主,其主要矿物组成包括自然金、铜锌矿、黄铁矿、毒砂、辉锑矿、黄铜矿、辉铜矿、胶黄铁矿和闪锌矿,脉石矿物主要有雄黄、石英、长石、方解石、独居石、黄钾铁矾和黏土矿物。石英脉体型矿石主要为黄铁矿、黄铁矿-毒砂石英脉,主要载金矿物为毒砂和富砷黄铁矿。该矿床脉体由早到晚依次划分为:黄铁矿-石英脉、毒砂-富砷黄铁矿-石英脉、辉锑矿-石英脉、雄黄-石英脉、碳酸岩脉。通过野外实地考察和室内镜下观察发现:成矿主要集中在黄铁矿-石英脉和毒砂-富砷黄铁矿-石英脉阶段,其中毒砂-富砷黄铁矿-石英脉为主要成矿阶段;辉锑矿-石英脉和雄黄-石英脉阶段时间较为接近,常同时出现,属于成矿晚期阶段;碳酸盐脉阶段叠加在早期各阶段上,主要表现为方解石脉、方解石-石英脉。

8. 贵州贞丰县烂泥沟金矿

烂泥沟金矿位于贵州省黔西南州贞丰县沙坪乡境内,地处贞丰、册亨、望谟三县交界处,隶属于沙坪乡管辖。该矿规模为超大型,勘查程度为勘探。

烂泥沟金矿在地质构造上位于南盘江褶断带南东部的册亨-望谟褶皱带,属于由扬子被动边缘碳酸盐岩台地演化而成的一个中晚三叠世周缘前陆盆地。

矿床位于碳酸盐岩台地边缘但就位于陆源碎屑岩盆地一侧褶皱和断裂作用最为强烈的构造部位。矿区构造样式总体表现为褶皱-断层组合,其中造山期间形成的北西向褶皱和逆冲断层控制了矿区的构造格架。

矿床主要发育两组褶皱,其中北西向褶皱控制了矿区的总体构造格局。矿床断裂构造可划分为3组,其中近南北向断层主要是长期活动的同生断层,也是主要的导矿构造。矿体主要赋存于断层破碎带中,其形态和矿化富集规律受断层几何特征和动力学特征控制。

矿化蚀变类型有10余种,以硅化、黄铁矿化为主,次为毒砂、辰砂、雄黄、辉锑矿、碳酸盐及黏土矿化等。黄铁矿是矿石中的主要载金矿物。

非金属矿物是矿石组分的绝对主量,其主要矿物有石英、黏土矿物、方解石、白云石、长石、白云母等;金属矿物含量极少,主要为金属硫化物,并以黄铁矿为主,其次有毒砂等。微细粒金主要赋存于金属矿物之中。金属矿物在矿石中的嵌布粒度都比较细小。此外,金属矿物还有雄(雌)黄、方铅矿、闪锌矿及黄铜矿等,其含量都相当低。

常见有自形—半自形粒状结构、他形粒状结构、自形—半自形针状结构、包含结构、环带结构、交代残余结构、压碎结构等。常见浸染状、细脉状、条带状、角砾状构造等。

9. 贵州贞丰县水银洞金矿

该矿位于贵州省黔西南地区贞丰县境内,隶属于贞丰县小屯乡管辖。该矿床规模为大型,勘查程度为勘探。

水银洞金矿位于南盘江-右江前陆盆地北部,弥勒-师宗断裂带和紫云-六盘水断裂带的夹持地带。

矿区地层有二叠系、下三叠统。区内构造较发育,主要有东西向、南北向和北东向3组褶皱断裂构造。其中近东西向的灰家堡背斜轴部及附近 F_{105}、F_{101} 轴向断裂构造是区内金矿的主要控矿构造。

金矿体主要沿灰家堡背斜核部向两翼约1000m范围内的中、上二叠统间的区域性滑脱构造,主断层旁侧的次生断裂及层间破碎带产出，矿体埋藏于地表150m以下。主矿体呈层状、似层状产出于灰家堡背斜，核部向两翼近500m范围内的生物碎屑灰岩中，产状与岩层产状一致，走向上具波状起伏并向东倾没，空间上具有多个矿体上下重叠、品位高、厚度薄的特点。

层控型矿体：主要为产于碳酸盐岩中的$Ⅲ_c$、$Ⅲ_b$、$Ⅲ_a$、$Ⅱ_f$矿体和产于Sbt中的$Ⅰ_a$矿体，$Ⅲ_c$与$Ⅲ_b$间相距25～35m，$Ⅲ_b$与$Ⅲ_a$间相距8～15m，$Ⅲ_a$与$Ⅱ_f$间相距5～11m。主矿体集中产出于龙潭组中部上、下60m范围内。

该矿位于主要矿体上或下的似层状矿体(13个矿体)，平均品位为6.29×10^{-6}，总资源/储量为5895.98kg，占矿床总资源/储量的10.78%。单个矿体规模小、品位低、分散，多由单工程控制。容矿岩石有碳酸盐岩、钙质砂岩。

断裂型矿体：由F_{105}控制的"楼上矿"和龙潭组地层中由F_{162}、F_{163}、F_{164}、F_{165}等隐伏的盲断层控制的矿体两部分组成。"楼上矿"产出于F_{105}破碎带及其上盘牵引背斜核部的虚脱空间，倾向南。矿体呈透镜状、似层状，因断层遭受强烈剥蚀，矿体分散零星，仅获得部分资源量。F_{162}、F_{163}、F_{164}、F_{165}控制的矿体呈透镜状产出于断层破碎带中，倾南东，倾角20°～45°。矿体具膨大收缩现象，断层切错碳酸盐岩地段。其破碎带变宽，矿体厚大，而切错黏土岩地段，则破碎带变窄，矿体薄甚至局部不可采。

矿石的结构主要有莓状结构、球状结构、胶状结构、自形晶结构、交代结构、假象结构、碎裂结构。

矿石构造有星散浸染状构造、缝合线构造、脉(网脉)状构造、晶洞状构造、生物遗迹构造、角砾状构造、条纹状构造、薄膜状构造等。

10. 四川松潘县东北寨金矿

矿区位于松潘县境内，隶属于松潘县漳腊区元坝乡管辖。该矿规模为特大型，勘查程度为详查。

东北寨金矿区域地层跨居于巴颜喀拉地层区马尔康地层分区金川地层小区与南秦岭地层区摩天岭地层分区九寨沟地层小区之间。主要由三叠纪低绿片岩相浅变质沉积建造所组成。其中新都桥组是形成东北寨式金矿最重要的矿源层和最有利的赋矿层，以黑色含碳质板岩建造为主。

区域上松潘地区中生代岩浆活动相对微弱，分布零散且局限分布于香蜡台-垮石崖逆冲断裂带及其以西的若尔盖中间地块区。

金矿床严格受控于垮石崖逆冲主断面之下的南北长4.4km、东西平均宽度不足100m的狭长构造蚀变岩带中，并主要由金占沟矿段的5个主矿体和老熊沟矿段8个主矿体及零散分布的其他10多个小矿体集聚组合而成。矿体长320～1360m，厚1.4～6.2m，平均品位$(3.95\sim4.36)\times10^{-6}$，控制深度250～300m，最深一个孔420m左右。

矿体呈似层状、透镜状、似脉状上下平行排列和产出于垮石崖主断面下0～140m的构造蚀变岩带中，尖灭再现或侧现、分支复合、膨胀收缩现象频繁显现。其中，尤以紧贴主断面产出的$Ⅱ_1$、$Ⅲ_1$、Ⅳ和$Ⅴ_1$号主矿体分布最稳定，单体规模相对最大，平均品位相对最富，与顶板石炭纪—二叠纪碳酸盐岩的断层分界标志也最明显。矿体总体走向南北，倾向正西，倾角变化较大，一般变化趋势是浅部缓(16°～45°)，深部陡(45°～85°)，局部直立乃至向东反倾。在横向上出现在肘状或弧形弯转构造部位的矿体，通常出现体态膨胀变厚现象，尤以老熊沟矿段的Ⅳ号和Ⅴ号矿体表现最为明显。

11. 四川九寨沟县马脑壳金矿

马脑壳金矿位于九寨沟县境内，隶属于九寨沟县黑河乡管辖。矿床规模为大型，勘查程度为勘探。

该金矿地质构造上处于西秦岭与松潘-甘孜地槽褶皱系的结合部位。矿区内赋矿地层为一套碳酸盐岩及泥砂质浊流沉积的变质岩系。本区岩浆岩不甚发育，仅在矿区中部出露少量花岗斑岩脉。矿区构造受区域性洋布梁推覆大断裂控制，矿区内主要断裂为沿软硬岩层界面发生的一组呈北西向展布的叠瓦状走向逆断层。由 F_2、F_3 断裂而形成的马脑壳脆-韧性剪切带是矿区内最主要的含矿构造破碎带，主要矿体均产于该破碎带中。

矿区岩石发生区域变质作用，主要有变质粉砂岩、变质泥质粉砂岩及钙质粉砂质板岩、绢云绿泥石化板岩，在断裂构造附近，发育有构造角砾岩、碎裂岩。矿区蚀变作用活动频繁，蚀变作用主要发育有硅化、褐铁矿化、黄铁矿化、碳酸盐化、绿泥石化；其次是雄黄、雌黄矿化，辉锑矿化，绿帘石化，均表现出以中低温热液蚀变为主。

矿体明显受地层岩性及构造的双重控制。马脑壳金矿化带主要产于区内倒转背斜北翼扎尕山组地层中发育的北西向顺层强劈理化构造破碎带内，其总体呈北西向延伸，平均走向 310°～320°，倾向北东，平均倾角 30°。该矿化带具较大规模，长度约 4km，宽度 200～500m，受后期断层切割破坏，分成两河口、马脑壳，及青山梁西、中、东 3 段，其中马脑壳矿段矿化较好，为主要矿体部分。

石英脉型金矿化依其矿物共生组合可划分为石英-黄铁矿-毒砂，辉锑矿-石英及石英-雄（雌）黄 3 种类型，其中前两者金矿化相对较强，品位一般为$(1.8\sim14)\times10^{-6}$；后者矿化较弱，品位一般小于 2×10^{-6}。该类型金矿化总体规模相对较小，长度一般几米至几百米，厚几厘米至几十厘米，沿走向、倾向延伸不大，除少数规模较大的辉锑矿-石英脉外，一般构不成独立金矿体。

矿石类型按主要工业矿物及金属硫化物的发育特征，有以下几种类型：金-黄铁矿-毒砂-石英型，金-辉锑矿-石英型，金-雄（雌）黄-石英-方解石型。主要矿石矿物有自然金、黄铁矿、毒砂、辉锑矿，次为白钨矿及雄（雌）黄；脉石矿物则以石英为主，含少量方解石及绢云母等。

常见的矿石结构有结晶粒状、葡萄状、填隙、环边、环带、放射状、胶状和交代残余结构等。常见构造则主要有块状、浸染状、疏松粉末状、脉状穿插及碎裂状构造等。

12. 西藏普兰县马攸木金矿

该矿床位于西藏普兰县境内，隶属于西藏阿里地区普兰县霍尔乡管辖。该矿规模为大型，勘查程度为详查。

马攸木金矿地质构造上位于雅鲁藏布江缝合带西段拉昂错-柴曲背斜中部近轴南翼。矿区出露地层主要为寒武系—震旦系齐吾贡巴群、奥陶系幕霞群、三叠系修康群和第四系。金矿床主要产于震旦系—寒武系齐吾贡巴群浅变质碎屑岩中。矿区内构造主要为北西向、近东西向断裂。脆性断裂构造是马攸木岩金矿区主要控矿构造。区域上岩浆岩从超基性岩到酸性岩均有分布，矿区内主要出露中酸性—基性岩体及各种中基性脉岩。

马攸木矿区自北向南分为 5 个矿带，目前主要对 Ⅰ～Ⅳ 矿带进行过勘查工作，已发现矿体 16 个，其中规模较大的有 8 个，分布于岩金普查区北侧及砂金一带。矿体形态主要呈透镜状、脉状和似层状，矿体产状变化较大，明显受断裂构造所控制。

根据矿石矿物的成分，将该矿床自然类型确定为次生氧化物-褐铁矿型和原生硫化物-硫盐型；根据矿物组合，可分为金-黄铁矿型，银金-硫盐型；根据矿石的组构特征，可以将矿石分为块状、变胶状、蜂窝状、脉状等自然类型。据浅井、钻探和坑探工程揭露情况看，矿石的氧化深度较深，各矿体范围内的矿石氧化深度都超过 5m。氧化淋滤主要沿矿体中的脆性断裂、裂隙面发育。

矿石中主要有用矿物为自然金、含银自然金-银金矿、自然银、褐铁矿（针铁矿、纤铁矿）、方铅矿等，次为黄铁矿、黄铜矿、硫锑铅矿、铜蓝、黝铜矿、硫锑铜银矿等，及少量斑铜矿、蓝辉铜矿、蓝铜矿、孔雀石等。在地表，金属硫化物矿物主要以氧化残留形式存在；在较深部，金矿物存在于硫化物-硫盐石英脉中。矿石中脉石矿物主要为石英、方解石，其次为绢云母、白云母、绿泥石等。

马攸木金矿床中矿石构造主要为脉状、网脉状、斑杂状、尘点状、蜂窝状、块状、胶状、浸染状、角砾状等构造，其次为片状、土状等构造。矿石的结构主要为自形—他形不规则粒状结构、环状结构、交代充填结构、反应边结构、骸晶结构及假象结构等。

13. 云南金平县长安金矿

该矿位于云南省金平县境内，隶属于金平县铜厂乡管辖。该矿规模为大型，勘查程度为勘探。

矿区地质构造上位于扬子-华南陆块区之金平陆缘坳陷。区域控矿围岩主要为下奥陶统向阳组。沿断裂带贯入大量的岩浆岩及脉岩类（喜马拉雅期），其边缘破碎裂隙中含金品位达工业要求。

矿体主要赋存于猛谢倒转背斜的南东转折端的西南翼，富碱斑岩接触构造破碎带和远离岩体围岩中的构造破碎带。主矿体（V_5）沿走向呈透镜状膨宽、窄缩变化，复合、分支显著；剖面上陡下缓，呈反“S”形变化，呈现“帚”状形态；走向340°，倾向NE40°～75°，倾角28°～60°，延长1800m，提交金资源量28 050kg，矿石量4 848 000t，金平均品位 5.79×10^{-6}。

矿石自然类型单一，以硅化砂岩型为主，可分为氧化矿石和硫化矿石；矿石工业类型主要为微细粒型金矿。矿石矿物主要有黄铁矿、毒砂、褐铁矿，少量黄铜矿、闪锌矿、方铅矿、铜蓝、辰砂。脉石矿物有石英、长石、白云石、绢云母等，少量方解石、白云母、水云母、蒙脱石、高岭石。

矿石结构有变余细砂结构、变余含粉砂泥质结构、显微鳞片粒状变晶结构、自形—半自形粒状结构、他形结构、镶嵌结构、包含结构、交代结构、反应边结构、假象结构。

矿石构造为碎裂状构造、角砾状构造、浸染状构造、细脉状构造、团块状构造。

围岩蚀变主要有碳酸盐化、硅化、绢云母化、黄铁矿化、毒砂化等。它们与金矿化的关系密切，其空间展布和蚀变强度控制着金矿化的空间分布和矿化强度。

14. 云南鹤庆县北衙金矿

该矿位于云南省大理州鹤庆县境内，隶属于北衙乡管辖。该矿床规模为超大型，勘查程度为勘探。

矿区在构造位置上位于上扬子陆块西南部的扬子西缘前陆逆冲带。区域上出露的主要地层有二叠系玄武岩组、下三叠统、中三叠统、第三系。北衙组为主要内生金矿含矿地层，丽江组及其与下伏地层的不整合面有外生型含砂砾黏土岩型金矿产出。区域控矿断裂主要为南北向断裂，次为东西向断裂。

本区为扬子西缘富碱斑岩带一部分，岩浆活动频繁，喜马拉雅期中酸性富碱斑岩侵入与金、银、铜、铅、锌、铁矿化关系密切。

矿化蚀变仅与内生型成矿作用密切相关。在正长斑岩类岩体内部的蚀变类型为硅化、钾化、绢云母化、绿泥石化、高岭土化、以黄铁矿化为主的金属硫化物矿化；岩体接触带富碱的接触交代蚀变为矽卡岩化、菱铁矿化、磁（赤）铁矿化，从正长斑岩到围岩具有明显分带性。

北衙金矿主要有两类矿体：一是内生型原生矿体，一是外生型矿体（红土型）。

内生型原生矿体主要有：①隐伏斑岩体内细脉浸染型硫化物Cu－Au矿体；②爆破角砾岩中Fe－Au矿体和Pb－Zn矿体；③斑岩上、下接触带中层状，似层状或透镜状，缓倾斜含Au磁铁矿矿体；④斑岩体平行接触带含Cu黄铁矿、方铅矿石英脉脉状矿体；⑤远离斑岩接触带灰岩中构造破碎带脉状、透镜状、似层状矿体。

外生型矿体（红土型）：产于丽江组（E_2l）底部砂砾黏土型含金褐铁矿矿体，总体产于古风化剥蚀面上，呈缓倾似层状面型分布，南北长 800m，倾斜宽 220m，矿体厚 1.00～17.42m，平均 6.66m，金品位(0.60～4.18)×10^{-6}，平均 1.64×10^{-6}。

矿石类型：①按成因有内生型金-多金属矿石和外生型含金砾砂黏土型矿石；②按自然类型有原生矿石和氧化矿石；③按含金岩石类型，可划分为 8 种工业类型，即褐(磁)铁矿型金-多金属矿石，磁(赤)铁矿型金-多金属矿石，灰岩型金-多金属矿石，石英正长斑岩型金-铜矿石，矽卡岩型金-磁铁矿矿石，爆破角砾岩型金-铁矿石，煌斑岩型金-铁矿石，含砾砂黏土型金-铁矿石。

原生型金矿石矿物组合有：①磁铁矿-黄铁矿-自然金-石英；②黄铁矿-黄铜矿-自然金-白云石，透辉石-石英；③黄铁矿-黄铜矿-自然金-石英；④褐铁矿-磁(赤)铁矿-自然金-石英、方解石、泥质矿物；⑤自然金-石英-泥质矿物；⑥自然金-角砾岩等。

氧化型金矿石矿物组合有：①赤铁矿-褐铁矿；②胶状氧化矿；③蚀变斑岩氧化矿；④蚀变角砾岩氧化矿等。

第二节　银

一、引言

1. 性质和用途

银(Ag)是一种白色金属，密度 10.5g/cm^3，硬度 2.7，熔点 960.8℃，沸点 2212℃。银具有很强的导电性、延展性和热传导性。银的可塑性好，可与许多金属组成合金，并具有较强的抗腐蚀性，耐有机酸、碱性。银易溶于硝酸或热的浓硫酸。由于银与金、铜、铅等元素的地球化学性质具有明显的相似性，以及银元素具有亲铜、亲硫、亲铁性，银在有色金属矿床中具有广泛的分布性，并多与铜、铅锌、金等金属元素共生或伴生。银是人类最早发现和开采利用的金属元素之一。约在 6000～5000 年以前的远古时代，人类就已经认识自然银，并且采集它；16 世纪以前，世界银矿的采冶中心在地中海和亚洲地区，最大的银矿在希腊、西班牙、德国和中国。

银传统上主要用于制造货币和装饰品。随着科学技术的发展，银已由传统的货币和首饰工艺品方面的消费逐渐转移到工业技术的应用与发展领域。目前，它在电子、计算机、通信、军工、航空航天、影视、照相等行业得到了广泛的应用。

银属铜型离子，亲硫，极化能力强。在自然界中，银常以自然银、硫化物、硫盐等形式存在。因其离子半径较大，又能与巨大的阴离子 Se 和 Te 形成硒化物和碲化物，主要矿物见表 4-6。

2. 矿床类型

银矿床可划分为独立银矿、共生银矿和伴生银矿，对于伴生银品位较低者，还可进一步划分为含银矿床。世界上，主要有 5 种银或富银矿床，即银矿床、含银的锌矿床、含银的铅矿床、含银的铜矿床和含银的金矿床。

中国银矿床主要有 6 种类型：碳酸盐岩型银(铅锌)矿，泥岩-碎屑岩型银矿，海相火山岩、火山-沉积岩型银矿，千枚岩片岩型银矿，陆相火山、次火山岩型银矿，脉状银矿。

3. 分布

世界银资源丰富，据统计，世界陆地银资源总量为 77.76×10^4 t（戴自希等，2002）。据美国地质调查局 2012 年报，世界银矿基础储量总量为512 000t，主要分布在秘鲁、智利、澳大利亚、波兰、美国、玻利维亚、加拿大、墨西哥和中国等国。

表 4-6　银的主要矿物

矿物名称	化学分子式	金属质量分数(%)
自然银	Ag	99.6
银金矿	(Ag,Au)	>50
锑银矿	Ag_3Sb	72.66
辉银矿	Ag_2S	87.10
深红银矿	Ag_3SbS_3	59.76
淡红银矿	Ag_3AsS_3	65.42
脆银矿	Ag_5SbS_4	68.33
辉锑银矿	$AgSbS_2$	36.72
硫铜银矿	AgCuS	53.01
辉锑铅银矿	$Pb_2Ag_3Sb_3S_8/Ag_3Pb_2Sb_3S_8$	23.78

注：部分矿物引自《矿产资源工业要求手册》，2012。

我国已在 28 个省（自治区、直辖市）发现并探明有银矿储量，主要集中在江西、云南、广东、广西和内蒙古等省（自治区），其中独立银矿储量较多的省份有广东、广西、四川、云南、河南、山西和内蒙古等省（自治区）。截至 2010 年，我国银矿基础储量为36 363.7t（《中国统计年鉴》，2011）。总体来说，我国独立银矿床不多。中国独立开采的银矿产量占 10%，来自铅锌矿的占 40%～50%，来自铜矿的占 20%，来自其他的 20%（《矿产资源工业要求手册》，2012）。

4. 银矿勘查工业指标

根据《银矿地质勘查规范》（DZ/T 0214—2002），银矿床地质勘查一般工业指标见表 4-7。

表 4-7　银矿床地质勘查工业指标一般要求

项目	单位	指标
边界品位（质量分数）	$\times10^{-6}$	40～50
最低工业品位（质量分数）	$\times10^{-6}$	80～100
矿床平均品位（质量分数）	$\times10^{-6}$	>150
最小可采厚度	m	0.8～1
夹石剔除厚度	m	2～4

二、资源概况

据不完全统计，截至2011年西南地区已发现银（共、伴生）矿床（点）共计633个，其中大型矿床39个，中型66个，小型141个，矿（化）点387个。独立银矿床（点）24个，共（伴）生矿床（点）619个（表4-8，图4-2）。

在西南地区，银矿在云南是优势矿种之一，已发现矿床（点）116个；其中，特大型1个，大型2个，中型5个。已查明资源储量20 499.34t，其中非伴生银矿77处，资源储量16 429t，占总探明资源储量的80.14%；伴生银矿39处，探明资源储量4070.34t，占探明总资源储量的19.86%。在四川，银矿主要共伴生赋存在以铅锌、铜等为主元素的矿床中，与银矿相关的铅锌矿59处、铜矿矿产地34处，共93处。其中大型矿床6个，中型矿床9个，小型矿床31个，共计46个，银矿累计查明资源储量7631t；在西藏，银矿资源丰富，目前均以共伴生银矿为特征。据不完全统计，目前西藏全区已发现的共伴生银多金属矿床、矿点及矿化点401个，其中大型以上矿床10个，中型矿床20个，小型矿床49个，矿点数164个，矿（化）点数158个，初步查明共伴生银矿资源量31 569.33t；目前，贵州已发现几处中小型矿床，资源储量有限；重庆地区尚无达到工业品位的独立银矿，多为铅锌矿石的伴生组分，或者为元素化探异常。

表4-8　西南地区主要银矿床简表（中型及以上）

矿床编号	名称	矿床规模	矿床类型	勘查程度
2	四川白玉呷村银铅锌矿床	大型	海相火山岩型	勘探
5	四川白玉嘎衣穷银铅锌矿床	中型	海相火山岩型	普查
8	四川巴塘砂西银矿床	超大型	脉型	普查
9	四川巴塘夏塞银铅锌多金属矿床	中型	脉型	详查
12	云南兰坪下区五多金属矿床	大型	碳酸盐岩型	普查
13	云南白秧坪铅锌银铜钴多金属矿床	中型	脉型	普查
16	云南兰坪白秧坪吴底厂铅锌银铜矿	中型	脉型	普查
17	云南澜沧老厂铅锌银多金属矿床	大型	海相火山岩型	勘探
18	云南蒙自白牛厂银多金属矿	大型	矽卡岩型	勘探
20	云南鲁甸乐马厂银矿床	大型	碳酸盐岩型	勘探
24	贵州威宁横坡银矿床	中型	碳酸盐岩型	普查
28	西藏那曲尤卡朗铅银矿床	中型	脉型	普查
30	西藏察雅都日铅银矿床	中型	脉型	详查
31	西藏江达格拉贡铅锌银矿床	中型	脉型	普查
34	四川会理天宝山铅锌矿床	大型	碳酸盐岩型	勘探
35	四川会东大梁子铅锌矿床	大型	碳酸盐岩型	勘探
36	西藏扎西康铅锌锑银多金属矿床	大型	脉型	勘探

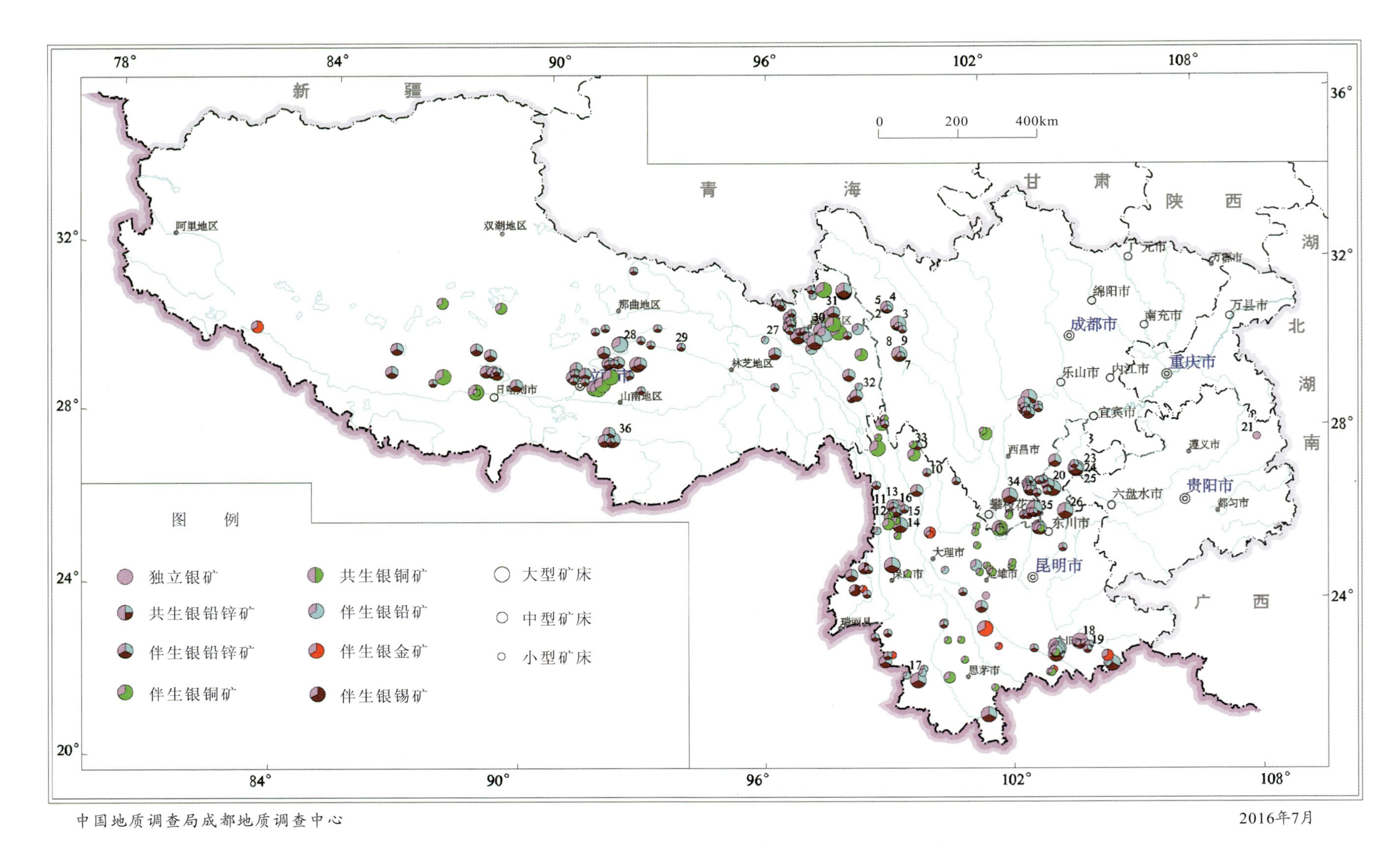

图4-2　西南地区主要银矿床点分布图(图中数字为矿床编号)

三、勘查程度

西南地区银矿勘查程度较低，特别是西藏地区，多数还停留在预查和踏勘阶段。仅少量大、中型矿床勘查程度较高。据不完全统计，西南地区银矿勘查程度达到勘探的有52个，详查38个，普查46个(表4-8)。

四、矿床类型

西南地区银矿主要赋存于以铅锌、铜等为主元素的矿床中，银矿与铅锌矿、铜矿呈同体共伴生产出，独立银矿床比较少见。在西南地区与银矿相关的铅锌矿、铜矿产地数量众多，赋矿层位多，分布范围广，含矿建造多样，矿床类型也比较复杂。

西南地区银矿按工业类型划分主要有碳酸盐岩型银(铅锌)矿，泥岩-碎屑岩型银矿，海相火山岩、火山-沉积岩型银矿，脉状银矿和矽卡岩型(表4-8)。

五、重要矿床

1. 云南鲁甸乐马厂银矿床

该矿床位于云南省东北部昭通地区鲁甸县城250°方向，平距23km。矿区长5.26km，宽1.27km，面积6.70km²。矿床由北至南划分为银厂坡、弯腰树、观音山、黄石共山、老君山、龙井6个矿段，其中老君山矿段工作程度达详查。经普查探明其为大型独立富银矿床，银平均品位209.79×10^{-6}。

矿床在地质构造上位于扬子地台西缘滇东台褶带的滇东北台褶束内，小江断裂之东的次级北东向乐马厂断裂带中部。矿区处于龙头山背斜核部，东邻小寨向斜，西连大佛山向斜。矿体产于龙头山背斜核部的逆冲-推覆断裂带中，断裂构造对成矿有利，矿体分布、产状均受断层控制。

矿区出露地层有上震旦统灯影组(Z_3dn)白云岩，寒武系砂、泥岩和白云岩，下、中奥陶统(O_{1+2})石英砂岩夹白云岩，中泥盆统(D_2)曲靖组的白云岩，下二叠统铝土岩和灰岩。出露地层总厚度达1500m。

矿区已发现银矿体8个，其中Ⅰ号主矿体即产于F_1号断层破碎带中上部的碎裂岩带中，矿体长720～1460m，宽50～450m，平均厚8.78m，剖面形态呈透镜状，平面上呈NE20°方向展布的长透镜状，与断层总体走向一致。银的品位$(50\sim625.7)\times10^{-6}$，平均$209.79\times10^{-6}$。

矿石类型及矿物组合：矿石有氧化矿和硫化矿两种，以硫化矿为主。按矿石化学组分划分为碳酸盐类型(CaO、MgO含量32%～50%)和碎屑岩类型(SiO_2平均含量26.92%～56.60%)。矿石矿物成分复杂，有方铅矿、闪锌矿、黄铜矿、黝铜矿、黄铁矿、自然银、辉银矿、硫铜银矿、辉铜银矿、马硫铜银矿、辉锑银矿等。脉石矿物有白云石、方解石、重晶石。

矿石结构以自形—他形粒状结构为主，次为交代溶蚀、包含、骸晶似文象、网脉充填、边缘结构等。矿石构造有碎裂构造、角砾状构造、浸染状构造、斑点状构造、脉状构造、网脉状构造。

矿床围岩蚀变主要有铁-锰化、铁锰碳酸盐化、硅化、铜矿化、铅锌矿化和黄铁矿化等。

2. 云南澜沧老厂铅锌银多金属矿床

老厂铅锌银多金属矿床位于澜沧县城北西约30km，隶属于澜沧县竹塘乡管辖。该矿床的工作及研究程度高，铅锌金属储量达大型，共生银矿为中型。

该矿床位于滇西澜沧裂谷北段，矿区内主要控矿构造为老厂背斜及 F_3 断裂。矿区出露地层有中—上石炭统、下二叠统为碳酸盐岩，是区内脉状铅锌银多金属矿床的赋矿层；早石炭世火山-沉积岩（依柳组）是层状（似层状）铅锌银铜多金属矿体的主要容矿层之一。矿区岩浆岩较发育，主要含矿层下石炭统依柳组为中—基性火山岩、火山碎屑岩夹灰岩透镜体。

矿区已有原生矿体 138 个，按成矿作用、矿化类型、产出层位和控矿构造等的不同，将矿区矿体分为 6 个矿体群（李峰等，2009）。至 1994 年 12 月共批准原生矿储量：Pb 32.08×10^4t，Zn 20.29×10^4t，Ag 1363.8t，Cu（含伴生）1.74×10^4t，硫铁矿（含伴生）283.6×10^4t。伴生有益组分储量：Au（品位 0.13×10^{-6}）805kg，In（品位 0.0024%）148.6t，Cd（品位 0.022%）1362.4t，Ga（品位 0.0012%）74.3t。

矿石结构有沉积-成岩成因的草莓状结构，也有热液充填-交代成因的交代-溶蚀结构、交代残余结构、细脉—网状充填交代结构、固溶体分离结构、胶体自形重结晶结构等。矿石构造有胶状组构、块状构造、稠密浸染状构造、层纹状构造、角砾状构造、条带状构造、脉状构造、晶洞状构造等。

3. 四川巴塘夏塞银多金属矿床

夏塞银多金属矿床位于四川西部高原巴塘县茶洛乡，是一个花岗岩体外接触带的中低温热液脉型银多金属矿床，其资源量（333+334）Pb+Zn：217 000t，Ag：919t，为中型规模。

夏塞银多金属矿位于川西义敦岛弧造山带主弧带的中段，绒依措花岗岩体外接触带浅变质岩中。区域上出露地层以上三叠统为主，上二叠统—中三叠统以及第三系零星分布。区内中酸性和酸性岩浆侵入活动十分强烈，形成的岩体多集中分布在东、中两个亚带上，超基性岩主要沿德格-乡城大断裂分布。

矿区断裂构造发育，走向以北北西—北西向为主，倾向南南西，断面呈波状，断层性质多为逆冲断层，破碎带宽 5～30m 不等。矿体主要受花岗岩体边界和北北西—北西向顺层构造破碎带控制，并围绕岩体外接触带分布。

矿区内围岩蚀变较发育，蚀变类型以硅化、绢云母化、钠长石化、萤石化、绿泥石化、黄铁矿化、碳酸盐化为主，次为角岩化，岩体附近有矽卡岩化。

该矿床已控制 16 个矿体（带），其中主矿体（带）Ⅰ、Ⅱ、ⅩⅣ号 3 个，矿体（带）均受断层控制，产状与断裂基本一致，矿体在矿带中呈大脉状、透镜状、囊状间隔产出，赋存于次级北西和北北西两组断裂破碎带中，具有尖灭再现、分支、复合、膨缩现象。矿带长 30～2800m，厚度 5～8m。矿石含 Ag $(331.01\sim465.57)\times10^{-6}$，Pb 2.87%～6.58%，Zn 1.23%～2.85%。

该矿床矿石中主要金属矿物有 5 类：含银矿物、硫化物矿物、硫盐矿物、氧化物、自然元素。非金属矿物有石英、绢云母、方解石、绿泥石、绿帘石、阳起石等。矿石主要结构有自形晶结构、填隙结构、骸晶结构、交代乳浊状结构；块状构造、斑杂状构造、条带状构造、角砾状构造、脉状—细脉状构造等。矿石类型有富银铅锌矿石、银铅锌矿石、银多金属矿石和银锌矿石 4 种。矿石中银品位一般 $(40\sim819)\times10^{-6}$，矿体平均品位变化于 $(249\sim643)\times10^{-6}$ 间。银与铅呈高度的正相关，相关系数为 0.9；银与锌的相关系数为 0.4。

六、成矿潜力与找矿方向

西南地区银矿主要与铅锌矿、铜矿共伴生产出，独立产出的银矿较少，与铅锌矿、铜矿共伴生产出的银矿在地质历史各个时期均有发生，其中尤以中生代和新生代产出最多，成矿潜力巨大，详细情况可见第三章铅锌矿和铜矿有关部分。

西南地区银矿在空间分布上，可划分为10个主要银矿找矿远景区：昌都找远景区（Ⅰ）、丁钦弄找矿远景区（Ⅱ）、白玉-巴塘找矿远景区（Ⅲ）、汉源-甘洛找矿远景区（Ⅳ）、中甸-兰坪找矿远景区（Ⅴ）、鲁甸-会东找矿远景区（Ⅵ）、澜沧-勐腊找矿远景区（Ⅶ）、蒙自-麻栗坡找矿远景区（Ⅷ）、日喀则-拉萨找矿远景区（Ⅸ）、错美-隆子找矿远景区（Ⅹ）。

第三节 铂族元素

一、引言

1. 性质和用途

铂族金属包括铂、钯、锇、铱、钌和铑，由于它们具有许多优良特性，如具有优良的催化活动性、在很宽的温度范围内能保持化学上的惰性、熔点高、耐磨擦、耐腐蚀、延展性强、热电稳定性强以及颜色美观等，被广泛用于石油、化学、汽车、电子、电气、精密仪器、航空航天和玻璃工业，以及医疗和珠宝首饰等方面。其中铂的用途最广，用量也最多。主要消费领域：汽车催化转化器生产和珠宝业约占总消费量的70%以上；其他电器和电子业、化学工业、石油工业、玻璃制造和投资等约占30%。

目前发现的铂族矿物、含铂族元素的矿物已超过80种，加之变种和未定名的矿物已达200多种。自然界中，铂族金属主要呈自然元素、自然合金、锑化物、硫化物、硫砷化物和铋碲化物的单矿物存在，部分呈类质同象存在于硫化物中（黄铜矿、镍黄铜矿、紫硫镍矿等），常见矿物见表4-9。

表4-9 铂族主要矿物

矿物名称	化学式	元素种类	一般含量(%)
自然铂	Pt	Pt	83.2～100
铁自然铂	Pt,Fe	Pt	74.8～90.22
等轴铁铂矿	Pt_3Fe	Pt	82.50
砷铂矿	$PtAs_2$	Pt	46.06～59.3
碲铂矿	$PtTe_2$	Pt	31.0～46.03
铋碲铂矿	$Pt(Te,Bi)_2$	Pt	30.34～41.0
铱砷铂矿	$(Pt,Ir)As_2$	Pt	44.9～45.7
		Ir	10.7～12.0
锑钯矿	$Pd_{5+x}+Sb_{2-x}$	Pd	66.9～70.8
碲钯矿	$PdTe_2$	Pd	21.7～33.0
铋碲钯矿	$Pd(Te,Bi)_2$	Pd	25.6
单斜铋钯矿	$PdBi_2$	Pd	17.6～20.3
硫砷铑矿	RhAsS	Rh	41.03
砷钌矿	RuAs	Ru	43.4～44.7
硫砷铱矿	IrAsS	Ir	55.3～66.5
峨眉矿	OsAs	Os	46.5～51.2
锇铱矿	IrOs(Ir>Os)	Ir、Os	96
铱锇矿	OsIr (Os> Ir)	Os、Ir	90～98

注：引自《矿产资源工业要求手册》，2012。

2. 矿床类型

世界铂族金属矿床主要有 3 种类型：①含铂铜-镍硫化物矿床，它是世界铂族金属储量和资源的主要来源；②含铂铬铁矿矿床；③砂铂矿床。

3. 分布

据《世界矿产资源年评》，至 2008 年底，世界铂族金属探明储量为 7.1×10^4t，储量基础 8×10^4t，主要分布在南非、俄罗斯、美国、加拿大。其中 90％的储量产于南非的布什维尔德杂岩体中，世界铂族金属资源估计在 10×10^4t 以上。

中国铂族金属资源比较贫乏，至 2008 年底，中国铂族金属查明基础储量为 14.7t，主要集中在甘肃金川铜镍矿中，占 48.1％，云南弥渡金宝山铂钯矿占 14.2％，四川丹巴杨柳坪铂钯矿占 12.4％。

4. 铂族金属矿床勘查工业指标

目前对铂族金属矿床的评价无专门的工业指标。铂族金属形成独立的矿床较少，主要是从开采与超基性岩有关的铜、镍矿床中综合回收，因此无单独的品位要求，有多少算多少。铂族金属常与铜、镍、钴、金、硒、碲等共伴生，其砂矿常与金在一起，要注意综合评价。铂族金属地质勘查一般工业指标如表 4－10 所示。

表 4－10　铂钯矿地质勘查工业指标

<table>
<tr><th colspan="2">矿床类型</th><th>金属种类</th><th>边界品位（$\times10^{-6}$）</th><th>最低工业品位（$\times10^{-6}$）</th><th>块段品位（$\times10^{-6}$）</th><th>最小可采厚度(m)</th><th>夹石剔除厚度(m)</th></tr>
<tr><td rowspan="5">原生矿床</td><td rowspan="3">超基性岩含铜镍型矿床</td><td>Pt+Pd</td><td>0.3～0.5</td><td>≥0.5</td><td>1.0</td><td rowspan="3">1～2</td><td rowspan="3">≥2</td></tr>
<tr><td>Pt</td><td>0.25～0.42</td><td>≥0.42</td><td>0.84</td></tr>
<tr><td>Pd</td><td>1.25～2.1</td><td>≥2.10</td><td>4.20</td></tr>
<tr><td rowspan="2">伴生矿床</td><td>Pt、Pd</td><td colspan="3">0.03</td><td rowspan="2"></td><td rowspan="2"></td></tr>
<tr><td>Os、Ir、Ru、Rh</td><td colspan="3">0.02</td></tr>
<tr><td rowspan="6">砂矿床</td><td rowspan="3">松散沉积型矿床</td><td>Pt+Pd</td><td>0.03 g/m^3</td><td>≥0.1 g/m^3</td><td></td><td rowspan="6">0.5～1</td><td rowspan="6">1</td></tr>
<tr><td>Pt</td><td>0.025 g/m^3</td><td>0.085g/m^3</td><td></td></tr>
<tr><td>Pd</td><td>0.125 g/m^3</td><td>0.42g/m^3</td><td></td></tr>
<tr><td rowspan="3">砂砾岩型矿床</td><td>Pt+Pd</td><td>0.1～0.5 g/m^3</td><td>1～2g/m^3</td><td></td></tr>
<tr><td>Pt</td><td>0.085～0.42g/m^3</td><td>0.84～1g/m^3</td><td></td></tr>
<tr><td>Pd</td><td>0.42～2.1 g/m^3</td><td>4.2～8.4g/m^3</td><td></td></tr>
</table>

注：引自《矿产资源工业要求手册》，2012。

二、资源概况

中国西南地区成矿条件好，是铂钯矿床重要成矿区，资源丰富。截至 2010 年，已查明矿床 11 个，矿点多个（图 4－3）。其中大型矿床（铂族金属＞10t，镍金属＞10×10^4t）2 个，中型矿床（铂族金属 2～10t）4 个，小型矿床（铂族金属 0.4～2t）5 个。区内分布有驰名中外的金宝山大型铂钯矿床和杨柳坪大型铂镍矿床。

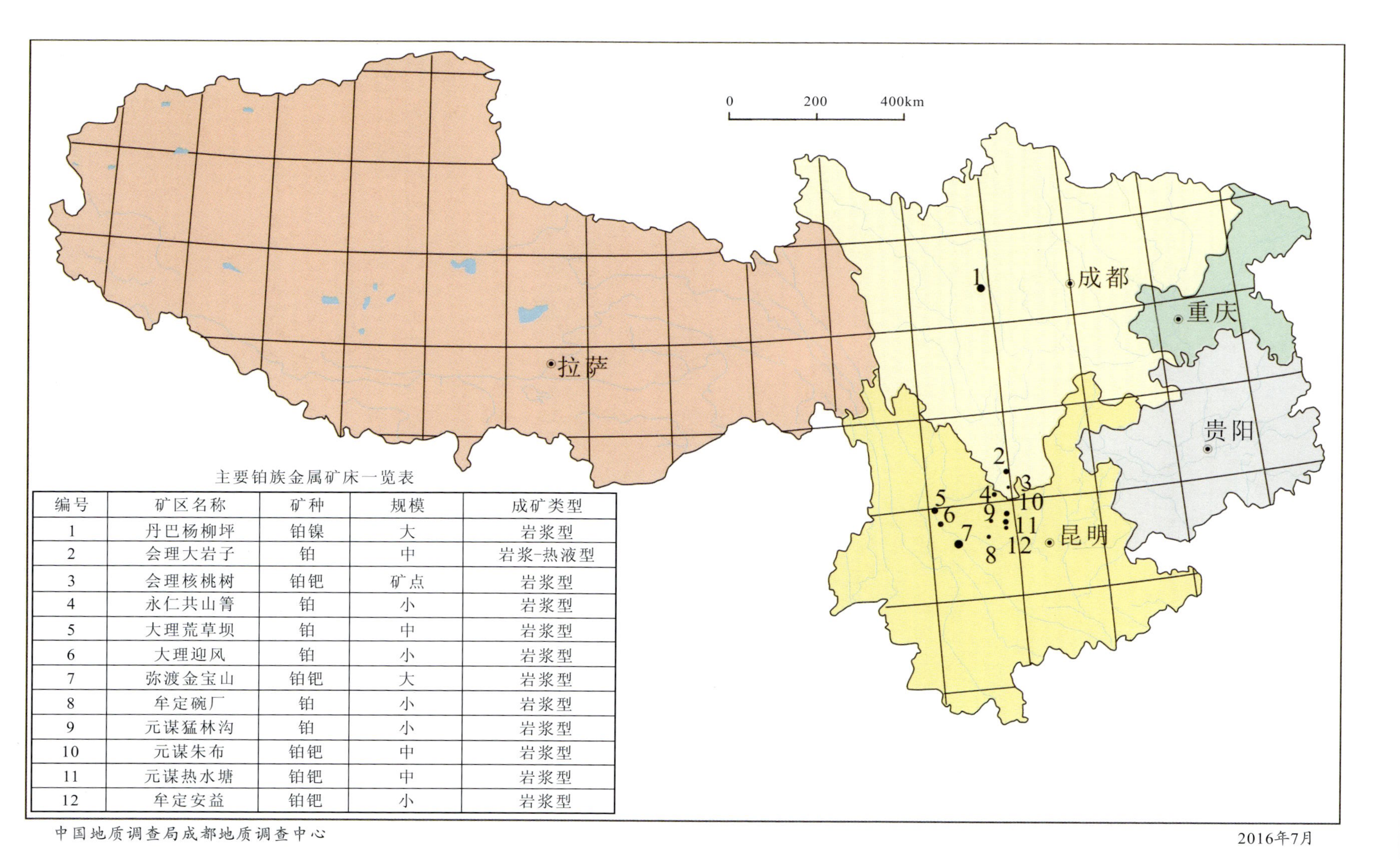

主要铂族金属矿床一览表

编号	矿区名称	矿种	规模	成矿类型
1	丹巴杨柳坪	铂镍	大	岩浆型
2	会理大岩子	铂	中	岩浆-热液型
3	会理核桃树	铂钯	矿点	岩浆型
4	永仁共山箐	铂	小	岩浆型
5	大理荒草坝	铂	中	岩浆型
6	大理迎风	铂	小	岩浆型
7	弥渡金宝山	铂钯	大	岩浆型
8	牟定碗厂	铂	小	岩浆型
9	元谋猛林沟	铂	小	岩浆型
10	元谋朱布	铂钯	中	岩浆型
11	元谋热水塘	铂钯	中	岩浆型
12	牟定安益	铂钯	小	岩浆型

图 4-3 西南地区主要铂族金属矿床分布图

三、矿床类型

中国西南地区具有工业价值的铂钯矿床多属岩浆型，按伴生组分的不同可划分为 2 种类型，即硫化物铂钯矿床和钛磁铁矿铂钯矿床，以前者为主要类型。

四、重要矿床

1. 弥渡金宝山铂钯矿床

金宝山铂钯矿床是一个大型矿床，矿体呈似层状多“层”产出。矿体围岩主要为单辉橄榄岩，少数为橄辉岩、辉石岩，外接触带围岩及岩体内基性岩块中也有少量小矿体或矿化。岩体的底部、中部和上部均有矿体赋存，但主矿体赋存在底部和中部。主矿体均呈似层状产出，大而稳定，其产状与岩体产状一致，随岩体起伏而起伏。矿体和围岩呈渐变过渡关系，全凭样品化学分析结果确定矿体界线。

按矿石中金属硫化物的密集程度和产出形态划分，矿石类型几乎全部为稀疏浸染型，局部出现斑点状、海绵陨铁状、豆状或微细脉状矿石。此外，在构造破碎带中，局部有被硫化物充填胶结的角砾状矿石。

矿石结构以自形—半自形晶粒结构、半自形—他形粒状结构及交代结构为主，次为似文象—花岗结构、连晶结构、乳浊状结构，地表矿石偶见胶状结构。

矿石构造以星点浸染状为主，次为细脉—显微网脉状、网环状、海绵陨铁状、空心豆状或水滴状构造，局部出现角砾状构造。

矿石中铂族矿物含量低，但种类多，现已查明有 7 类(自然元素、锡化物、锑化物、碲化物、铋碲化物、砷化物及硫化物)25 种，其中以锑钯矿、砷铂矿、碲铂矿、六方锑钯矿、铁铂合金、硫铂矿、等轴铋碲钯矿、等轴锡钯铂矿、锡钯铂矿等为主。自然金属矿物甚少，除有铂、钯、金、银的自然金属外，还见有自然铬、自然铜、自然铋等。

2. 牟定安益钛磁铁矿铂钯矿床

该矿床系钛磁铁矿与铂钯矿共生的矿床，矿体赋存于岩体中部含二长钛磁铁矿单辉岩带的底部和含二长单辉岩带的顶部，呈层状产出，以 $Pt+Pd>0.2\times10^{-6}$ 为边界圈定矿体时，矿体厚 72～118m，$Pt+Pd$ 平均达 $(0.3\sim0.55)\times10^{-6}$。矿体呈层状产出，少量铂钯矿呈脉状产出。矿体铂钯含量在垂向上的变化规律是上、下部贫，中部较富。矿体在横向上的变化是，中部厚度略大，品位略高，矿层稳定；边部品位较低，厚度较薄，矿化不稳定，有分叉尖灭现象。矿体与围岩呈渐变过渡关系，全凭化验结果圈定矿体界线。

五、成矿潜力与找矿方向

已知的硫化物铂钯矿床分布于宁蒗-弥渡、金平、西昌、元谋-绿汁江、丹巴和马关-富宁各岩带，它们分别位于扬子陆块西缘及其邻接的构造带内，而马关-富宁岩带则位于越北古陆的北缘，这些岩带的形成均与古陆边缘长期活动的深大断裂如程海-宾川、元谋-绿汁江、安宁河、哀牢山、红河、普渡河等断裂有关，特别是海西期岩浆旋回对川滇地区基性—超基性岩带及铂钯的形成与分布具有十分重要的意义。

蚀变作用强烈的岩体有利于成矿，如金宝山铂钯矿、杨柳坪铂镍矿都有此特点。杨柳坪含矿岩体普遍蛇纹石化、滑石化和次闪石化。金宝山含矿岩体在自变质阶段有蛇纹石化、透（次）闪石化、绿泥石化、叶蛇纹石化与叠加次闪石化、滑石化、碳酸盐化及硅化；接触变质阶段有滑石化、碳酸盐化、绿泥石化、角岩化。铂钯矿化与自变质的叶蛇纹石化、次闪石化和碳酸盐化有关。

根据西南地区铂钯矿床成矿地质条件、时空分布等特征，划分出以下6个找矿远景区：元谋找矿远景区（Ⅰ）；丹巴找矿远景区（Ⅱ）；攀枝花找矿远景区（Ⅲ）；金河-箐河断裂沿线及盐源-盐边找矿远景区（Ⅳ）；滇西找矿远景区（Ⅴ）；景谷半坡找矿远景区（Ⅵ）。

第五章　稀有金属矿产

一、引言

稀有金属，通常指在自然界中含量较少或分布稀散的金属，它们难于从原料中提取，在工业上制备和应用较晚。根据元素的物理和化学性质、赋存状态、生产工艺以及其他一些特征，一般分为以下5类。

稀有轻金属：包括锂(Li)、铷(Rb)、铯(Cs)、铍(Be)。

稀有难熔金属：包括钛(Ti)、锆(Zr)、铌(Ni)、钽(Ta)。

稀有分散金属：简称稀散金属，包括镓、铟、铊、锗、铼，以及硒、碲。

稀有稀土金属：简称稀土金属，包括钪、钇及镧系元素。

稀有放射性金属：包括天然存在的钫、镭、钋，锕系金属中的锕、钍、镤、铀，以及人工制造的锝、钷、锕系其他元素和104号至107号元素。

1. 性质与用途

铌、钽：铌(Nb)又名钶(Cb)，铌是银白色金属，原子序数41，密度8.66g/cm^3，沸点5127℃，熔点2468℃。钽(Ta)是深灰色的耐熔金属，原子序数73，密度17.10g/cm^3，沸点5427℃，熔点2996℃。铌、钽具有强度高、抗疲劳、抗变形、抗腐蚀、导热、超导、单极导电及吸收气体等优良特性。

它们在电气工业中被用于制造无线电、雷达、X射线设备的零件、微型电容器、真空设备材料、受热元件、强力发射管、整流器、电子计算机记忆装置，超导合金制造大功率磁铁。铌酸盐、钽酸盐可作压电和光电材料。用于制造原子反应堆结构材料和防护材料，制造火箭和导弹的喷嘴及切削工具和钻头等；各种合金钢在铁路、桥梁、管道、造船、汽车、飞机、机械制造等方面广泛应用。钽在医学上钽片、钽条，可代零星骨骼，钽丝可作医用缝合线(《矿产资源工业要求手册》，2012)。

铍：铍(Be)原子序数4，密度1.85g/cm^3，熔点(1278±5)℃，属于轻金属。致密的铍呈浅灰色，粉状为深灰色，有良好的耐腐蚀性和高温强度，导热率大，良好的辐射透过性和对中子慢化、反射及红外线的反射性能。

铍是国防工业上的重要材料，金属铍被用作原子能反应堆的防护材料和制备中子源。在宇航和航空工业，被用于制造火箭、导弹、宇宙飞船的转接壳体和蒙皮，大型飞船的结构材料，制作飞机制动器和飞机、飞船、导弹的导航部件，火箭、导弹、喷气飞机的高能燃料的添加剂。

锂：锂(Li)是最轻的碱金属。锂元素有^{6}Li、^{7}Li两个同位素，常见的为正一价的化合物。金属锂为银白色轻金属，密度为0.534g/cm^3，熔点为180.54℃，沸点1317℃，硬度0.6。它比铅软，富延展性，可溶于液氧。原子能工业锂的同位素^{6}Li是制造氢弹不可缺少的原料。飞机、导弹和宇航工业利用锂及其化合物制成的高能燃料，在高空飞机、载人飞船、潜艇密封仓中作为CO_2的吸附剂。铝锂、镁锂合金可用于航空航天飞机的结构材料。

锆:锆(Zr)原子序数40,是重要的稀有金属,锆金属有银灰色致密状及深灰色到黑色的粉末状两种,熔点1850℃,密度6.49g/cm^3。锆耐高温,抗腐蚀、易加工,机械加工性能好,是原子能工业的重要材料,广泛用于原子反应堆、核潜艇和铀棒保护外壳的结构材料,在无线电、电气工业中生产X光管、电子管、回转加速器及特种电子仪器等;可用于制造火箭喷嘴、喷气发动机叶片等;国防上生产武器、特种用途的火药和照明弹;锆在耐火材料、玻陶生产中用量很大;在轻化工业中用以制革、有机合成催化剂;还用于医疗、纺织等工业。

锶:锶(Sr)金属呈银白色,性质活泼;锶在自然界不能以单质形态存在,只能以化合物形式出现。锶的密度2.54g/cm^3,熔点769℃,沸点1384℃。锶元素有4个同位素,即^{84}Sr、^{86}Sr、^{87}Sr、^{88}Sr,其中^{87}Sr是^{87}Rb天然衰变的产物。锶的稳定同位素,核裂变的产物^{90}Sr是放射性同位素,对动物和人体健康有害。

锶在钢铁工业中可作为脱硫、脱磷剂,还可用作难溶金属的还原剂和电解锌生产中的脱铅剂及冶炼特种合金,以及耐久的原子电池。锶的化合物碳酸锶主要用于生产彩色电视机和计算机显像管的荧光屏玻璃;铁酸锶可制造锶铁氧体的磁性材料;硝酸锶和硫酸锶的化合物是生产信号弹、曳光弹、照明弹和礼花焰火的材料;铬酸锶和硫化锶可作为各种颜料的配色和主色,添加到涂料中可防腐、防锈、耐高温。锶化物在制糖、制药、石油钻井泥浆都有应用。

铪:铪(Hf)原子序数72,为光亮的银白色金属,熔点2150℃,沸点4602℃,原子密度13.31g/cm^3(20℃时)。纯铪具可塑性、易加工、耐高温抗腐蚀,是原子能工业重要材料。铪的热中子捕获截面大,是较理想的中子吸收体,可作原子反应堆的控制棒和保护装置;铪粉可作火箭的推进器。在电器工业上可制造X射线管的阴极,电灯丝和电子管内的吸气剂。铪的合金可作火箭喷嘴和滑翔式重返大气层的飞行器的前沿保护层,Hf-Ta合金可制造工具钢及电阻材料。

铷:铷(Rb)原子序数37,为银白色的轻金属,质软,密度1.53g/cm^3,熔点很低(38.89℃),沸点688℃。在空气中能自燃,遇水激烈燃烧甚至爆炸。具有较高的正电性和最大的光电效应。铷可用于制造电子器件、分光光度计、自动控制、光谱测定、彩色电影、彩色电视、雷达、激光器,以及玻璃、陶瓷、电子钟等;在空间技术方面,离子推进器和热离子能转换器需要大量的铷;铷的氢化物和硼化物可作高能固体燃料。

铯:铯(Cs)原子序数55,为银白色的轻金属,其特性与铷相似,沸点690℃,熔点28.5℃,20℃时固态密度为1.90g/cm^3,40℃时液态密度为1.827g/cm^3,具延展性。铯的用途与铷相同外,可制造人工铯离子云、铯离子加速器,以及反作用系统材料,是制造原子钟和全球卫星定位系统不可缺少的材料,其氧化物可作高能固体燃料,放射性铯用于辐射化学、医学、食品和药品的照射等。

稀有金属主要矿物及其英文名、化学式见表5-1。

表5-1 主要稀有金属矿物及其化学式

矿物类型	矿物名称	英文名称	化学式
主要锂矿物	锂辉石	Spodumene	$LiAl[Si_2O_6]$
	锂冰晶石	Cryolithionite	$Na_3Li_3Al_2F_{12}$
	硼锂铍矿	Rhodizite	$(K,Cs)_2(Al,Li)_8[Be_3B_{10}O_{27}]$
主要铌钽矿物	铌铁矿	Columbite	$FeNb_2O_6$
	钽铁矿	Tantalite	$FeTa_2O_6$
	铌锰矿	Maganocolumbite	$MnNb_2O_6$
	钽锰矿	Manganotantalite	$MnTa_2O_6$

续表 5-1

矿物类型	矿物名称	英文名称	化学式
主要铯矿物	铯榴石	Pollucite	$Cs[AlSi_2O_6]\cdot nH_2O$
	氟硼钾石	Avogadrite	$(K,Cs)[BF_4]$
主要铍矿物	绿柱石	Beryl	$Be_3Al_2[Si_6O_{18}]$
	蓝柱石	Euclase	$Al[BeSiO_4](OH)$
	金绿宝石	Chrysoberyl	Al_2BeO_4
	硅铍石	Phenakite	$Be_2[SiO_4]$
	铍石	Bromelite	BeO
主要锆(铪)矿物	锆石	Zircon	$Zr[SiO_4]$
	铪锆石	Hafnon	$(Zr,Hf)[SiO_4]$
	水钛锆石	Oliveiraite	$Zr_3Ti_2O_{10}\cdot 2H_2O$

2. 矿床类型

根据《稀有金属矿产地质勘查规范》(DZ/T 0203—2002),其矿床类型有如下几种。

(1)碱性长石花岗岩型矿床:钠长石锂云母花岗岩型钽、铌、锂、铷、铯矿床;钠长石铁锂云母花岗岩型钽、铌、矿床;钠长石白云母花岗岩型钽、铌(钨、锡)矿床;钠长石锂白云母花岗岩型钽、铌-稀土矿床;钠长石黑鳞云母花岗岩型铌铁矿矿床。

(2)碱性花岗岩型铌-稀土矿床。

(3)碱性岩-碳酸岩型铌-稀土矿床 。

(4)伟晶岩型矿床:①花岗伟晶岩型钽、铌、锂、铷、铯、铍矿床;②碱性伟晶岩型铌-钍、铀矿床。

(5)气成热液型矿床:①氟硼镁石-电气石-萤石组合类铍矿床(含铍条纹岩);②矽卡岩型铍矿床;③云英岩型铍矿床;④石英脉型绿柱石、黑钨矿、锡石矿床。

(6)火山岩型矿床。

(7)白云鄂博型铌-稀土矿床。

(8)风化壳型铌铁矿矿床。

3. 稀有矿勘查工业指标

根据《稀有金属矿产地质勘查规范》(DZ/T 0203—2002),其参考性工业指标见表 5-2 至表5-7。

表 5-2 铍矿床参考性工业指标

项目 矿床类型	边界品位(%)		最低工业品位(%)		最低可采厚度(m)	夹石剔除厚度(m)
	机选 BeO	手选绿柱石	机选 BeO	手选绿柱石		
气成-热液矿床	0.04~0.06	0.05~0.10	0.08~0.12	0.2~0.7	0.8~1.5	≥2.0
花岗伟晶岩类矿床	0.04~0.06	0.05~0.10	0.08~0.12	0.2~0.7	0.8~1.5	≥2.0
碱性长石花岗岩类矿床	0.05~0.07		0.10~0.14		1.0~1.5	≥4.0
残坡积类砂矿床		$0.6kg/m^3$		$2\sim2.5kg/m^3$	1.0	

表 5-3 锂矿床参考性工业指标

矿床类型＼项目	边界品位(%)		最低工业品位(%)		最低可采厚度(m)	夹石剔除厚度(m)
	机选 Li_2O	手选锂辉石	机选 Li_2O	手选锂辉石		
花岗伟晶岩类矿床	0.4～0.6		0.8～1.1	5.0～8.0	1.0	≥2.0
碱性长石花岗岩类矿床	0.5～0.7		0.9～1.2		1.0～2.0	≥4.0

表 5-4 铌钽矿床参考性工业指标

矿床类型＼项目	Ta_2O_5	边界品位(%)		最低工业品位(%)		最低可采厚度(m)	夹石剔除厚度(m)
	Nb_2O_5	$(Ta,Nb)_2O_5$	或 Ta_2O_5	$(Ta,Nb)_2O_5$	或 Ta_2O_5		
花岗伟晶岩类矿床	≥1.0	0.012～0.015	0.007～0.008	0.022～0.026	0.012～0.014	0.8～1.5	
碱性长石花岗岩矿床	≥1.0	0.015～0.018	0.008～0.01	0.024～0.028	0.012～0.015	1.5～2.0	≥4
风化壳(褐钇铌矿或铌铁矿)矿床	—	0.008～0.010	重砂品位 80～100g/m^3	0.016～0.020	重砂品位 250～280g/m^3	0.5～1.0	
原生铌矿床	—	0.05～0.06		0.08～0.12		5.0	≥5
河流类砂矿床(铌铁矿或褐钇铌矿)	—	0.004～0.006	重砂品位 40g/m^3	0.01～0.012	重砂品位 250g/m^3	0.5	≥2

表 5-5 伴生铯铷综合回收参考性工业指标

金属种类	矿床类型	边界品位(%)	最低工业品位(%)	
		机选氧化物	机选氧化物	手选铯榴石
铯	花岗伟晶岩类矿床			0.30
	含锂云母的碱性长石花岗岩类与花岗伟晶岩类矿床		0.05～0.06	
铷	含锂云母的碱性长石花岗岩类与花岗伟晶岩类矿床	0.04～0.06	0.10～0.20	

表 5-6 伴生铍锂钽铌综合回收参考性工业指标

矿床类型	铍	锂	铌钽	
	BeO(%)	Li_2O(%)	$(Ta,Nb)_2O_5/Ta_2O_5/Nb_2O_5$	Ta_2O_5(%)
花岗伟晶岩类矿床与气成-热液矿床	≥0.040	≥0.200	0.007～0.01	≥0.003
碱性长石花岗岩类矿床	0.040～0.060	≥0.300	0.01～0.015	≥0.005

表 5-7　稀有金属矿产资源/储量规模划分表

序号	矿种名称	矿物	规模		
			大型	中型	小型
1	铌				
	原生矿	Nb_2O_5(×10^4t)	≥10	1～10	<1
	风化壳矿床	矿物(t)	≥2000	500～2000	<500
2	钽				
	原生矿	Ta_2O_5(t)	≥1000	500～1000	<500
	风化壳矿床	矿物(t)	≥500	100～500	<100
3	铍	BeO(t)	≥10 000	2000～10 000	<2000
4	锂(矿物锂矿)	Li_2O(×10^4t)	≥10	1～10	<1
5	铷	Rb_2O(t)	≥2000	500～2000	<500
6	铯	Cs_2O(t)	≥2000	500～2000	<500
7	锆(锆英石)	Zr[SiO_4](×10^4t)	≥20	5～20	<5
8	铪	HfO_2(t)	≥500	100～500	<100

二、分布

1. 世界稀有矿产

根据《世界矿产资源年评》，至2008年底，世界铌探明储量达350×10^4t，主要分布在巴西、加拿大、尼日利亚等国；钽探明储量2.2×10^4t，主要分布在泰国、澳大利亚、尼日利亚等国；铍探明储量44.1×10^4t，主要分布在巴西、印度、俄罗斯、中国等国；锂查明资源量达1200多万吨，主要集中在智利、中国、巴西、加拿大等国；锆石探明储量4900×10^4t，主要分布在澳大利亚、南非、美国等国；锶储量680×10^4t，主要分布在巴基斯坦、美国等国；铪的年产销量仅在80t左右，铪仅作为原子能级金属锆生产过程中的副产品回收，铪的产量取决于原子能发电工业的发展；铷保有储量1995t，分布在德国、俄罗斯、美国、加拿大等国；铯保有储量1×10^4t，主要分布在加拿大、津巴布韦、纳米比亚。

2. 中国稀有矿产

中国是全球少有的稀有金属储量大国，但是分布比较分散(《中国统计年鉴》，2010)。

铍：主要分布在新疆、内蒙古、江西、四川、云南、甘肃、湖南等。

铌：主要分布在内蒙古、新疆和江西等。

锂：锂盐生产目前已形成新疆、四川、江西三大生产基地，其生产能力折合成碳酸锂已达2×10^4t以上，主要来自锂辉石、锂云母等矿石原料。

锶：主要分布在青海、陕西、云南、湖北、重庆和江苏。

铪：主要分布在山东、广西、湖南等省(自治区)。

铷：分布在江西、湖南、广东、四川、青海等省。

铯：主要分布在新疆，占总储量的84%，其次分布在江西、湖北、湖南等省。

3. 西南稀有矿产

据不完全统计，西南地区目前共有稀有金属矿床、矿(化)点66个，矿种有铍、铌、钽、锂、铷、铯、锆，矿床规模、勘查程度等见表5-8，主要矿产地见表5-9，主要矿床点分布见图5-1。

表5-8 西南地区稀有矿床规模、勘查程度及资源量简表

矿种	规模						勘查程度				资源量
	大型	中型	小型	矿点	矿化点	合计	踏勘	普查	勘探	合计	居全国位次
铍	3	4	6	20	43	76	14	13	4	31	2
铌	3	4	8	16	41	72	1	2	3	6	
钽	3	4	1	11	10	29	1			1	
锂	3	2	5	14	10	34		4		4	
铷	2	1		4	7	14	2	1		3	3
铯	1		1			2					
锆			2	8	16	26	3	2		5	4
锶	7				3	10			1	1	1
锗	2	5	5			12		2	10	12	1
合计	24	20	28	73	130	275					

表5-9 西南地区稀有矿产产地一览表

编号	矿床名称	行政地理位置	矿床规模	勘查程度
1	铜梁玉峡锶矿	重庆铜梁县	特大型矿床	详查
2	兰坪金顶锶矿	云南兰坪县	大型矿床	详查
3	大足苏家湾锶矿	重庆大足县	大型矿床	详查
4	大足西山锶矿	重庆市大足县	大型矿床	详查
5	大足颜家湾锶矿	重庆大足县	大型矿床	详查
6	大足古龙锶矿	重庆大足县	大型矿床	详查
7	大足兴隆陈家坡锶矿	重庆大足县	大型矿床	详查
8	大足兴隆宋家湾锶矿	重庆大足县	大型矿床	详查
9	大足张家堡锶矿	重庆大足县	大型矿床	详查
10	大足兴隆黄泥堡矿	重庆大足县	大型矿床	详查
11	铜梁郑家湾锶矿	重庆铜梁县	大型矿床	详查
12	合川干沟锶矿	重庆合川市	大型矿床	预查
13	大足兴隆锶矿	重庆大足县	大型矿床	详查
14	绵竹王家坪锶矿	四川绵竹市	大型矿床	详查
15	绵竹英雄岩锶矿	四川绵竹市	大型矿床	详查
16	绵竹马槽滩锶矿	四川绵竹市	大型矿床	勘探
17	会东干沟锶矿	四川会东县	大型矿床	详查
18	德昌茨达锶矿	四川德昌县	中型矿床	预查
19	合川黄家湾锶矿	重庆合川市	中型矿床	详查
20	大足兴隆斑竹林锶矿	重庆大足县	中型矿床	详查
21	铜梁玉峡李家院锶矿	重庆大足县	小型矿床	详查
22	铜梁岚峰锶矿	重庆大足县	小型矿床	详查
23	城口龙门溪锶矿	重庆城口县	小型矿床	预查

续表 5－9

编号	矿床名称	行政地理位置	矿床规模	勘查程度
24	兰坪东至岩锶矿	云南兰坪县	小型矿床	详查
25	合川白银口锶矿	重庆合川市	矿化点	详查
26	合川癞子坡锶矿	重庆合川市	矿化点	详查
27	合川大庙子锶矿	重庆合川市	矿化点	详查
28	铜梁马槽湾锶矿	重庆合川市	矿化点	详查
29	永川新店锶矿	重庆永川市	矿化点	
30	康定甲基卡锂矿	四川康定县	特大型矿床	开采
31	石渠扎乌龙锂矿	四川石渠县	大型矿床	预查
32	当雄错锂矿	西藏尼玛县	大型矿床	预查
33	会理路枯锂矿	四川会理县	中型矿床	详查
34	马尔康可尔因锂矿	四川金川县	中型矿床	普查
35	九龙锂矿	四川康定县	中型矿床	普查
36	道孚容须卡锂矿	四川道孚县	小型矿床	普查
37	雅江木绒锂矿	四川雅江县	小型矿床	普查
38	自贡市锂矿	四川自贡市	小型矿床	普查
39	邓关镇锂矿	四川自贡市	小型矿床	勘探
40	壤塘斯约武锂矿	四川壤塘县	小型矿床	预查
41	个旧长岭岗锂矿	云南个旧市	矿化点	
42	八宿县奇弄铌钽矿	四川八宿县	大型矿床	
43	冕宁三岔河铌钽矿	四川冕宁县	中型矿床	详查
44	旺苍县李家河铌钽矿	四川旺苍县	中型矿床	详查
45	牟定姚兴村铌钽矿	云南牟定县	小型矿床	
46	镇康木厂铌钽矿	云南镇康县	小型矿床	
47	印江磨槽沟铌钽矿	贵州印江县	小型矿床	
48	会理白草铌钽矿	四川会理县	小型矿床	详查
49	会理木落铌钽矿	四川会理县	小型矿床	预查
50	禄丰鸡铌钽矿	云南禄丰县	矿化点	
51	会理 201 铌钽矿区	四川会理县	矿化点	
52	米易草场铌钽矿	四川米易县	矿化点	预查
53	筠连双河区锆矿	四川筠连县	小型矿床	普查
54	楚雄甘洛地锆矿	云南楚雄州	矿化点	
55	元谋丙令、块昌锆矿	云南楚雄州	矿化点	
56	洛木铍矿	四川冕宁县	中型矿床	详查
57	龙陵黄莲沟铍矿	云南龙陵县	中型矿床	
58	丹巴大水井铍矿	四川丹巴县	小型矿床	普查
59	泸定磨西铍矿	四川泸定县	小型矿床	详查
60	马关炭窑铍矿	云南马关县	小型矿床	详查
61	九龙乃渠县洛莫铍矿	四川九龙县	小型矿床	普查
62	龙陵大坡铍矿	云南龙陵县	小型矿床	详查
63	龙陵达摩山-黄草坝铍矿	云南龙陵县	矿化点	详查
64	龙陵安小田坝铍矿	云南龙陵县	矿化点	详查
65	九龙县铍矿	四川九龙县	矿化点	详查
66	麻栗坡瓦渣铍矿	云南麻栗坡县	矿化点	详查

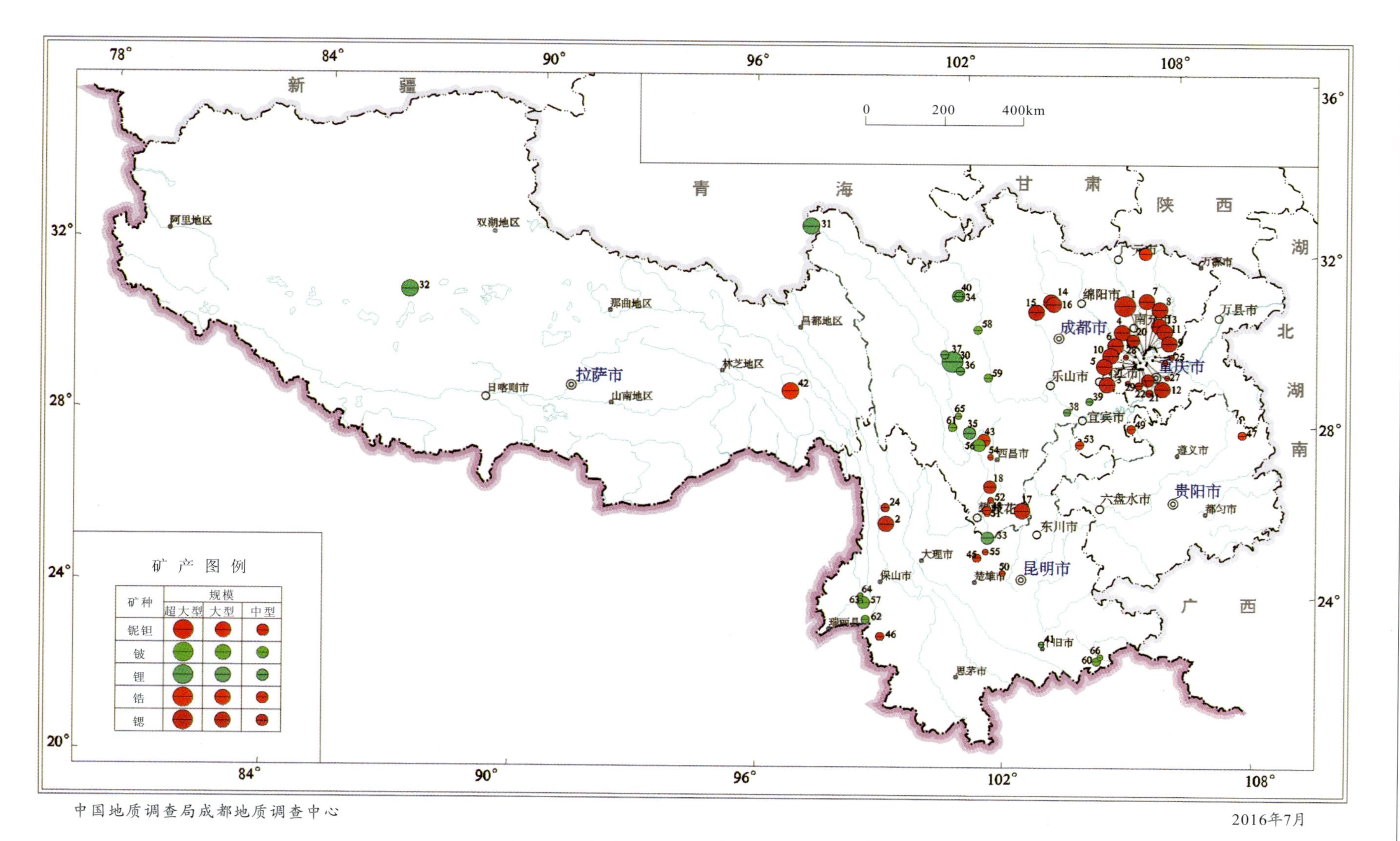

图5-1　西南地区主要稀有金属矿床点分布图

三、矿床类型

根据西南地区稀有金属矿床特点，主要从成矿作用、赋矿地质体等因素考虑，稀有金属矿床划分为14种类型(表5-10)，其中以花岗伟晶岩型、硫磷铝锶矿型和天青石型锶矿床价值最大(《四川省区域矿产总结》，1990；《云南省区域矿产总结》，1993)。

表5-10　西南地区稀有(稀土)金属矿床分类简表

矿床类型	母岩或有关地质体	稀有金属矿物	含量(%)	产状特征	代表矿床
花岗岩型铍、铌、钽、铷、锂、铯矿床	细粒白云母花岗岩、中细粒二云母花岗岩、中粒黑云母花岗岩、钠化花岗岩	绿柱石、铌铁矿、铌钽铁矿、含钽锡石、黑稀金矿、铌铁金红石、含锂云母	BeO 0.01～1.35 Nb_2O_5 0.0078～0.022 Ta_2O_5 0.0045～0.023 Rb_2O 0.1147～0.1288 Li_2O 0.026～0.046 Cs_2O 0.0015～0.0023	产于岩体顶部及边部裂隙发育、蚀变强烈的相带中，呈脉状、透镜状等	腾冲新岐、龙陵、大坡黄土坡、个旧
花岗岩伟晶岩型铍、铌、钽、铷、锂、铯矿床	伟晶岩脉产于黑云母花岗岩的内外接触带或变质岩系中	绿柱石、似晶石；铌钽铁矿、锰铌铁矿、钽锡石、铌钇矿、复稀金矿、黑稀金矿；锂云母、锂辉石	BeO 0.007～0.09 Nb_2O_5 0.001～0.018 Ta_2O_5 0.0014～0.02 Li_2O 0.015～0.852 Rb_2O 0.050～0.104 Cs_2O 0.0018～0.51	呈脉状、板状、透镜状等，顺层或沿片理构造裂隙产出，成群成带分布	石渠扎乌龙、道孚容须卡、康定甲基卡
碱性岩型铍、锂、稀土矿床	黑榴云霞正长岩、黑榴霞石正长岩、碱性花岗岩	绿层硅铈钛矿、铈铌钙钛矿、铈钛矿、独居石、磷钇矿、铌锆钠石、铌钽铁矿	La_2O_3 0.0319 Ce_2O_3 0.0234～0.234 Nb_2O_5 0.00858～0.247	绿层硅铈钛矿等作为副矿物多集中在霞石正长岩边缘	个旧白云山、镇康木厂
碱性伟晶岩型铌、钽、铷、铯矿床	伟晶岩脉产于正长岩外接触带的辉长岩中	褐钇铁矿、锆英石、铌锰矿为主，其次有铌钽铁矿、星叶石、铌铁矿、独居石	Nb_2O_5 0.056～0.190 Ta_2O_5 0.0039～0.0176	呈脉状，其次楔状、透镜状、网状沿节理裂隙，成群成带分布。	会理白草、路枯
火山型铌、钽、锆矿床	变钾长流纹岩、变流纹质凝灰岩	铌钽铁矿、硅铈铌钡矿、烧绿石、氟碳钙铈矿、独居石等，见少量锆石、铌钇矿	Nb_2O_5 0.113 Ta_2O_5 0.005～0.015 ZrO_2 0.67 TR_2O_3 0186 Y_2O_3 0.043～0.122	呈似层状、透镜状。矿体与围岩界线清晰，产状一致。	会东干沟、水井湾
碱性岩-碳酸岩型铌矿床	碱性岩、碳酸岩	铌铁矿、褐帘石、氟碳铈矿、独居石	Nb_2O_5 0.006～0.021 Ta_2O_5 0.001～0.008 TR_2O_3 0.003	似层状、透镜状，产状与围岩及流动构造一致	旺苍李家河

续表 5-10

矿床类型	母岩或有关地质体	稀有金属矿物	含量(%)	产状特征	代表矿床
石英型绿柱石白钨矿矿床	石英脉、花岗闪长质岩脉、霞石正长岩、铁锂云母脉	绿柱石、铁锂云母(黑云母)	BeO 0.006～0.770 铁锂云母中 Li_2O 0.65～2.50 Nb_2O_5 0.095～0.260 Ta_2O_5 0.002～0.004 TR 0.054～0.320	规则脉状、似层状顺层或沿断裂带成群产出	蒲口坡、中甸麻花坪、龙陵洋烟河、个旧长岭岗
冲积型砂矿(独居石、磷钇矿)锆石	花岗岩、混合岩、片麻岩等	独居石、磷钇矿、锆石	褐钇铌矿 88.57～114.19 g/m^3 独居石平均为 73～620g/m^3 磷钇矿 72～89g/m^3 锆石 100	呈层状、似层状、透镜状产于近代冲积砂砾层中	德昌茨达
铝(黏)土岩型铌、钽矿床	铝土矿、黏土岩层	尚未发现的独立矿物	Nb_2O_5 0.0056～0.0106 Ta_2O_5 0.0007～0.001 Cs_2O 0.0035	呈层状、似层状、透镜状、囊状产于有关沉积岩系中	修文小山坝、清镇燕龙、清镇林歹、麦坝
天青石型锶矿床	蒸发岩系、铅锌矿	天青石、菱锶矿	$SrSO_4$ 21.74～94.49	呈层状、似层状产于有关沉积岩系中	合川干沟、铜梁玉峡、大足兴隆、兰坪金顶
硫磷铝锶矿型锶矿床	磷矿层	硫磷铝锶矿、水硫磷钙铝石	SrO 5.44～6.47	呈层状、似层状、透镜状产于有关沉积岩系中	绵竹王家坪、英雄岩、马槽滩
卤水型锂、铷、铯、锶矿床	深层卤水、盐泉		SrO 400～2000mg/L		自贡市 邓关镇
火山沉积改造型铌-稀土矿床	铁(铜)矿层	铌铁矿、铌铁金红石、氟碳铈铜矿、独居石、褐帘石	Nb_2O_5 0.0166～0.0336 TR_2O_3 0.01～0.20	产于铁(铜)矿体(层)中	武定迤纳厂、禄劝笔架山
矽卡岩型铍矿床	石榴透辉矽卡岩、方柱石矽卡岩	目前尚未发现铍的独立矿物	BeO 0.001～0.01 方柱石中可达 0.1	花岗岩与灰岩的接触带,目前铍的赋存状态不清	九龙乌拉溪、个旧松树脚、老厂

四、重要矿床

1. 腾冲新歧花岗岩型铷(多种稀有金属)矿床

矿区位于腾冲县新歧北西平距 5km,交通不便。

矿区位于槟榔江弧形断裂及大盈江弧形构造的中间部位。出露地层有高黎贡山群，主干断裂近北北东向延伸，构成宽 1.0～1.5km 的断裂破碎带。出露的花岗岩为新歧岩体的一部分，主体部分为似斑状二长花岗岩，具强烈钠长石化，是区内含锡稀有金属矿的成矿母岩。

含铌钽矿物有黑稀金矿、铌钽铁矿。石榴石、褐铁矿、锆石及似方锰矿中亦有微量铌钽存在，独居石是矿区唯一的铈族稀土矿物。锂主要在钠化花岗岩中，似斑状二长花岗岩中亦有一定含量。锂呈类质同象赋存于含铁的云母之中，构成铁锂云母、锂云母等锂的独立矿物。铷及铯主要分布于钠化花岗岩的细粒及不等粒相中，尚未发现独立矿物。

钠化花岗岩风化强烈，风化壳的深度一般在 30m 以上，钠化花岗岩的风化壳就是矿体。大秧田矿段钠化花岗岩细粒带块段分布于矿段东部，近南北向展布长 1175m，宽 200～480m，面积 370 096m²。稀有金属含量较高，特别是 Ta_2O_5，构成了新歧矿区唯一的单独钽矿体。钠化花岗岩不等粒带分布在细粒带的外围，剖面上位于细粒带下部，面积约323 924m²。与细粒带相比，本带 Ta_2O_5 含量较低，不含 Y_2O_3，品位见表 5-11。

表 5-11　大秧田矿段平均品位表(%)

矿带 \ 组分	Ta_2O_5	Nb_2O_5	Rb_2O	Li_2O	Cs_2O	Y_2O_3	Sc_2O_3	Sn	WO_3
细粒带	0.0045	0.0078	0.1288	0.0464	0.0023	0.0076	0.0023	0.0224	0.0009
小等粒带	0.0012	0.0077	0.0930	0.0281	0.0017		0.0014	0.0045	0.0012

百花脑-席草坝矿段长度为 2310m，宽 345～600m，面积1 157 928m²。岩体细粒带与不等粒带的含矿性无明显差别，其品位见表 5-12。

表 5-12　百花脑-席草坝矿段平均品位表(%)

元素或氧化物	Ta_2O_5	Nb_2O_5	Rb_2O	Li_2O	Cs_2O	Y_2O_3	Sc_2O_3	Sn	WO_3
平均品位	0.0020	0.0055	0.1147	0.0258	0.0014	0.0165	0.0012	0.0097	0.0017

计算矿区储量采用的风化壳深度为 30m，所获铷的远景储量已达大型矿床规模；另外尚伴有钽、钪、锂、铯、钇及铌等可供综合利用的元素。

2. 康定甲基卡锂、铍、铌、钽、铷、铯矿床

该矿区位于雅江地向斜中段甲基卡穹隆状短轴背斜近轴部。地层主要由上三叠统新都桥组砂板岩及背斜核部的侏倭组钙质细砂岩、粉砂岩组成。岩浆岩以甲基卡二云二长花岗岩株为主体，成为渐进变质带和伟晶岩脉有心式带状分布的核心，为印支旋回同构造晚期产物。内外接触带派生大量花岗伟晶岩脉，外围尚有石英脉存在，形成了最有价值的稀有金属和水晶矿床。矿区变质岩由区域动力变质、岩体外围(动)热接触变质和伟晶岩近脉气热蚀变作用形成。

全矿区已统计伟晶岩脉 498 条，岩脉形态、产状受容脉裂隙及流体性质控制，变化较大，一般长 100～500m，最长 1450m，厚度 1～10m，最厚 630m，延深 50～300m，最深 500m 以上。

全区有工业矿脉 114 条，其中锂矿脉 78 条，铍矿脉 18 条，铌钽矿脉 18 条。矿体多与脉体近于一致。一般锂矿体长 100～300m，最长 987m，厚度 3～21m，最厚 100m，延深 35～370m。铍矿体长

75～400m，厚度1.4～4.8m。铌钽矿体长52～400m，厚度1～7m，延深35～80m。

主要矿石平均品位：锂矿石 Li_2O 1.2660%；铍矿石 BeO 0.0668%；铌钽矿石 Nb_2O_5 0.0133%、Ta_2O_5 0.0085%，部分矿体 $Ta_2O_5>Nb_2O_5$，属富钽矿石。

甲基卡矿区经勘探，证实锂、铍、铌、钽、铷、铯均达大型矿床规模，其中锂最为集中。

3. 会理路枯碱性伟晶岩型铌、钽矿床

矿区出露上震旦统灯影组碎屑岩、碳酸盐岩，经接触变质而成片岩、角岩、大理岩等，厚度大于210m。海西期含铁基性—超基性岩体广泛侵入，是稀有元素矿脉的主要围岩。矿区构造以南北向或北东向断裂为主，对岩浆活动和矿脉产出有明显的控制作用。

含矿岩脉主要分布于碱性正长岩墙外接触带的辉长岩中，顶部相带较密集，多成群成带产出。主要矿脉类型是碱性正长伟晶岩和碱性钠长岩，矿石类型属烧绿石、锆英石组合；碱性花岗伟晶岩矿化最好，但分布有限，矿石属铌锰矿、褐钇铌矿、锆英石组合。全矿区共有矿脉42条。矿石中稀有矿物以烧绿石、锆英石为主，其次有褐帘石、硅钛铈矿、稀土榍石、铈磷灰石、铌钽铁矿、铌钙矿、铈硅矿、磷钇矿等。矿石中主要有益组分为铌、锆、稀土，次要组分有钽、铪、铀、钍等，不同岩脉类型中含量有所不同，一般含量如表5-13。

表5-13 矿石中主要有益组分含量(%)

矿脉类型＼组分	$(Nb,Ta)_2O_5$	ZrO_2	TR_2O_3	U	ThO_2
正长伟晶岩	0.0996	0.5530	0.2626	0.0029	0.0010
钠长石化正长伟晶岩	0.1200	0.6900	0.2600		
钠长岩	0.1465	0.7850	0.1400		0.0054
碱性花岗伟晶岩	0.2715	0.8500	0.5080	0.0051	0.0008

该矿区勘探证实，碱性岩脉型铌、钽储量已达中型规模，并与特大型钒钛磁铁矿矿床共生，位于首剥地段，可作为攀西工业基地的配套资源考虑利用。

4. 会东干沟火山岩型铌、钽矿床

矿区位于康滇地轴东川断拱新山向斜西段。矿化与力马河组下部(原称淌塘组)浅变质火山有关。区内各类火山岩经区域变质，成为绢云-绿泥千枚岩、气孔、似球粒等原生结构和构造在显微镜下仍清晰可见。岩石中黄铁矿化、碳酸盐化及电气石化等热液蚀变现象发育。

共有5个稀有矿体，呈似层状、透镜状。矿体与围岩界线清晰，产状一致。顶板常为金红石矿层，底板多变玄武质凝灰岩。矿石稀有矿物有铌钽铁矿、硅铈铌钡矿、烧绿石、氟碳钙铈矿、独居石等，易见少量锆石、细晶石、铌钇矿、褐钇铌矿等。含矿岩石具放射性异常，一般50～80伽马，最高280伽马。矿石全分析：SiO_2 68.35%，Al_2O_3 14.73%，TiO_2 0.32%，Fe_2O_3 3.07%，FeO 1.94%，MgO 0.87%，CaO 0.25%，Na_2O 1.26%，K_2O 2.98%，P_2O_5 0.056%，烧失量3.35%。

Ⅰ号矿体规模最大，占矿区总储量95%。地表长450m，平均厚57.5m。平均品位：Nb_2O_5 0.113%(0.05%～0.323%)，Ta_2O_5 0.005%～0.015%，ZrO_2 0.67%(0.44%～0.90%)，TR_2O_3 0.186%(0.163%～0.41%)，其中 Y_2O_3 0.043%～0.122%，另有少量样品含 ThO_2 0.012%，U

0.0013%。对 Nb_2O_5、Ta_2O_5、Y_2O_3 等曾估算过地质储量，证明矿床规模较大。

5. 铜梁玉峡天青石型锶矿床

该矿床位于华蓥山穹褶束西侧西山背斜北部近轴部。矿区出露下三叠统嘉陵江组、中三叠统雷口坡组和上三叠统须家河组。

嘉陵江组二段一亚段含矿层中见矿层1～3层，长300～1400m，宽150m以上。矿体多层状、透镜状，长90～1300m，宽50～400m，单层厚0.5～4.8m，累计厚2.97～8.42m，最大10.3m。局部地段于嘉陵江组一段顶部见菱锶矿一层。矿石以条纹、条带状及块状为主，少量脉状、网脉状、团块状及角砾状等。矿石矿物以天青石为主，含 $SrSO_4$ 65.36%～94.49%，近地表以菱锶矿为主，含 $SrCO_3$ 68.91%～80%，矿体附近及走向上在地下见较多岩溶角砾岩，含锶明显降低。

五、资源潜力分析

(一)远景区划分

依据成矿条件、已有产地规模和其他找矿信息，结合工作程度，在主要Ⅲ级成矿带内的有利地段划分出11个Ⅳ级找矿远景区，其中A类6个，B类5个。各远景区主要矿种及类型如表5-14，分布情况如图5-2。

表5-14　西南地区稀有金属找矿远景区一览表

Ⅳ级找矿远景区		矿床类型	主要矿床	主要矿种	级别
编号	名称				
$Ⅳ_1$	石渠远景区	花岗伟晶岩型	石渠扎乌龙	Li、Be(Nb、Ta)	A
$Ⅳ_2$	康定-道孚远景区	花岗伟晶岩型	康定甲基卡、道孚容须卡	Li、Be	A
$Ⅳ_3$	九龙远景区	花岗伟晶岩型	九龙洛木、九龙埃今	Be	B
$Ⅳ_4$	马尔康远景区	花岗伟晶岩型	马尔康可尔因、壤塘斯约武	Li、Be(Nb、Ta)	A
$Ⅳ_5$	丹巴远景区	花岗伟晶岩型	丹巴大水井	Be	B
$Ⅳ_6$	绵竹远景区	硫磷铝锶矿型	绵竹王家坪、英雄岩、马槽滩	P、Sr、TR	A
$Ⅳ_7$	旺仓远景区	碱性岩-碳酸岩型	旺仓李家河	Fe、Nb、P	C
$Ⅳ_8$	合川远景区	天青石型	合川干沟、铜梁玉峡、大足兴隆	Sr	A
$Ⅳ_9$	腾冲远景区	花岗岩型	腾冲新歧	Li、Nb、Ta	B
$Ⅳ_{10}$	兰坪远景区	天青石型	兰坪金顶	Sr	A
$Ⅳ_{11}$	双会-禄武远景区	火山岩型、碱性伟晶岩型、砂矿型	会东干沟、水井湾、会理路枯、德昌茨达	TR、Nb、Ta	B

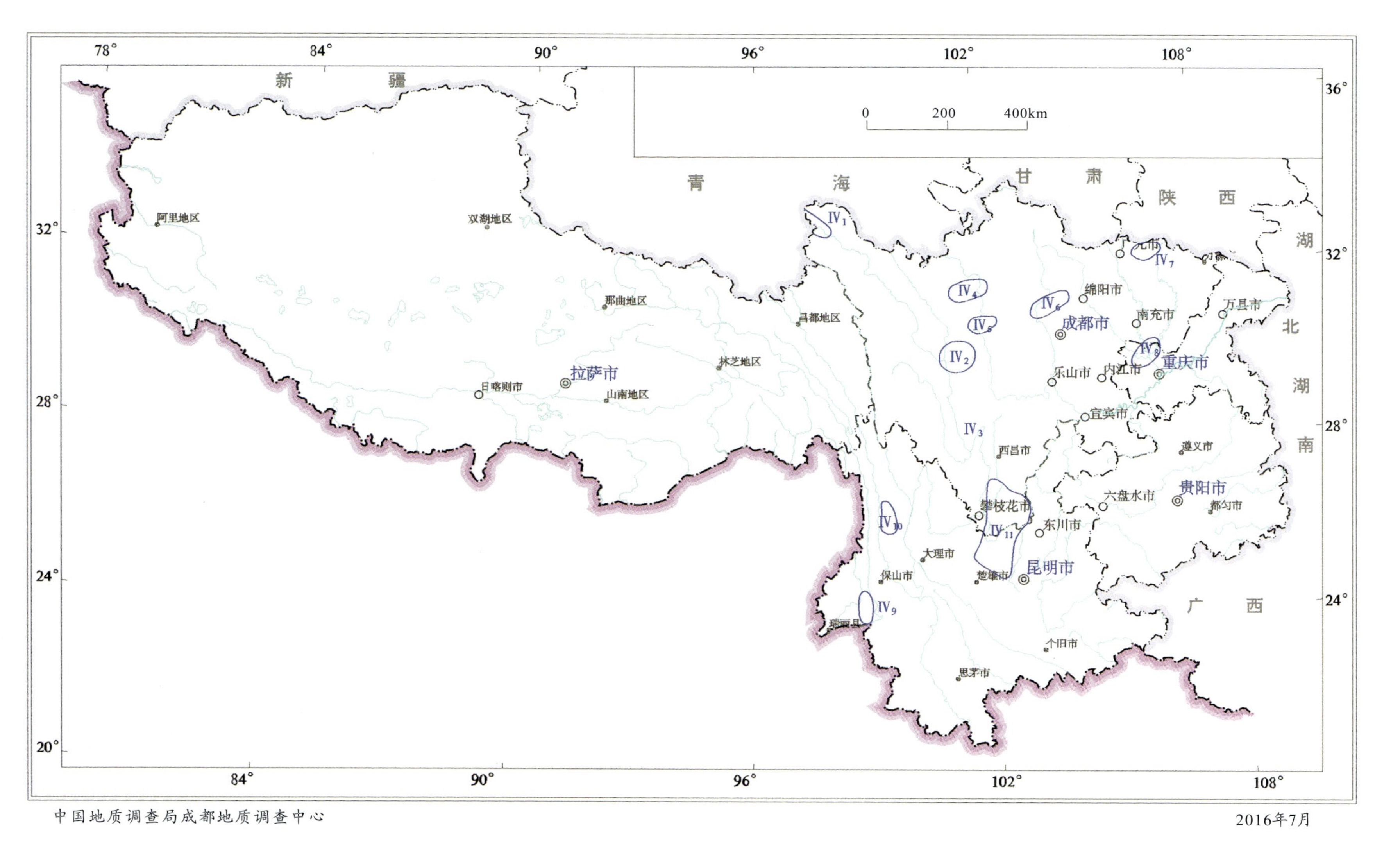

图5-2　西南地区稀有金属矿远景区分布图

(二)资源潜力分析

1. 石渠($Ⅳ_1$)、康定-道孚($Ⅳ_2$)、九龙($Ⅳ_3$)、马尔康($Ⅳ_4$)、丹巴($Ⅳ_5$)远景区

以上远景区,相对应的地质构造单元是松潘甘孜地槽褶皱系冒地槽褶皱带,无论地质发展历史和矿产特征都有许多共同之处,一并叙述。

区内印支末期松潘甘孜地槽系全面褶皱时有大规模岩浆侵入活动,与酸性侵入体有关的Li、Bi、Nb、Ta、Rb、Cs、水晶等矿产在区内居重要地位,形成以Li、Be为主,或以Nb、Ta为主的花岗伟晶岩型矿脉,Rb、Cs一般为伴生元素。

石渠、康定-道孚远景区是区内最有价值的稀有伟晶岩型重点成矿区。主要矿种为伟晶岩型锂、铍、铌、钽、铷、铯和水晶(宝石),常有大、中型矿床产出。甲基卡区北西侧有相似成矿条件的热背斜多个,找矿潜力大。石渠扎乌龙矿区工作程度低,北西已延至青海省内,找矿前景乐观。

九龙远景区是寻找绿柱石矿床的远景区,主要矿种为伟晶岩型铍矿,部分具锂、铌、钽、稀土矿化。东南侧出现热穹隆,成矿条件较好。

丹巴远景区是工业白云母的主要成矿地区,主要矿种为伟晶岩型白云母及绿柱石。个别见铌、钽和含铷天河石。大水井矿区绿柱石系丹巴大型白云母矿田的共生矿种,产于伟晶岩之外带。山葱林矿点成矿特征与大水井区近似,工作程度不高。西部铍、铌、钽矿点多与四姑娘山、老群沟等复式岩体有关,区内出现较多有色、稀土矿化线索,均有一定找矿远景。泸定磨西地区、九龙地背斜和巴塘地背斜的部分地段,地质条件与上述远景区类似,有穹隆状热构造出现,也应注意寻找同类矿产。

2. 绵竹($Ⅳ_6$)、旺仓($Ⅳ_7$)远景区

两远景区同属龙门-大巴山成矿带,与其相对应的地质构造单元是龙门-大巴台缘坳陷区。区内含磷的层位有上震旦统陡山沱组、灯影组,下寒武统麦地坪组(清平组),上泥盆统沙窝子组,后二者为重要工业磷矿的产出层位。

绵竹远景区中矿体赋存于上泥盆统沙窝子组的什邡式磷矿层及顶板硫磷铝锶矿矿层中,属磷、铝、锶、硫、稀土共同产出的罕见类型。已知有产地4处,包括王家坪、英雄岩、马槽滩大型矿床3处,麦棚子矿化点1处。王家坪矿区东南侧深部及走向空白段是扩大远景的有利地段。预测全区磷矿资源总量为10.17×10^8t,故其共生的锶、稀土等甚为可观。

旺仓远景区铌钽矿化受深断裂及晋宁期、澄江期超基性—碱性和酸性岩浆活动控制,常以磁铁矿矿床的伴生组分出现。以碳酸岩型含铌、磷的铁矿床为主,部分出现伟晶岩型铌、钽矿化。矿种以铌为主,部分含钽、铀稍高。稀有矿物见铌铁矿、褐钇铌矿、独居石、磷钇矿等。有两处产地及一些矿化线索点,仅李家河1处规模较大。

3. 合川远景区($Ⅳ_8$)

该远景区位属川中成矿亚区,相对应的地质构造单元是为四川台坳。其是中生代的坳陷,在嘉陵江期沉积了厚度很大的石膏、岩盐层的蒸发岩及碳酸盐岩组合的嘉陵江组。该组有3个含盐段,含盐岩系总厚度达300~540m。部分盐盆中的嘉四、嘉五含盐段还含有薄层杂卤石、无水钾镁矾及硫镁矾等钾镁盐矿物;嘉二、嘉四段含有沉积型天青石和菱锶矿,合川干沟、铜梁玉峡、大足兴隆等地形成有大型锶矿床。

该远景区已知有产地6处,包括干沟、玉峡、兴隆大型矿床3处,九塘、小坨、新胜茶场矿化点3

处。矿体产于下三叠统嘉陵江组蒸发岩型盐卤建造中，可能受基底断裂一定影响。该远景区是全国已知规模最大的天青石型锶矿产地，找矿潜力极大。重庆以西永川至华蓥山一带成矿条件类似，是普查找矿的有利地段。

4. 腾冲远景区（$Ⅳ_9$）

该远景区位属高黎贡山-腾冲稀有稀土成矿带。本带以铌钽重砂异常多、面积广、含量高为特点；计有铌钽重砂异常23个，面积1556km²，最高含量为0.048～9.6g/30kg。稀土重砂异常以独居石为主，共20个，面积1364km²，最高含量为1.88～136g/30kg。化探异常中，元素一般含量：Nb（20～200）$\times10^{-6}$，Y（20～100）$\times10^{-6}$，La（50～400）$\times10^{-6}$，Yb（1.5～303）$\times10^{-6}$。铌钽重砂及化探异常主要与燕山晚期及喜马拉雅期花岗岩有关，常分布在岩体与高黎贡山群、勐洪群的接触带附近。在本带南部，据人工重砂资料，独居石、铌钽矿物主要来源于高黎贡山群，部分铌钽矿物尚与伟晶岩脉有关。较好的独居石异常则位于南部高黎贡山群分布区。

已知有含锡-多稀有金属矿床1个，钽矿点1个，铍矿化点1个。已知矿化以蚀变花岗岩型（包括其风化壳）及伟晶岩型为主。今后的找矿重点应是燕山晚期及喜马拉雅期花岗岩内接触带附近的蚀变花岗岩型（及其风化壳）多种稀有金属矿；其次是伟晶岩型以铍为主的稀有金属矿。腾冲新歧铷（多种稀有金属）矿床矿区外围的腾冲茶塘河、干河及盈江小地方一带的钠化花岗岩，若以百花脑-席草坝矿段的多种品位参数为依据，其远景储量就相当可观。

5. 兰坪远景区（$Ⅳ_{10}$）

该远景区位于碧罗雪山-临沧-勐海稀土铍铌钽成矿带。本带以独居石重砂异常多、面积大为特点，计有异常27个，面积1546km²，主要分布于南部，重矿物来自临沧-勐海岩体。另外，南部勐海一带有化探钇异常10个，面积703km²，Y一般（30～50）$\times10^{-6}$，少数可达150×10^{-6}。

有已知兰坪金顶沉积型大型天青石矿床，锶矿与膏盐沉积有关，并与铅锌矿共生。另外，在兰坪县河西一带已发现有较重要的同类型锶矿化线索，扩大了锶矿的找矿前景。锶（及铅锌）矿的产出部位为上三叠统石钟山组与其下的古新统云龙组红色膏盐层之断层接触带。据铅锌矿采硐的分布推测，锶矿化范围长约400m，出露水平宽约100m，在采硐内均有锶矿化。

除北部崇山群中有伟晶岩型铍、铌、铷矿化外，南部勐海一带有冲积型独居石（磷钇矿）砂矿。本区风化壳极为发育，已发现花岗岩风化壳中的离子吸附型稀土矿矿床（点）多处，是寻找花岗岩风化壳中的离子吸附型稀土矿床最有远景的地区之一。

6. 双会-禄武远景区（$Ⅳ_{11}$）

该远景区位于川滇成矿亚区，相对应的地质构造单元是康滇地轴。会理群岩石类型为板岩、千枚岩、变质砂岩、石英岩、大理岩和变火山岩类。除铜、铁外，会东小街地区的会理群中玄武质、流纹质火山岩、火山碎屑岩建造产金红石和铌、稀土矿产。二者的矿层为上、下层位。会理群的部分地球化学资料也表明，该群的Fe、Cu、Sn、W、Be、As、Pb、Zn、Ti、F、B等元素的丰度都很高，形成了这些成矿元素的区域地球化学的高背景场。它对成矿区及邻区的成矿作用有重大影响，是川滇有色金属等矿化集中区形成的重要因素之一。

路枯矿区工作程度较高，代表矿床已经勘探。主要类型为碱性伟晶岩及碱性花岗岩的风化矿床。矿种见铌、锆、稀土，部分有钽、铀、铍、铷伴生，个别为重稀土类型。是近年新发现离子吸附型稀土产地较多的地区。相关的重砂、化探及放射性异常多，该区找矿远景较大。

拉拉干沟地区，矿化受会理群中晋宁期火山岩控制。原岩成矿时近于优地槽环境，以火山岩型铌、钽、稀土为主，风化壳中已经形成离子吸附型稀土矿床，常与锆、钛共生。工作程度极低，找矿潜力较大。

元谋狗街一带，出露古元古界苴林群及晋宁期花岗岩，风化壳发育。已知风化壳型铌矿点1个，稀有稀土矿床1个，独居石砂矿化点1个。重砂异常：Nb、Ta 2个，独居石1个；化探异常：Nb、Ta、TR各1个。风化壳型铌稀土矿具有较好的找矿远景。

禄劝、武定一带，与铁(铜)伴生的铌、稀土矿的矿床(点)有3个，具有较好的找矿远景。

第六章　稀土金属矿产

一、引言

1. 性质与用途

稀土元素的发现，从1794年芬兰人加多林（Gadolin J）分离出钇到1947年美国人马林斯基（Marinsky J A）等制得钷，历时150多年。大部分稀土元素是欧洲的一些矿物学家、化学家、冶金学家等发现制取的（徐光宪，2005）。

稀土元素在工业部门用途广泛，最早的应用局限于汽灯纱罩、打火石、电弧碳棒、玻璃着色等，随着科学技术的进步，目前稀土已广泛应用于电子信息、石油化工、冶金、机械、能源、轻工、环保、农业和国防军工等多个领域，战略地位日益凸显。稀土氧化物是重要的发光材料、激光材料；稀土常用的氯化物体系 $KCl-RECl_3$ 在工农业生产和科研中有广泛的用途；在钢铁、铸铁和合金中加入少量稀土能大大改善其性能；用稀土制得的磁性材料其磁性极强，用途广泛；稀土在化学工业中广泛用作催化剂。

自然界已经发现的稀土矿物有250种以上，稀土元素含量较高的矿物有60多种，最主要的稀土矿物有20余种，其中具有工业价值的矿物主要如表6-1所示。

2. 矿床类型

独立稀土矿床类型主要有碱性岩-碱性超基性岩型、碳酸盐岩型、花岗岩型以及砂矿型和风化壳型（徐光宪，2005）。此外，稀土还是开采铀、钍、铌、钽、锆、钛、铁、磷等矿产时的综合回收对象。内生稀土矿床中最重要的是碱性岩型和碳酸盐岩型，外生稀土矿床中最重要的是海滨砂矿型。稀土矿床一般都含有多种有用组分，内生稀土矿床中的铌（钽）、铀（钍）、锆、铁、钛，及磷灰石、重晶石、萤石、金云母等常可作为综合回收的对象（徐光宪，2005）。

3. 分布

世界稀土资源和储量相对集中于中国、美国、印度、澳大利亚、苏联和巴西等几个国家。据美国矿业局出版的《1990年矿产品概况》记载，1989年底世界稀土储量为 4500×10^4 t，中国为 3600×10^4 t，占世界稀土储量的80%（《*Mineral Commodity Summaries*》，1990）。近几年来，随着我国稀土资源的开采和消耗，我国的稀土储量占世界稀土储量的百分比逐年下降，而国外发现的稀土矿产却越来越占有重要位置。据美国地质调查局公布的《矿产品概要》，1996—2001年中国稀土储量占世界稀土储量比例为50%左右，2002—2008年发布的数据显示该比例已经下降到30%左右（刘国平，2011）。

表 6-1 常见具工业价值的稀土矿物成分简表

矿物名称	化学式	含量(%)
独居石*	$(Ce,La,Nd)PO_4$	REO 65.13
氟碳铈矿*	$CeCO_3F$	REO 74.77
氟菱钙铈矿*	$Ce_2(CO_3)_3F_2$	REO 60.30
氟碳铈镧矿	$(Ce,La)CO_3F$	REO >70
褐帘石	$(Ca,Ce)_2(Al,Fe)_3(SiO_4)(Si_2O_7)O(OH)$	REO 23.12
烧绿石	$NaCaNb_2O_6F$	REO 10±
磷钇矿*	YPO_4	REO 62.02
硅铍钇矿*	$Y_2FeBe_2(SiO_4)_2O_2$	REO 51.51
褐钇铌矿*	$Y(Nb,Ta)O_4$	REO 39.94
钇易解石	$(Y,Ca,Fe,Th)(Ti,Nb)_2(O,OH)_6$	REO 32.41
铈铌钙钛矿	$(Na,Ce,Ca)(Ti,Nb)O_3$	$[Ce]_2O_3$ 28.71
硅钛铈铁矿	$Ce_4(Fe^{2+},Mg)_2(Fe^{3+},Ti)_3(Si_2O_7)_2O_8$	$[Ce]_2O_3$ 45.82
绿层硅铈钛矿	$Ce,Na,Ca_4Ti(Si_2O_7)_2OF_3$	$[Ce]_2O_3$ 16.68
黑铈金矿-复稀金矿	$Y(Nb,Ta,Ti)_2O_6—Y(Ti,Nb,Ta)_2O_6$	Y_2O_3 18.38~28.76

注:表中*为重要的稀土矿物,在我国具有重要的或比较重要的工业意义(《矿产资源工业要求手册》,2012)。

中国的稀土矿床在地域分布上具有面广又相对集中的特点,全国有22个省(区)先后发现了上千处矿床(点),其中内蒙古的白云鄂博、江西赣南、广东粤北、四川凉山是我国稀土矿产地集中分布区,它们蕴涵了中国98%的稀土资源总量,并形成北、南、东、西的分布格局,北轻南重的分布特点(侯宗林,2003)。

4. 稀土勘查工业指标

根据行业标准(DZ/T 0204—2002),稀土矿床一般工业指标如表6-2所示。

表 6-2 稀土矿石品位及开采技术条件要求

工业指标 \ 矿床类型	原生矿	离子吸附型矿	
		重稀土	轻稀土
边界品位 REO(%)	0.5~1.0	0.03~0.05	0.05~0.10
最低工业品位 REO(%)	1.5~2.0	0.06~0.10	0.08~0.15
最小可采厚度(m)	1~2	1~2	1~2
夹石剔除厚度(m)	2~4	2~4	2~4

注:①稀土元素常共生在一起,分离困难,可按稀土元素总量估算储量和资源量;②对矿床规模大,开采条件、可选性等较好的矿床,品位指标采用"下限值",反之采用"上限值";③最小可采厚度和夹石剔除厚度:一般是缓倾斜、低品位、大规模采矿方法,可采用"上限值",反之采用"下限值"(《矿产资源工业要求手册》,2012)。

根据行业标准(DZ/T 0204—2002),对稀土元素分离困难,按稀土元素总量评价的一般工业指标如表6-3所示。

表 6-3　按稀土元素评价矿石品位及开采技术条件要求

项目	矿床类型	边界品位	最低工业品位	最小可采厚度(m)	夹石剔除厚度(m)
轻稀土	含氟碳铈矿、独居石的原生矿床 Ce_2O_3	1%	2%	≥2	≥2
	独居石砂矿(矿物)	100～200g/m^3	300～500g/m^3	≥1	≥1
	风化壳型稀土矿(REO)	0.07%	0.10%	1	≥1
重稀土	含钇(磷钇矿、硅铍钇矿)伟晶岩和碳酸岩矿床 Y_2O_3		0.05%～0.10%	1～2	≥2
	磷钇矿砂矿(矿物)	30g/m^3	50～70g/m^3	≥0.5	≥2
	风化壳型稀土矿	0.05%	0.08%	1	≥1

注:据《矿产资源工业要求手册》,2012。

二、资源概况

西南地区目前在四川、云南和贵州都有稀土矿床(点)发现,已发现稀土矿床及矿点 32 个(表 6-4,图6-1),其中矿床 18 个(大型矿床 5 个,中型矿床 4 个,小型矿床 9 个),矿化点 14 个,分属 7 种成因类型,但多数矿产地工作程度不高,探明储量不多,工业矿床中以轻稀土为主。四川凉山州冕宁—德昌地区已探明稀土资源约 250×10^4t,是寻找单一氟碳铈矿最佳有望区,预测资源远景超过 500×10^4t(侯宗林,2003),其中牦牛坪稀土矿是一个世界级大型矿床,矿石埋藏浅、品位高、易采选、品质好;滇西龙川、滇南金平地区分布有风化壳型稀土矿;黔西北分布有一些以稀土为副产品的磷块岩型稀土矿床。

表 6-4　西南地区稀土矿床(点)一览表

编号	矿床名称	矿床规模	开发现状	成矿时代	编号	矿床名称	矿床规模	开发现状	成矿时代
1	四川王家坪	大型	未	泥盆纪	17	四川横海	矿点	未	印支期
2	四川红水沟	矿点	未	印支期	18	四川草场	矿点	未	印支期
3	四川蔡玉	矿点	未	印支期	19	四川干沟	矿点	未	晋宁期
4	四川小合子	矿点	未	印支期	20	四川路枯	矿点	未	印支期
5	四川三岔河	小型	已	喜马拉雅期	21	四川绿湾	矿点	未	第四纪
6	四川木洛	中型	已	喜马拉雅期	22	四川半山田	矿点	未	第四纪
7	四川牦牛坪	大型	已	喜马拉雅期	23	贵州新华	大型	未	早寒武世
8	四川包子村	小型	已	喜马拉雅期	24	贵州鹿房	中型	未	二叠纪
9	四川羊房沟	小型	已	喜马拉雅期	25	云南勐往	大型	未	第四纪
10	四川羊圈房	矿点	未	印支期	26	云南勐阿	中型	不详	第四纪
11	四川解放乡	矿点	未	印支期	27	云南姚兴村	小型	不详	第四纪
12	四川阿月	矿点	未	印支期	28	云南勐海	小型	不详	第四纪
13	四川石马村	矿点	未	印支期	29	云南阿得博	小型	已	第四纪
14	四川麻地	矿点	未	印支期	30	云南迤纳厂	小型	不详	古元古代
15	四川大陆槽	大型	已	喜马拉雅期	31	云南龙安	小型	不详	第四纪
16	四川茨达	中型	不详	第四纪	32	云南木厂	小型	未	第四纪

注:编号与图 6-1 中编号一致。

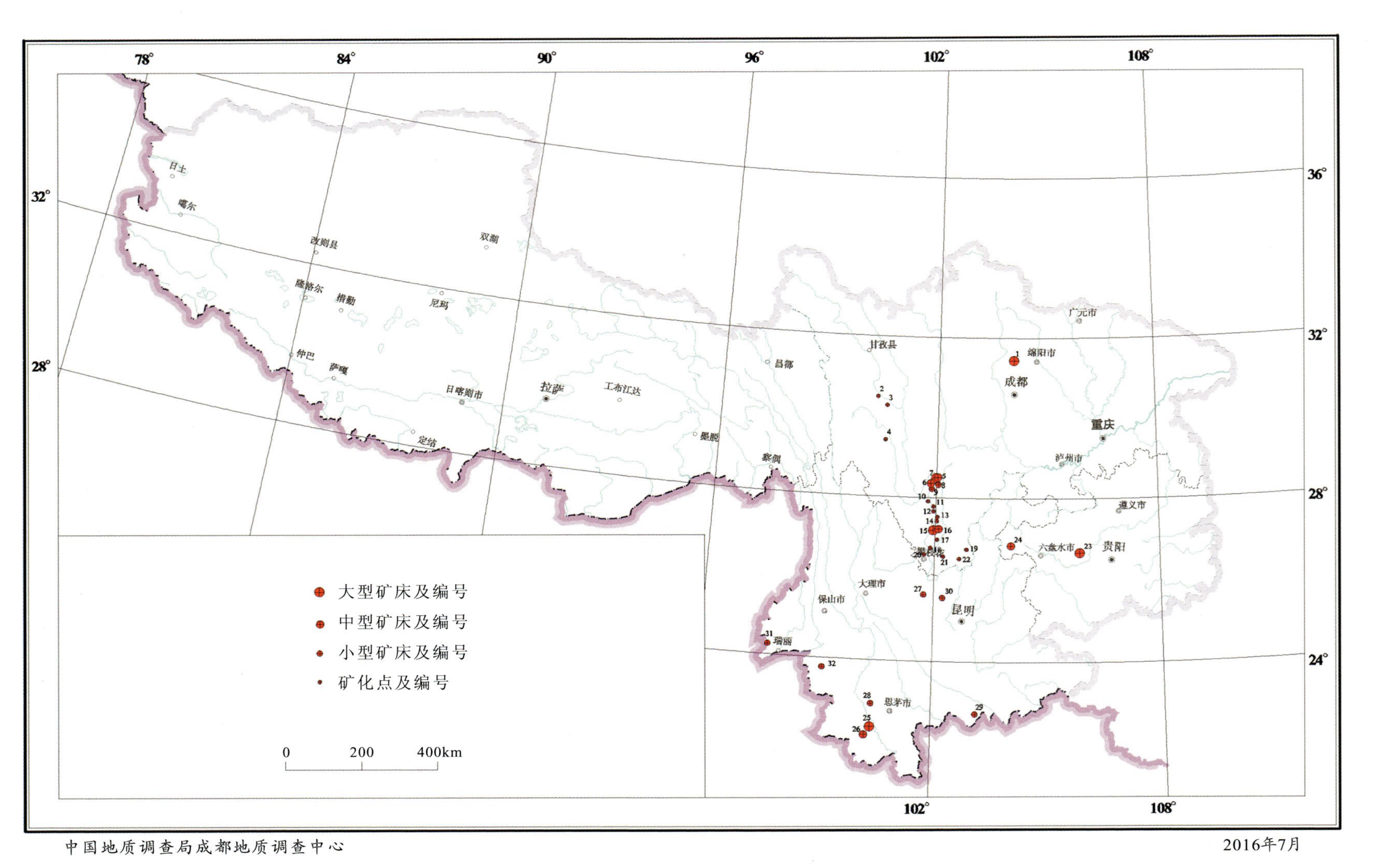

图 6-1 西南地区稀土矿床(点)分布图

1.四川王家坪;2.四川红水沟;3.四川蔡玉;4.四川小合子;5.四川三岔河;6.四川木洛;7.四川牦牛坪;8.四川包子村;9.四川羊房沟;10.四川羊圈房;11.四川解放乡;12.四川阿月;13.四川石马村;14.四川麻地;15.四川大陆槽;16.四川茨达;17.四川横海;18.四川草场;19.四川干沟;20.四川路枯;21.四川绿湾;22.四川半山田;23.贵州新华;24.贵州鹿房;25.云南勐往;26.云南勐阿;27.云南姚兴村;28.云南勐海;29.云南阿得博;30.云南迤纳厂;31.云南龙安;32.云南木厂

三、勘查程度

在西南地区已发现的18处稀土矿床中，达到勘探的2处（独立稀土矿床1处，磷矿伴生稀土矿床1处），详查2处（独立稀土矿床1处，磷矿伴生稀土矿床1处），普查11处，预查3处，总体上勘查程度不高（表6-5）。

表6-5　西南地区稀土矿床勘查程度表

省份	矿床名称	矿床规模	勘查程度	备注
四川	四川冕宁县三岔河稀土矿	小型	普查	独立稀土
	四川冕宁县木洛稀土矿	中型	普查	
	四川冕宁县牦牛坪稀土矿	大型	勘探	
	四川冕宁县包子村稀土矿	小型	预查	
	四川冕宁县羊房沟稀土矿	小型	预查	
	四川德昌县大陆槽稀土矿	大型	普查	
	四川德昌县茨达稀土矿	中型	普查	
	四川绵竹市王家坪含稀土磷矿	大型	详查	磷矿伴生
云南	云南勐海县勐往稀土矿	大型	普查	独立稀土
	云南勐海县勐阿稀土矿	中型	普查	
	云南牟定县姚兴村稀土矿	小型	普查	
	云南勐海县勐海稀土矿	小型	普查	
	云南金平县阿得博稀土矿	小型	普查	
	云南武定县迤纳厂稀土矿	小型	普查	
	云南陇川县龙安稀土矿	小型	详查	
	云南镇康县木厂稀土矿	小型	预查	
贵州	贵州织金县新华稀土磷矿	大型	勘探	磷矿伴生
	贵州威宁县鹿房稀土矿	中型	普查	黏土伴生

四、矿床类型

西南地区稀土矿床在成因上可分为外生矿床、内生矿床和变质矿床三大类。内生矿床主要为与碱性岩、碳酸盐岩有关的碱性岩-碳酸盐岩型和与花岗岩有关的花岗岩型；外生矿床主要为与沉积作用有关的磷矿型和黏土岩型，与风化作用有关的冲积-残积风化壳砂矿型、离子吸附型；变质矿床为与沉积变质有关沉积变质岩型（表6-6）。

表 6-6　西南地区稀土矿床类型

类型	主要工业矿物	主要有用组分	矿床实例
碱性岩-碳酸岩盐型	氟碳铈矿、重晶石、萤石	ΣCe	四川牦牛坪、大陆槽、木洛、三岔河、羊房
花岗岩型	褐钇铌矿、铌铁矿、锆石	ΣY	四川草场、横海、路枯、解放乡、羊圈房、红水沟、蔡玉、小合子、干沟
磷矿型	胶磷矿、磷灰石	ΣY、ΣCe	贵州新华，四川王家坪
黏土岩型	磷铝铈矿、氟碳铈矿	ΣCe	贵州鹿房
冲积-残积风化壳砂矿型	独居石、磷钇矿、褐钇铌矿	ΣY	云南勐往、勐阿、姚兴村、勐海、阿德博，四川茨达
离子吸附型	富钍独居石、锆石、铌铁矿	ΣCe	云南龙安、木厂，四川半山田、麻地、石马村、阿月
沉积变质岩型	独居石、氟碳铈矿、稀土磷灰石	ΣY、ΣCe	云南迤纳厂

五、重要矿床

1. 四川牦牛坪矿床

牦牛坪稀土矿床位于四川省冕宁县城西南平距约 22km 处，产于扬子地台西缘攀西裂谷北段，自北而南包括三岔河、牦牛坪河、包子村 3 个矿段，全长 13km，面积 30km^2。攀西裂谷喜马拉雅期岩浆活动频繁且颇具特色，以雅砻江断裂和安宁河断裂为界，发育一条长达 150km 的碳酸盐岩-碱性岩杂岩带。这些碳酸盐岩-碱性岩杂岩与 REE 成矿作用有关，形成了川西冕宁-德昌 REE 成矿带(Hou et al.，2003)。牦牛坪杂岩体受哈哈断裂的控制，碳酸盐岩-碱性岩杂岩体长约 1400m，宽 260～350m，主要由英碱正长岩、碳酸盐岩、花岗斑岩以及成分复杂的碱性伟晶岩脉组成(袁忠信，1995；阳正熙，2000)，陡倾的碳酸盐岩岩墙或岩床向下延深形成 90m 宽的中粗粒方解石碳酸盐岩体(阳正熙，2000)。

牦牛坪矿床是由一系列不同的矿化细脉、网脉和大脉组成的脉状矿床，沿北北东向展布，长 2.65km，平面呈“S”形，显示受走滑断层的控制。矿化细脉厚度一般大于 30cm，成群分布于英碱正长岩体中，矿化网脉厚度一般为 1～30cm，在中心矿体的周围形成平行脉体。总体来说，大矿脉群主要分布在矿区的北段，局部形成网脉状矿体(阳正熙，2000)，其内形成大量的巨晶状氟碳铈矿，并显示出矿物分带，中间为萤石＋重晶石＋氟碳铈矿，外部为重晶石＋霓辉石(阳正熙，2000)。

根据钻孔资料和化学分析结果，牦牛坪矿床已圈出约 71 个矿体，单个矿体的长度变化于 10～1168m 之间，厚度在 1.2～32m 之间(袁忠信，1995)。所有矿体总体上向北西方向陡倾，倾角 65°～80°，平面上呈“雁列式”。矿体形态多样，有似层状、条带状、不规则透镜状和囊状等。

矿区主要有 4 种矿石类型：伟晶岩型、碳酸盐岩型、角砾岩型和网脉型。矿床所含有的共生矿物多达 60 余种(袁忠信，1995)。有 5 个矿化阶段：①早期高温阶段(达 700℃)，以硅酸盐矿物(如微斜长石、石英、黑云母、霓石、霓辉石、钠铁闪石和硅钛铈矿等)、少量硫化物(如黄铁矿、辉钼矿等)和磷酸盐矿物为主的矿物组合；②中温阶段(达 350℃)，与 LREE 矿化作用密切相关，矿物组合为粗粒方解石＋萤石＋重晶石＋天青石＋氟碳铈矿；③中—低温硫化物阶段(100～200℃)，矿物组合为细粒萤石＋重晶石＋石英＋氟碳铈矿；④低温含 REE 的铁锰质矿化阶段，矿物组合主要为铁锰氧化物＋方解石；⑤表生氧化淋滤阶段，主要为次级白铅矿＋毒重石＋菱锶矿＋钼铅矿（袁忠信，1995；侯增谦，2008a）。

2. 贵州新华含稀土磷矿床

新华含稀土磷矿床位于贵阳市西直距约 90km，织金县城东南部，包括高山、戈仲伍、果化、佳垮—大戛 4 个矿段，面积 $32km^2$。矿床的稀土元素主要产于古生界戈仲伍组的含磷岩性段，后者属于扬子地层区梅树村期含磷白云岩、硅质页岩建造，是贵州稀土矿化最重要的含矿沉积建造。

贵州织金新华含稀土磷矿床，位于扬子地台西南端，地质构造位置处于黔中隆起西南端，属扬子地层区。戈仲伍组内含稀土磷块岩矿体以不同厚度和形态呈结核状、纹层状、透镜状和似层状产于岩层内，产状与岩层一致，围岩主要为磷质白云岩，无围岩蚀变，与围岩呈互层、夹层或者逐渐过渡关系。稀土元素主要以类质同象方式富集在磷块岩碳氟磷灰石和胶磷矿中，两者呈正相关关系（陈吉艳，2010）。矿石常以生物碎屑结构、泥晶结构及藻屑结构为主。伴生矿物常见的有白云石、方解石、石英、黏土矿物、闪锌矿、锐钛矿及黄铁矿等。矿石类型主要分为生物屑内碎屑磷块岩、凝胶磷块岩、结核状硅质磷块岩（张杰，2010）。

新华含稀土磷矿床已探明矿石储量 13.48×10^8t，稀土氧化物储量 144.6×10^4t（施春华，2008），平均 REO 含量为 0.05%～0.13%（陈吉艳，2010），特别富集稀土元素钇，为全国重稀土元素含量最高的矿床之一（施春华，2008）。

3. 云南龙安矿床

龙安风化壳型稀土矿位于云南省西部陇川县城北西约 6km，地处祖国边陲中缅边境地带，与缅甸一水之隔，行政区划隶属于云南省潞西市陇川县弄巴镇管辖，矿区面积 $6.04km^2$，详查区面积 $1km^2$。

矿床成矿母岩为中粗粒似斑状黑云角闪钾长花岗岩，出露于龙安—广允一带，面积约 $3.59km^2$，稀土总量较高，达 399.94×10^{-6}，隶属海西期—印支期帮棍尖山岩体。

花岗岩普遍遭受风化，风化壳厚约 20m，属残积堆积层，由下至上可分 4 层：①花岗岩半风化层，为灰色细砂，矿物成分与全风化层相似，但长石的高岭土化比较弱，pH 值 6.31。局部含薄层透镜状矿体；②花岗岩全风化层，为矿区主要含矿层，残积物主要为黄、白色相间，局部地段由红、白相间的粉土组成。基岩的结构、构造已消失，但大部分矿物特征仍保留，由石英、长石、云母组成，长石多高岭土化，pH 值 6.32～7.30；③红土化层，红色、砖红色、黄色砂质黏土，残留砂质矿物有石英、长石、金红石、独居石等，长石多高岭土化，厚 0.1～6.6m，平均厚 2.7m；④腐殖层，褐色、褐黑色粉砂质黏土，平均厚 0.145m。

龙安稀土矿床主要产于花岗岩风化壳中的全风化层内，红土风化层和花岗岩半风化层有少量矿体，矿体形态受地形、地貌控制。主矿体呈被盖状，矿体延伸稳定，一般山顶厚，山腰次，山脚薄。矿体厚 1.15～11.9m，平均厚 6.42m，稀土总量最高达 0.339%，平均 0.086%。矿层顶板为红土化层，平均厚 2.7m，剥采比约 0.61，宜露天开采，矿层最大厚度 11.9m，未揭穿，最薄厚 1m，全矿区平均厚 4.425m。

矿床稀土元素物质组分经重砂鉴定，有下列稀土矿物和可综合利用矿物：①富钍独居石，褐黄色，油脂光泽，半透明，中等电磁性，粒径 0.075～0.2mm，粒状，密度大于 $4.5g/cm^3$；②富含锰、铅的未命名稀土矿物，黑色，金属光泽，密度大于 $5.0g/cm^3$，粒径大于 0.2mm，粒状，经分析含 CeO_3 3.00%，Nd_2O_3 7.26%，MnO 28.80%，PbO 10.43%；③锆石，正方双锥，黄色，矿石中锆石含量为

(304.7～329.7)$\times10^{-6}$，可综合利用；④铌铁矿，薄板条状、矛状，黑色光泽，品位可达35.29$\times10^{-6}$。

4. 四川路枯稀土、铌、钽矿床

路枯稀土铌、钽矿床位于攀枝花红格含铁基性—超基性岩体南端，包括南、北两个矿段。

矿区具一定规模的含矿岩脉159条，略呈带状分布，形态较复杂，多呈上大下小的不规则脉状，一般产状陡，以西倾为主。岩性有碱性正长岩、碱性正长伟晶岩、碱性钠长岩及碱性花岗伟晶岩等。岩脉从北西至南东碱性增强，规模变小，但钠长石化增加，稀土、铌、钽矿化程度增强。

主要矿脉类型是碱性正长伟晶岩型和碱性钠长岩型。全区有矿脉42条，其中正长伟晶岩脉19条，钠长岩脉12条，钠长石化正长伟晶岩脉10条，碱性花岗伟晶岩脉1条。

矿石中主要脉石矿物有微斜长石、条纹长石、钠长石等，稀有矿物有16种，如烧绿石、锆石英、褐帘石、硅钛铈矿、铈磷灰石、铌钽铁矿、铈硅矿、磷钇矿等。铌、钽及稀土主要在烧绿石、硅钛铈矿、褐帘石、稀土榍石等矿物中，以镧、铈、钕占优势。

六、成矿潜力与找矿方向

根据西南地区各类稀土矿床的地质背景、控矿因素分析和成矿规律研究，西南地区可划分出5个稀土找矿远景区，即冕宁-德昌稀土矿远景区、威宁-织金稀土矿远景区、龙安稀土矿远景区、思茅-阿德博稀土矿远景区和水桥稀土矿远景区(图6-2)。

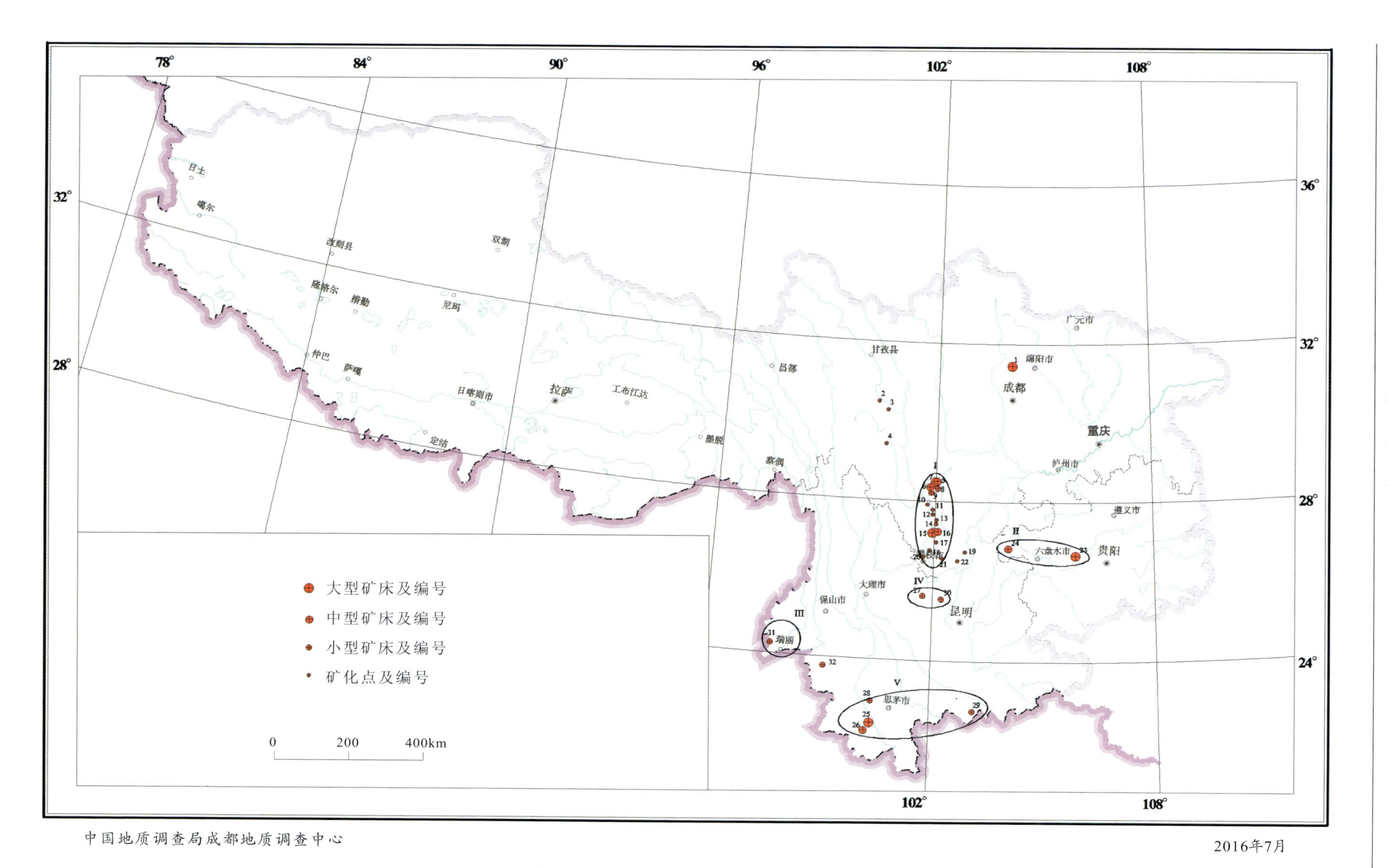

图 6-2　西南地区稀土矿床远景分布图

Ⅰ.冕宁-德昌稀土矿远景区；Ⅱ.威宁-织金稀土矿远景区；3.龙安稀土矿远景区；4.思茅-阿德博稀土矿远景区；5.水桥稀土矿远景区

第七章 分散元素矿产

西南地区的分散元素矿产，在各种不同类型矿床中均有富集，按照组成矿床的矿石矿物共生关系，往往形成一定的分散元素组合特征。

一般铜矿床中其伴生含量达到综合利用要求的矿种主要有硒、镉、锗，同时伴有少量的碲、镓、铟；随着矿床中锌含量的增高，锗、铟和镉的含量也往往随着增高；含铜砂岩中往往含有铼，其次是锗、硒和铊；铜钼矿床中往往含铼、硒、碲，其次是铟、锗和铊；在铜镍硫化物矿床中，硒、碲可作为铜镍矿床的特征元素，此外含有铊、镓和锗。

一般铅锌矿床中伴生含量达到综合利用要求的矿种主要有锗、镓、铟、铊、镉，也是提取稀散元素矿产的主要来源。在含锡硫化物矿床中，伴生铟的含量一般相对较高，有时含有镓；在锑和汞矿床中，常伴生有较高的硒含量，有时还含有铟；在铝土矿矿床中，普遍含镓且含量相对较高；在砷(毒砂)矿床中，伴生的硒和碲含量相对较高(陈毓川等，2010)。

第一节 锗

一、锗的来源及在新型产业中的应用

锗(Ge)是一种银灰色性脆的金属，常呈类质同象在闪锌矿中富集。已知的主要含锗矿物有闪锌矿、斑铜矿、辉铜矿、斜方硫砷铜矿、砷黝铜矿、锡石、毒砂、磁铁矿、赤铁矿、硬锰矿、菱锌矿和有机岩等。目前工业上锗的来源主要是在处理硫化物矿时从炼锌厂的烟化挥发物中和炼锡厂、炼铜厂的烟尘与升华物中提取，也从燃煤的炼焦烟尘中回收。锗主要用于电子工业中，可以用来生产低功率的半导体二极管、三极管；在空间技术应用上可用于生产红外器件、γ 辐射探测器等方面的新用途；锗还与铌可以形成化合物，用作超导材料(徐靖中等，2007)。

二、锗矿资源分布与成矿特征

西南地区的锗矿主要分布于云南省，在贵州省和四川省也有分布。目前查明有资源储量的矿区有 21 个，其中超大型矿床 1 个，大型矿床 2 个，中型矿床 6 个，其余均为小型及以下矿床(点)。截至 2013 年，西南地区共查明的锗资源储量有 1354t，其中云南省 866t、四川省 327t、贵州省 161t，云南省境内已查明的锗资源储量位居全国第 2 位(国土资源部《全国矿产资源储量通报》，2013)。

西南地区铅锌矿床中伴生的锗矿主要分布有四川会理天宝山和会东县大梁子等铅锌矿床中伴生的锗矿，贵州水城特区和赫章铅锌矿床中伴生的锗矿，云南会泽、罗平县富乐厂、马关都龙、巧家等铅锌矿床中伴生的锗矿，其锗的矿床规模以大、中、小型为主。成矿类型有热液型、矽卡岩型、沉

积-改造型，含矿地层主要有震旦系、泥盆系、二叠系、三叠系等，矿体形态多呈透镜状、似层状、脉状、柱状、不规则状产出，矿石类型系硫化铅锌矿石中伴生的锗，含锗品位一般在0.0005%～0.0063%。据有关资料显示，云南会泽超大型铅锌矿床中，共伴生的锗资源储量可达500～600t（王瑞江等，2015），其主矿体中锗的富集系数可达6978，显示了分散元素在该区有独特的地球化学行为，并成为川滇黔成矿三角区富锗铅锌矿床中的典型代表。

西南地区目前铜矿中已查明有锗资源储量的矿床类型为沉积-变质铜矿床中的伴生锗，以产于云南东川滥泥坪铜矿和东川石将军铜矿床等为代表，其锗矿床规模均以小型为主，含矿层主要为一套震旦纪陆源的沉积岩地层，锗主要赋存于斑铜矿、辉铜矿中，含锗品位一般在0.004%～0.059%（云南省地质矿产局，1992）。

三、锗矿找矿前景分析

西南地区除铅锌矿床中普遍伴生有锗矿以外，在云南滇西（澜沧江以西）新近纪褐煤盆地也具有良好的锗矿富集成矿条件，在红河-沅江断裂以西，尤其是云县—临沧—勐海一线，以及腾冲—潞西—瑞丽一线的两个近南北向的条带上，分布的近40个盆地中已发现具有工业回收价值的锗矿产地4处，初步预测研究认为整个区域内潜在的锗资源量潜力在2000～3000t，进一步找矿的空间较大（王瑞江等，2015）。

第二节　镓

一、镓的来源及在新型产业中的应用

镓（Ga）是一种银白色的软金属，是在人体温度下（37℃）能熔化成液体的金属之一。已知的主要含镓矿物有闪锌矿、霞石、白云母、铝土矿及煤矿，但地壳中对提取镓有实际意义的为铝土矿、霞石。当前制取镓的主要来源是铝生产中的顺便回收。镓的主要用途是制备新型半导体材料，在微波器件领域、光导纤维通信领域和高速集成电路等方面具有广泛的用途。钒镓化合物（V_3Ga）可用作超导材料，镓制造低熔点合金可用作防火信号和熔断器，镓化合物还可用于分析化学、医药和有机合成中的催化剂。镓能提高某些合金的硬度、强度，并能提高镁合金的耐腐蚀能力。

二、镓矿资源分布与成矿特征

西南地区镓矿主要分布于贵州省和云南省，在四川省和重庆市境内也有零星分布。查明有资源储量的矿区73个，其中大型矿床1个，中型矿床10个，其余均为小型及以下矿床（点）。截至2013年，西南地区共查明的镓资源储量有37 421t，其中云南省8558t、四川省290t、贵州省28 432t、重庆市141t，目前贵州省已查明的镓资源储量位居全国第2位（国土资源部《全国矿产资源储量通报》，2013）。

目前西南地区分布的镓矿床主要矿床类型以沉积型为主，其次为沉积-改造型。其中沉积型铝土矿中伴生的镓资源储量约占西南地区所有查明镓资源总量的95%，也是西南地区含镓最为重要的矿床类型。此类矿床的主要成矿地质特征是，矿床一般产于二叠系的底部，含矿层底板为不整合

面，顶部为铝土矿或煤层、碳质泥岩、碳质页岩等。矿体一般分布于残余的向斜构造盆地中，矿体埋深一般在100～200m，矿体长一般在1000～3000m，宽200～600m，以呈似层状产出为主。矿石类型为一水铝土矿型，镓在矿石中分布比较均匀，变化不大。矿石组分和含量一般为：Al_2O_3 50%～64%，SiO_2 5%～7%，Fe_2O_3 6%～8%，而含镓一般在0.0043%～0.073%，最高0.01%。

铜铅锌及锡硫化物矿床中伴生的镓主要分布于矽卡岩型多金属矿床、沉积-改造型的铜铅锌矿床中，另在矽卡岩型的锡矿床中也有分布，一般镓与锗元素呈共生产出关系。其中铜铅锌硫化物矿石中含镓的品位一般在0.0002%～0.0011%，品位较低，而锡硫化物矿石中的伴生镓含量相对较高，为0.002%～0.040%。

西南地区钒钛磁铁矿中的镓普遍与V、Fe、Ti等元素伴生，镓一般含量在0.0014%～0.0028%，平均为0.0019%，预测总资源量可达9.24×10^4t金属镓，基本上没有得到回收利用（云南省地质矿产局，1992）。

三、镓矿找矿前景分析

西南地区的贵州、重庆、云南广泛分布有沉积型铝土矿成矿区，其中贵州的贵阳、安顺、毕节、遵义地区和重庆南部的南川、武隆、彭水等地，均是铝土矿相对集中分布的区域，自南而北可划分为修文、息烽、遵义、正安、道真5个铝土矿成矿带，在其分布的上百个铝土矿矿床中均有不同程度的镓含量赋存，据统计，矿床中的镓含量一般在$(124\sim143)\times10^{-6}$之间，资源潜力还十分巨大。在开展铝土矿的勘查评价过程中进一步重视对镓的综合评价工作，与之伴生的镓矿仍具有广阔的找矿前景。此外，据相关研究进展表明，四川攀枝花钒钛磁铁矿中也含有丰富的镓，其远景和资源量尚未做系统的定量评价，这也表明西南地区的镓矿尚具相当可观的资源找矿远前景。

第三节　铟

一、铟的来源及在新型产业中的应用

铟（In）是一种银白色金属。已知的铟矿物有硫铟铜矿、硫铟铁矿、水铟矿、铟石，但为量甚少。在各种含铟的金属硫化物中，最有工业意义的是闪锌矿，含量为0.0001%～0.1%（有时达1%），其次为黄铜矿、锡石、方铅矿。目前工业上主要从赤铁矿、铅锌冶炼过程中作为副产品回收，在钨锡冶炼厂也回收铟。铟是制造半导体、焊料、无线电工业、整流器、热电偶的重要材料。纯度为99.97%的铟是制作高速航空发动机银铅铟轴承的材料。铟与锡的合金（各50%）可作为真空密封之用，能使玻璃与玻璃或玻璃与金属粘接。金、钯、银、铜与铟的合金常用来制作假牙和装饰品。

二、铟矿资源分布与成矿特征

西南地区铟矿主要分布于云南省境内，在贵州省和四川省也有零星分布。查明有资源储量的矿区有20个，其中大型矿床1个，中型矿床2个，其余均为小型及以下矿床（点）。截至2013年，西南地区共查明的上表铟资源储量有4102t，其中云南省4027t、四川省11t、贵州省64t，目前云南省境内已查明的铟资源储量位居全国第1位（国土资源部《全国矿产资源储量通报》，2013）。

西南地区分布的含铟矿床主要为矽卡岩型的多金属矿床、含铜的黄铁矿矿床、硫化物-锡石矿床为主，其次为沉积-改造型汞矿床和热液型矿床。其中：①与铅锌矿床伴生的铟矿，以四川会理天宝山铅锌矿床和云南巧家茂租铅锌矿床中伴生的铟矿为代表，铟一般与镓、锗元素呈共生产出关系，成矿规模多以小型为主，系铅锌矿石中伴生铟，含铟品位在0.0001%～0.05%；②与多金属矿床伴生的铟矿，以云南马关地区的都龙锡锌多金属矿床最具代表，其成矿规模以中—大型为主，含铟品位在0.0009%～0.1059%，其中浅色锡石中的In_2O_3含量最高达4.41%，平均2.75%；③与铜矿床伴生的铟矿，以云南中甸红山铜矿床最具代表，成矿规模以中—小型为主，铟主要呈类质同象分散状态赋存于铁闪锌矿、黄铜矿及磁黄铁矿中，一般铜矿石中含铟品位0.0001%～0.0020%；④与锡矿床伴生的铟矿，主要有云南个旧地区的锡石-硫化物型、矽卡岩型矿床为代表，成矿规模以小型为主，铟主要呈类质同象分散状态赋存于铁闪锌矿、黄铜矿及锡石中，含铟品位0.0020%～0.0650%；⑤与汞矿床伴生的铟矿，以贵州开阳汞铀热液型矿床最具代表，其成矿规模以小型为主，含铟品位在0.0027%。

三、铟矿找矿前景分析

西南地区的铟矿除与铅锌矿伴生外，还与铜矿、锡矿、汞矿等相伴产出，这些矿产成矿类型较多，分布也较为广泛。据最新研究进展认为，一般富锡硫化物矿床中铟元素富集程度相当高，矿石平均含铟在80×10^{-6}以上，有两类矿床一般可以构成共(伴)生的铟矿床，一类为锡石硫化物矿床，另一类是含锡的铅锌金属矿床。从最富铟的矿床是锡石-硫化物矿床和富锡的铅锌矿床的特定矿床类型专属性来看，西南三江地区的腾冲—梁河、滇东南地区的个旧—白牛厂—都龙应是铟矿最具找矿前景的地区(云南省地质矿产局，1992)。

第四节　铊

一、铊的来源及在新型产业中的应用

铊(Tl)是一种银白色金属，已发现铊的单矿物有红铊矿，含Tl 59%～60%；硒铊银铜矿，含Tl 16%～19%；硫砷铊铅矿，含Tl 18%～25%；辉铊锑矿，含Tl 32%；但都很少见。有实际意义的含铊矿物为白铁矿、黄铁矿、黄铜矿、方铅矿，在闪锌矿及雄黄等硫化物中也有分布。目前工业上铊的主要来源是从有色金属硫化物加工中，特别是炼锌残渣和烟尘、焙烧黄铁矿制酸过程中提取回收。铊主要用于制造化学药剂，在电子工业中用铊激活碘化钠晶体可用作光电倍增管，铊可制造低熔点合金、光学玻璃和密封电子原件的玻璃等。

二、铊矿资源分布与成矿特征

西南地区的铊矿仅分布于云南省和贵州省境内，查明有资源储量的上表矿区有5处，其中大型矿床1处，中型矿床2处，其余均为小型及以下矿床(点)。截至2013年，云南省境内已查明的铊资源储量超过全国保有资源总量的55%，达到8118t，位居全国第1位(国土资源部《全国矿产资源储量通报》，2013)。

西南地区铊的矿床类型主要为热卤水沉积的层控型铅锌矿床中的伴生铊，其次为沉积-改造型砷铊矿床和汞铊矿床。其中：①铅锌矿床中伴生的铊矿，以云南省兰坪县金顶特大型铅锌矿中伴生的铊矿最具代表，全区共有126个铅锌矿体中均不同程度地含有伴生铊，铊主要与黄铁矿、白铁矿关系极为密切，其中硫铁矿（黄铁矿、白铁矿）含铊在0.0055%～0.0879%，闪锌矿中含铊0.006%～0.016%；②砷铊矿床，以云南省南华龙潭大型砷矿中共伴生的铊矿最具代表，为沉积-改造型砷矿伴生铊矿床，矿体产于中侏罗世不纯灰白云岩、灰岩与泥岩组成的韵律层中，含矿层具有多层且较连续的特征，俗称"黄层"细碎屑岩段是砷铊矿床的主要赋矿层位，铊元素主要在雄黄、砷镁石和黄铁矿、方铅矿硫化物中分布富集，铊平均含量达0.024%；③汞铊矿床，以贵州省滥木厂汞矿中共伴生的铊矿最具代表，矿体主要产出层位为上二叠统龙潭组和长兴组地层中，含矿层位多达35层，汞铊矿石中铊含量为(81.9～786)×10^{-6}，铊可呈类质同象形式赋存于硫化物中，在矿床中铊的局部高含量富集地段，还可出现铊的独立矿物，并富集形成铊的富矿体。目前，矿床中已发现了多种铊矿物，如红铊矿（$TlAsS_2$）、斜硫砷汞铊矿（$TlHgAsS_3$）、硫铁铊矿（$TlFeS_2$）等。

三、铊矿找矿前景分析

西南地区的部分铊矿除与铅锌矿伴生外，还应加强在铜矿、锡矿、钨矿和汞矿中伴生铊的综合评价工作。西南地区地域辽阔，地质构造复杂多样，稳定地台与活动地槽交替频繁，深大断裂发育，也有利于多种类型有色金属伴生铊矿的形成。尤其应重视贵州黔西南地区汞矿、锑矿、金矿和云南南华地区砷矿中的共伴生铊的综合评价工作，同时也应注重元古宙沉积变质黄铁矿型铜矿床中的伴生铊的综合调查与评价工作，可以说，西南地区铊矿的潜在资源仍还具有一定的找矿前景。

第五节　镉

一、镉的来源及在新型产业中的应用

镉(Cd)是银白色带蓝色光泽的金属。已发现的镉的独立矿物有硫镉矿（含Cd 77%）、菱镉矿（含Cd 74.5%），及方镉矿、黄硫镉矿、镉硒矿等，但均不形成单独矿床。镉主要在闪锌矿、方铅矿和黄铜矿矿石中富集，尤其在浅色的闪锌矿中含量较高，一般0.1%～0.5%，高达5%。目前工业上主要在湿法炼锌厂的粗锌精馏过程中产出的镉灰（含Cd 10%～30%）提取镉（矿产资源综合利用手册，2000），而某些铜铅冶炼厂的富镉尘中也可提取镉。镉在冶金、电子、化工等方面具有广泛用途，可以制造轴承合金、特殊易熔合金、耐磨合金等材料，镉对盐水和碱液具有良好的抗蚀性能，可以用作钢构件的电镀防腐层。镍-镉和银-镉电池具有体积小、容量大的优点，因而镉在电池制造中具有较大的需求。镉的化合物主要广泛用于制造颜料、塑料稳定剂、荧光粉，硫化镉、硒化镉、碲化镉具有较强的光电效应，主要用于制造光电池。

二、镉矿资源分布与成矿特征

西南地区的镉矿主要分布于云南、四川、贵州，查明有资源储量的上表矿区有17个，其中大型—特大型矿床5个，中型矿床7个，其余均为小型及以下矿床(点)。截至2013年，西南地区共查明的上

表镉资源储量有195 201t，其中云南省167 197t、四川省22 602t、贵州省 4555t、重庆 847t，而云南、四川已查明的资源量分别位居全国第 1 位和第 2 位（国土资源部《全国矿产资源储量通报》，2013）。

西南地区镉的主要矿床类型为层控改造型、矽卡岩型和热液型，其次有火山岩型、砂矿型。其中：①与铅锌矿床伴生的镉矿，主要有四川会理天宝山、会东县大梁子、白玉嘎村铅锌多金属矿床中伴生的镉矿，重庆石柱老厂坪和贵州水城杉树林铅锌矿床中伴生的镉矿，云南兰坪金顶、罗平和巧家、永善金沙厂、西盟新厂等铅锌银矿床中伴生的镉矿，其镉矿成矿规模大、中、小型均有分布。含矿地层主要为震旦系、泥盆系、二叠系、三叠系、白垩系—第三系等，系硫化铅锌矿石中伴生镉为主，并与锗、镓等元素多呈共生产出关系，含镉品位一般在 0.0006％～1.2700％，局部亦见有少量如硫镉矿、黄硫镉矿等独立矿物，在矿体中普遍富集。②与铜矿床伴生的镉矿，主要为火山沉积变质铜矿床中的伴生镉，以产于四川李伍铜锌矿床为代表，其镉矿床规模均以小型为主，含镉品位一般在 0.0035％～0.0500％。镉主要以类质同象分布在黄铜矿、闪锌矿中，为硫化铜矿石的伴生镉，并与硒元素呈共生产出关系。

三、镉矿找矿前景分析

西南地区是我国重要的铅锌矿资源富集区，尤其是云南、四川和西藏的铅锌矿和多金属矿床点分布广泛，成矿类型较全，而镉矿的赋存与铅锌矿床有着重要的成生联系，在开展铅锌及多金属矿普查评价过程中应进一步加强对镉矿的综合评价工作。

第六节　硒和碲

一、硒和碲的来源及在新型产业中的应用

硒（Se）是半金属。硒有 39 种独立矿物，但都很少见，其中主要的硒矿物有硒银矿、硒铅矿、六方硒铜矿、硒铊铜银矿、硒银铅矿、硒铋矿等。而主要含硒矿物有黄铜矿、黄铁矿、白铁矿、毒砂、辉钼矿、辰砂、方铅矿、斑铜矿、铜蓝、硫砷铜矿、辉锑矿、镍黄铁矿、闪锌矿，有时也存在于铀矿中，一般不形成单独矿床。工业上最重要的是在硫精矿、铜精矿和铅精矿的加工中提取硒。硒在电子工业、玻璃陶瓷工业，以及化学、冶金、农业等方面具有广泛用途。由于硒具有光电和光导两种特性，一个重要用途是在电子产品领域方面，用于制造低压整流器、光电池、热电材料以及各种复印复写的光电接受器。

碲（Te）有两种同素的异形体：一种为六方晶系，具有银白色金属光泽；另一种为无定形，呈黑色粉末。已知的含碲矿物约 70 种，独立矿物有 40 多种，但都很少见。较常见的碲矿物有：碲铅矿，含 Te 38％；碲铋矿，含 Te 48％；辉碲铋矿，含 Te 3.6％；以及碲金矿、碲银矿、碲铜矿等。对于提取碲有实际意义的矿物主要为方铅矿、黄铁矿、磁黄铁矿、黄铜矿、斑铜矿、黝铜矿、闪锌矿等。目前工业上主要来源是从精炼铜、镍、铅、锌和银的电解阳极泥，生产硫酸的酸泥以及硫酸厂收尘器捕集的烟尘中回收碲。碲主要用作钢铁、有色金属等冶金工业方面的合金添加剂，加入少量碲，可以改善碳素钢、不锈钢和铜的切削加工性能。在铅中添加碲可提高材料的抗蚀性能，用作海底电缆的护套，也能增加铅的硬度，用来制作电极板和印刷铅字。其次可用作石油、化工、玻璃等生产的催化剂，氧化碲可用作玻璃的着色剂，碲化合物可用于橡胶、金属的电镀、催化剂及爆破材料。在电子和

电气工业方面，高纯碲可用作太阳能电池、探测器、高压仪器及红外测温仪器等温差电材料的合金组分，碲化合物半导体是制作电子计算机存储器的材料。

二、硒、碲矿资源分布与成矿特征

西南地区的硒矿主要分布于四川省和贵州省，在云南省也有零星分布。查明有资源储量的上表矿区有11个，其中大型矿床1个，中型矿床1个，其余均为小型及以下矿床(点)。截至2013年，西南地区共查明的上表硒资源储量有1141t，其中云南省44t、四川省715t、贵州省382t(国土资源部《全国矿产资源储量通报》，2013)。而碲矿仅在云南省及贵州省有零星分布，均以小型及以下矿床(点)为主。

西南地区硒、碲的主要矿床类型以火山沉积型和热液型为主，其次有岩浆型和沉积型。其中：①岩浆型(铜镍硫化物)矿床中伴生的硒、碲矿，主要分布与云南元谋一带的基性—超基性复式岩体群中，以含铂钯的铜镍硫化物矿床为特征，成矿规模以小型为主(湖北省地质矿产局，1991)。其中硒主要以类质同象进入到硫化物的晶格中，主要含硒矿物有磁黄铁矿、镍黄铁矿等；而碲主要呈单矿物状态存在，与镍及金、银组成化合物。如云南金平白马寨铜矿中含硒平均品位0.0014%，含碲0.0001%；云南元谋朱布铂钯矿中含硒平均品位0.0003%，含碲0.0002%。②汞-锑矿床中伴生的硒矿，主要分布在西南地区雪峰山古陆西缘坳陷的川湘黔汞-锑重要成矿区内，成矿规模以小型为主。硒在矿石中主要以类质同象形式存在于辰砂中，或以灰硒汞矿产出，含量一般在0.003%～0.096%，碲含量甚微，大多达不到综合利用要求。③铜矿床中伴生的硒矿，主要与海底火山喷发作用关系密切。西南地区较为典型的矿床主要有四川九龙李伍铜矿，其伴生硒的成矿规模已达大型。含矿的火山岩系经强烈的变质作用和热液蚀变作用，硒主要以类质同象混入于硫化物的磁黄铁矿、黄铜矿、闪锌矿等矿物晶格中而富集，局部形成少量的碲银矿、叶碲铋矿分布。含硒平均品位0.0055%，最高含量可达0.1%。

三、硒、碲矿找矿前景分析

西南地区的硒碲资源在很大程度上取决于铜、镍、铅锌等矿产的资源潜力，通过对西南地区的区域地质背景、成矿规律及资源远景分析，西南地区的铜矿资源远景已位居全国首位，而且成矿类型齐全，成矿条件十分优越，进一步重视和加强在铜矿勘查评价中对伴生硒、碲和铼元素的综合评价工作十分重要。目前，在西南地区的川西南和滇中地区已初步形成了沉积变质型铜矿中伴生硒的成矿特征，而且还有较好的找矿远景，预测还可有新的储量增长。同时西南地区的西藏和云南是我国目前斑岩型铜矿最为重要的成矿远景区，据调查研究进展分析，在斑岩型和热液型铜钼矿床中往往含有硒、碲、铼等元素。因此，进一步加强对该类型铜矿的综合评价工作，西南地区的硒、碲、铼资源储量将会有较大的增长。

第七节 铼

一、铼的来源及在新型产业中的应用

铼(Re)是一种银白色难熔金属。常见的含铼矿物有辉钼矿、黄铜矿、黄铁矿、硒铅矿、斑铜矿、辉铜矿等。对提取铼有实际意义的含铼矿物有辉钼矿、黄铜矿、斑铜矿及辉铜矿，在一些铂、钯等矿物也含有微量的铼，但几乎所有的钼矿床中都含有铼。目前工业上生产铼的主要是从辉钼矿冶炼过程中的副产品中提取铼。在某些铜矿的冶炼烟尘和处理低品位钼矿废液中也可以回收铼。铼具有很高的电子发射性能，可广泛用于无线电、电视和真空技术中。铼具有很高的熔点，是一种主要的高温仪表材料。铼和铼的合金还可作电子管元件和超高温加热器以蒸发金属。钨铼热偶在3100℃也不软化，钨或钼合金中加25%的铼可增加延展性能，铼在火箭、导弹上可用作高温涂层，宇宙飞船中用的仪器和高温部件如热屏蔽、电弧放电、电接触器等都需要铼。

二、铼矿资源分布与成矿特征

据有关资料报道(2013)，目前在四川沐川地区发现了独立铼矿床，共圈出15个矿体，矿体长约40m，厚1.26～3.58m，铼品位达$(3.36\sim65.8)\times10^{-6}$，预测探获铼资源量约50t。

据有关研究成果显示，西南地区中新生代以来的斑岩型铜钼矿床中有铼元素的显示，局部含铼达$(260\sim370)\times10^{-6}$，主要与辉钼矿多型性和蚀变作用有关。这也说明铼矿的空间分布主要与斑岩型的铜钼矿、钼矿一致，而西南地区冈底斯、三江成矿带中斑岩型铜钼矿分布广泛，也是铼元素矿产找矿综合评价的重点(王瑞江等，2015)。

第八节 钪

一、钪的来源及在新型产业中的应用

钪(Sc)是一种质软并具有银白色光泽的金属。作为钪的独立矿物却很少，仅有钪钇矿$[(Sc,Y)_2Si_2O_7]$、水磷钪矿($ScPO_4\cdot2H_2O$)、铍硅钪矿$[Be_3(Sc,Al)_2Si_6O_{18}]$和钛硅酸稀金矿$[Sc(Nb,Ti,Si)_2O_5]$等少数几种。含钪的矿物有100余种，较为主要的含钪矿物为黑钨矿、褐帘石、锡石、磷钇矿、铁锂云母、绿柱石、独居石、磁铁矿、黝铜矿、锆石、铌钽铁矿等。目前工业上主要从黑钨矿、锡石以及某些矿物中提取钪。在以Al、P、U、Th、Ti、Fe、REE、W和Zr等元素为主要有用组分的矿床中，钪作为伴生组分也在综合回收利用，并已成为钪的主要工业利用来源之一(张玉学，1997)。钪及其化合物具有优异的性能，在电子、电光源、核技术、冶金化工等方面获得重要应用。在冶金方面，加入钪的镁合金具有很高的强度；将钪加入到碳化钛中可提高其硬度，使这种碳化物成为硬度仅次于金刚石的高强度金属切削工具。在电子产品方面，钪可用于计算机的快速转换存储磁心、中子过滤器等。

二、钪矿资源分布与成矿特征

西南地区的铝土矿、磷块岩和钒钛磁铁矿中均伴生有丰富的钪资源，但由于对钪资源的综合评价工作不足，许多含钪资源的矿区均未计入正式储量统计。据相关研究成果进展报道(丁俊等，2011)，西南地区含有伴生钪资源的矿产地大致有15处，其中四川有2处，重庆有3处，贵州有8处，云南有2处。

西南地区钪矿床在成因上可分出外生矿床和内生矿床两大类。其中内生钪矿床的形成主要以

与超基性岩有关的钒钛磁铁矿伴生型为主，吕宪俊等(1992)对钒钛磁铁矿中钪的赋存状态研究后认为，钛普通辉石、钛铁矿、钛磁铁矿是钪的主要载体矿物，一般 Sc_2O_3 含量为(13～40)×10^6。外生矿床类型主要有与沉积作用有关的磷矿型伴生钪矿床、铝土矿型伴生钪矿床，铝土矿中 Sc_2O_3 的平均含量一般为(40～80)×10^6(陈晓鸣，2007)，磷块岩中的 Sc_2O_3 平均含量一般为(10～25)×10^6(张玉学，1997)，钪主要赋存于锆石、金红石、钛铁矿和锐钛矿等矿物中。如黔中小山坝铝土矿的 Sc_2O_3 含量为(37～68)×10^6；贵州林歹铝土矿的 Sc_2O_3 含量为(41～75)×10^6。

最近，云南牟定二台坡钛铁矿中发现了一个具有大型前景的钪矿床(朱智华，2010)，云南盈江发现了花岗岩风化壳型钪矿床，并已开发利用(陈晓鸣，2007)。

三、钪矿找矿前景分析

西南地区钪矿资源主要伴生于钒钛磁铁矿、铝土矿、磷矿，以及富含钪的花岗岩风化壳之中，具有较大的找矿远景。钪在不同类型的矿床中有着不同的富集形式，往往会形成不同的钪共伴生元素组合。钒钛磁铁矿中钪主要赋存在钛普通辉石、钛铁矿和钛磁铁矿中；磷矿中钪的赋存状态至今还未见研究，但是根据钪与稀土元素性质的相似性，推测钪和钇等稀土元素类似，可能以类质同象形式存在胶磷矿中；铝土矿中钪主要赋存于锆石中；花岗岩风化壳中钪呈分散状态分散于花岗(伟晶)岩和风化壳以黑云母为主的云母类矿物中。

钒钛磁铁矿伴生钪矿，应该加强四川省攀西地区和云南省牟定地区钒钛磁铁矿中钪的综合调查评价。攀西地区钒钛磁铁矿资源巨大，这些钒钛磁铁矿伴生有丰富的钪，如攀枝花和红格两大矿区矿石中的钪含量分别为 28.3×10^{-6}和 20×10^{-6}，在选矿过程中钪分别富集在钛精矿和电选尾矿的辉石中，含钪分别达 101.0×10^{-6}和 128.0×10^{-6}(佘宗华等，1999)。攀钢集团选钛厂每年产出约 10×10^4 t 选钛尾矿，至今未利用钪资源，如果利用好这部分资源，其伴生钪矿产资源储量巨大。云南牟定—富宁地区，分布有许多铁质超基性岩，普遍含钪较高，目前已发现二台坡钪矿(平均 Sc_2O_3 66.08×10^6)。在二台坡外围还有安益、碗厂、永仁珙山箐、元谋朱布、元谋热水塘、元谋猛林沟、金平白马寨、大理迎风、大理荒草坝、弥渡金宝山岩体，岩体性质及含矿性与二台坡岩体相同。因此，进一步加强对这些岩体和矿床中伴生钪的资源综合评价工作，找矿前景十分可观(朱智华，2010)。

对于铝土矿伴生钪矿，西南地区更有广阔前景。西南地区川、滇、黔和渝地区都有众多铝土矿分布，特别是黔中—渝南地区铝土矿不仅资源丰富，分布广泛，而且相对集中。据不完全统计，目前重庆南川、武隆等地发现铝土矿 14 个矿床(丁俊等，2011)，其中大型 1 个，中型 5 个，小型 8 个，贵州修文、息烽、遵义、正安和道真地区也分布有上百个铝土矿矿床点，在这些铝土矿和硬质黏土岩中均含有丰富的钪。这些铝土矿中钪的分布在不同地区和矿床之间含量也有一定的差异，如贵州黔中地区规模较大的林歹和小山坝铝土矿矿床和规模较小的麦格和乌栗铝土矿矿床，其钪含量较高，Sc_2O_3 为(28.7～75.2)×10^6，平均 52.85×10^6；而长冲和狮子山铝土矿的钪含量明显偏低，Sc_2O_3 为(21.0～48.2)×10^6，平均 31.53×10^6；黔北苟江铝土矿的钪含最低，Sc_2O_3 为(29.2～47.2)×10^6，平均 37.07×10^6，与世界铝土矿的钪含量接近(尹志民等，2007)。由此估算，该区铝土矿中钪的资源量也十分可观。

磷矿伴生钪在西南地区也较丰富。尤其是云南、贵州和四川几省是世界及我国最主要的成磷期——早寒武世梅树村期磷矿的主要分布区。自南而北形成寻甸-华宁、威宁-织金、峨眉-雷波、清平-绵竹等几个主要聚磷区，已经发现磷矿床 40 多个。前人对磷块岩中的钪资料研究甚少，开阳、翁福、织金磷块岩的 Sc_2O_3 含量为(10～25)×10^6(张玉学，1997)，这也表明西南地区磷矿型伴生钪尚具有相当可观的资源远景。

第九节　铪

一、铪的来源及在新型产业中的应用

铪(Hf)是一种银白色光泽的金属,比铅重,与汞相似。主要的含铪矿物有钙钛矿、锆石英、铪钍锆矿、水锆石、曲星石、锆钽矿、异性石、锡石等。目前具有重要工业意义的是从锆石、曲晶石、水锆石和斜锆石等矿物中提取铪。铪的主要用途是用于原子能反应堆的控制棒。在电子工业、超耐热材料、耐蚀材料等方面也有一定的用途,添加铪的耐热合金可用于喷气发动机。

二、铪矿资源分布与成矿特征

西南地区的铪矿主要分布于云南保山—勐海一带的现代河床中,主要有河流冲积型矿床。该类矿床为内陆河流冲积矿床,一般产于富含锆石的花岗岩、碱性岩以及混合岩的分布地区。目前,在云南发现和初步评价铪矿矿产地有 3 处,资源远景为中—大型规模。这类矿床一般呈层状和似层状产出,矿层层数较多,厚度变化大(1～95m),但矿体埋藏浅(0～85m),易于开采。主要的重矿物有锆石英、钛铁矿、独居石、铌铁矿、褐钇铌矿、磷钇石、锡石等。

第八章　非金属矿产

第一节　白云岩

一、引言

1. 性质与用途

白云岩主要成分为白云石，其次为方解石、黏土矿物及陆源碎屑(石英、长石和云母)。白云岩经区域变质形成白云石大理岩矿床。

纯白云石化学分子式为 $CaMg(CO_3)_2$，晶体结构为三方晶系，晶形具菱面体形态。

白云岩是地球上重要的钙镁资源，在我国有着极其丰富的蕴藏量。白云岩被广泛用于冶金、建材、陶瓷、焊接、橡胶、造纸、塑料等工业。另外，在农业、环保、节能、药用及保健等领域也有广泛的应用。

2. 工业利用要求

耐火材料炉衬用白云岩工业品位：$w(MgO) \geqslant 20\%$；熔剂用白云岩工业品位：$w(MgO) \geqslant 16\%$；冶金用白云岩对矿物粒度要求，可参考《冶金、化工灰岩及白云岩、水泥原料矿产地质勘查规范》(2002)。

3. 矿床规模划分

以矿石亿吨计量，冶金、化肥、玻璃用白云岩矿床规模划分为3类：≥0.5为大型，0.1～0.5为中型，<0.1为小型。

二、资源概况

据《中国矿床》(1994)，中国白云岩矿床分布在碳酸盐岩系中，时代愈老地层赋存的矿床愈多，且多集中于震旦系中。中国已探明的储量能够满足经济建设的需要，各矿床多已开发利用，产地遍布各省，其中尤以辽宁营口大石桥、海成一带产量最高。

西南地区白云岩资源丰富，主要分布于四川、贵州、云南、重庆等省市(图8-1，表8-1)。产出层位自震旦系至侏罗系，以震旦系、寒武系、三叠系和奥陶系为主。

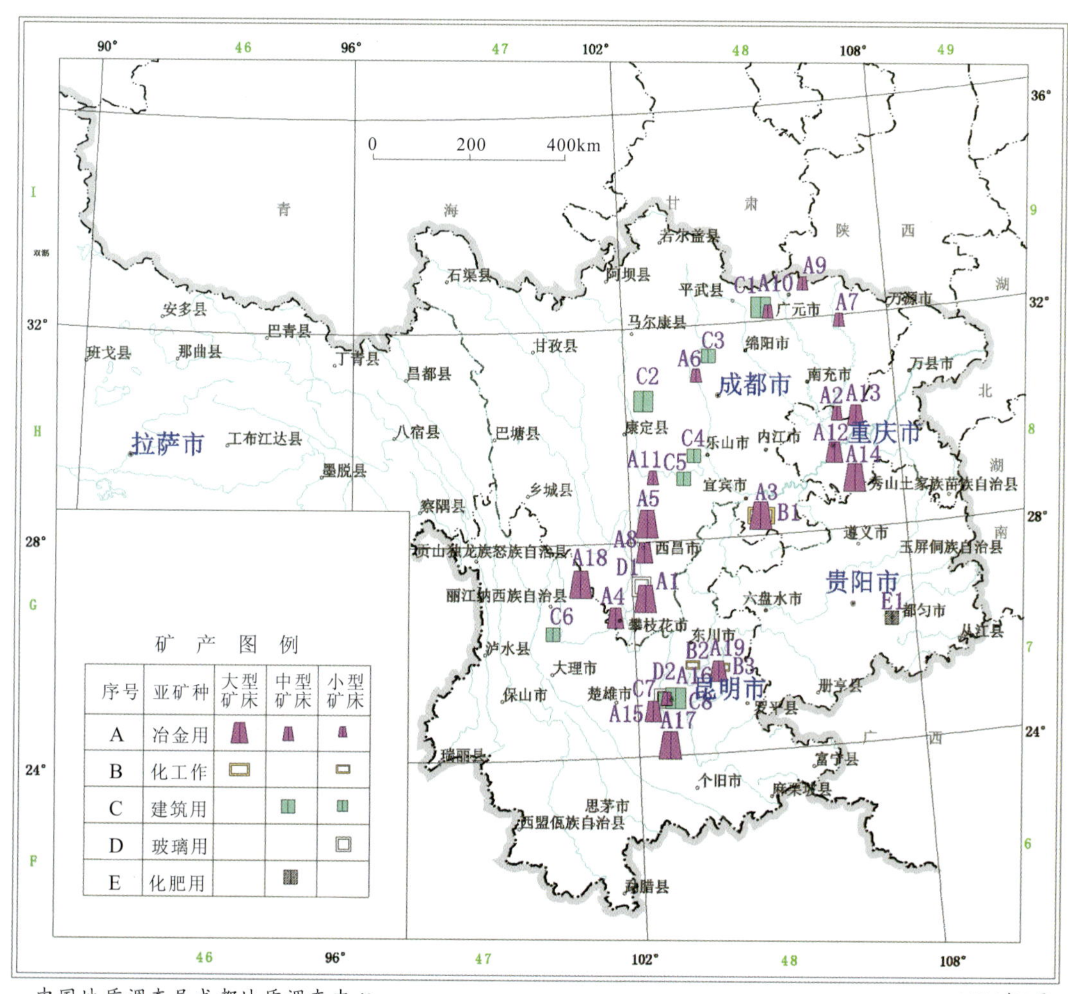

图 8－1　西南地区白云岩矿产地分布图

表 8－1　西南地区白云岩矿(大、中型以上)一览表

编号	矿床名称	地理位置	工业用途	规模	勘查程度
A1	会理县孔明山白云岩矿	四川省	冶金用	大型	预查
A3	长宁县双河犁头白云岩矿	四川省	冶金用	大型	普查
A4	攀钢大水井白云岩矿	四川省攀枝花市	冶金用	中型	勘探
A5	光明乡喜眉窝白云岩矿	四川省喜德县	冶金用	大型	详查
A8	西昌市大石板白云岩矿	四川省	冶金用	中型	普查
A 10	江油市武都白云岩矿	四川省	冶金用	中型	勘探
A 12	重庆市南泉白云岩矿	重庆市	冶金用	中型	详查
A 13	长寿县大坝白云岩矿	重庆市	冶金用	中型	普查
A 14	南桐矿区景星白云岩矿	重庆市万盛区	冶金用	大型	勘探

续表 8-1

编号	矿床名称	地理位置	工业用途	规模	勘查程度
A 15	安宁市白云岩矿	云南省	冶金用	中型	勘探
A 16	安宁市八街、王家滩白云岩矿	云南省	冶金用	中型	勘探
A 17	峨山县水车田白云岩矿	云南省	冶金用	大型	普查
A 18	宁蒗县昔腊坪白云岩矿	云南省	冶金用	大型	普查
A 19	曲靖市张家营白云岩矿	云南省	冶金用	中型	普查
A 20	关岭县关索白云岩矿	贵州省	冶金用	中型	详查
B1	长宁县双河犁头白云岩矿	四川省	化工用	大型	普查
B4	贵阳市大转湾白云岩矿	贵州省	化工用	中型	详查
C1	江油市毛坝白云岩矿	四川省	建筑用	中型	详查
C2	光明乡喜眉窝白云岩矿	四川省喜德县	建筑用	中型	普查
C4	兴文县古宋白云岩矿	四川省	建筑用	中型	普查
C5	汉源县桂贤白云岩矿	四川省	建筑用	中型	勘探
C6	鹤庆县黄龙潭白云岩矿	云南省	建筑用	中型	详查
C8	官渡区青龙村白云岩矿	云南省昆明市	建筑用	中型	普查
D2	花红洞万佛山白云岩矿	云南省昆明市	玻璃用	小型	详查
E1	都匀市三道河白云岩矿	贵州省	化肥用	中型	普查

三、勘查程度

四川省查明大、中、小型矿床21个，贵州省查明矿床19个，云南省查明矿床8个，重庆市查明矿床6个。

西南地区白云岩主要用于熔剂、钙镁磷肥、玻璃配料、建筑石材，需求量较少，研究程度较低，工作程度一般为预查、普查。从探明比例看，以熔剂用白云岩为主，占探明总储量的80%。西南地区开发利用程度很低，目前大部分矿山仅靠出售原矿。

四、矿床类型

白云岩主要有沉积和热液两种成因。按工业用途主要分为化肥用白云岩、熔剂用白云岩、玻璃用白云岩、冶镁用白云岩等。白云岩常伴有方解石、菱镁矿和其他碳酸盐矿物，部分白云岩与石膏互层。

五、重要矿床

1. 贵州水城堰塘白云岩矿

该矿床为大型熔剂白云岩矿床，位于水城特区南东 21km，南距滥坝火车站 0.4km，交通方便，地理坐标：东经 105°02′20″，北纬 26°32′40″。

据贵州省地矿局区调队的《贵州省区域矿产志》(1986)记载，含矿地层为三叠系杨柳井组。矿物成分主要为泥晶白云石，矿石质量甚佳，第一矿层 $w(MgO)$ 一般大于 21%，第二矿层质量稍差，$w(MgO)$ 为 16%～18%。

贵州省冶金地勘公司 1973 年提交的《水城堰塘白云岩矿床地质勘探报告》显示查明的资源量 3426.0×10^4 t，推断的资源量 3023.9×10^4 t，共 6449.9×10^4 t。

2. 贵州都匀市三道河白云岩矿

该矿床为一中型化肥用白云岩矿床，位于都匀市火车南站西南方向 1km，交通方便。地理坐标：东经 107°30′02″，北纬 26°15′15″。

据贵州省地矿局区调队《贵州省区域矿产志》(1986)记载，根据层位及矿石结构特征，矿体分为两层。上矿层产于石炭系滑石板组—达拉组，矿石 $w(MgO)$ 平均 20.79%；下矿层产于石炭系摆佐组，矿石 $w(MgO)$ 平均 21.24%。

贵州省地矿局 104 队于 1965 年提交普查报告，获推断的资源量 1422×10^4 t。

3. 四川喜德县光明乡喜眉窝白云岩矿

该矿床为一大型冶金用白云岩矿床(四川省区域矿产总结，1990)，位于喜德县城北西，直距 6km。成昆铁路通过矿区南部。

含矿地层为震旦系—寒武系灯影组，优质矿层厚 335～480m(相当于下含矿段)。矿石化学组分稳定，属Ⅰ级品，矿石 $w(MgO)$ 平均 18.80%。

四川省地质局西昌队七分队于 1958 年发现，次年在矿区北段做详查。1960 年四川省地质局喜德队进行初勘，探明资源量 8975×10^4 t，另有 1783×10^4 t 矿石因开采时离铁路太近而不能利用。

六、成矿潜力与找矿方向

西南地区具有工业意义的白云岩矿床的形成，主要与沉积岩、沉积地层有关。本区碳酸盐岩类地层广布，出露面积约 50×10^4 km^2，主要分布在贵州中南部、云南东南部、重庆西部和四川东部。白云岩自晚震旦世至侏罗纪各时代地层均有产出。

西南地区白云岩发育稳定的层系达 10 余个，其中分布广、厚度大、矿层稳定的有近 6 个层系，仅这 6 个层系矿石，估计其可露采的资源量将近 1×10^{12} t。目前，西南地区查明资源大约仅为预测资源总量的 0.02%，说明西南地区白云岩资源潜力非常巨大。而目前开采利用的白云岩矿床不到 100 处，工农业生产所需白云岩矿产资源无后顾之忧。

目前白云岩多采用电解法或硅热法工艺进行冶炼，选冶中要消耗大量电能，其生产成本较高，目前来说开采白云岩进行冶炼镁是不经济的，因此潜力评价提交的预测资源量均为暂不可利用资源量。

今后开展勘查工作时应从经济效益角度综合考虑其他条件，诸如地理位置、交通条件、能源等。一般来说，西南地区白云岩分布广泛，而在需求量不太大的情况下，应选自城市、工厂附近及铁路沿线的白云岩矿产。

第二节 高岭土

一、引言

1. 性质、用途、矿石组成

高岭土(Kaolin)，因产于江西景德镇市东45km的高岭村而得名(郑直等，1980)，是一种可以制瓷的黏土。高岭土，是以高岭石族黏土矿物为主的黏土或岩石的总称。高岭土矿，是高岭石族黏土矿物含量达到可利用的黏土或黏土岩。高岭石族矿物包括珍珠石、地开石、高岭石、埃洛石4种亚族矿物，均属层状硅酸盐矿物，其中以高岭石和埃洛石最为普遍。

高岭土因具有低硬度、良好的可塑性、易分散性、良好的电绝缘性的物理性能，以及抗酸溶性好、耐火度较高、离子交换性的化学性能，应用范围颇广。

2. 工业利用要求

世界上有60多个国家和地区生产高岭土。乌兹别克斯坦、美国、英国、乌克兰、中国、巴西是世界主要的高岭土生产国。中国高岭土产地分布地域较广，优质高岭土供不应求。我国高岭土矿以单一矿产为主，主要共伴生矿石矿产有明矾石、黄铁矿、菱镁矿、叶蜡石、膨润土、钾长石、瓷土、石英岩、铝土矿、煤、贵金属、稀有分散元素等。在开采主矿的同时，对共伴生矿进行综合开发利用，这样既降低了开发利用的直接成本，又增加了经济效益。

3. 矿床规模划分

以矿石万吨计量，高岭土(包括陶瓷土)矿床规模划分为3类：≥500为大型，100～500为中型，<100为小型。

二、资源概况

从中国高岭土分布来看，西南地区高岭土无明显优势，矿床少，特别是大、中型矿床更少，矿点多而分散。主要产地位于康滇隆起区及川南、黔北，其次是黔西北、滇西，重庆华蓥山及酉阳、黔江也有少量分布。西藏由于工作程度很低，发现矿床(点)很少。

据《中国统计年鉴》，截至2010年全国(未统计台湾)高岭土矿石基础储量63 933.24×10^4t，位于前3位的分别是广东、广西及福建；西南各省市区，云南为390.70×10^4t(占全国的0.61%)、贵州11.45×10^4t、四川71.87×10^4t。

三、勘查程度

1929年，李春昱和谭锡畴入川调查威远新华、彭县磁鹿及六一、仁寿碗场等磁厂的原料。1939

年，熊永先和罗正远在川南江安、叙永、古蔺调查，评价矿种包括：多水磁土（多水高岭土）；耐火泥，与多水磁土伴生，黑色，质差；陶土，产于叙永县高木顶等地，为侏罗系富含高岭土之砂岩，经破碎淘洗而得。1939—1940年，资源委员会郁国城研究了四川江津、叙永高岭土矿物成分及化学成分，当时Halloysit无对应中文名词，郁氏译为“叙永质”，今译为“埃洛石”。1941年，中央地质调查所李悦言调查了叙永县高岭土地层层位、矿物、成因等。

西南地区进行过专门勘查的高岭土矿产地较少。主要有四川省叙永县海坝、六拐河、德昌县永郎、汉源县倸依玛，云南省临沧县永泉、永平县卓潘、峨山县雨他斗，以及西藏羊八井地热田和云南腾冲地热田的高岭土矿点。

本书统计高岭土矿产地69处，其中大型4处，中型4处，小型39处（表8-2，图8-2），矿点22处。工作程度达到勘探2处，详查1处，其余达普查或预查程度。生产矿山有四川叙永大树，云南景洪勐宋、峨山雨他斗，贵州丹寨南皋，西藏当雄羊八井等地。

表8-2　西南地区高岭土矿（矿床）一览表

编号	矿床名称	地理位置	矿床类型	规模	勘查程度
G001	各雪区雨他斗高岭土矿	云南省峨山县	风化残积型	小型	详查
G002	个旧市牛屎坡高岭土矿	云南省个旧市	风化残积型	小型	普查
G003	安宁市一六街高岭土矿	云南省安宁市	风化残积型	小型	普查
G004	小棚租高岭土矿	云南省峨山县	风化残积型	小型	普查
G007	大厂高岭土矿	云南省永胜县	沉积和沉积风化型	小型	普查
G008	勐宋高岭土矿	云南省景洪县	风化残积型	中型	普查
G009	安东门高岭土矿	云南省龙陵县	风化残积型	小型	普查
G011	博尚高岭土矿	云南省临沧县	沉积型	大型	普查
G012	细腊高岭土矿	云南省临沧县	沉积型	大型	普查
G013	永泉高岭土矿	云南省临沧县	风化残积型	小型	勘探
G014	卓潘高岭土矿	云南省永平县	风化残积型	大型	勘探
G015	清水乡沙坡高岭土矿	云南省腾冲县	现代热泉蚀变型	中型	普查
G016	黄草坝高岭土矿	云南省龙陵县	风化残积型	小型	普查
G017	团坡山高岭土矿	云南省建水县	沉积型	小型	
G018	筲箕凹高岭土矿	云南省个旧市	风化残积型	小型	
G019	大黑山高岭土矿	云南省易门县	风化残积型	中型	
G020	官店桃林高岭土矿	贵州省习水县	风化淋积型	小型	普查
G021	马临高岭土矿	贵州省习水县	风化淋积型	小型	普查
G024	火烧寨高岭土矿	贵州省织金县	风化淋积型	小型	不详

续表 8 - 2

编号	矿床名称	地理位置	矿床类型	规模	勘查程度
G027	李家湾高岭土矿	贵州省遵义市	风化淋积型	小型	普查
G028	土地坝高岭土矿	贵州省习水县	风化淋积型	小型	普查
G029	洞上高岭土矿	贵州省仁怀市	风化淋积型	小型	普查
G030	窑货厂高岭土矿	贵州省丹寨县	风化淋积型	大型	普查
G031	猫猫营高岭土矿	贵州省福泉县	风化淋积型	小型	普查
G032	潘家寨高岭土矿	贵州省仁怀市	风化淋积型	小型	普查
G033	三合高岭土矿	贵州省仁怀市	风化淋积型	小型	普查
G034	杨村沟高岭土矿	贵州省桐梓县	风化淋积型	小型	
G035	宅吉-宝星高岭土矿	贵州省开阳县	风化淋积型	小型	
G036	周家场高岭土矿	贵州省习水县	风化淋积型	小型	
G037	临江高岭土矿	贵州省习水县	风化淋积型	小型	
G038	南皋高岭土矿	贵州省丹寨县	风化淋积型	小型	
G039	大树高岭土矿	四川省叙永县	风化淋积型	小型	普查
G040	古宋田坝高岭土矿	四川省叙永县	风化淋积型	小型	普查
G041	海坝高岭土矿	四川省叙永县	风化淋积型	小型	普查
G042	两河六涧坝高岭土矿	四川省叙永县	风化淋积型	小型	普查
G044	鸭子田高岭土矿	四川省叙永县	风化淋积型	小型	普查
G045	复陶泥巴坳高岭土矿	四川省古蔺县	风化淋积型	小型	普查
G047	长秧高岭土矿	四川省叙永县	风化淋积型	小型	普查
G048	六拐河高岭土矿	四川省叙永县	风化淋积型	小型	普查
G050	二季山高岭土矿	四川省叙永县	风化淋积型	小型	普查
G051	永郎高岭土矿	四川省德昌县	风化残积型	小型	普查
G053	大黄坪高岭土矿	四川省冕宁县	风化残积型	小型	普查
G054	大黑依高岭土矿	四川省会理县	风化残积型	中型	普查
G058	仁和高岭土矿	四川省攀枝花市	风化残积型	小型	普查
G065	羊八井高岭土矿	西藏当雄县	热泉蚀变型	小型	
G066	腰子口高岭土矿	重庆市南桐区	风化淋积型	小型	普查
G069	马厂坳高岭土矿	四川省叙永县	风化淋积型	小型	普查

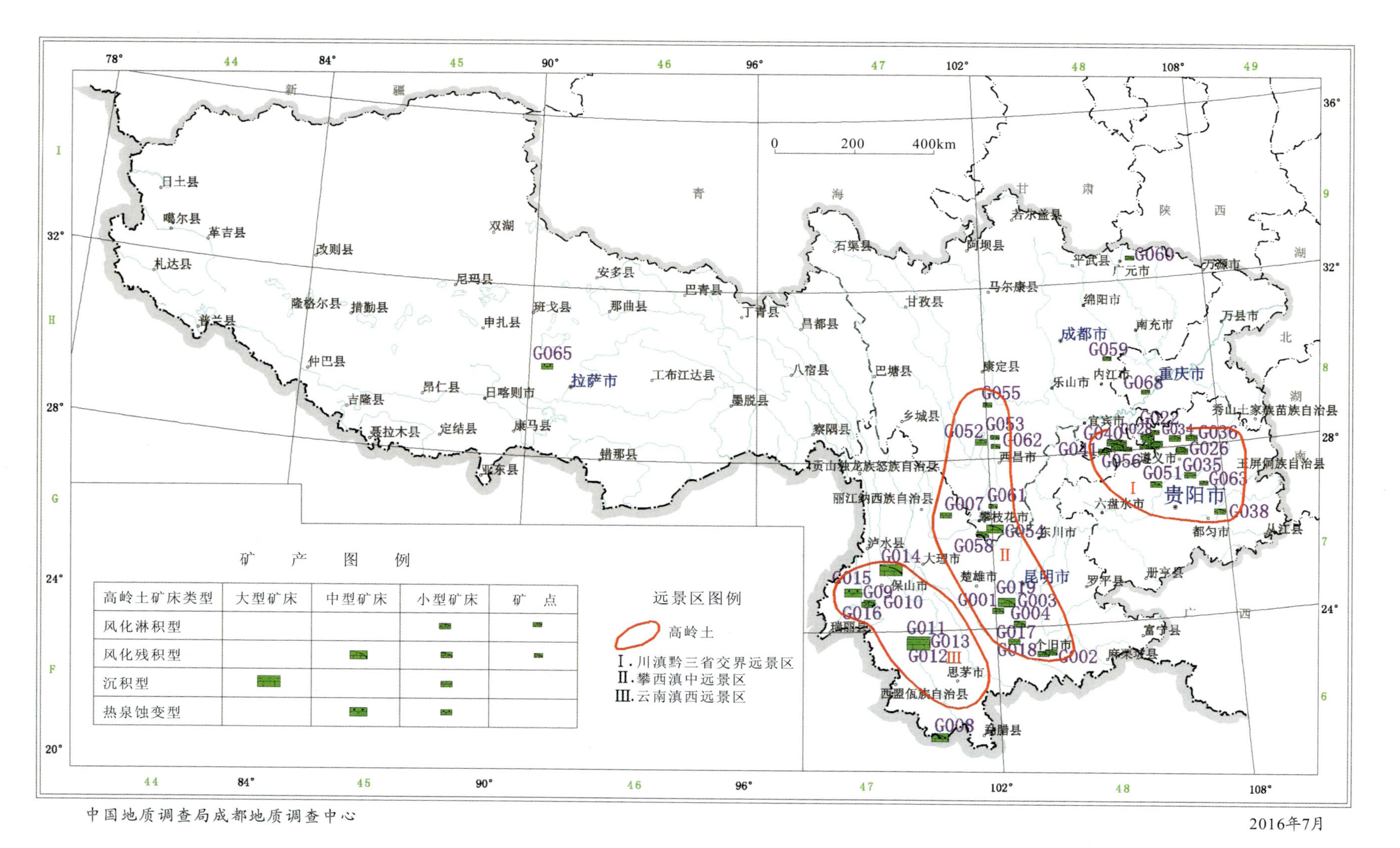

图 8-2　西南地区高岭土矿产地及找矿远景区分布概图

四、矿床类型

《高岭土、膨润土、耐火黏土矿产地质勘查规范》(2002)未对高岭土进行工业矿床分类。20世纪80年代曾将高岭土矿床划分为三大类、六亚类,三大类即风化型、热液蚀变型和沉积型。

西南地区以风化型为主,其次为沉积型,热液蚀变型较少(表8-3)。

表8-3　西南地区高岭土矿床主要类型划分简表

矿床成因类型		主要成矿原岩	主要黏土矿物	主要伴生矿物	成矿作用	代表性矿床
风化型	风化残积亚型	富含长石岩石及黏土质岩石	高岭石、埃洛石	石英、长石、云母、褐铁矿	原地风化	云南峨山小棚租,四川德昌永郎
	风化淋积亚型	含黄铁矿黏土质岩石	埃洛石	有机质、三水铝石、石英、褐铁矿	风化淋积	贵州遵义布政坝、瓮安云星,四川叙永两河
沉积型	沉积和沉积-风化亚型	来源于已形成的高岭土	高岭石	有机质、绢云母、水云母、蒙脱石、有机质	沉积	云南临沧细腊
热液蚀变型	现代热泉蚀变亚型	富含长石的岩石及黏土质岩石	高岭石	蛋白石、石英、明矾石、自然硫、蒙脱石	低温(小于200℃)热泉蚀变	西藏羊八井,云南腾冲

五、重要矿床

1. 云南临沧县细腊高岭土

该矿床为一大型矿床,位于临沧县城区南西,直距22km,地理坐标:东经100°02′00″,北纬23°41′00″,面积约10km^2。有公路相通,交通较方便。1991年,云南省地质科学研究所对高岭土进行估算,获得矿石资源量1391.3×10^{4}t,已开发利用。

构造位置处于印支期临沧花岗岩基之上、新生代断陷盆地内。含矿地层为新近系(旧称上第三系)上新统勐旺组,主要岩性为花岗质碎屑、黏土,总厚约40m。属湖相沉积型高岭土矿床。

据云南省地矿局《云南省区域矿产总结》(1993)记载,含矿地层内自下而上有高岭土矿4层,其中以第三层矿分布稳定,品位较富,为主矿层。主要矿物成分为高岭石(约占30%,片状)、石英、钾长石、白云母,少量埃洛石,副矿物极少。精矿送襄樊铜版纸厂研究所进行刮刀涂布级半工业试验,结论为:"瓷土具有白度高、粒度细、成纸性能好等特点,特别是成纸白度、光泽度、平滑度较高,在涂料配制过程中与其他化工原料相容性较好……"

2. 四川德昌县永郎高岭土

该矿床为一小型矿床,位于德昌县城SE167°,直距28km。地理坐标:东经102°16′00″,北纬27°09′00″,交通方便。原四川省地质局西昌地质队在20世纪60年代初详查,经审查批准查明高岭土矿石资源量 77.8×10⁴t。

矿区出露岩石主要为前震旦纪的花岗岩和变质岩，正长岩呈脉状贯入花岗岩的节理裂隙之中，正长岩脉经风化而形成高岭土，为花岗岩类风化残积型高岭土矿床，矿体的形态产状特征严格受节理裂隙控制（四川省区域矿产总结，1990）。

共发现矿脉 17 条，评价 14 条，矿脉长 100～300m。矿石为乳白色、灰白色，矿物以高岭石为主，有长石、石英碎块，及微量白云母、锆石、金红石等。矿石含矿率为 22.38%～35.25%。矿石经淘洗，其选矿率 32.65%～35.26%。选矿结果：高岭石 30.09%、石英砂 47.98%、混合剩合物 21.93%，分选后属高中级塑性高岭土。

3. 贵州瓮安县云星高岭土

该矿床为一小型矿床，位于瓮安县城北东，直距约 2km。地理坐标：东经 107°29′16″，北纬 27°04′54″。

据贵州省地矿局区调队《贵州省区域矿产志》（1986）记载，矿体呈透镜状、团块状及不规则状赋存于中二叠统梁山组底部的黏土岩之中，娄山关群白云岩古侵蚀面之上，为风化淋滤作用形成的高岭土矿床。

矿床可分上、下两个矿体。上矿体产于铝质页岩中，平均厚度 1～5.6m，长 700～1200m，优质者可达无线电陶瓷Ⅰ、Ⅱ级品要求。下矿体产于亚黏土中，厚度 0.4～2.7m，长 1300～1780m，其中优质者可达无线电陶瓷Ⅰ、Ⅱ级品要求。

矿石矿物主要为多水高岭石，另有少量高岭石、明矾石。

4. 西藏当雄县羊八井高岭土

该矿床为一小型矿床，位于当雄县羊八井镇南西 8km，地理坐标：东经 90°28′00″，北纬 30°07′00″。1972 年西藏地质局第三地质大队对矿区自然硫、水泥原料进行了资源量估算，求得硫元素量 4.1×10⁴t，同时对伴生高岭土进行了评价并提交了《西藏当雄县羊八井硫磺矿地质工作总结报告》。

区内古近系始新统年波组、帕那组火山岩及浅成侵入岩出露广泛，岩石类型有流纹质、安山质、石英粗安质的凝灰岩、沉凝灰岩、熔结凝灰岩，及长石斑岩、长英岩。第四系覆盖较广，矿区边缘有两条较大的断层，裂隙较发育。自然硫矿体呈脉状、透镜状、似层状和不规则状，分布于古温泉和古气泉通道附近基岩裂隙内，或充填于第四纪砾石层中。

热泉蚀变型高岭土矿体产于第四纪残积层中，剖面上具明显分带现象，从上自下为：腐殖土层、砂砾及砾石层、次生瓷土层、瓷土层（盖层）、部分高岭土化瓷土层、充分高岭土化瓷土层（主要矿层）。

高岭土工作程度低，未估算过资源量，目前作为瓷土矿在小规模开发利用。

5. 四川叙永县两河六涧坝-桅杆咀高岭土

该矿床为一小型矿床，位于叙永县城南西，直距 15km，地理坐标：东经 105°22′30″，北纬 28°04′32″，交通方便。

矿体赋存于上二叠统龙潭组底部，成矿原岩为黄铁矿高岭石黏土岩。根据氧化程度，由地表向深部明显分为 3 带：强氧化带、氧化带、原生带。含矿层发育于氧化带中（厚度 0.56～3.1m），地表延长 60～800m，倾向延深 20～150m。

矿体产于含矿层中上部，形态复杂，受阳新组灰岩顶界侵蚀面控制，呈囊状、扁豆状产出，变化极大，尖灭快。全区分 6 个矿段，共圈 44 个矿体，其中白色高岭土 23 个，厚度 0.05～0.80m；杂色高岭土 21 个，厚度 0.05～2.50m。矿体中常含三水铝石、水铝英石及基矾石、明矾石条带或团块。

矿石主要由埃洛石(85%～95%)及黄铁矿、白铁矿组成,少量明矾石、方解石等。矿石分白色、杂色、黑色高岭土3类。具致密状、土状结构,块状、似角砾状、条带状构造。矿石质量好,多属无线电陶瓷原料Ⅰ、Ⅱ级品。

矿区由四川省地质局202地质队勘查,并提交报告。六洞坝矿段达到普查,提交D级储量:白色多水高岭土矿石4.5×10^4t,杂色含水高岭土矿石15.1×10^4t。桅杆咀矿段达到预查。矿区共获表内D级储量20.54×10^4t,已开采利用。

黑龙江省非金属地质公司关铁麟(1982)考察研究了叙永县六洞坝等高岭土矿床,认为是古风化壳残余矿床。

成都地质学院曾照祥、刘爱玉(1985)考察研究了叙永县大树的纤维状地开石,认为地开石为高岭石组的一个矿物,其化学成分与高岭石、珍珠石(珍珠陶土)完全相同,构造单元层也完全一样,差别仅在于构造单元层的堆叠规律有所不同,故地开石和珍珠石都是高岭石的多型变种。

六、成矿潜力与找矿方向

1. 成矿地质条件

西南地区高岭土,以风化淋积型为主,其次为风化残积型、沉积型,有少量现代热泉蚀变和热液蚀变型。风化淋积型高岭土,在川黔滇交界二叠纪煤系发育地区广泛分布,该类型俗称"叙永石"。矿床的生成与富集受岩石、构造和地貌等条件控制。风化残积型高岭土,受岩石、构造、气候、地形地貌等条件控制。成矿与中生代花岗岩及有关脉岩密切相关。沉积、沉积风化型高岭土,多属新近纪或第四纪,物质来源主要为沉积盆地周围的花岗岩,在遭受风化剥蚀后,经过短距离搬运,在合适的位置(如断陷盆地、河谷洼地或邻近的海湾)沉淀形成。现代热泉蚀变型矿床受新生代火山及地热活动控制。

2. 找矿远景区

找矿远景区是成矿地质条件有利、资源潜力较大的地区。圈定原则:充分考虑矿床的空间位置、构造环境,适当兼顾矿床类型;单独矿床、分布零星的矿床不圈定。按照上述原则,将西南地区高岭土划分为3个找矿远景区:川滇黔三省交界、攀西滇中、云南滇西,参见图8-2。西藏拉萨沿怒江、澜沧江至云南腾冲是现代火山及地热活动带,由于查明矿床不多,规模较小,暂未划出远景区,但它仍是具有成矿远景的地段。

第三节　硅

一、引言

1. 性质、用途、矿石组成

凡二氧化硅含量达到工业要求者,统称为硅矿,按成因分为石英砂、石英砂岩、石英岩、脉石英和粉石英等。

硅矿用途广泛。石英砂、石英砂岩及石英岩可作为玻璃原料、陶瓷配料、冶金溶剂、硅砖、生产硅铁、含硅合金、硅铝和有机硅；化学工业上用于制硅酸盐、玻璃、硅胶、黄磷炼制、石油精炼催化剂、外墙涂料；铸造用的型砂、磨料、过滤材料；高纯度石英(脉石英、粉石英)属优质紧缺硅石资源，不能用作普通玻璃原料，而是用于生产特种玻璃、人造压电石英、单晶硅、多晶硅，可广泛用于半导体、太阳能、特种光源、卫星等高科技部门(《矿产资源工业要求手册》,2012)。

2. 工业利用现状及要求

西南地区硅矿在全国占有重要地位，四川、贵州、云南、重庆均有分布，西藏地区因工作程度低、资料少暂未述及。已发现矿产地至少有200余处，其中云南省石英岩矿床因质优而闻名全国。四川省脉石英排全国第1位，探明资源储量占全国总量的24%。但长期以来缺乏硅石资源的科学评价，资源的开发利用混乱，因此应加强地质找矿与保护(李广等,2012)。

3. 矿床规模划分

根据国内相关规定，矿床规模一般采用的大小划分标准如表8-4。

表8-4　矿床规模划分标准

矿种名称	单位	规模		
		大型	中型	小型
硅矿(包括石英岩、砂岩、天然石英砂、脉石英、粉石英)				
冶金用、水泥配料用、水泥标准砂	矿石($\times 10^4$ t)	≥2000	200～2000	<200
玻璃用	矿石($\times 10^4$ t)	≥1000	200～1000	<200
铸型用	矿石($\times 10^4$ t)	≥1000	100～1000	<100
砖瓦用	矿石($\times 10^4 m^3$)	≥2000	500～2000	<500
建筑用	矿石($\times 10^4 m^3$)	≥5000	1000～5000	<1000
陶瓷用	矿石($\times 10^4$ t)	≥100	20～100	<20
天然油石	矿石($\times 10^4$ t)	≥100	10～100	<10

二、资源概况

西南地区硅矿在全国占有重要地位，四川、贵州、云南、重庆均有分布(图8-3)，西藏地区因工作程度低、资料少，暂未述及。发现矿产地至少有200余处，探明地质储量7.3×10^8 t。除海相沉积石英砂外，其余类型在云贵川渝均有发现。

三、勘查程度

建材、地矿等系统的地质队紧密结合玻璃工业发展的需要，对石英砂岩矿、石英岩矿、脉石英矿、石英砂矿全面开展勘查，找出并勘探了一大批矿产地(表8-5)，不仅满足了玻璃工业高速发展的需要，还有一批后备矿山可供今后建设选用。

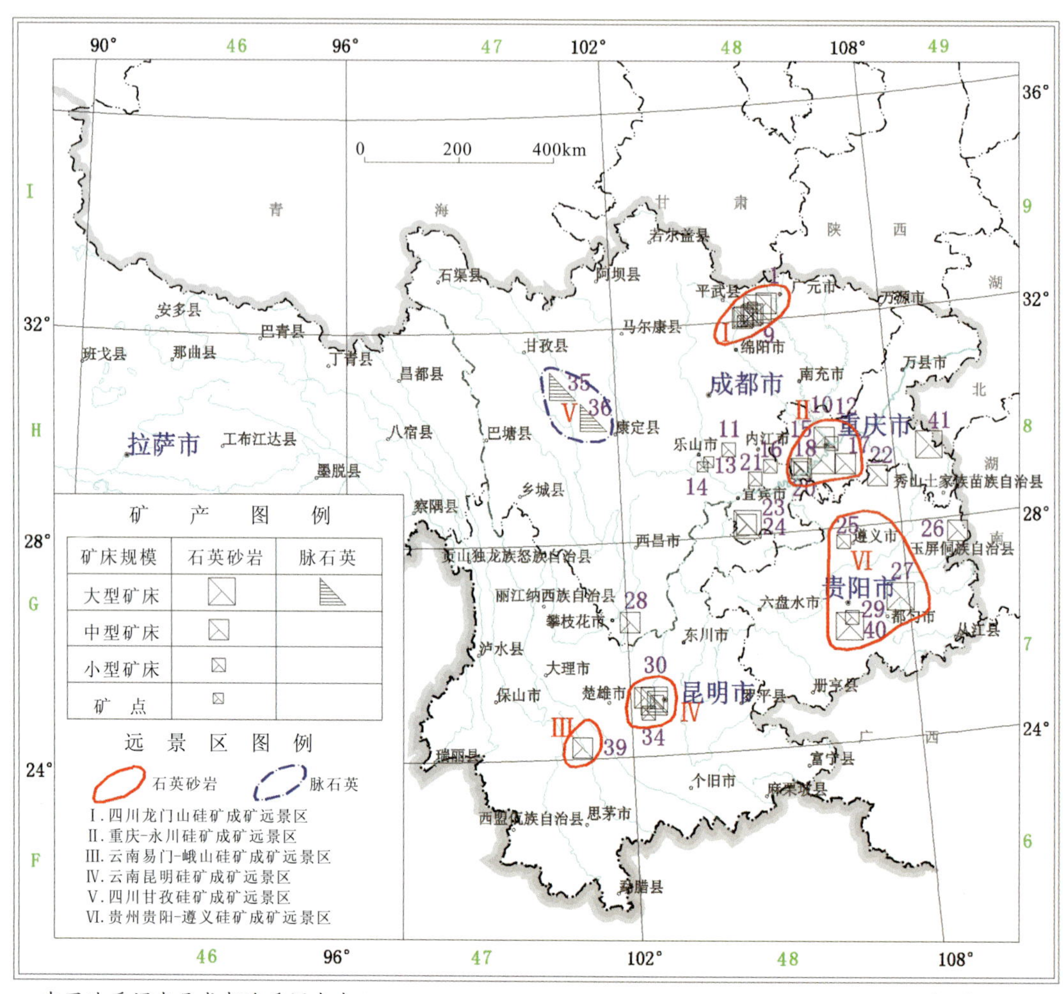

图 8-3　西南地区硅矿产地及找矿远景区分布概图

表 8-5　西南地区硅矿(矿床)一览表

编号	矿床名称	地理位置	工业用途	规模	勘查程度
1	上寺马鞍山石英砂岩	四川省广元市	玻璃用	中型	勘探
2	雁门镇马洞水石英砂岩	四川省江油市	玻璃用	小型	普查
3	小水沟石英砂岩	四川省广元市	玻璃用	大型	勘探
4	五花洞水井坪石英砂岩	四川省江油市	玻璃用	中型	普查
5	龙潭石英砂岩	四川省江油市	玻璃用	中型	详查
6	二郎庙松树梁石英砂岩	四川省江油市	玻璃用	小型	普查
7	白阳洞矿区石英砂岩	四川省江油市	玻璃用	中型	普查
8	白阳洞石英砂岩	四川省江油市	玻璃用	中型	普查
9	重华镇广利寺石英砂岩	四川省江油市	玻璃用	小型	预查

续表 5-5

编号	矿床名称	地理位置	工业用途	规模	勘查程度
10	童家溪石英砂岩	重庆市沙坪坝区	玻璃用	中型	详查
11	威远县荀公寺石英砂岩	四川省内江市	铸型用	小型	勘探
12	铜锣峡石英砂岩	重庆市南岸区	玻璃用	小型	勘探
13	铁山石英砂岩	四川省乐山市犍为县	玻璃用	小型	详查
14	大坪石英砂岩	四川省乐山市犍为县	玻璃用	小型	详查
15	小南垭石英砂岩	重庆市江津市	玻璃用	大型	勘探
16	狮子山石英砂岩	四川省内江市隆昌县	铸型用	小型	详查
17	神童石英砂岩	重庆市南川市	玻璃用	中型	详查
18	河埂区水碾石英砂岩	重庆市永川市	玻璃用	小型	初勘
19	河埂区水碾乡柏林石英砂岩	重庆市永川市	玻璃用	中型	详查
20	柏林坡石英砂岩	重庆市永川市	玻璃用	中型	详查
21	水口寺石英砂岩	四川省自贡市富顺县	玻璃用	小型	普查
22	牛星山石英砂岩	贵州省道真县	玻璃用	中型	普查
23	珙县沐滩石英砂岩	四川省宜宾市	玻璃用	大型	详查
24	珙县沐滩乡犀牛坪石英砂岩	四川省宜宾市	玻璃用	中型	勘探
25	松林镇报恩寺石英砂岩	贵州省遵义市	玻璃用	小型	勘查
26	水晶阁石英砂岩	贵州省铜仁市	玻璃用	中型	普查
27	凯里万潮石英砂岩	贵州省黔东南州	玻璃用	大型	勘探
28	泸定县马力河矿山石英砂岩	四川省甘孜州	玻璃用	中型	详查
29	半坡石英砂岩	贵州省贵阳市花溪区	玻璃用	小型	矿点检查
30	禄丰县泽润里石英砂岩	云南省楚雄州	玻璃用	中型	详查
31	棋台石英砂岩	云南省昆明市	玻璃用	大型	勘探
32	白眉村(板顶山)石英砂岩	云南省昆明市西山区	玻璃用	中型	勘探
33	大兴乡锅盖山石英砂岩	云南省昆明市西山区	玻璃用	小型	详查
34	花红寺石英砂岩	云南省昆明市安宁市	玻璃用	小型	普查
35	哈若山石英砂岩	四川省道孚县	压电水晶	大型	勘探
36	甲基卡脉石英矿	四川省康定县	熔炼石英	大型	详查
37	桃花石英砂岩	重庆市巫山县	铸型用	中型	普查
38	双河鸡公山石英砂岩	四川省广安市	玻璃用	中型	普查
39	塔冲石英砂岩	云南省峨山县	玻璃用		
40	龙塘石英砂岩	贵州省惠水县	玻璃用	大型	普查
41	冯家坝石英砂岩	重庆市黔江区	玻璃用	大型	普查

四、矿床类型

按照国内现有划分方案，可分为7种矿床类型，其中海相沉积石英砂矿床沿海岸分布，本区缺乏，故西南地区有6个类型。

海相及湖相沉积石英砂岩矿床，代表性矿床有四川省江油马洞水、滇东白眉村，重庆市黔江区冯家坝，贵州省凯里万潮等。

湖相沉积含长石石英砂矿床，代表性矿床有四川省广安市双河鸡公山。

热液成因脉石英矿床，代表性矿床有德昌-会理及青川、松潘、茂汶等地脉石英，以及道孚县哈若山(压电水晶)和康定县甲基卡(熔炼石英矿)。

风化淋滤残积粉石英矿床，主要分布于四川、贵州、云南、重庆等地。

沉积变质石英岩矿床，受轻微浅变质作用而形成，如滇东峨山塔冲。

河流相沉积含长石、黏土石英砂矿床，本类型矿石储量比例较低。

五、重要矿床

1. 贵州惠水县龙塘石英砂岩

该矿床为一大型铸型石英砂岩矿床，位于惠水县城北东7～12km，惠水至贵阳54km，通公路。地理坐标：东经106°42′07″，北纬26°08′49″。

矿床出露地层为上泥盆统及下石炭统。矿层赋存下石炭统大塘阶旧司组，总厚度14.5～20m，可分为上、下两个矿层。

矿石为浅灰、灰白色中层及厚层状石英砂岩，主要矿物成分为石英，含微量电气石、金红石、锆石等重矿物碎屑，偶见白云母片。矿石 SiO_2 含量绝大部分在98%以上，少部分样品大于99%，品位均匀质量优良，可作多种工业用途。

贵州地矿局区调大队1983年普查时，查明C级储量 488×10^4 t，D级储量 856×10^4 t，探明储量地段只是矿床的一部分，资源潜力巨大。目前由惠水石英砂厂小规模开采。

2. 四川珙县沐滩乡犀牛石英砂岩

该矿床为一大型玻璃用石英砂岩矿床，位于珙县孝儿镇沐滩乡，至珙县县城公路距离60km。地理坐标：东经104°40′38″—105°42′10″，北纬28°11′19″—28°12′09″。勘探查明矿石储量 1137×10^4 t。

矿区为一缓倾斜的单斜构造。矿体赋存于上三叠统须家河组第二段第二层石英砂岩中。矿体呈层状，层位稳定，控制矿层走向长576.6m，沿倾斜控制最大斜深980.4m，矿层平均厚度11.09m。矿石主要为灰、灰白色细—中粒石英砂岩。矿物成分主要为石英(占90%～95%)，并有少量长石、锆石及铁质。石英粒度0.1～0.5mm者占69%～79%。矿石有益有害组分含量稳定，变化不大，平均含量：$w(SiO_2)=96.39\%$，$w(Al_2O_3)=1.94\%$，$w(Fe_2O_3)=0.12\%$，为Ⅲ级品。矿体中部，有1～2m厚的以透镜体、断续似层状泥岩或砂质泥岩为主的夹石层，易剔除。矿区水文地质条件简单，剥采比小。

3. 四川康定县甲基卡脉石英矿

该矿床为一大型熔炼石英矿床，位于康定县城西70km处，隶属于塔公乡管辖。距川藏公路塔公寺 38km，有简易公路相通，经康定至成都 439km。

据《中国矿床发现史 · 四川卷》(1996)记载，该矿床位于甲基卡花岗岩外接触带。环绕岩体有花岗伟晶岩脉和石英脉产出；石英脉分布于伟晶岩带外围上三叠统侏倭组和新都桥组红柱石片岩或角岩内，受次级褶皱和断裂控制，为变质岩中热液石英脉型矿床。

发现石英脉 134 条，相对集中地分布在 5 个矿段内。石英脉呈脉状、透镜状、团块状产出，一般长 10～20m，厚度 4～7m。以烧炭沟矿段产出的透明石英脉质量最好。

探明熔炼石英储量达 1533.6t，其中工业储量 842t。1992 年，由雅江县水晶厂开始采掘烧炭沟矿段熔炼石英矿。

4. 云南昆明市白眉村石英砂岩

该矿床为一中型玻璃用石英砂岩矿床，位于昆明市西山区南西 250°，直距 8.5km，地理坐标：东经 102°33′45″，北纬 25°00′58″。

矿层产于震旦系陡山沱组，为白色、浅黄色厚层—中厚层石英砂岩，厚 41～47m，白眉村勘探区无夹层。矿石疏松易碎；化学成分含量：$w(SiO_2)$ 为 97.5%～98.5%，$w(Fe_2O_3)$ 为 0.05%～0.25%，氧化砷在 0.3%～0.7%间。颗粒大小较适中，是优质玻璃原料。

原建材部地质局 704 队提交勘探报告，批准矿石储量为 457.6×10^4t。

5. 贵州凯里市万潮石英砂岩

该矿床为一中型玻璃用石英砂岩矿床，位于凯里市万潮乡以西约 2km，距铁路线约 5km，交通方便。地理坐标：东经 207°50′40″，北纬 26°36′25″。

矿床位于近东西向石庄向斜南西扬起端。含矿岩系为中下泥盆统马集岭组，该组第一段至第四段均为工业矿体，呈稳定层状产出。矿石矿物成分以石英为主，含少量石英岩或石英砂岩岩屑、黄铁矿及黏土矿物。矿石平均含量：$w(SiO_2)=98.03\%$。

1970 年建材部地质总公司 303 队提交勘探报告，探明 C＋D 级储量 384.3×10^4t，达中型矿床规模。矿石质量符合平板玻璃原料工业要求，供凯里玻璃厂使用。

6. 重庆市黔江区冯家坝石英砂岩

该矿床为一大型玻璃用石英砂岩，位于黔江城南，直距 20km，隶属于黔江区冯家坝镇和濯水镇管辖。地理坐标：东经 108°46′00″—108°48′00″，北纬 29°21′00″—29°24′30″。

冯家坝为一湖相沉积型矿床。矿体赋存于上三叠统须家河组中，矿石主要碎屑成分为石英、多晶石英、硅质岩。化学成分：$w(SiO_2)$为 91.78%～95.56%。可作平板玻璃和水泥原料。

四川省化工地质勘查院 2000 年普查时，查明资源量为 1211.57×10^4t。

六、成矿潜力与找矿方向

硅矿床以沉积型的石英砂岩矿床为主，沉积变质型石英岩、脉石英矿床次之。脉石英矿床见于褶皱带变质岩系中的热液型石英脉或花岗伟晶岩石英块体带中。矿床规模一般较小，有害组分含量低，是高纯度硅矿的重要来源。

何仲磊研究(1990)表明，川北晚泥盆世硅砂在后生作用阶段的次生变化主要为次生氧化铁染，局部地段发育有次生碳酸盐化，对矿石质量有不利影响。

根据硅矿成矿类型、成矿地质背景特征，适当兼顾成矿区带，全区共划分 6 个成矿远景区，参见图 8-3。

四川龙门山（Ⅰ）：发现矿产地 19 处以上，其中中型矿床 8 处，为石英砂岩型矿床以及少量热液型硅矿。赋矿地层为泥盆系平驿铺组、金宝石组、沙窝子组，三叠系小塘子组，侏罗系白田坝组等。

重庆-永川（Ⅱ）：发现大型矿床 1 处，中型矿床 4 处，为石英砂岩型矿床。赋矿地层主要为上三叠统须家河组，部分为侏罗系。

云南易门-峨山（Ⅲ）：已发现矿床 1 处，矿石质量佳，为沉积变质石英岩矿床，含矿地层主要为中元古界昆阳群黑山头组。

云南昆明（Ⅳ）：已发现矿床 12 处，其中大型矿床 2 处，中型矿床 5 处，为石英砂岩型矿床，含矿地层以下震旦统陡山沱组为主。

四川甘孜（Ⅴ）：已发现脉石英型硅矿床 2 处，是高级玻璃和高纯度石英粉原料的主要产地。

贵州贵阳-遵义（Ⅵ）：已发现大型矿床 2 处，中型矿床 2 处，为石英砂岩型矿床，赋矿地层为上泥盆统及下石炭统，是贵州省硅矿集中产地。

第四节　硅藻土

一、引言

1. 性质和用途

硅藻土是一种生物成因、由硅藻遗骸组成的岩石。矿物成分以有机成因无定形蛋白石为主，化学式 $SiO_2 \cdot nH_2O$。硅藻土风化后呈书页状、土状块体，多孔，孔隙度 90%左右，质轻而软，易研成粉末，有极强的吸附能力，对声、热、电传导性能较低，具隔热、吸音、化学性质稳定等特点。硅藻土广泛用于化工、轻工、建材等领域。此外，劣质硅藻土可用来烧制陶粒，含硅藻黏土（岩）、硅质页岩也可用来作酒类过滤剂与轻质保温材料（《矿产资源工业要求手册》，2012）。

2. 工业利用现状及要求

近年来，世界硅藻土年消费量超过 200×10^4 t，年生产量为 200×10^4 t，供需基本平衡（《矿产资源工业要求手册》，2012）。硅藻土消费结构为：助滤剂占 68%，吸附剂占 14%，填料占 12%，水泥占 6%。硅藻土矿石按 SiO_2、有害组分含量、烧失量等指标，可分为Ⅰ、Ⅱ、Ⅲ三个品级。

3. 矿床规模划分

以矿石万吨计量，硅藻土矿床规模划分为 3 类：≥1000 为大型，200～1000 为中型，<200 为小型。查明资源储量超过大型规模下限的 5 倍为超大型矿床。

二、资源概况

硅藻土是西南地区的优势矿产。硅藻土主要形成于新近纪特别是中新世，新生代以前即使有硅藻土成矿也难以保存下来，或固结成岩转变为岩石而不再是“土”了。

据估计，世界硅藻土资源在 20×10^{8} t 以上，亚洲至少有 10×10^{8} t，欧洲（包括苏联）5×10^{8} t，其他地区 5×10^{8} t。其中只有一小部分原土质量较高，可以不经过选矿直接加工成硅藻土助滤剂，其中资源量在 1000×10^{4} t 以上的矿床只有少数几处（王登红等，2005）。中国山东、云南拥有 1×10^{8} t 以上的硅藻土矿床（临朐、寻甸），因此具有明显的资源优势。世界上只有美国可与中国相比。

三、勘查程度

西南地区有硅藻土矿床（矿点）27 处（图 8－4，表 8－6），其中，云南 19 处，四川 7 处，贵州 1 处。超大型矿床 1 处，大型矿床 5 处，中型矿床 8 处。勘探矿区 2 处，详查矿区 3 处，云南腾冲蛮帕、杏塘进行过勘探。开采矿床达 9 处。

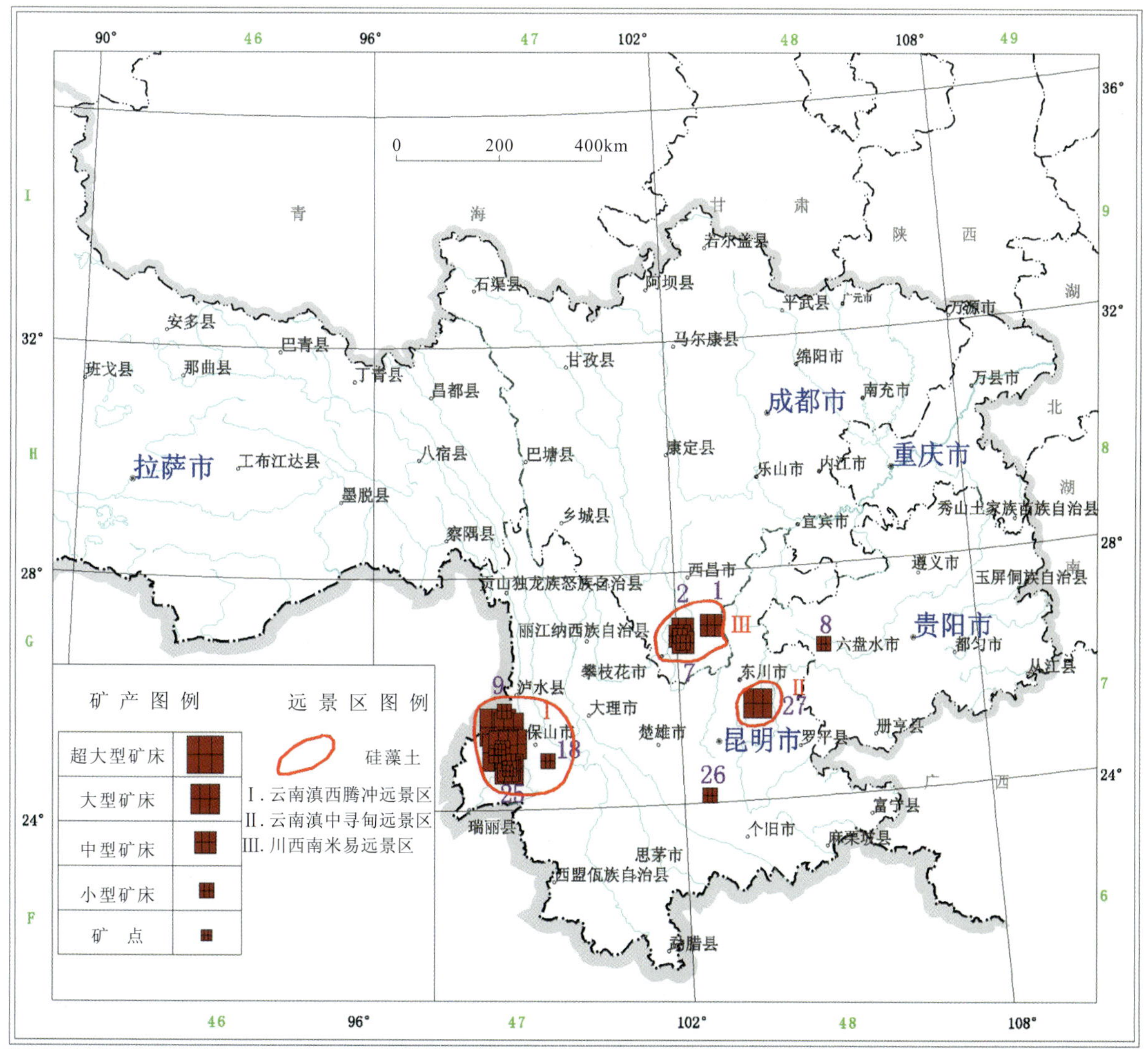

图 8－4　西南地区硅藻土矿产地分布图

表 8-6　西南地区硅藻土矿(矿床)一览表

编号	矿床名称	地理位置	矿床类型	规模	勘查程度
1	中梁子硅藻土矿	四川省米易县	陆相湖盆沉积	中型	详查
2	沙坝乡三村硅藻土矿	四川省米易县	陆相湖盆沉积	中型	详查
3	中梁子、回汉沟硅藻土矿	四川省米易县	陆相湖盆沉积	小型	普查
4	回汉沟硅藻土矿	四川省米易县	陆相湖盆沉积	中型	普查
5	梁子田硅藻土矿	四川省米易县	陆相湖盆沉积	中型	普查
6	回汉沟新民村硅藻土矿	四川省米易县	陆相湖盆沉积	小型	详查
7	新民村硅藻土矿	四川省米易县	陆相湖盆沉积	中型	普查
8	七家寨白岩脚硅藻土矿	贵州省水城县	陆相湖盆沉积	小型	普查
9	界头莫家大地硅藻土矿	云南省腾冲县	陆相湖盆沉积	大型	普查
10	瑞滇上山寨硅藻土矿	云南省腾冲县	陆相湖盆沉积	大型	普查
11	腾冲盆地硅藻土矿	云南省腾冲县	陆相湖盆沉积	大型	普查
12	双海硅藻土矿	云南省腾冲县	陆相湖盆沉积	大型	普查
13	油灯庄硅藻土矿	云南省腾冲县	陆相湖盆沉积	小型	普查
15	倪家堡硅藻土矿	云南省腾冲县	陆相湖盆沉积	大型	普查
16	蛮帕、杏塘硅藻土矿	云南省腾冲县	陆相湖盆沉积	小型	勘探
17	芒棒城子硅藻土矿	云南省腾冲县	陆相湖盆沉积	小型	普查
18	卡斯镇芒尾硅藻土矿	云南省昌宁县	陆相湖盆沉积	小型	普查
19	团田弄玲硅藻土矿	云南省腾冲县	陆相湖盆沉积	中型	普查
20	团田等董硅藻土矿	云南省腾冲县	陆相湖盆沉积	小型	普查
21	团田蛮怕硅藻土矿	云南省腾冲县	陆相湖盆沉积	大型	普查
22	蒲川盆地硅藻土矿	云南省腾冲县	陆相湖盆沉积	小型	普查
23	团田囊等硅藻土矿	云南省腾冲县	陆相湖盆沉积	中型	普查
24	花坡硅藻土矿	云南省腾冲县	陆相湖盆沉积	中型	勘探
26	龙马槽硅藻土矿	云南省峨山县	陆相湖盆沉积	小型	普查
27	先锋硅藻土矿	云南省寻甸县	陆相湖盆沉积	超大型	勘探

四、矿床类型

硅藻土矿床类型有海相沉积与陆相沉积两大类，中国硅藻土矿皆为陆相湖盆沉积类型，湖盆可归纳为 3 种，即火山盆地(如吉林省长白县、山东省临朐县、浙江省嵊县等)、断陷盆地(如云南省昆明)及山间盆地(如四川省米易县)。西南地区已知矿床分布于云南、四川和贵州。

五、重要矿床

1. 云南寻甸县先锋硅藻土矿

该矿床为一超大型硅藻土矿床，位于昆明市东北 60km，赋存于新生代断陷盆地内，盆地呈近东西向梭形，面积 12.5km^2。勘探查明资源储量达 7760×10^{4}t。

根据《云南省寻甸县先锋硅藻土矿床地质简报》(云南省地质科学研究所内部资料，1980)及《云南省区域矿产总结》(云南省地矿局内部资料，1993)，含矿岩系为新近系中新统小龙潭组，厚约 1000m。矿体埋深 0～825m。矿石自然类型有含黏土硅藻土、黏土质硅藻土和硅藻质黏土 3 种。前两类型，厚度大，储量大，品位达工业要求，后一类型较薄，无工业价值。

矿床特征：①矿体厚度大，储量集中，相伴生的褐煤亦为大型矿床；②含有机质高，为高烧失量型；③沉积环境属陆相山间盆地、淡水湖泊，但还大量存在着喜盐环境里的圆筛藻，反映高有机质的特殊环境；④原生矿石 SiO_2 含量较低，经煅烧后质量显著变好，易精选。

2. 四川米易县中梁子硅藻土矿

该矿床为一中型硅藻土矿床，位于米易县城 335°方向，直距 13km，地理坐标：东经 102°41′00″，北纬 27°03′02″，交通较方便。根据建筑材料工业局西南地质公司 1983 年提交的详查报告，查明资源量为 356×10^{4}t。

含矿岩系为新近系—第四系昔格达组(NQx)，矿体呈层状、似层状顺层产出，矿石以硅藻土岩为主，矿物成分有硅藻、水云母。

昔格达组分布范围广，北起德昌小高桥，南至米易撒莲、丙谷一带均发现有硅藻土分布，厚度 10～20m，估计远景资源量达 2000×10^{4}t，找矿远景很大。

3. 云南腾冲县腾冲盆地硅藻土矿

分布于盆地北部观音堂、油灯庄和盆地南部倪家堡一带，位于县城所在地，中心点地理坐标：东经 98°43′00″，北纬 25°08′00″。

腾冲地区有多处硅藻土矿床，规模以大型为主，分布于腾冲盆地、双海盆地和瑞滇盆地中(《云南省区域矿产总结》，云南省地矿局内部资料，1993)。产出层位有中更新统、上更新统和全新统。成矿期后一般有较好的盖层，矿层未遭风化剥蚀，保存较好。

腾冲盆地硅藻土由 3 个矿段组成，成矿时代均为第四纪。以观音堂矿段上矿层为代表。矿石自然类型主要为硅藻土，部分含黏土硅藻土，为云南省质量最优的硅藻土矿。

六、成矿潜力与找矿方向

1. 成矿地质条件

《中国新生代成矿作用》研究了腾冲观音庙硅藻土矿床地球化学特征，认为硅藻土与腾冲火山岩具有成因上的密切联系，火山岩提供了成矿物质来源。西南地区硅藻土矿形成于中新世至全新世，属湖相生物化学沉积矿床或内陆淡水湖相沉积矿床。据余明烈分析(1991)，硅藻土受后期构造变动小，一般无断层、褶曲，不少硅藻土矿床具有埋藏浅的特点，便于矿山开发；弊端是由于河流的切割使矿体呈块断续分布，剥蚀作用使矿体厚度变小或被剥蚀殆尽，而失去开发价值。根据成矿地质条件和现有资料预测，硅藻土主要产于云南省腾冲、寻甸、峨山，四川米易、德昌，贵州水城等地。

2. 找矿远景区划分

根据硅藻土富集地段、断陷盆地或山间盆地沉积作用特征，西南地区的硅藻土矿，可划分为3个找矿远景区：滇西腾冲、滇中寻甸、川西南米易。

第五节　钾盐

一、引言

1. 性质和用途

钾盐，是含钾矿物的总称。按其可溶性，划分可溶性钾盐矿物和不可溶性含钾铝硅酸盐矿物。目前，世界范围内开发利用的主要对象是可溶性钾盐资源。可溶性钾盐矿物包括自然界形成的各种含钾氯化物、硫酸盐、硝酸盐、硼酸盐，以及含有钠、镁、钙的复盐。主要矿物有钾石盐、光卤石、钾盐镁矾、无水钾镁矾和杂卤石等。

世界上95%的钾盐产品用作肥料，5%用于工业。

2. 工业利用要求

《盐湖和盐类矿产地质勘查规范》提出了钾盐勘查一般工业指标（表8-7）。

表8-7　钾盐一般工业指标

矿产		开采方式	边界品位（%）	最低工业品位（%）	最小可采厚度（m）	夹石剔除厚度（m）	水溶系列有害组分最大允许含量
钾盐（KCl）	卤水		0.3～0.5	0.5～1			$w(Ca)\leqslant 0.5\%$ $w(Mg)\leqslant 0.3\%$ $w(SO_4)\leqslant 2.5\%$ $w(NaCl)\leqslant 5\%$
	固体	坑采	≥5	8～10	0.5	0.5	
		露天开采	≥3	≥8	0.3～0.5	0.5	

3. 矿床规模划分

固态钾盐，以KCl万吨计量，矿床规模划分为3类：≥1000为大型，100～1000为中型，<100为小型。

液态钾盐，以KCl万吨计量，矿床规模划分为3类：≥5000为大型，500～5000为中型，<500为小型。

因西南地区杂卤石钾盐属氧化钾，埋深大，开采条件差，矿床资源储量规模尚无清晰的划分标准。

二、资源概况

西南地区发现钾盐矿床数量少，主要分布于云南、四川和西藏(表 8－8，图 8－5)。

表 8－8 西南地区钾盐矿产地(矿床)一览表

编号	矿床名称	地理位置	矿床类型	规模	勘查程度
11	勐野井钾盐	云南省江城县	多层状钾盐	中型	勘探
15	邓井关富钾卤水	四川省自贡市	富钾卤水	大型	普查
16	平落坝富钾卤水	四川省邛崃市	富钾卤水	小型	普查
17	农乐杂卤石钾盐	四川省渠县	杂卤石钾盐	中型	详查
19	当雄错盐湖卤水	西藏尼玛县	盐湖卤水型钾盐	中型	详查
21	鄂雅错盐湖卤水	西藏双湖特别区	盐湖卤水型钾盐	中型	详查
22	龙木错盐湖卤水	西藏日土县	盐湖卤水型钾盐	中型	预查
23	麻米错盐湖卤水	西藏改则县	盐湖卤水型钾盐	中型	详查
24	扎布耶茶卡盐湖卤水	西藏仲巴县	盐湖卤水型钾盐	中型	详查
25	扎仓茶卡盐湖卤水	西藏革吉县	盐湖卤水型钾盐	小型	详查

在国土资源部指导下，云南、四川、西藏于 2007—2011 年开展了钾矿资源潜力预测评价工作。西藏自治区采用地质体积法，进行了全区现代盐湖型钾盐矿预测，结果为：KCl 总资源量 21 794.83×10^4t，其中预测资源量为 16 148.31×10^4t。云南省古新统钾盐，预测矿石资源量 39 010.07×10^4t，查明上表资源储量(333 以上)659.80×10^4t(2008 年，未含伴生钾盐矿石量)。四川省预测杂卤石钾盐资源量 18 212.40×10^4t，K_2O 资源量 1943.90×10^4t。KCl 仅有查明资源量 2642.00×10^4t。因工作程度低和资料不完整，富钾卤水未进行资源预测。

三、勘查程度

1962 年，云南省地质局 16 队(814 队)在勐野旧盐硐发现了中国第一个大型古代固体钾盐矿床，随后开展了多年钾盐找矿，提交 60 多份勘查和研究报告。

1976—1982 年，地质矿产部成立了由武汉地质学院(原北京地质学院)、成都地质学院等单位联合组成的钾盐地质科学研究队，为云南钾盐地质研究工作做出了显著成绩。

1994 年，云南省地质矿产局 814 队提交《云南省第二轮钾盐成矿远景区划》，做出了找钾盐远景区划及工作部署。

四川盆地杂卤石钾盐，由石油系统油气钻探发现，工作程度低。1962 年成立了四川省钾盐地质队(现西南石油地质局第二地质大队)。前期主要从事中国东部白垩纪—第三纪、华北奥陶纪和四川寒武纪、三叠纪的钾盐找矿与成钾预测，以及盐矿、卤水矿的勘查评价，预测四川液态钾盐潜在资源量高达 4374×$10^8$$m^3$。

四川邓井关、兴隆场卤水矿的发现与扩大，推动了卤化工业的发展，通过黄卤、黑卤制盐后的母液，由张家坝制盐化工厂生产出氯化钾、氯化钡等 18 种化工产品。

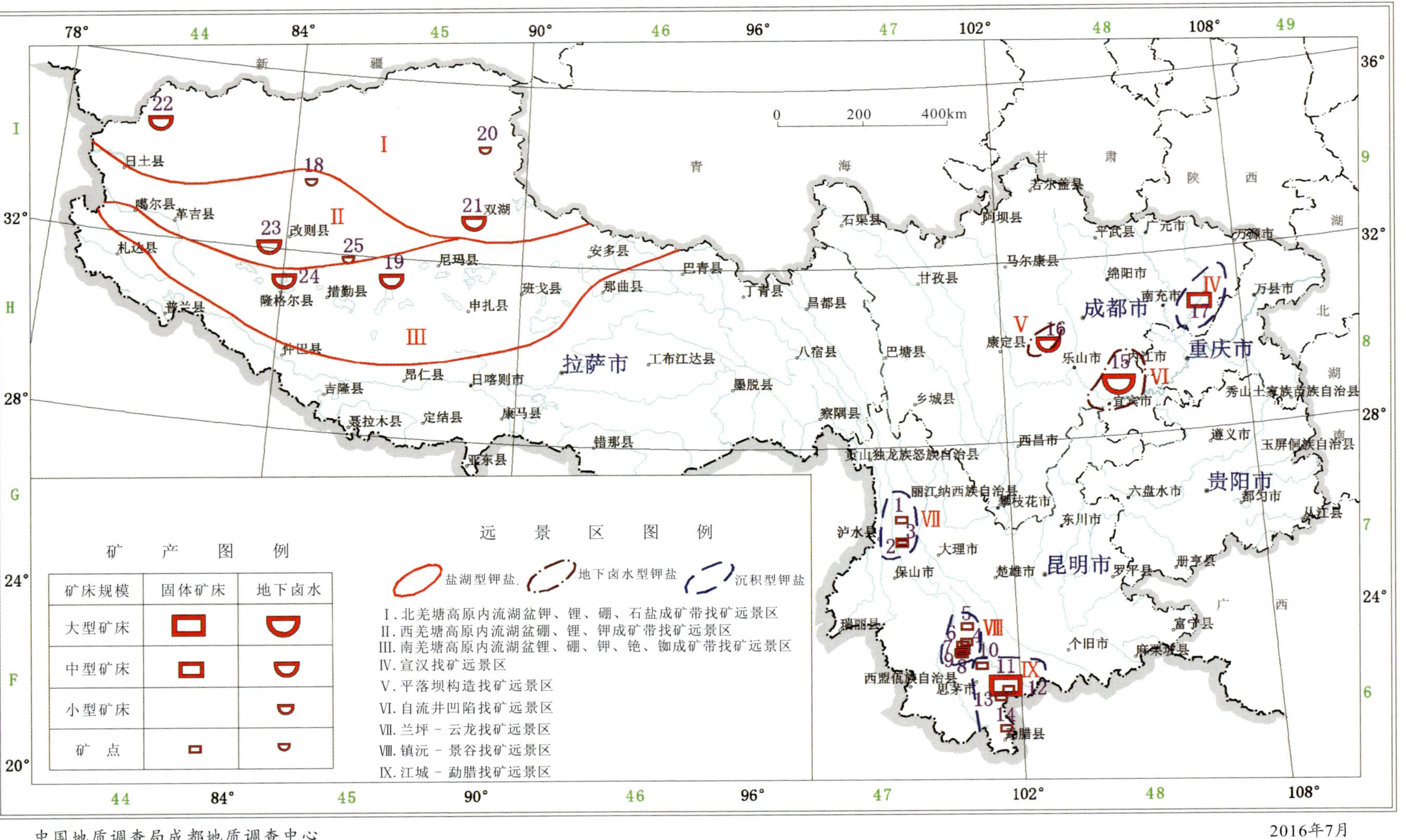

图 8－5 西南地区钾盐找矿远景区分布概图

西藏高原已知湖泊1500多个，有经济价值的盐湖大多分布在冈底斯山脉以北，东经90°以西的藏西北地区。西藏全区第四系盐湖型钾盐矿产总体工作程度较低。

1974年，西藏区调队在扎布耶茶卡盐湖圈定了石盐工业矿体，首次估算了卤水和石盐中KCl、LiCl、B_2O_3、Na_2SO_4等组分储量，确认为一综合性盐类矿床。

西藏钾盐湖达到详查5个，为Li、K、B_2O_3共(伴)生矿床，矿产地分别为扎布耶茶卡、扎仓茶卡、鄂雅错、当雄错、麻米错。大部分卤水型钾盐矿仅开展过初步预查或踏勘工作，而藏北可可西里等还存在较多盐湖工作空白区域。因自然条件的限制，西藏钾盐至今未能开发，尚处于研究、论证和试采阶段。

四、矿床类型

《中国矿床》(1994)指出，盐类矿床的赋存状态和形成过程与一般矿床不完全一样。

《盐湖和盐类矿产地质勘查规范》(2002)从地质勘查角度，将各类盐矿分为盐湖矿床和盐类矿床，又进一步划分固体矿床、浅藏卤水矿床和深藏卤水矿床。

《重要化工矿产资源潜力评价技术要求》(2010)综合考虑矿床的成因类型和工业类型、资源储量的重要性、矿床类型的代表性，提出6个钾盐矿床类型。本书照顾以往命名习惯，从成矿时代、矿石类型及地质特征等方面进行总结后，提出本书的划分方案(表8-9)。

表8-9　西南地区钾盐矿床分类表

矿床类型	地质特征	代表性矿产地	重要性
多层状钾盐	含矿层古近系勐野井组或相当层位	云南江城县勐野井	重要
盐湖卤水型钾盐	第四系湖表卤水	西藏扎布耶茶卡	主要
富钾卤水	含卤层位三叠系嘉陵江组及雷口坡组	四川邓井关、平落坝	次要
杂卤石钾盐	含矿层位三叠系嘉陵江组及雷口坡组	四川渠县农乐	次要

五、重要矿床

1. 云南江城县勐野井钾盐矿

该矿床为一大型多层状钾盐矿床，位于江城县北部，地理坐标：东经101°36′38″—101°41′19″，北纬22°37′59″—22°42′52″。至2011年，矿区探明钾盐资源量1218.28×10^4t，KCl平均品位8.82%(岳维好等，2011)。

含盐层赋存于古近系勐野井组，地表为棕红色、杂色盐溶泥砾岩夹泥岩，粉砂岩，硬石膏岩，井下为各类石盐岩、钾盐岩。

钾盐呈透镜状雁行排列夹于石盐层中，共有69个复式钾盐层(或300多个钾盐单层)。矿石矿物：①钾盐沉积阶段，石盐、钾石盐、光卤石、硬石膏、天青石、菱镁矿、黄铁矿、自生石英、α方硼石、富水氯硼钙石、白云石等；②石盐沉积阶段：石盐、硬石膏、菱镁矿、自生石英、黄铁矿、白云石等；③早期石盐沉积阶段：石盐、硬石膏、菱镁矿、白云石、方解石、镜铁矿、自生石英等。

钾盐矿体分布于石盐体内，主要集中于勐野井背斜。剖面上钾盐呈多层夹于石盐中，富集于中部。各带中大小矿体 26 个，矿体呈透镜状，中厚边薄，最厚 26.14m，一般 1～3m。矿体倾角一般 25°～45°。由于构造挤压，盐矿体呈巨大型透镜状盐丘构造。矿体厚度 0～26.14m。

2. 西藏自治区仲巴县扎布耶茶卡盐湖卤水

该矿床为一中型盐湖卤水型钾盐矿床，位于阿里地区仲巴县隆格尔区，地理坐标：东经 84°04′00″，北纬 31°21′00″。该湖地处高原腹地偏僻地带，有简易公路通往措勤县。

扎布耶茶卡分为南、北两湖，其间被砂堤所分隔，但在东侧有一小的通道相连。北湖湖水面积 93～95km^2，其年变化小；南湖是一个半干盐湖，其卤水湖的面积为 33～57km^2，而干盐滩面积为 107km^2 左右。由于两湖的补给条件不同，故两湖地表卤水的动态变化差别很大。

KCl 含量处于动态变化中。北湖的 3 次取样 KCl 平均含量为 4.42%，而南湖为 2.893%，北湖是南湖的 1.53 倍。KCl 含量季节上的变化不如 LiCl 那样明显。据实地调查，冷季该湖钾盐以钾石盐(KCl)矿物析出为主，而夏季则以钾芒硝为主。说明在一定水化学条件下，钾石盐可能偏冷相，而钾芒硝可能偏暖相。

中国地质科学院盐湖与热水资源研究发展中心、西藏扎布耶锂业公司开展详查，2002 年 2 月，提交扎布耶盐湖矿床锂矿详查报告。锂、硼矿达大型规模，钾矿达中型规模。此外，还获得多种共生、伴生矿产资源量。

3. 四川邛崃市平落坝富钾卤水

矿区位于邛崃市区 225°方向，直距 35km。平落镇至邛崃市公路里程约 50km。矿区中心点地理坐标：东经 103°17′14″，北纬 30°20′37″。

平落坝构造，雷四段富钾卤水主要赋存于蒸发岩亚段Ⅰ、Ⅱ盐组的白云岩夹层中。主要岩性为碳酸盐岩与蒸发岩的互层。

各储卤层间被以硬石膏为主隔水层分隔，硬石膏岩具良好的隔水作用。由于受断裂构造的影响，裂隙发育，其隔水性能有所削弱，雷四段各储卤层间有水力联系。以平落 4 井为例，雷四段可分为 3 个储卤层段。此外，据区内油气钻井资料，平落 4 井雷四段上覆天井山组和下伏雷三段可能有富钾卤水。雷四段卤水的储存顶板埋深在 3000m 以上，埋藏深且属于相对封闭的环境有利于卤水的保存，四川盆地三叠纪泥岩和蒸发岩类厚度巨大，易形成良好的隔水层。

据《平落坝富钾、硼卤水资源储量报告》，平落坝卤水具有浓度高、品种多的特点，很多元素达到单独或综合开发的标准。KCl、LiCl 达到了单独开采的工业指标，Br、I、B 均达到综合利用的工业品位。

四川石油管理局川西北矿区 2004 年提交了富钾硼卤水资源储量报告，评审通过的卤水资源储量达小型规模。按《盐湖和盐类矿产地质勘查规范》的规定，一般只宜边探边采。

4. 四川渠县农乐杂卤石钾盐

该矿床位于渠县县城 NE51°，直距 28km，距襄渝路三汇火车站直距 5km。地理坐标：东经：107°11′39″，北纬：30°59′48″。

矿床由 3 层似层状杂卤石矿体组成。从上至下，第一、二矿层赋存于三叠系雷口坡组近底部；第三层赋存于三叠系嘉陵江组近顶部，与绿豆岩相距仅 3～4m。

地矿部第二地质大队陈继洲(1990)研究了钾盐矿物的形成，认为无水钾镁矾、杂卤石、硬石膏的矿物组合不是原生沉积组合，而显示后生交代特征。

该矿床是我国首例浅层杂卤石矿床，资源量 640.25×10^4t，达中型规模。建材部西南地质公司第一地质队1991年提交了《四川渠县农乐石膏矿区杂卤石矿详查地质报告》。渠县农乐工作程度虽高，但代表性不强，由于它埋藏最浅（<1000m），易溶盐类矿物已剥蚀殆尽，只剩下硬石膏和杂卤石组合，而在深埋地区（如川红81井、亭1井、板13井等）除石膏、杂卤石外，还有石盐组合。

除渠县外，地质部第二地质大队在岳池、广安的钻孔也见有杂卤石层，并发现无水钾镁矾、硫镁矾等钾盐矿物。

六、成矿潜力与找矿方向

1. 云南地区

兰坪-云龙找矿远景区（图8-5），位处兰坪凹陷带，兰坪地区云龙组盐系分布面积129.5km^2，厚度881.33m，由棕红色块状泥岩、粉砂质泥岩、杂色泥砾岩组成，盐溶泥砾岩2～3层，共厚103～260m，以杂色泥砾岩为主。

镇沅-景谷找矿远景区，位处景谷凹陷带，已发现Cl^-—Na^+型盐泉57个。勐野井组盐系地层，有岩盐、钾盐沉积。总厚度421m以上。

江城-勐腊找矿远景区，位处江城凹陷、大渡岗凹陷区，已发现Cl^--Na^+型盐泉115个。据勐野井矿区野狼山剖面，勐野井组含盐系地层厚度30.9m。依含盐性细分为江城含盐带、整董含盐带及勐腊含盐带。

2. 四川地区

四川盆地三叠系是我国重要的海相含盐岩系之一，主要成盐期为早三叠世晚期—中三叠世早期（T_1j^4—T_2l^1）（蔡克勤，袁见齐，1986）。

自流井凹陷找矿远景区，自流井背斜T_2j^5层位卤水基本采空。近几年四川盐业钻井大队在自流井背斜近东段施工自东1井，井深1200～1300m井段，获黑卤3.65×10^{4}m^3。深部可能有T_1j^4富钾卤水。

宣汉找矿远景区，尚未开采利用。埋深2824～3258m，目前仅黄金口背斜群南西段罗家坪背斜估算KCl资源量702.37×10^{4}t，而对背斜群中段及北西段尚未涉及；在罗家坪南部双石庙背斜与月儿梁背斜构造复合的双石1井，仅钻遇T_2l^1的上部，未达目的层，已有较好的富钾异常显示（朱洪发，刘翠章，1985），再加深到目的层可能见富钾卤水。

平落坝构造找矿远景区，根据区内远景调查资料，平落坝构造预测富钾卤水潜在资源量1.87×10^{8}m^3。析出钾盐潜在资源量1781×10^{4}t。在成都凹陷边缘除平落坝构造外，邻近油罐顶构造油1井T_2l^3—T_2l^{4-1}卤水，埋深较大，含卤井段为3126～3157m。富钾卤水埋深都较大，平落4井富卤井段为4290～4360m，而且埋深越大，品质越好。从浅部找钾难度大，可能性小。

3. 西藏地区

北羌塘高原内流湖盆钾、锂、硼、石盐成矿带找矿远景区，湖水水化学类型主要为硫酸镁亚型，少量为氯化物型。盐湖演化过程属中、后期硫酸镁亚-氯化物阶段，矿化度普遍较高，有利于盐湖矿产的形成。已发现了一些高品位的钾、锂、硼、石盐等矿产的盐湖，如龙木错、永波错、多格错仁、鄂雅错等。

西羌塘高原内流湖盆硼、锂、钾成矿带找矿远景区，湖盆受班公湖-怒江断裂带以及近北西向次级活动构造控制，分布有较多的热泉，且富含B、Li、Cs、Rb、F等元素，是藏北高原硼、锂、钾等地球化学异常主要分布区，为形成中大型硼、锂、钾盐湖提供了丰富的物源，如麻米错中型硼、锂、钾矿，查波错硼、钾矿、才玛尔错硼、钾、锂矿等，具有很高的经济价值。

南羌塘高原内流湖盆锂、硼、钾、铯、铷成矿带找矿远景区，横穿了整个南羌塘高原。湖盆规模一般较大，水化学类型多以碳酸盐型盐湖或咸水湖为主。受班公湖-怒江断裂带及冈底斯山构造带影响，发育有众多的中、高温热泉，富含 B、Li、Cs、Rb、F 等元素，为 B、Li 等元素地球化学异常扩散中心，为盐湖的演化及成盐提供了丰富的物源。该带主要的卤水矿产有锂、硼、钾、铯、铷等，大多数盐湖产有硼砂、石盐、碱、芒硝、水菱镁矿等固体矿产，如扎布耶茶卡、杜加里湖、班戈错等。

第六节　磷

一、引言

1. 性质和用途

磷矿石由磷酸盐矿物组成，其中的主要矿物为磷灰石。具有工业价值的含磷矿石主要有磷块岩（沉积）、磷灰岩（变质）和磷灰石（内生），还有鸟粪磷矿和磷钙土。磷块岩的主要矿物是碳氟磷灰石，结晶微细，隐晶质，选矿较难。磷灰岩和磷灰石的主要成分为氟磷灰石及少量氯磷灰石。此外，磷矿物还有只溶于碱、不溶于酸的硫磷铝锶矿，含 TP_2O_5（碱溶）10.36%～26.91%，目前尚难利用。

磷矿主要用于制取磷肥，其次用于制取黄磷、赤磷、磷酸以及其他磷酸盐类和磷化合物。

2. 工业利用现状及要求

西南地区开发利用的磷矿主要是磷块岩矿，各主产区矿层厚度大、矿石品位高，经多年大规模开发，形成了我国最重要的磷矿生产基地。重点企业有云南磷化工（集团）公司、贵州开阳磷矿、贵州瓮福磷矿、四川金河磷矿、四川清平磷矿等。

磷矿工业利用要求由《磷矿地质勘查规范》（2002）提出，参见表 8－10，此规范同时对磷矿中伴生矿产的综合利用有详细说明。

表 8－10　磷矿一般工业指标

矿床类型 / 项目	磷块岩矿		磷灰岩矿（或磷灰石矿）	备注
边界品位（P_2O_5）（%）	≥12		5～6	
最低工业品位（P_2O_5）（%）	15～18		10～12	
磷块岩矿石品级（P_2O_5）（%）	Ⅰ	≥30		适合擦洗脱泥的风化矿石，Ⅰ级品的 P_2O_5 可降到 28%
	Ⅱ	30～24		
	Ⅲ	24～15		
可采厚度（m）	1～2			
夹石剔除厚度（m）	1～2			

3. 矿床规模划分

以矿石万吨计量，磷矿床规模划分为 3 类：≥5000 为大型，500～5000 为中型，<500 为小型。一般而论，资源储量超过大型规模下限的 5 倍即视为超大型矿床。

二、资源概况

据美国地质调查局《*Mineral Commodity Summaries*》(2011)统计，全球 2009 年磷矿石产量为 1.6600×10^8t，其中，中国 0.6020×10^8t，美国 0.2640×10^8t，摩洛哥及西撒哈拉地区 0.2300×10^8t。世界最大规模的沉积磷块岩矿床发现于北非、中国、中东及美国。我国磷矿资源储量较大，分布比较集中，中低品位矿多，富矿资源少。西南地区目前以云、贵、川 3 省统计，累计查明、保有资源储量居全国第 1 位，3 省磷矿石年产量一直都排全国前 5 名。西南地区震旦系、寒武系十分发育，为磷矿形成提供了优越条件。

从大地构造位置看，西南地区已勘查工业矿床均位于扬子陆块区。西南地区的沉积型磷矿呈层状、似层状或透镜状产于碳酸盐岩和碎屑岩之中，主要分布于 5 个区域：云南滇池地区、贵州开阳地区、贵州瓮福地区、四川金河—清平地区、四川马边地区(表 8-11)。重庆、西藏有磷矿点分布，尚未发现有工业价值的矿床。

选矿工作者对西南地区不同类型磷矿进行了大量研究工作，取得了较大的进展，制订了各类型的选矿工艺流程，使工艺流程日趋完善、合理、成熟。有些矿区已产生了较好的经济效益。

表 8-11　西南地区大中型磷矿床一览表

编号	矿床名称	地理位置	矿床类型	规模	勘查程度
3	杨家坝磷矿	四川省万源市	荆襄式	中型	普查
9	板棚子黄土坑磷矿	四川省绵竹市	什邡式	中型	详查
11	石笋梁子磷矿	四川省安县、绵竹市	什邡式	中型	普查
13	五郎庙磷矿	四川省安县	清平式	中型	普查
15	南天门磷矿	四川省安县、绵竹市	什邡式	中型	详查
16	长河坝磷矿	四川省绵竹、什邡市	什邡式	中型	普查
17	祁山庙磷矿	四川省安县、绵竹市	清平式	中型	普查
18	桃花坪磷矿	四川省绵竹市	什邡式	中型	详查
20	龙王庙天井沟磷矿	四川省绵竹市	清平式	大型	详查
21	龙王庙烂泥沟磷矿	四川省绵竹市	清平式	中型	普查
23	王家坪燕子崖磷矿	四川省绵竹市	什邡式	中型	勘探
24	王家坪邓家火地磷矿	四川省绵竹市	什邡式	中型	勘探
25	王家坪马家坪磷矿	四川省绵竹市	什邡式	大型	勘探
26	龙王庙花石沟磷矿	四川省绵竹市	清平式	中型	普查
27	英雄崖磷矿	四川省绵竹市	什邡式	中型	详查
28	岳家山磷矿	四川省什邡市	什邡式	中型	勘探
29	马槽滩河东磷矿	四川省绵竹市	什邡式	中型	勘探

续表 8－11

编号	矿床名称	地理位置	矿床类型	规模	勘查程度
30	马槽滩磷矿区兰家坪矿段	四川省绵竹市	什邡式	中型	勘探
31	马槽滩河西磷矿	四川省什邡市	什邡式	中型	勘探(闭坑)
38	老汞山磷矿	四川省乐山市金口河区	昆阳式	中型	勘探
39	万里椅子山含钾磷矿	四川省汉源县	汉源式	中型	普查
40	富泉含钾磷矿	四川省汉源县	汉源式	大型	普查
41	水桶沟含钾磷矿	四川省汉源县	汉源式	中型	详查
42	市荣含钾磷矿	四川省汉源县	汉源式	中型	普查
43	大桥乡磷矿	四川省甘洛县	昆阳式	中型	普查
45	华竹沟磷矿	四川省峨边县	昆阳式	中型	普查
49	六股水磷矿	四川省马边县	昆阳式	中型	普查
50	拟科角磷矿	四川省马边县	昆阳式	中型	勘探
51	则洛含钾磷矿	四川省甘洛县	汉源式	中型	普查
52	顺河含钾磷矿	四川省越西县	汉源式	中型	普查
53	老河坝二坝磷矿	四川省马边县	昆阳式	中型	勘探
54	老河坝铜厂埂勘探区磷矿	四川省马边县	昆阳式	大型	勘探
55	暴风坪补衣作洞采段磷矿	四川省马边县	昆阳式	大型	详查
56	老河坝铜厂埂硐采区磷矿	四川省马边县	昆阳式	大型	详查
57	老河坝铜厂埂露采区磷矿	四川省马边县	昆阳式	中型	勘探
58	暴风坪补衣作露采区磷矿	四川省马边县	昆阳式	中型	勘探
59	老河坝暴风坪磷矿	四川省马边县	昆阳式	大型	详查
61	老河坝哈罗罗磷矿	四川省马边县	昆阳式	大型	详查
65	马颈子磷矿	四川省雷波县	昆阳式	大型	勘探
66	务基磷矿	云南省永善县	昆阳式	中型	普查
67	道水磷矿	贵州省松桃县	新华式	中型	普查
68	石板滩磷矿	四川省雷波县	昆阳式	大型	普查
69	小沟磷矿	四川省雷波县	昆阳式	超大型	详查
70	牛牛寨磷矿	四川省雷波县	昆阳式	大型	普查
71	莫红磷矿	四川省雷波县	昆阳式	超大型	普查
72	西谷溪磷矿	四川省雷波县	昆阳式	大型	普查
73	卡哈洛磷矿	四川省雷波县	昆阳式	大型	普查
74	松林磷矿	贵州省遵义市	以开阳式为主	中型	勘探
75	金顶山磷矿	贵州省遵义市	以开阳式为主	中型	普查
76	官房-金沙厂磷矿	云南省永善县	昆阳式	中型	普查
79	温泉磷矿	贵州省息烽县	开阳式	中型	勘探

续表 8-11

编号	矿床名称	地理位置	矿床类型	规模	勘查程度
83	明泥湾磷矿	贵州省开阳县	开阳式	中型	详查
84	洋水牛赶冲磷矿	贵州省开阳县	开阳式	大型	勘探
85	洋水极乐(北区)磷矿	贵州省开阳县	开阳式	中型	勘探
86	翁昭磷矿	贵州省开阳县	开阳式	中型	普查
87	洋水沙坝土磷矿	贵州省开阳县	开阳式	大型	勘探
88	洋水极乐(南区)磷矿	贵州省开阳县	开阳式	中型	勘探
89	洋水两岔河磷矿	贵州省开阳县	开阳式	中型	普查
90	洋水马路坪(北部)磷矿	贵州省开阳县	开阳式	中型	勘探
92	洋水马路坪(南部)磷矿	贵州省开阳县	开阳式	中型	勘探
93	瓮福白岩玉华磷矿	贵州省瓮安县	开阳式	中型	详查
94	洋水用沙坝磷矿	贵州省开阳县	开阳式	大型	勘探
95	白岩大塘磷矿	贵州省瓮安县	开阳式	大型	勘探
96	白岩王家院磷矿	贵州省瓮安县	开阳式	大型	详查
97	瓮福白岩穿岩洞磷矿	贵州省瓮安县	开阳式	超大型	勘探
98	瓮福白岩新桥磷矿	贵州省瓮安县	开阳式	大型	详查
99	瓮福高坪磨坊磷矿	贵州省福泉县	开阳式	大型	勘探
100	翁福高坪小坝磷矿	贵州省福泉县	开阳式	中型	勘探
102	瓮福高坪英坪磷矿	贵州省福泉县	开阳式	大型	勘探
104	马路磷矿	云南省会泽县	昆阳式	中型	勘探
105	塘坊磷矿	四川省会东县	昆阳式	超大型	普查
108	新华磷稀土矿床	贵州省织金县	新华式	超大型	预查-详查
111	打麻厂磷稀土矿床	贵州省织金县	新华式	中型	普查
112	岩洞磷矿	云南省会泽县	昆阳式	中型	预查
113	砖洞磷矿	云南省会泽县	昆阳式	中型	预查
114	后坪子磷矿	云南省会泽县	昆阳式	大型	预查
115	梨树坪磷矿	云南省会泽县	昆阳式	大型	勘探
116	雨碌磷矿	云南省会泽县	昆阳式	大型	普查-详查
117	大海磷矿	云南省会泽县	昆阳式	大型	预查
118	苏力卡磷矿	云南省会泽县	昆阳式	大型	预查
119	小铺子磷矿	云南省会泽县	昆阳式	大型	预查
120	观音岩磷矿	云南省会泽县	昆阳式	大型	预查
121	银厂-待补磷矿	云南省会泽县	昆阳式	大型	详查
122	小场院磷矿	云南省会泽县	昆阳式	大型	预查
123	东川区大凹子磷矿	云南省昆明市	昆阳式	中型	详查
125	东川区九龙村磷矿	云南省昆明市	昆阳式	大型	预查

续表 8 - 11

编号	矿床名称	地理位置	矿床类型	规模	勘查程度
126	金牛厂磷矿	云南省会泽县	昆阳式	大型	预查
127	雪山磷矿	云南省禄劝县	昆阳式	超大型	预查
128	东川区滥泥坪磷矿	云南省昆明市	昆阳式	大型	预查
131	多挪磷矿	云南省禄劝县	昆阳式	大型	预查
132	恩祖磷矿	云南省禄劝县	昆阳式	大型	预查
134	莫子山磷矿	云南省禄劝县	昆阳式	大型	预查
135	小米戛磷矿	云南省沾益县	昆阳式	大型	预查
136	二道石坎磷矿	云南省沾益县	昆阳式	大型	普查
138	岔河磷矿	云南省沾益县	昆阳式	大型	预查
139	德泽磷矿	云南省沾益县	昆阳式	大型	普查-详查
140	大湾磷矿	云南省寻甸县	昆阳式	大型	预查
142	田坝磷矿	云南省会泽县	昆阳式	大型	普查
143	大田坝-新村子磷矿	云南省昆明市东川区	昆阳式	中型	详查
144	白龙潭磷矿	云南省昆明市东川区	昆阳式	大型	普查
149	摆宰磷矿	云南省寻甸县	昆阳式	大型	预查
151	先锋(南段、没租哨)磷矿	云南省寻甸县	昆阳式	中型	详查
156	月照磷矿	云南省宜良县	昆阳式	中型	详查
157	法古店磷矿	云南省宜良县	昆阳式	中型	详查
158	西山区双山磷矿	云南省昆明市	昆阳式	中型	预查
159	官渡区金马村磷矿	云南省昆明市	昆阳式	中型	踏勘
160	草铺庙山磷矿	云南省安宁市	昆阳式	中型	普查
161	草铺松坪磷矿	云南省安宁市	昆阳式	中型	勘探
162	草铺龙树磷矿	云南省安宁市	昆阳式	中型	详查
163	草铺小石桥磷矿	云南省安宁市	昆阳式	中型	普查
165	草铺龙山磷矿	云南省安宁市	昆阳式	中型	勘探
166	草铺柳树磷矿	云南省安宁市	昆阳式	大型	勘探
167	草铺梨子园磷矿	云南省安宁市	昆阳式	大型	普查
168	安宁矿区磷矿	云南省安宁市	昆阳式	超大型	勘探
169	观音山磷矿	云南省昆明市西山区	昆阳式	中型	普查
170	大渔村磷矿	云南省呈贡县	昆阳式	中型	预查
171	鸣矣河磷矿	云南省安宁市	昆阳式	大型	详查
173	白塔村磷矿	云南省昆明市西山区	昆阳式	中型	详查
174	杨柳村磷矿	云南省呈贡县	昆阳式	中型	普查
175	尖山磷矿	云南省昆明西山区	昆阳式	大型	勘探
176	海口磷矿	云南省昆明市西山区	昆阳式	大型	勘探

续表 8-11

编号	矿床名称	地理位置	矿床类型	规模	勘查程度
177	大山寺磷矿	云南省澄江县	昆阳式	中型	详查
178	王高庄磷矿	云南省澄江县	昆阳式	中型	普查
179	昆阳磷矿	云南省晋宁县	昆阳式	大型	勘探
180	梁王冲磷矿	云南省澄江县	昆阳式	中型	详查
181	昆阳二矿磷矿	云南省晋宁县	昆阳式	大型	详查
182	肖家营-大石岩山磷矿	云南省晋宁县待云寺	昆阳式	中型	勘探
183	待云寺干海子磷矿	云南省晋宁县	昆阳式	中型	勘探
184	上蒜磷矿	云南省晋宁县	昆阳式	大型	勘探
185	渔户村磷矿	云南省澄江县	昆阳式	大型	勘探
187	晋宁矿区磷矿	云南省晋宁县	昆阳式	大型	勘探
189	云龙寺磷矿	云南省昆明市西山区	昆阳式	大型	普查
191	清水沟磷矿	云南省江川县	昆阳式	大型	勘探
192	黄翠山磷矿	云南省华宁县	昆阳式	大型	普查
193	福禄德磷矿	云南省华宁县	昆阳式	中型	详查
194	云岩寺磷矿	云南省江川县	昆阳式	中型	详查
195	火特郭家沟磷矿	云南省华宁县	昆阳式	中型	普查
196	通红甸磷矿	云南省华宁县	昆阳式	大型	预查
197	斗居磷矿	云南省华宁县	昆阳式	大型	预查
198	火特小黄草岭磷矿	云南省华宁县	昆阳式	中型	详查
199	杨柳坝磷矿	云南省江川县	昆阳式	中型	普查-勘探
200	火特核桃冲磷矿	云南省华宁县	昆阳式	中型	普查

三、勘查程度

1939 年，程裕淇与黄汉秋、王学海在昆明中谊村早寒武世地层中发现了昆阳磷矿。

1949 年以后，地质工作者对本区下震旦统、下寒武统及上泥盆统等磷矿做了大量远景调查、地质普查、勘探评价工作。

1950 年春，川南行署乐山专区组织矿产勘测队，在沐川县观慈寺(今属峨边县)早寒武世地层中发现了四川的磷块岩矿石。

1953 年，罗绳武发现遵义松林磷矿，研究预测开阳洋水一带可望寻得磷矿。

为了满足磷肥生产需要，目前西南沉积型磷块岩主要开采 $w(P_2O_5) \geqslant 30\%$ 的富矿和少量 24%～30%的磷矿。

四、矿床类型

我国磷矿床按其产出地质条件和形成方式，分为外生-沉积磷块岩矿床、内生-磷灰石矿床、变质-磷灰岩矿床三大类(《磷矿地质勘查规范》,2002)。中国西南地区目前尚未发现内生-磷灰石矿床和变质-磷灰岩矿床，仅有外生-沉积磷块岩矿床。

外生-沉积磷块岩矿床主要产出在古生代及新元古代的浅海-滨海沉积层内，规模大—特大，含矿带沿走向延续几十至几百千米，但具富矿少、贫矿多、易选矿少、难选矿多的特点。在缓倾斜的碳酸盐型磷块岩矿床中，有时形成规模很大的风化带，是获得高质量富矿石的重要矿源。按矿床形成条件又可分为生物化学沉积和风化淋滤残积两个亚类。

西南地区已勘查工业矿床均位于扬子陆块区，成矿时代主要有震旦纪、寒武纪和泥盆纪。富矿的形成主要与磷块岩的风化作用有关。磷块岩中常共伴生有硫磷铝锶矿、稀土及碘、氟、铀、钾等重要矿产。

西南地区的沉积型磷矿，根据成矿时代、含矿层段、成矿特征等因素可进一步细分出开阳式、昆阳式、什邡式、新华式、汉源式、清平式、布达式、下汤郎式、宁强式、荆襄式共10种矿床类型（表8-12）。

表8-12　西南地区磷块岩矿床类型划分方案表

矿床类型	成矿时代	含矿层及沉积建造	典型矿床
开阳式磷矿	震旦纪陡山沱期	陡山沱组，粉砂岩-白云岩-磷质岩-硅质岩建造	贵州开阳、瓮福磷块岩矿床
荆襄式磷矿	震旦纪陡山沱期	陡山沱组，泥质锰质白云岩-碳质页岩夹磷质岩建造	四川万源市杨家坝磷块岩矿床
昆阳式磷矿	寒武纪梅树村早期	灯影组顶段中谊村段（麦地坪段），白云岩-磷质岩-硅质岩建造	云南晋宁县昆阳、四川马边县老河坝磷块岩矿床
新华式磷稀土矿	寒武纪梅树村早期	灯影组戈仲伍段，白云岩-磷质岩-碳质泥岩建造	贵州织金县新华磷块岩矿床
清平式磷矿	寒武纪梅树村早期	长江沟组下段，磷质岩-碳质页岩夹白云质灰岩建造	四川绵竹市天井沟磷块岩矿床
宁强式磷矿	寒武纪梅树村早期	灯影组宽川铺段，白云岩夹磷质岩与硅质岩建造	四川南江县新立磷块岩矿床
汉源式含钾磷矿	寒武纪梅树村晚期	筇竹寺组下段，含钾粉砂岩-磷质岩建造	四川汉源县水桶沟磷块岩矿床
什邡式磷矿	晚泥盆世	沙窝子组下段，磷质岩-水云母黏土岩-硅质岩建造	四川绵竹市兰家坪磷块岩矿床
布达式磷矿	中泥盆世	榴江组下段，粉砂岩-泥岩建造	云南广南县布达磷块岩矿床
下汤郎式磷矿	新生代	灯影组中段（风化壳），磷质条纹条带状白云岩建造	云南禄劝县下汤郎磷块岩矿床

五、重要矿床

1. 贵州开阳县洋水磷矿

该磷矿床位于开阳县城北西12km，矿区中心点地理坐标：东经106°51′20″，北纬27°06′44″。通专用铁路及公路。

开阳磷矿位于黔中隆起北缘、潮坪相区，是中国陡山沱期磷矿床中平均品位最高的矿床（《中国矿床》，1994），是发现叠层石最多的地区之一。磷块岩矿层产于下震旦统陡山沱组上部，广泛出露于洋水短轴背斜两翼及断层附近。洋水背斜主体部分称洋水矿区，包括两岔河、极乐、沙坝土、马路坪、牛赶冲、用沙坝6个矿段，总面积近50km²。矿层厚度及品位稳定，矿床规模大，矿石质量好，是国内外少见的优质磷矿床。洋水背斜北端称温泉矿区，属息烽县。

陡山沱组，《贵州省区域矿产志》（贵州省地矿局区调大队内部资料，1986）称洋水组。上部主要由致密状磷块岩（或叠层状石藻磷块岩）及页岩、含锰硅质白云岩等组成。P_2O_5含量除局部为20%外，各矿段一般均在30%以上，多在33%～36%之间。含碘（20～300）×10^{-6}。

经勘探，洋水矿区各矿段共查明矿石资源量3.3×10^8t，达超大型矿床规模。据《贵州省国土资源公报》，2010年洋水背斜东翼深部探获磷矿资源量7.82×10^8t，刷新单一矿区探获最大磷矿资源量规模纪录。20世纪60年代初在用沙坝矿段进行小型露采。1964年马路坪矿段根据规模150×10^4t/a的设计（地下开采）要求，开始矿山建设。1971年建成投产，生产能力为年产矿石100×10^4t。

2. 贵州瓮福磷矿

瓮福磷矿位于瓮安与福泉两县交界地带，共划分为2个矿区8个矿段，北部白岩矿区距瓮安县南西10km，地理坐标：东经107°22′00″，北纬27°05′00″。该矿是20世纪70年代中期至80年代中期由贵州省地矿局探明的一个特大型开阳式富磷矿床。

瓮福磷矿陡山沱组剖面发育完整，磷矿石类型齐全，富含碘。陡山沱组磷矿层沿斜列衔接的白岩、高坪两背斜翼部出露，北部称白岩矿区，南部称高坪矿区。

白岩矿区有A、B两层矿，A层矿产于陡山沱组下段，B层矿产于陡山沱组上段，自上而下按矿石类型分为4个分层。

高坪矿区亦有两层矿，产于陡山沱组下段的A层矿为非工业磷矿层，产于陡山沱上段的B矿层为砂砾屑磷块岩等，一般厚度8～14m。矿石$w(P_2O_5)$24%～38%，地表风化带常含P_2O_5达35%以上，深部一般为25%。

1974年至今，贵州省地质矿产局及其所属地勘单位，特别是115地质大队，在该矿床开展了大量的工作，做出了巨大的贡献。1987年开始对瓮福磷矿进行开发利用研究。首采英坪矿段露采储量3842.33×10^4t，平均出矿品位30.78%，接替矿段磨坊矿段露采储量1744×10^4t，平均出矿品位28.72%，年采选原矿250×10^4t。选矿厂于1990年11月开工建设，1995年建成并投料负荷试车一次成功。

3. 云南晋宁县昆阳磷矿

昆阳磷矿床是中国早寒武世最大的磷块岩矿床之一，位于昆明市西南、滇池西岸，属晋宁县所辖。矿区面积20.86km²。中心点地理坐标：东经102°32′59″，北纬24°43′34″。矿区距中谊村火车站直距4km。

矿床为一近东西向单斜构造，产状平缓。磷矿层倾向与地形坡向一致，上覆岩层较薄，故露采条件好。含磷段为上震旦统—下寒武统灯影组中谊村段（$Z\in d^z$），主要由白云岩和磷块岩组成，厚20.16m，其中磷块岩厚10.06m，占45%。据《云南省区域矿产总结（下册）》（云南省地质矿产局内部资料，1993），磷矿分上、下两层，其间为厚约1.6m的灰白色含磷水云母黏土岩层相隔。全区P_2O_5平均含量为26.24%，地表及浅部风化带矿石品位较富，矿石$w(P_2O_5)$30%以上，有害杂质含量较少；深部原生带矿石P_2O_5含量显著降低（为20%～25%），而Ca、Mg含量增高。

矿石类型主要为蓝灰色富磷块岩和浅灰色白云质磷块岩。矿石矿物主要为胶磷矿，脉石矿物为白云石、方解石、玉髓、海绿石等。

1951—1957年，昆阳磷矿由地质部西南局528队进行勘探。1984年，化工部地勘公司云南地勘大队进行补充勘探，查明磷矿石基础储量10 727.52×10^4t，资源量2158.91×10^4t，达到大型矿床规模。

昆阳磷矿始建于1965年，目前已形成年剥离$1500\times10^4m^3$、年产260×10^4t的国有大型现代化露天矿山。低镁风化矿擦洗脱泥技术已应用于滇池地区的磷矿生产，云南磷化集团正在规划建设昆阳磷矿$80\times10^4t/a$擦洗脱泥装置。

4. 四川绵竹市马槽滩磷矿区兰家坪矿段

兰家坪矿段位于绵竹市金花镇北西11km，接近绵竹、什邡交界的石亭江。由于交通和历史原因，与什邡市联系较密切。兰家坪矿段与马槽滩河东矿段毗邻，矿段中心点地理坐标：东经104°02′04″，北纬31°26′30″，面积3.25km²。

构造单元属于上扬子古陆块龙门山基底逆推带。矿段内为沉积岩区，主要出露三叠系、二叠系和泥盆系，而震旦系及磷矿层隐藏于地下。兰家坪矿段属隐伏磷矿床。本矿段未见含磷层露头，仅在毗邻的河东矿段三道沟两侧有所出露。

磷矿赋存于上泥盆统沙窝子组下段（含磷段），矿段内含磷段厚0.02～36.78m，平均厚8.2m。厚度小于1m的薄化点两处，薄化区三处（最大者在反翼，长350m，宽120～140m）。

对照《磷矿地质勘查规范》(2002)，兰家坪矿段磷矿石工业类型可分为磷块岩矿和硫磷铝锶矿两大类。磷块岩矿平均品位较高，属加工级硅质及硅酸盐型磷块岩矿，基本可认为是富矿；硫磷铝锶矿属铝磷酸盐矿石。全矿段磷块岩平均品位：酸溶P_2O_5达29.37%；硫磷铝锶矿平均品位：碱溶P_2O_5达19.13%。

1995年，由四川省化工地质勘查院完成勘探报告，资源储量估算采用：P_2O_5边界品位10%，工业品位15%。提交磷块岩矿石资源储量(B+C+D级)2747×10^4t（略低于首期勘探提交储量），尚难利用硫磷铝锶矿储量916×10^4t。

从查明的磷矿石资源储量来看，硫磷铝锶矿与磷块岩均达到中型规模，故兰家坪又属于两种磷矿体的共生矿床。什邡式泥盆系磷块岩（及与之共生的硫磷铝锶矿）矿床属与外生成矿作用有关的矿床类型。

兰家坪矿段为金河磷矿接替矿山，1988年初开始筹建，1991年由化工部化学矿山设计研究院完成矿山设计，设计生产能力为$50\times10^4t/a$。矿山投产以来一直是四川省磷矿生产的主力矿山之一。汶川大地震前川西龙门山中段磷矿产量占全省总产量的95%，汶川地震后岳家山等矿区受损严重，但兰家坪很快恢复生产。

5. 贵州织金县新华磷稀土矿床

新华磷稀土矿床位于织金县城南东，直距8km，通公路，地理坐标：东经105°51′15″，北纬26°38′54″。

矿区为沉积岩分布区，出露震旦系、寒武系、石炭系和二叠系。低品位磷块岩赋存于上震旦统—下寒武统灯影组顶段戈仲伍段，其上连续沉积有牛蹄塘组下段，该段所产梅树村晚期透镜状磷块岩不具工业意义。含磷段戈仲伍段厚3～28m，出露于果化背斜北西翼，有戈仲伍、果化、佳跨-大戛、高山4个矿段。

稀土元素呈类质同象赋存于胶磷矿中，以重稀土为主，目前难以选别。稀土主要赋存在胶磷矿中，其次赋存于独居石中。据2004年陈肖虎、高利伟所撰《贵州织金含稀土低品位磷矿综合利用研究》，新华低品位磷稀土矿实验室制备稀土钙镁磷肥的实验，所得产品磷含量15.11%～17.58%、稀土含量0.0837%～0.0971%。

1971年，贵州省地质局114地质队进行勘探，采用P_2O_5边界品位8%圈定矿体，估算磷矿石资

源量 14.64×10^8t，达超大型矿床规模；稀土查明资源量 149.78×10^4t，达大型矿床规模，潜在价值高。经分析研究原勘查资料，可认为戈仲伍矿段工作程度最高，达详查阶段。

6. 四川汉源县水桶沟含钾磷矿床

水桶沟矿区位于汉源（新县城）北东 68°，直距 9.5km。矿床中心点地理坐标：东经 102°44′30″，北纬 29°23′30″。

矿层出露于木匠坪向斜两翼及杜家沟至活麻槽一带。以 F_{26} 断层为界分为两个矿段，以北为木匠坪矿段，以南为杜家沟矿段。

矿层赋存于筇竹寺组下段上部，呈层状产出，层位稳定。全矿区平均品位：$w(P_2O_5)$18.49%，$w(K_2O)$3.76%。木匠坪矿段，矿层呈向斜产出。东部单层结构，平均厚 8.67m。西部为双层结构，平均厚 6.70m，发育有薄化带。杜家沟矿段，矿层呈单斜层状产出，平均厚 3.98m。

水桶沟矿区的矿石属中低品位，以低品位为主。按磷矿石来评价，矿石矿物以胶磷矿为主，脉石矿物中有较多长石、白云石，本类矿石属难选矿石。

1983 年四川省地矿局 207 地质队完成详查报告。资源储量估算采用：P_2O_5 边界品位 8%，工业品位 12%，提交矿石资源储量10 133.3×10^4t。

汉源式磷矿沉积成矿时代为梅树村晚期，川西南筇竹寺组下部软舌螺类化石极为丰富，汉源、甘洛地区除该层位外，以上的寒武系中均未发现古生物化石（段志明，1998）。与藻类在陡山沱期磷块岩成矿过程中的特殊意义类似，小壳动物在梅树村期磷矿成矿中亦有独特作用。

20 世纪 80 年代矿区曾短暂开采。汉源式磷矿属磷、钾复合矿石，品位较低，但矿石中含有高达 5%～7%的 K_2O。磷矿石中的钾主要用于制造钾磷复合肥料，初步研究可用以生产钙镁磷钾肥和磷酸二氢钾，如果解决了推广使用问题，将对缓解我国缺钾的现状起到重要作用。

六、成矿潜力与找矿方向

1. 成矿地质条件

西南地区磷块岩矿床主要形成于稳定克拉通边缘，因此主要分布于沉积岩区，特别是海相碳酸盐岩地层中。大地构造位置处于扬子陆块区上扬子古陆块西缘。磷块岩矿床形成的岩相古地理条件一般为海水较浅的潮坪相、台地相、浅滩相等。而什邡式泥盆系磷块岩及与之共生的硫磷铝锶矿属较独特的海陆过渡相（残积亚相-潟湖亚相的组合）。

区域内震旦系、寒武系广泛分布。工业矿床层位包括：陡山沱阶陡山沱组；灯影阶灯影组中段（风化壳）；梅树村下亚阶灯影组顶段（钱逸等，1999；包括中谊村段、麦地坪段、戈仲伍段和宽川铺段）；梅树村下亚阶长江沟组下段；梅树村上亚阶筇竹寺组下段；此外，工业矿床层位还有中上泥盆统榴江组下段、上泥盆统沙窝子组下段等层系。西南地区磷矿主要受地层层位和岩性的控制，矿体呈层状或似层状产于含矿岩系中。

2. 找矿远景区划分

根据西南各省市区磷矿资源潜力评价成果报告及磷矿Ⅲ、Ⅳ、Ⅴ级成矿区带划分方案，本书划分了西南地区 15 处磷矿找矿远景区（图 8-6，表 8-13），其中，表 8-13 中备注“重要”者，为重要远景区。

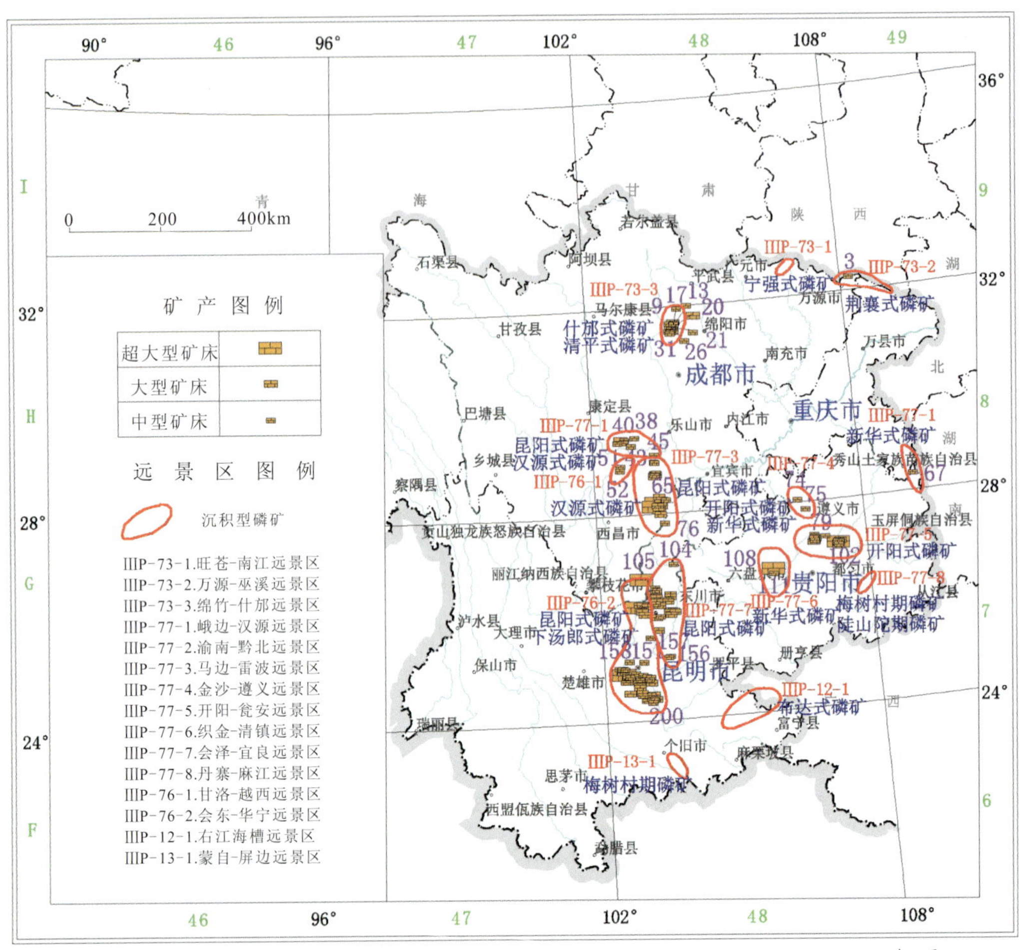

图 8-6　西南地区磷矿找矿远景区分布概图

表 8-13　西南地区扬子成矿省重要磷矿找矿远景区总表

Ⅲ级成矿区带		远景区		
编号	名称	编号	名称	备注
ⅢP-73	龙门山-大巴山成矿带	ⅢP-73-1	旺苍-南江远景区	
		ⅢP-73-2	万源-巫溪远景区	
		ⅢP-73-3	绵竹-什邡远景区	重要
ⅢP-77	上扬子中东部成矿带	ⅢP-77-1	峨边-汉源远景区	重要
		ⅢP-77-2	渝南-黔北远景区	
		ⅢP-77-3	马边-雷波远景区	重要
		ⅢP-77-4	金沙-遵义远景区	
		ⅢP-77-5	开阳-瓮安远景区	重要
		ⅢP-77-6	织金-清镇远景区	重要
		ⅢP-77-7	会泽-宜良远景区	
		ⅢP-77-8	丹寨-麻江远景区	
ⅢP-76	康滇隆起成矿带	ⅢP-76-1	甘洛-越西远景区	
		ⅢP-76-2	会东-华宁远景区	重要
ⅢP-88	桂西-黔西南-滇东南北部成矿带	ⅢP-12-1	右江海槽远景区	
ⅢP-89	滇东南南部成矿带	ⅢP-13-1	蒙自-屏边远景区	

第七节　硫

一、引言

1. 性质和用途

硫铁矿是黄铁矿、白铁矿、磁黄铁矿的统称。硫铁矿石主要有用成分为黄铁矿(FeS_2),矿物中硫理论含量为53.45%,铁理论含量为46.55%。

黄铁矿在地表不稳定,易分解形成稳定的褐铁矿。由于这种作用常在含有黄铁矿的金属矿床地表露头形成的褐铁矿、针铁矿、纤铁矿等像一顶帽子盖在矿床之上,故称"铁帽",是重要的找矿标志。

硫铁矿是一种重要的化学矿物原料,主要用于制造硫酸,部分用于生产硫磺。硫酸主要用于制造化肥(如磷酸铵、过磷酸钙);在冶金工业中用于钢铁、镍等金属的酸洗;颜料工业中用于生产钛白粉、立德粉;还可用于石油冶炼、造纸、有机玻璃、印染等工业。硫磺主要用于生产橡胶、医药、烟花爆竹、火柴、农药和杀虫剂;可用作面粉、淀粉和制糖的漂白剂;可用于国防军工方面,如制造各种炸药、发烟剂等。

2. 工业利用现状及要求

硫矿产品种类比较单一,包括直接开采利用的硫铁矿、经过选矿的硫精矿和选矿中以副产品回收的硫精矿、硫磺及冶炼烟气制硫酸。中国原油多为含硫低于0.5%的低硫油,四川盆地天然气净化回收硫很高。有色金属硫化物中硫和煤层硫分别在冶炼时以烟气制酸和洗选煤时副产硫精矿回收利用。

据《矿产资源工业要求手册》(2012)介绍,全球80%~85%的硫用以制造硫酸,硫的消费结构:农业化工(主要是磷肥)占62%,炼油业占16%,金属矿开采业占3.7%,其他占18.1%。我国在目前及今后相当一段时期内,仍将以硫铁矿和伴生硫铁矿为主要硫源。国外硫当前主要来自天然气、石油和自然硫。

根据《硫铁矿地质勘查规范》(DZ/T 0210—2002)要求,硫铁矿勘查的一般工业指标参见表8-14。

3. 矿床规模划分

以矿石万吨计量,硫铁矿床规模划分为3类:≥3000为大型,200~3000为中型,<200为小型。一般而论,资源储量超过大型规模下限的5倍即视为超大型矿床。

二、资源概况

中国硫资源储量居世界第5位,以硫铁矿和伴生硫铁矿为主。

据《中国统计年鉴》,截至2010年全国硫铁矿矿石基础储量位于前3位的分别是四川、广东及内蒙古。根据国土资源部《2009年全国矿产资源储量通报》,四川硫铁矿查明资源储量99 813.1×10^4t,占全国的18.24%,居全国的第1位。

表 8-14　硫铁矿一般工业指标

项目		指标
边界品位(S)(%)		8
最低工业品位(S)(%)		14
最低可采厚度(m)		0.7～2
夹石剔除厚度(m)		1～2
有害组分最大允许含量	砷(As)(%)	0.1(酸洗流程)或0.2(水洗流程)
	氟(F)(%)	0.05(酸洗流程)或0.1(水洗流程)
	铅锌(Pb+Zn)(%)	1
	碳(C)(%)	5～8
硫铁矿矿石品级划分	Ⅰ级品(S)(%)	≥35
	Ⅱ级品(S)(%)	25～35
	Ⅲ级品(S)(%)	14～25

硫铁矿是西南地区优势矿种之一，资源十分丰富，广泛分布于扬子陆块，主要分布在川、滇、黔3省交界地区。其次是华蓥山地区及重庆市酉阳、黔江等地，西藏由于工作程度低，发现的矿床很少。

目前我国采用的硫铁矿选矿方法主要是浮选法，少数采用重选法。根据矿石选矿试验结果来看，将硫铁矿选至含硫大于或等于35%的硫精矿，技术上是可行的，经济效益好，同时还可以综合回收铜、金、银等有用元素。

三、勘查程度

本书统计，西南地区有硫铁矿(点)床255个，其中超大型1个，大型32个，中型112个(表8-15，图8-7)，工作程度以普查为主；西藏自治区查明硫铁矿矿产地少，仅江达县玉龙(硫铁矿达中型，与铜矿共生)达到勘探。

表 8-15　西南地区大中型硫铁矿床一览表

编号	矿床名称	地理位置	矿床类型	规模	勘查程度
S001	两河金华硫铁矿	四川省叙永县	煤系沉积型	大型	普查
S002	周家硫铁矿	四川省兴文县	煤系沉积型	大型	勘探
S003	德赶坝硫铁矿	四川省兴文县	煤系沉积型	大型	普查
S004	放马坝硫铁矿	四川省叙永县	煤系沉积型	大型	普查
S005	新塘硫铁矿	四川省兴文县	煤系沉积型	中型	勘探
S006	古宋一号井硫铁矿	四川省兴文县	煤系沉积型	大型	详查
S008	五角山硫铁矿	四川省叙永县	煤系沉积型	超大型	勘探

续表 8-15

编号	矿床名称	地理位置	矿床类型	规模	勘查程度
S009	川堰硫铁矿	四川省兴文县	煤系沉积型	中型	勘探
S011	铜锣坝硫铁矿	四川省兴文县	煤系沉积型	中型	详查
S013	新华硫铁矿	四川省兴文县	煤系沉积型	大型	详查
S014	打字堂硫铁矿	四川省天全县	热液交代型	中型	勘探
S015	乐郎硫铁矿	四川省叙永县	煤系沉积型	大型	普查
S017	海坝硫铁矿	四川省叙永县	煤系沉积型	大型	普查
S018	三斗米硫铁矿	四川省叙永县	煤系沉积型	大型	普查
S019	后山井田硫铁矿	四川省叙永县	煤系沉积型	大型	勘探
S022	茨竹沟井田硫铁矿	四川省古蔺县	煤系沉积型	中型	普查
S026	石屏硫铁矿	四川省古蔺县	煤系沉积型	中型	普查
S027	石屏东段硫铁矿	四川省古蔺县	煤系沉积型	大型	详查
S029	龙头至硐底硫铁矿	四川省长宁县	煤系沉积型	中型	普查
S030	杨家院硫铁矿	四川省江油市	煤系沉积型	中型	详查
S031	古宋二号井硫铁矿	四川省兴文县	煤系沉积型	大型	详查
S035	渡船坡硫铁矿	四川省叙永县	煤系沉积型	大型	勘探
S041	石笋硫铁矿	四川省长宁县	煤系沉积型	中型	普查
S044	东梁坝硫铁矿	四川省兴文县	煤系沉积型	中型	详查
S045	洛表硫铁矿	四川省珙县	煤系沉积型	大型	勘探
S046	富安硫铁矿	四川省江安县	煤系沉积型	大型	详查
S053	田坝硫铁矿	四川省兴文县	煤系沉积型	中型	详查
S054	六一坝硫铁矿	四川省叙永县	煤系沉积型	中型	普查
S055	铁索桥硫铁矿	四川省古蔺县	煤系沉积型	中型	详查
S056	大树矿段硫铁矿	四川省叙永县	煤系沉积型	大型	勘探
S057	大树西矿段硫铁矿	四川省叙永县	煤系沉积型	大型	勘探
S059	先锋龙塘硫铁矿	四川省兴文县	煤系沉积型	中型	普查
S060	石屏西段硫铁矿	四川省古蔺县	煤系沉积型	中型	普查
S066	余家老厂硫铁矿	云南省曲靖市富源县	煤系沉积型	大型	普查
S068	顺河硫铁矿	云南省威信县	火山岩型	大型	初勘
S069	黑树庄硫铁矿	云南省镇雄县	火山岩型	大型	初勘
S070	新村硫铁矿	云南省禄劝县	煤系沉积型	大型	初勘
S076	磺厂硫铁矿	云南省文山县	煤系沉积型	中型	详查
S079	宝丰寺硫铁矿	云南省宾川县	热液交代型	中型	详查

续表 8-15

编号	矿床名称	地理位置	矿床类型	规模	勘查程度
S084	堰塘乡新场硫铁矿	云南省镇雄县	火山岩型	中型	普查
S085	高田大坪山硫铁矿	云南省威信县	火山岩型	中型	普查
S086	平园区硫铁矿	云南省晋宁县	火山岩型	中型	普查
S087	轩岗硫铁矿	云南省潞西县	热液交代型	中型	普查
S088	扯土硫铁矿	云南省罗平县	煤系沉积型	中型	详查
S089	中坝硫铁矿	云南省威信县	火山岩型	中型	详查
S090	史家寨硫铁矿	云南省罗平县	煤系沉积型	中型	详查
S095	九庄棋山硫铁矿	贵州省息烽县	煤系沉积型	中型	详查
S096	六龙镇红星硫铁矿	贵州省大方县	煤系沉积型	中型	普查
S097	三元硫铁矿	贵州省金沙县	煤系沉积型	中型	普查
S098	大南山硫铁矿	贵州省毕节市	煤系沉积型	中型	普查
S099	岩坪硫铁矿	贵州省湄潭县	煤系沉积型	中型	普查
S100	官仓北硫铁矿	贵州省桐梓县	煤系沉积型	中型	普查
S101	中寺大竹林硫铁矿	贵州省遵义市	煤系沉积型	中型	普查
S102	花秋矿区硫铁矿	贵州省桐梓县	煤系沉积型	大型	普查
S103	观山硫铁矿	贵州省瓮安县	煤系沉积型	中型	普查
S104	三岔河南硫铁矿	贵州省遵义市	煤系沉积型	中型	勘探
S105	湾寨马家桥硫铁矿	贵州省龙里县	沉积改造型	中型	普查
S109	洛湾茅草寨硫铁矿	贵州省贵阳市	煤系沉积型	中型	详查
S113	林口硫铁矿	贵州省毕节县	煤系沉积型	大型	详查
S114	凉水井硫铁矿	贵州省湄潭县	煤系沉积型	中型	普查
S115	栋青坝硫铁矿	贵州省遵义市	煤系沉积型	中型	详查
S117	黔西中寨硫铁矿	贵州黔西县、大方县	煤系沉积型	中型	普查
S118	纸厂三岔田硫铁矿	贵州黔西县	煤系沉积型	中型	普查
S119	戈塘硫铁矿	贵州省安龙县	煤系沉积型	中型	普查
S121	排带硫铁矿	贵州省三都县	热液交代型	中型	初勘
S122	洛湾硫铁矿	贵州省贵阳市	煤系沉积型	中型	普查
S123	云龙硫铁矿	贵州省大方县	煤系沉积型	大型	详查
S124	凉水井硫铁矿	贵州省贵定县	煤系沉积型	中型	详查
S125	枫香园硫铁矿	贵州省思南县	煤系沉积型	中型	普查
S126	桂花硫铁矿	贵州省仁怀市	煤系沉积型	中型	普查
S127	米江硫铁矿	贵州省仁怀市	煤系沉积型	大型	普查
S128	高坪硫铁矿	贵州省仁怀市	煤系沉积型	中型	普查

续表 8－15

编号	矿床名称	地理位置	矿床类型	规模	勘查程度
S130	三岔河硫铁矿	贵州省遵义市	煤系沉积型	中型	普查
S131	野彪、降头水硫铁矿	贵州省遵义市	煤系沉积型	中型	普查
S133	图云关硫铁矿	贵州省贵阳市	煤系沉积型	中型	普查
S135	猫场红花寨硫铁矿	贵州省清镇市	煤系沉积型	中型	详查
S136	猫场将军岩硫铁矿	贵州省清镇市	沉积型	中型	普查
S137	猫场白浪坝矿区硫铁矿	贵州省清镇市	沉积型	中型	详查
S138	毛家山硫铁矿	贵州省遵义市	沉积型	中型	普查
S139	四面山硫铁矿	贵州省遵义市	煤系沉积型	中型	普查
S141	苟江矿区硫铁矿	贵州省遵义市	沉积型	中型	勘探
S143	仙人岩矿区硫铁矿	贵州省遵义市	沉积型	中型	勘探
S144	龙尾坝矿区硫铁矿	贵州省遵义市	煤系沉积型	中型	普查
S145	布政坝矿区硫铁矿	贵州省遵义市	煤系沉积型	中型	普查
S146	宋家大林硫铁矿	贵州省遵义市	沉积型	中型	勘探
S147	中寺沿村矿区硫铁矿	贵州省遵义市	煤系沉积型	中型	普查
S148	燎原矿区硫铁矿	贵州省桐梓县	煤系沉积型	中型	普查
S149	杨村沟硫铁矿	贵州省桐梓县	煤系沉积型	中型	详查
S150	清源矿区硫铁矿	贵州省绥阳县	煤系沉积型	中型	普查
S151	增长矿区硫铁矿	贵州省道真县	煤系沉积型	中型	普查
S153	杨家坪矿区硫铁矿	贵州省湄潭县	煤系沉积型	中型	普查
S155	白泥矿区硫铁矿	贵州省习水县	煤系沉积型	中型	普查
S157	枫芸矿区硫铁矿	贵州省思南县	煤系沉积型	中型	普查
S161	王家坝硫铁矿	贵州省毕节市	沉积型	中型	普查
S162	阴底戈乐硫铁矿	贵州省毕节市	沉积型	中型	普查
S163	兴隆硫铁矿	贵州省毕节市	沉积型	中型	普查
S164	毛栗矿区硫铁矿	贵州省大方县	沉积型	中型	普查
S165	猫场硫铁矿	贵州省大方县	火山岩型	中型	普查
S168	凉水井硫铁矿	贵州省龙里县	沉积型	中型	普查
S170	天府代家沟硫铁矿	重庆市北碚区	煤系沉积型	中型	勘探
S171	天府南井田硫铁矿	重庆市北碚区	煤系沉积型	中型	详查
S172	羊角硫铁矿	重庆市武隆县	煤系沉积型	中型	普查
S175	沙沱牛角硐硫铁矿	重庆市云阳县	煤系沉积型	中型	详查
S176	青龙三磺厂硫铁矿	重庆市奉节县	煤系沉积型	中型	详查
S177	青龙一磺厂硫铁矿	重庆市奉节县	煤系沉积型	中型	详查

续表 8－15

编号	矿床名称	地理位置	矿床类型	规模	勘查程度
S178	回龙硫铁矿	重庆市丰都县	煤系沉积型	中型	普查
S179	鱼泉大岩门硫铁矿	重庆市黔江区	煤系沉积型	中型	普查
S182	红园硫铁矿	重庆市开县	煤系沉积型	中型	普查
S185	农坝镇云峰硫铁矿	重庆市云阳县	煤系沉积型	中型	普查
S186	牛角洞硫铁矿	重庆市云阳县	煤系沉积型	中型	详查
S187	田坝硫铁矿	重庆市巫溪县	煤系沉积型	大型	普查
S191	武陵长坪弹子硫铁矿	重庆市万州区	煤系沉积型	中型	矿点检查
S193	回龙乡野猫矸硫铁矿	重庆市丰都县	煤系沉积型	中型	普查
S194	官渡镇猫子山硫铁矿	重庆市巫山县	煤系沉积型	中型	普查
S195	马家湾硫铁矿	重庆市奉节县	煤系沉积型	中型	普查
S196	三汇镇水田坝硫铁矿	重庆市合川区	煤系沉积型	中型	勘探
S197	秦华硫铁矿	重庆市渝北区	煤系沉积型	中型	普查
S198	康家村硫铁矿	重庆市渝北区	煤系沉积型	中型	普查
S199	三汇坝硫铁矿	重庆市合川区	煤系沉积型	中型	勘探
S201	沥鼻峡硫铁矿	重庆市合川区	煤系沉积型	大型	普查
S202	杉树湾硫铁矿	重庆市长寿区	煤系沉积型	中型	普查
S205	皮家山一、二号井田硫铁矿	重庆市合川区	煤系沉积型	中型	普查
S208	打蕨沟、石拱坝井田硫铁矿	重庆市武隆县	煤系沉积型	大型	普查
S209	水溪井田硫铁矿	重庆市南川区	煤系沉积型	中型	详查
S211	东胜井田硫铁矿	重庆市南川区	煤系沉积型	大型	详查
S212	红星井田硫铁矿	重庆市南川区	煤系沉积型	中型	详查
S214	红光、先锋、南川硫铁矿	重庆市南川区	煤系沉积型	中型	勘探
S215	丛林沟硫铁矿	重庆市万盛区	煤系沉积型	中型	矿点检查
S216	兴隆井田硫铁矿	重庆市万盛区	煤系沉积型	中型	勘探
S217	羊叉硫铁矿	重庆市綦江县	煤系沉积型	大型	普查
S218	松藻井田硫铁矿	重庆市綦江县	煤系沉积型	中型	勘探
S219	平阳盖硫铁矿	重庆市秀山县	煤系沉积型	中型	普查
S221	腰子口-两河硫铁矿	重庆市万盛区	煤系沉积型	中型	矿点检查
S228	山王庙硫铁矿	重庆市黔江区	煤系沉积型	中型	矿点检查
S230	秋风田硫铁矿	重庆市酉阳县	煤系沉积型	中型	普查
S231	杉木垭硫铁矿	重庆市黔江区	煤系沉积型	中型	矿点检查
S250	呷村硫铁矿	四川省白玉县	多金属型	中型	勘探
S255	玉龙硫铁矿	西藏江达县	多金属型	中型	勘探

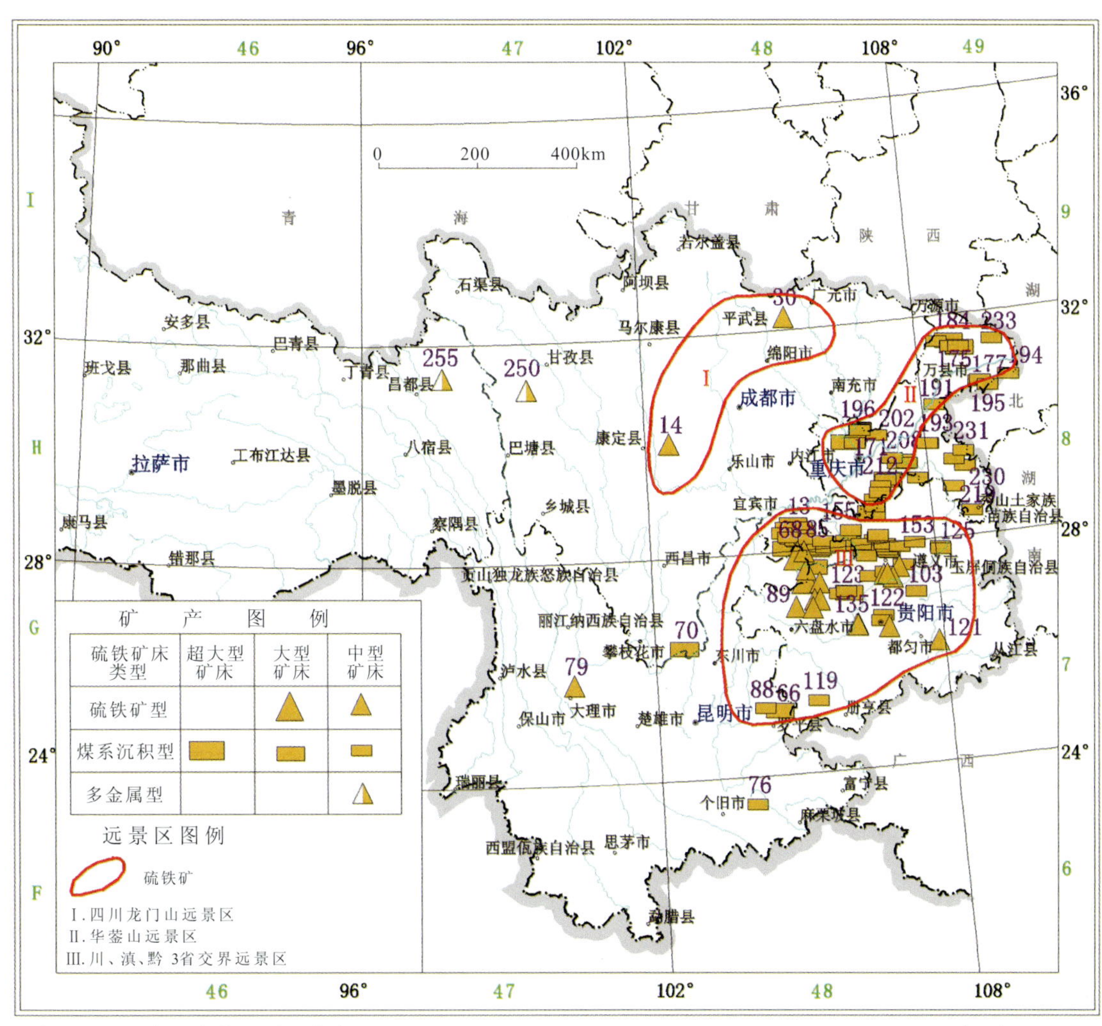

图 8-7　西南地区硫铁矿找矿远景分布概图

四、矿床类型

中国硫铁矿矿床分布广泛，控矿因素多，成因复杂，目前尚未形成成熟共识的成因分类方案。根据不同的成矿地质条件和成矿方式，将硫铁矿矿床的成因类型划分为沉积型、沉积变质型、岩浆热液型、海相火山岩型、陆相火山岩型和自然硫型 6 种（熊先孝等，2010）。从工业利用角度分类，《硫铁矿地质勘查规范》（DZ/T 0210—2002）将矿床工业类型划分为三大类共 9 个工业类型。

根据硫铁矿类型特点，本书对西南地区硫铁矿矿床以工业类型划分（表 8-16）。西南地区硫铁矿主要矿床类型为煤系沉积型，以产于上二叠统龙潭组（及宣威组）煤系地层底部的硫铁矿而著称，目前发现的大、中型矿床绝大部分产于其中，此外有少量非煤系沉积型；其次为硫铁矿型，以产于峨眉山玄武岩底部的硫铁矿为代表，其他类型的硫铁矿形成的规模一般较小，以矿点和矿化点居多。

表 8-16 西南地区硫铁矿矿床主要类型简表

大类	工业类型	代表性矿床
煤系沉积型	煤系沉积硫铁矿矿床	四川省兴文县先锋周家硫铁矿矿床
硫铁矿型	沉积变质硫铁矿矿床	云南省石屏县马鞍山硫铁矿矿床
	火山岩硫铁矿矿床	贵州省大方县猫场硫铁矿矿床
	沉积改造硫铁矿床	四川省江油市杨家院硫铁矿矿床
	热液充填交代硫铁矿矿床	四川省天全县打字堂硫铁矿矿床
多金属型	火山沉积多金属硫铁矿矿床	四川省青川县通木梁硫铁矿矿床

五、重要矿床

1. 贵州大方县猫场硫铁矿

该矿区位于大方县城南西方向，直距 32km，地理坐标：东经 105°19′58″，北纬 26°58′45″。猫场至大方县城有简易公路，距离 54km，交通较为方便。

据《贵州省区域矿产志》(贵州省地矿局区调大队内部资料，1986)介绍，硫铁矿产于二叠系峨眉山玄武岩组黏土化玄武岩中。围岩蚀变以黏土化为主，褪色和重结晶现象发育。矿床氧化带深4～19.5m，部分矿石经氧化后变成褐铁矿。TS 含量一般为 16.87%～18.33%，平均 17.99%，属Ⅲ级品矿石。

该矿床 20 世纪 50 年代即进行了普查、开采；60 年代，贵州省地矿局 113 地质队提交普查报告，批准的储量达 1790.9×10^4 t，属中型矿床。

甘朝勋(1985)总结了猫场式硫铁矿地质特征，认为西南硫矿带黄铁矿床分布规律与斯米尔诺夫的火山成因黄铁矿床成矿模式极相近似，成矿与火山活动密切相关。

2. 四川天全县打字堂硫铁矿

该矿区位于天全县城 280°方向，直距 24km，中心点地理坐标：东经 102°30′55″，北纬 30°08′24″，交通方便。

奥陶系以假整合覆于澄江期花岗岩之上，矿体赋存于奥陶系宝塔组白云质灰岩中，局部跨层于巧家组地层中，矿体顶板为黑色碳质板岩，底板为石英砂岩，填充于板岩与石英岩间不协调褶皱所形成的空隙内，并交代矿化的白云质灰岩。

整个矿体为一大椭长透镜体，呈隐伏、半隐伏状，南、北两端窄，中部宽，边部薄，核部厚，长轴 1400m，深部延伸 50～300m，最大可达 450m，厚 1～26m，平均厚 9.1m。

矿石以致密块状为主，平均品位一般大于 30% ，最高可达 43.67%。矿石中大部分可直接利用，浸染状矿石选矿效果亦好。

四川省地质局天全队 1962 年提交勘探报告，累计查明硫铁矿矿石量 802.6×10^4 t，为中型矿床。

3. 四川江油市杨家院硫铁矿

该矿区位于江油市北东，直距 63km，中心点地理坐标：东经 105°07′00″，北纬 32°13′00″。矿区有公路与川陕公路、宝成铁路相接，距雁门镇 12km。

构造位置处于龙门前山盖层逆冲带、仰天窝向斜北西翼中段，上、下地层发生倒转。矿区断裂较发育，多属于成矿前断裂，对成矿具有控制作用。硫铁矿体均赋存于泥盆系观雾山组第二亚组第一亚段白云石化白云岩中。

具工业价值的矿体仅见于杨家院矿段。杨家院矿段有大小矿体13个，主要矿体3个。MS1为主矿体，为勘探和开采的主要对象，规模大，品位富。矿体形态复杂，呈脉状、透镜体，延深大于延长，矿体产状与围岩基本一致。地表氧化带发育，清代铁矿老硐较多，历史上开采过硫铁矿浅部氧化形成的褐铁矿。

矿物成分主要为黄铁矿，少量白铁矿及微量闪锌矿。成都地质学院谢建强、帅德权(1988)首次在矿石中发现罕见的黄铁矿生物组构，如黄铁矿显微莓群结构、细球菌类结构、红藻结构，以及黄铁矿的叠层石构造等。

1965年四川省地质局211地质队在地质勘查期间采集大样一件，委托四川省地质局中心实验室进行选矿试验，分别采用重选法和浮选法进行选矿试验，两者效果均好。

1961—1966年四川省地质局211地质队勘探；1974年四川省化工地质队补充勘探；2011年资源储量核查，累计查明矿石量893.01×10^4t，为中型矿床。

4. 四川兴文县先锋煤硫矿区周家矿段

周家矿段位于兴文县250°方向，直距15km，中心点地理坐标：东经104°55′53″，北纬28°14′27″。矿段距巡场金沙湾火车站约54km，交通较为方便。

矿段构造简单，二叠系宣威组(及同期异相的龙潭组)既是硫铁矿赋矿层，也是本区重要含煤地层。矿石自上而下划分为“棚矿”(密集浸染状硫铁矿)、“腰花矿”(树枝状硫铁矿)和“底矿”(团块状硫铁矿矿石)3个自然类型。

矿石矿物以黄铁矿为主，白铁矿次之，少量胶黄铁矿。脉石矿物主要为高岭石、水云母、珍珠陶土，含少量石英、长石、地开石，偶含金红石。

矿体地表露头及浅部矿石氧化程度较高，呈氧化—半氧化状态。

矿段矿石属中低品位高岭石质黄铁矿。据实验室选矿实验样分析，原矿含硫19.13%～22.94%，精矿含硫43.48%～39.5%，精矿回收率90%以上，矿石易选。

周家矿段是先锋煤硫矿区硫铁矿厚度稳定、品位最高的矿段之一。四川省地矿局202地质队1985年提交勘探报告。2011年核查，累计查明矿石量3340.1×10^4t，为大型矿床。周家矿段为四川省硫铁矿重要生产基地，可采煤层有两层，为无烟煤。

前人研究认为(甘朝勋，1985；卓君贤，1991)川南地区硫铁矿不属于煤系沉积，而是火山-沉积型矿床，此种观点值得重视。

5. 云南石屏县马鞍山硫铁矿

矿区位于石屏县城142°方向，直距20km，地理坐标：东经102°37′14″，北纬23°34′36″，交通方便。

据《云南省区域矿产总结(下册)》(云南省地质矿产局内部资料，1993)，矿区出露地层为中元古界昆阳群黄草岭组、黑山头组。矿体产于黄草岭组上段白云岩中，呈似层状、扁豆状及透镜状顺层产出。矿体严格受白云岩的控制，白云岩厚度愈大，矿体相应增厚。矿体氧化带为褐铁矿，往下递变为黄铁矿。

全矿区共有10个硫铁矿体，长30～150m，平均厚度1.88～24.83m。矿石矿物主要为黄铁矿，脉石矿物为石英、白云石。全矿区硫平均品位为19.39%，其中Ⅰ级品平均达32.91%，Ⅱ级品平均22.65%，Ⅲ级品平均16.15%。

云南省地质局第五地质队补充勘查，1974年提交储量报告。云南省地质局批准铁矿石116.39×10^4t，黄铁矿132.86×10^4t，为一以硫铁矿为主的小型矿床。

六、成矿潜力与找矿方向

西南地区硫铁矿产地广泛分布于华南板块的扬子陆块，而藏滇板块的羌塘微陆块(汤中立等，2005)矿床较少，仅包括有西藏玉龙斑岩型铜钼硫矿、云南云县铜厂街含铜硫铁矿。根据《重要化工矿产资源潜力评价技术要求》(2010)，全国共划分4个成矿域、17个成矿省。西南地区跨越2个成矿域、6个成矿省。在全国Ⅱ级成矿省的基础上，韩鹏等(2010)划分Ⅲ级硫矿成矿带46条、硫矿矿集区61处。本书考虑矿床分布的空间位置、构造环境和矿床类型，将西南地区硫铁矿由北向南、由东向西共划分为3个远景区(图8-7)，西藏地区工作程度较低，矿床较少，未圈定找矿远景区。

四川龙门山远景区(Ⅰ)：构造位置处于上扬子陆块龙门山前陆逆冲带，即四川的青川至天全一线。硫铁矿类型主要为沉积改造型、热液充填交代型硫铁矿矿床及海相火山岩多金属型硫铁矿矿床，矿床规模以小型为主，其次是煤系沉积型硫铁矿。矿石较富，是四川省重要硫铁矿产区，发现中型矿床有2处(打字堂、杨家院)。

华蓥山远景区(Ⅱ)：构造位置属华蓥山深断裂以东，矿床分布于华蓥山—重庆綦江一带及重庆云阳、奉节等地。主要为煤系沉积型硫铁矿，是重庆市重要硫铁矿类型，矿床规模以中、小型为主。已发现大型4个、中型15个。

川、滇、黔3省交界远景区(Ⅲ)：构造分区属扬子陆块南部碳酸盐岩台地。川、滇、黔3省交界是我国主要硫铁矿矿集区之一，被称为西南硫矿带(汤中立等，2005)。硫铁矿产出地质环境相近，层位相同或相近，但含矿岩系不同，自西向东含矿岩系依次为火山岩(玄武岩)—火山碎屑岩—火山碎屑沉积岩—沉积岩。

远景区内，与峨眉山玄武岩有关的火山沉积型硫铁矿(猫场式)分布于玄武岩区的东缘，煤系沉积型硫铁矿矿床(叙永式)分布于玄武岩区东缘外侧。

玄武岩区东缘外侧、煤系沉积型硫铁矿成矿远景地段：主要位于川南、黔北、黔西北地区，是西南地区主要的硫铁矿产地，是大、中型矿床分布最密集的区域，资源潜力巨大。已发现大型矿床24个(含超大型1个)、中型65个。区内以沉积矿产为主，除硫铁矿产外，重要矿产为煤炭。

玄武岩区东缘、火山岩型硫铁矿成矿远景地段：主要位于贵州西部、滇东北地区，包括贵州织金、纳雍，经贵州大方，至云南镇雄、威信等地，是西南地区主要的硫铁矿产地，资源潜力巨大。硫铁矿产于峨眉山玄武岩组下部，主要是玄武岩边缘地区和尖灭端(即玄武岩流前锋地带)，西侧矿化普遍而不连续，东侧矿化连续，稳定性较好。

第八节　芒硝

一、引言

1. 性质和用途

芒硝是一种天然的硫酸盐类矿物，是重要的化工、轻工原料。据国土资源部2002年发布《盐湖和盐类矿产地质勘查规范》附录，自然界含钠硫酸盐矿物有14种，其中最常见并具有工业价值的有4种：芒硝、无水芒硝、钙芒硝和白钠镁矾。

芒硝主要应用于制造工业无水硫酸钠(元明粉)、硫化碱、洗涤剂和造纸，还广泛应用于纺织、印染、染料、无机颜料、印刷油墨、医药、鞣革、选矿等领域。因此，它是国民经济中十分重要的矿物原料。

2. 工业利用现状及要求

西南地区的芒硝主要是钙芒硝，资源丰富。南齐著名医学家陶弘景于永元二年(公元500年)所著《名医别录》中记载："芒硝生于朴硝，朴硝生益州山谷有咸水之阳。"明代李时珍的《本草纲目》也有记载。本区芒硝的利用已有1500年以上的历史，主要是用于医药及硝制皮革，产地主要在四川彭山。

开采历史悠久，清代至民国，西南地区芒硝产地集中于四川彭山、眉山。地质工作最早始于1938年侯德封、杨敬之在彭山调查，首次确认芒硝产于白垩系，所采之硝卤为含芒硝之地下水。

芒硝工业利用要求，可参考《盐湖和盐类矿产地质勘查规范》。

3. 矿床规模划分

芒硝矿产地包括矿床、矿点和矿化点，矿床的资源储量规模划分参见表8-17。一般而论，芒硝查明资源储量超过大型规模下限的5倍即视为超大型矿床。

表8-17　芒硝矿产资源储量规模划分标准

亚矿种名称		规模($\times10^4$ t)		
		大型	中型	小型
芒硝	Na_2SO_4	≥1000	100～1000	<100
钙芒硝	$Na_2SO_4\cdot CaSO_4$	≥10000	1000～10000	<1000

二、资源概况

2008年中国硫酸钠产能占全球3/4，当年产量占全球70%以上。据中文期刊《化工矿物与加工》(2006)推算，我国芒硝资源应居世界之冠。除中国外，储量较多的国家有美国、博茨瓦纳、西班牙、墨西哥、加拿大。至2008年底，中国芒硝(折合为Na_2SO_4，矿石按32.3%计)查明基础储量90×10^8 t。主要分布在四川、新疆、青海、湖北、内蒙古、云南6个省区，合计占全国总量的80%。中国及西南地区芒硝矿的特点是质量好、矿床规模大，形成于中生代和新生代。

西南地区芒硝矿主要分布在四川、云南和西藏3个省(自治区)，蕴藏极为丰富，产地较集中。现代盐湖型芒硝矿床主要分布在西藏；中、新生代碎屑岩型芒硝矿床主要分布在四川和云南。

据《西藏自治区区域矿产总结》(西藏自治区地矿局内部资料，1994)介绍，西藏有现代盐湖型芒硝矿2处(Na_2SO_4查明资源量1935.9×10^4 t)。西藏有30余个盐湖产有芒硝，主要分布于藏北高原中部地带(魏东岩，1991)。

因保有资源储量较大，交通便利，西南地区芒硝产量将长期保持全国前列。本区开采矿床为22个，停采矿床1个，计划近期利用矿床1个，未利用矿床(点)25个。以四川省为例，2010年有芒硝企业19家，分布于成都、眉山、雅安地区。《四川省矿产资源总体规划》(2008—2015)预计，该省2015年芒硝产量将达到2300×10^4t(矿石量)，各矿山平均生产规模将达到70×10^4t/a。

三、勘查程度

西南地区很早就认识并利用芒硝。20世纪50年代以后，有关地质部门陆续在四川彭山、眉山，云南武定等地对芒硝矿床开展了普查和勘探工作。随着固体矿产、石油普查勘探工作的大规模开展，相继在四川白垩纪、云南侏罗纪地层中发现罕见的超大型钙芒硝矿床。由于西藏高原地区气候寒冷、交通不便，完成普查评价的现代盐湖型芒硝矿极少。

四川、云南古代盐湖芒硝以固体矿为主，地质构造简单，工作程度较高。根据已掌握的地质资料，经详细分析研究后，在确有把握的情况下，可不经过普查而直接进行一次性勘探。本书统计，西南地区49处芒硝产地进行过勘探和延深勘探的矿区矿段达29处，详查矿产地11处(表8-18)。地质勘查以川西地区工作程度最高。

表8-18　西南地区大中型芒硝矿床一览表

编号	矿床名称	地理位置	矿床类型	规模	勘查程度
1	杜佳里盐湖硼-芒硝矿	西藏尼玛县	杜佳里式	大型	普查
2	班戈错盐湖硼-芒硝矿	西藏班戈县	班戈错式	大型	普查
3	扎布耶茶卡盐湖卤水	西藏仲巴县	扎布耶式	大型	详查
4	华阳镇十八口芒硝矿	四川省成都市双流区	新津式	中型	勘探
5	大山岭天台寺芒硝矿	四川省新津县	新津式	超大型	普查
6	金华兴隆寺芒硝矿	四川省新津县	新津式	超大型	普查
7	大山岭黄泥渡芒硝矿	四川省新津县	新津式	中型	勘探
8	金华勘探区芒硝矿	四川省新津县	新津式	超大型	勘探
9	大山岭勘探区芒硝矿	四川省新津县	新津式	大型	勘探
10	青龙芒硝矿	四川省眉山市彭山区	新津式	大型	勘探
11	牧马芒硝矿	四川省眉山市彭山区	新津式	大型	勘探
12	同乐芒硝矿	四川省眉山市彭山区	新津式	中型	勘探
13	青龙南芒硝矿	四川省眉山市彭山区	新津式	大型	勘探
14	观音芒硝矿	四川省眉山市彭山区	新津式	大型	勘探
15	天鹅芒硝矿	四川省眉山市彭山区	新津式	中型	勘探
16	公义芒硝矿	四川省眉山市彭山区	新津式	中型	勘探
17	江渎芒硝矿	四川省眉山市彭山区	新津式	中型	勘探
18	农乐芒硝矿	四川省眉山市彭山区	新津式	大型	勘探
19	邓庙芒硝矿	四川省眉山市彭山区	新津式	中型	勘探
20	义和芒硝矿	四川省眉山市彭山区	新津式	大型	勘探

续表 8－18

编号	矿床名称	地理位置	矿床类型	规模	勘查程度
21	正山口芒硝矿	四川省眉山市东坡区	新津式	大型	勘探
22	盘鳌芒硝矿	四川省眉山市东坡区	新津式	中型	勘探
23	大洪山芒硝矿	四川省眉山市东坡区	新津式	大型	勘探
24	岳沟芒硝矿	四川省眉山市东坡区	新津式	大型	勘探
25	岳沟南芒硝矿	四川省眉山市东坡区	新津式	中型	勘探
26	广济芒硝矿	四川省眉山市东坡区	新津式	超大型	详查
27	赵家山芒硝矿	四川省雅安市名山区	新津式	中型	勘探
28	张场芒硝矿	四川省丹棱县	新津式	大型	勘探
29	金藏芒硝矿	四川省丹棱县	新津式	中型	详查
30	殷河芒硝矿	四川省洪雅县	新津式	大型	详查
31	草坝芒硝矿	四川省雅安市雨城区	新津式	中型	详查
32	柏木桥芒硝矿	四川省丹棱县	新津式	大型	勘探
33	马河山芒硝矿	四川省洪雅县	新津式	大型	详查
34	联合芒硝矿	四川省洪雅县	新津式	大型	勘探
35	白塔芒硝矿	四川省洪雅县	新津式	大型	勘探
40	撒营盘芒硝-石盐-石膏矿	云南省禄劝县	安宁式	中型	普查
42	黑井芒硝-石盐矿	云南省禄丰县	元永井式	大型	详查
43	小井芒硝-石盐矿	云南省武定县	元永井式	中型	勘探
44	硝井芒硝-石盐矿	云南省禄劝县	安宁式	中型	详查
46	阿陋井芒硝-石盐矿	云南省禄丰县	元永井式	中型	勘探
47	者北芒硝-石盐矿	云南省富民县	安宁式	中型	详查
48	安宁芒硝-石盐矿	云南省安宁市	安宁式	超大型	详查-勘探
49	大桃花芒硝-石盐矿	云南省安宁市	安宁式	中型	勘探

四、矿床类型

自然界既有单一的芒硝(钙芒硝)矿床,又有多矿种共伴生的盐湖芒硝矿床。中国芒硝类矿床有2种,为现代盐湖芒硝矿床和沉积型芒硝矿床。前一类型有新疆哈密七角井东盐池石盐芒硝、青海互助硝沟沙下湖型钙芒硝、山西运城界村沙下湖型钙芒硝-白钠镁矾-芒硝矿床;后一类型有四川新津金华钙芒硝、江苏洪泽无水芒硝-石盐矿床,属古代盐湖沉积。此外,四川长宁赋存有全球最古老的震旦系钙芒硝层,因埋藏深,工业意义很小。

《中国矿床》(1994)将新津钙芒硝归入碎屑岩型硫酸钠矿床,运城芒硝、哈密七角井芒硝归入盐湖型硫酸钠矿床,此种分类亦值得注意。国内尚无芒硝矿床工业类型分类方案。

西南地区主要有现代盐湖芒硝矿床和沉积型芒硝矿床两种类型(表 8－19)。

表 8－19 西南地区芒硝矿床类型划分方案表

矿床类型	矿床式	成矿时代	典型矿床
沉积型	新津式钙芒硝	晚白垩世—始新世	四川省新津县金华芒硝矿床
	安宁式钙芒硝-石盐-石膏	晚侏罗世	云南省安宁市大桃花芒硝矿床
	元永井式钙芒硝-石盐	古新世	云南省禄丰县元永井芒硝矿床
现代盐湖型	杜佳里式及班戈错式芒硝-硼砂-水菱镁矿	全新世	西藏尼玛县杜佳里湖、班戈县班戈错芒硝矿床

现代盐湖芒硝矿床:形成于第四纪,分布于西藏高原干旱气候区外,现代盐湖芒硝矿床按其产出状态可分为液相和固相两类。

沉积型芒硝矿床:形成于侏罗纪、白垩纪和古近纪,分布在四川、云南,含盐盆地为燕山运动后期形成的断陷或坳陷内陆盆地所控制。

五、重要矿床

1. 四川新津县金华芒硝矿

该矿区位于新津县城南东 6km,中心点地理坐标:东经 103°53′46″,北纬 30°22′43″。成昆铁路穿越矿区中部,东距成都 40km。历史上为四川省生产芒硝的重要基地。

金华矿区内出露有上白垩统灌口组及第四系,总厚度大于 600m。根据区域分布和钻孔资料,灌口组中有 2 个含矿带,矿区部分地段灌口组上含矿带已风化淋滤,而下含矿带保存较好。钙芒硝以富矿为主,在含矿带中呈单斜复式层状产出,累计矿厚 25～30m。矿层在地表风化淋滤后呈似角砾状黏土岩,无露头出露,故为隐伏钙芒硝矿床。

矿石矿物主要为钙芒硝、芒硝。脉石矿物有石膏、硬石膏、白云石、方解石、黏土质、石英等。Na_2SO_4 含量一般 30%～38%。

四川省地质局乐山地质队 1963 年提交金华矿区最终储量报告,查明钙芒硝矿石资源量 99 867.8×10^4t,为大型矿床。

四川省白垩纪、古近纪碎屑岩中的芒硝矿床成矿特征基本一致,均属古代内陆硫酸盐湖沉积成因。属于这一类型的钙芒硝矿床进行过地质勘查的有新津、彭山、眉山、丹棱、洪雅、名山、雅安、天全等 34 个矿区(矿段)。

2. 云南安宁市大桃花芒硝-石盐-石膏矿

大桃花矿床位于安宁市区东 4km,中心点地理坐标:东经 102°31′00″,北纬 24°55′00″。含盐岩层系侏罗系安宁组,自下而上分为 3 个盐组。矿床由钙芒硝-石膏矿层、钙芒硝-石盐矿层组成。属于该类型、进行过较为详细工作的尚有富民县者北、禄劝县硝井、撒营盘 3 个矿区。

钙芒硝-石盐矿层,单层厚 1～3m,最厚可达 16.32m。累计厚度最大 104.87m。

大桃花首采区,原勘探范围在上段(石膏钙芒硝段)内,Na_2SO_4 平均含量 28.55%。云南省地质矿产勘查开发局814队2002年提交大桃花首采区勘探报告;1985年完成安宁盐矿区石盐、(钙)芒硝矿详查报告,硫酸钠查明资源储量达70.50×10^8t,安宁矿区钙芒硝属超大型矿床规模。从大桃花首采区查明资源来看,钙芒硝矿达中型矿床规模。

3. 云南禄丰县元永井钙芒硝-石盐矿床

该矿区位于禄丰县一平浪镇之北13.5km,中心点地理坐标:东经101°52′10″,北纬25°10′56″。盐矿赋存古近系元永井组组成的次级背斜之中,含盐岩层为元永井组,由下部含石膏钙质粉砂岩段—中部钙芒硝石盐岩段—上部含石膏钙质粉砂岩段组成完整的蒸发沉积旋回。

查明资源量:NaCl资源量3572.0×10^4t,Na_2SO_4资源量785.4×10^4t。从查明资源看,钙芒硝矿达小型矿床规模。

矿床早在古代即已开采,1949年之前是云南省最主要的食盐生产基地。1957—1958年由云南省地质局盐矿地质队进行勘探。该矿床的整个含盐构造在勘探时未完全控制,通过开采证实,南部与阿陋井盐矿相连接,尚有扩大远景。

4. 西藏班戈县班戈错硼-芒硝矿

湖区距班戈县城北西62km,黑河-阿里公路和安多-申扎公路均从湖边经过,交通比较方便。班戈错由班戈Ⅰ湖、班戈Ⅱ湖和班戈Ⅲ湖组成,统称班戈错。

班戈错卤水,分为湖表卤水和晶间卤水两大类型。其中,湖表卤水分布于Ⅰ湖和Ⅲ湖,晶间卤水分布Ⅱ湖和Ⅲ湖。盐湖卤水化学类型为碳酸盐型盐湖。达到工业开采要求的矿种有芒硝、硼酸盐(硼砂)和水菱镁矿。其中,芒硝矿以芒硝为主,并伴生有无水芒硝和淤泥粉沙等。

班戈湖硼砂远在公元6世纪就开采利用,1563年由西藏传到欧洲,成为世界上最早发现和利用硼砂的著名产地。藏北地质大队1964年提交初勘报告,提交芒硝矿石资源量26 024.3×10^4t,达大型矿床规模。中国科学院盐湖研究所于1976年进行调查。《青藏高原主要矿产及其分布规律》(1991)提出青藏高原盐湖工业分类方案,将班戈湖、杜佳里湖、扎布耶湖划为特种盐湖。

六、成矿潜力与找矿方向

根据西南地区芒硝矿分布特征,远景区按经纬网格,自上而下、自左至右编号,并适当兼顾成矿区带,全区共划分芒硝找矿远景区4个:当雄错-班戈错远景区(Ⅰ)、扎布耶远景区(Ⅱ)、川西远景区(Ⅲ)、滇中远景区(Ⅳ)。参见图8-8。除当雄错-班戈错、扎布耶外,西藏盐湖勘查开发以锂钾硼为主,芒硝可作为附属工作内容,未再圈定远景区。

当雄错-班戈错远景区,芒硝工作程度低,有杜佳里湖、班戈错等大型芒硝矿床(共生);扎布耶远景区,芒硝工作程度低,有扎布耶等大型芒硝矿床(共生);川西远景区,含矿地层有古近系名山组及白垩系灌口组,为两组连续沉积的蒸发岩建造,芒硝查明资源储量为全国第1位,资源储量占全国的72.15%;滇中远景区,含矿地层有古近系元永井组、侏罗系安宁组,为两组非连续沉积的蒸发岩建造,芒硝资源分布于滇中的各个含盐盆地①,主要有撒营盘-安宁段、高桥-禄丰段、楚雄盆地、元永井段、大姚段。

① 《云南省区域矿产总结(下册)》,1993,云南省地质矿产局。

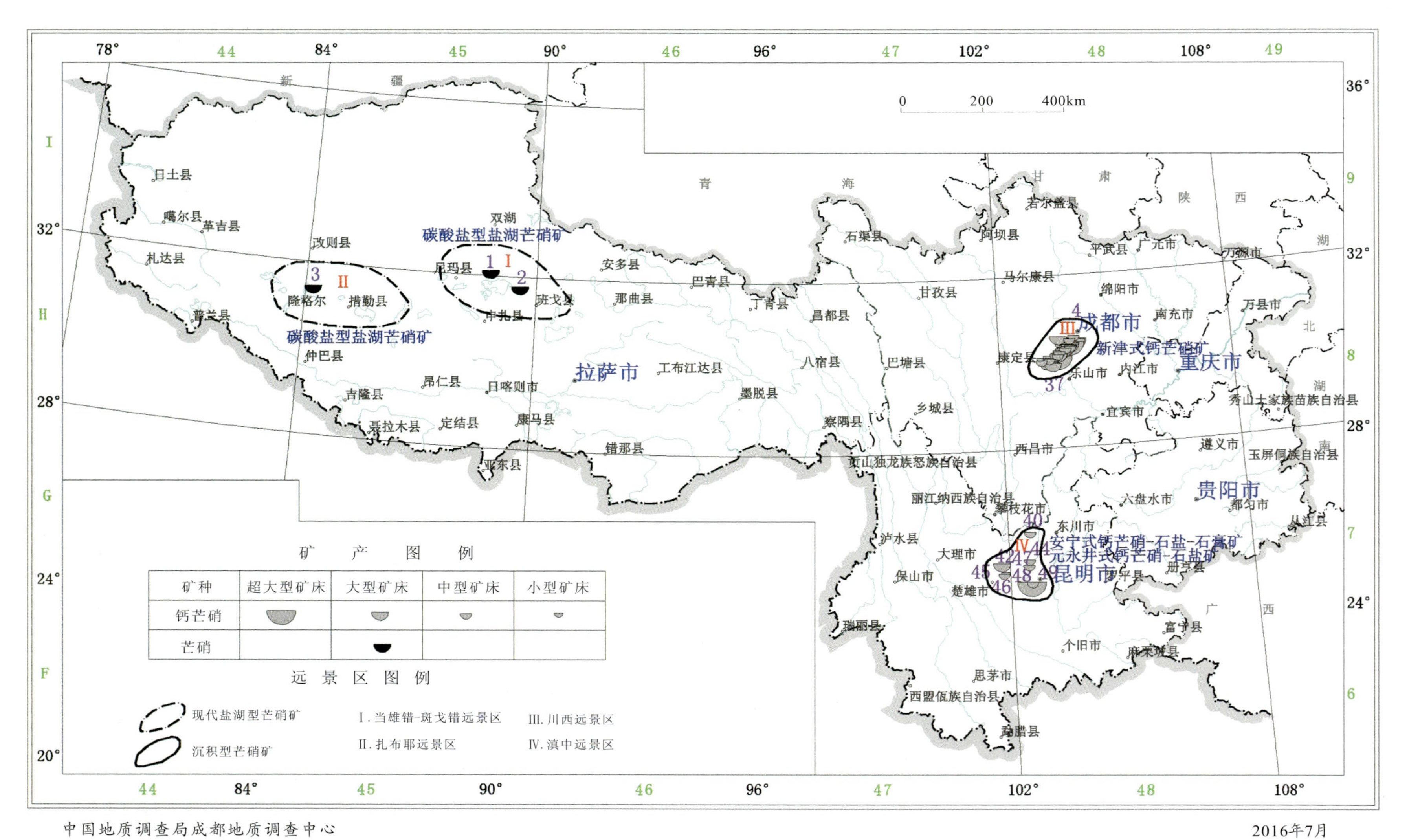

图 8-8　西南地区芒硝找矿远景区分布概图

第九节　膨润土

一、引言

1. 性质和用途

膨润土是一种以含蒙脱石为主的优质黏土矿或黏土岩，别名膨土岩、皂土、斑脱岩。常含少量伊利石、高岭石、埃洛石等；一般为白色、淡黄色；具蜡状、土状或油脂光泽；矿物属单斜晶系，层状铝硅酸盐，硬度 1～2，密度 2～3g/cm^3。膨润土的层间阳离子种类决定膨润土的类型，层间阳离子为 Na^+ 时称钠基膨润土，层间阳离子为 Ca^{2+} 时称钙基膨润土，层间阳离子为 H^+ 时称氢基膨润土（活性白土），层间阳离子为有机阳离子时称有机膨润土。

膨润土由于具有特殊的性质，包括膨润性、黏结性、吸附性、催化性、触变性、悬浮性以及阳离子交换性等。膨润土的上述性能被广泛用于冶金、机械制造、钻探、石油化工、轻工、农林牧和建筑等方面。国内主要用于铸造型砂（约占 70%）、钻井泥浆（约占 70%）及铁矿球团（约占 3%）三大领域。

2. 发现及开发利用历史

世界膨润土工业以美国发展最早，1921 年建立起首家膨润土加工厂，至今已有 90 多年的历史。以生产铸造型砂黏结剂和油脂脱色剂而奠定了膨润土工业基础。

我国开发使用膨润土的历史悠久，原来只是作为一种洗涤剂（四川仁寿地区数百年前就有露天矿，当地人称膨润土为土粉）。膨润土的广泛使用只有百来年历史，目前已达 24 个领域，尽管部分领域用量小，但价值高，经济效益好。例如：在纺织用的染料中代替部分淀粉；用作矿物凝胶可以全部取代淀粉凝胶；作涂料用的优质膨润土可部分取代聚乙烯醇，以及用作无纺布、石膏板颗粒的黏结剂，路面、屋面乳化沥青，农药载体，防水密封材料和各种填料等。

3. 工业利用要求

膨润土是一种多用途矿产，其质量和应用领域主要取决于不同属性、属型矿石的蒙脱石含量。对其工业指标要求一般有两方面，即矿石质量指标和开采技术条件。根据国土资源部颁发《高岭土、膨润土、耐火黏土矿产地质勘查规范》（2002），膨润土化学成分要求及开采技术条件参见表 8-20、表 8-21。

表 8-20　膨润土一般要求

项目	矿石质量指标
边界品位（%）	蒙脱石质量分数≥40（单样）
工业品位（%）	蒙脱石质量分数≥50（单工程）

注：对选矿性能良好，适用于作精细加工产品的低电荷型（怀俄明型）的膨润土，其蒙脱石的质量分数指标可适当降低。

表 8-21 膨润土矿开采技术条件

项目	要求
矿层最小可采厚度	1～2m
夹石最小剔除厚度	不小于 1m
露天开采标高	一般不低于采区侵蚀基准面以下 50m
露天剥采比	不大于 4∶1
露天矿床最终边坡角	一般 50°～60°
露天开采最终底盘最小宽度	不小于 20m

4. 矿床规模划分

以矿石万吨计量，膨润土矿床规模划分为 3 类：≥5000 为大型，500～5000 为中型，<500 为小型。

二、资源概况

勘探表明，我国膨润土资源居世界第 1 位，种类齐全，分布广，产量和出口均居世界前列。我国膨润土开发利用程度很低，累计开采量不足于已探明储量的 1%，在国际市场上是一种“低出高进”的局面，即出口低级产品（原矿、铸造用、钻井用、低档活性白土等），进口高级产品（洗衣粉柔顺剂、高档有机土、膨润土防水毯等）。

从数量上看，我国目前生产的膨润土供求基本平衡；但从品种上看，钙基膨润土供过于求，钠基膨润土供不应求；活性白土，因受硫酸原料供应限制和“三废”治理问题影响，阻碍了生产的发展，因此尚不能满足需要；有机膨润土的生产因受工艺技术水平不高、专用设备不配套、产品质量不稳定，加之生产有机覆盖剂价格昂贵，致使有机土受生产成本过高等问题所困扰，一直未有大的发展。西南地区开采矿山主要分布在四川省。据《四川省矿产资源年报》(2010)，该省 2010 年有开采企业 38 家，年产矿石量 5.6×10^4t，实际生产能力 21.35×10^4t/a，均为露采。

西南地区膨润土多为小型矿床及矿点，主要分布于四川、云南、重庆。四川与重庆，膨润土属湖相沉积，侏罗系沙溪庙组下段—白垩系三合组均有产出，其中以沙溪庙组上段、苍溪组成矿条件较好，产地多，规模大，分布集中，余者分布零星，产地少，为矿（化）点。云南已发现矿床 2 个。

三、勘查程度

四川有矿床 86 个，含小型矿床 12 个（表 8-22），矿点 25 个，矿化点 49 个。详查矿区 2 处，普查矿区 10 处，截至 2010 年底，查明资源储量 233.8×10^4t，查明矿区 8 处。云南有矿床 3 个，详查 1 处，普查 1 处，踏勘 1 处，截至 1987 年底，探明储量 1806.2×10^4t（未审批）。重庆有小型矿床 3 个。

四、矿床类型

四川、重庆市以钙质膨润土为主，占 90%以上，个别为钠质膨润土，主要成因类型为河湖相砂页岩沉积型矿床。

表 8-22　西南地区主要膨润土矿床一览表

编号	矿床名称	地理位置	矿床类型	规模	勘查程度
1	茶店膨润土矿床	四川省成都市龙泉驿区	河湖相砂页岩沉积型	小型	普查
2	白沙膨润土矿床	四川省泸州市纳溪区	河湖相砂页岩沉积型	小型	普查
3	东山东塔沟膨润土矿床	四川省三台县	河湖相砂页岩沉积型	小型	普查
4	大石膨润土矿床	四川省仁寿县	河湖相砂页岩沉积型	小型	普查
5	双胜大田坝膨润土矿床	四川省三台县	河湖相砂页岩沉积型	小型	普查
6	小梁包膨润土矿床	四川省三台县	河湖相砂页岩沉积型	小型	普查
7	渠县膨润土矿床	四川省渠县	河湖相砂页岩沉积型	小型	普查
8	土门膨润土矿床	四川省南充市李渡镇	河湖相砂页岩沉积型	小型	普查
9	秋林马鞍山膨润土矿床	四川省三台县	河湖相砂页岩沉积型	小型	详查
10	太平膨润土矿床	四川省成都市双流区东山	河湖相砂页岩沉积型	小型	普查
11	忠孝园堡山膨润土矿床	四川省三台县忠孝乡	河湖相砂页岩沉积型	小型	详查
12	弥江苟家咀膨润土矿床	四川省盐亭县	河湖相砂页岩沉积型	小型	普查
13	新民膨润土矿床	云南省砚山县	陆相火山沉积型	小型	普查
14	羊场膨润土矿床	云南省宣威市	海相火山沉积型	中型	普查

云南省有钙基膨润土和镁基膨润土，局部深部改型为钠基膨润土或演变为钙钠基膨润土，主要成因类型为海相火山沉积型、陆相火山沉积型、陆相火山风化型矿床。

膨润土矿床的成因类型从蒙脱石矿物的形成条件和产出特征考虑，主要形成作用有沉积和成岩作用、风化残积作用及热液蚀变作用。蒙脱石可以由火山玻璃物质经水解脱玻而成，亦可由硅酸盐矿物经蚀变转化而成，另一种生成方式是硅、铝质凝胶直接结晶。中国具工业价值的膨润土矿床约有 4/5 与火山玻璃质有关。

五、重要矿床

1. 云南宣威市羊场膨润土矿

据《云南省区域矿产总结（下册）》（云南省地质矿产局内部资料，1993），矿区位于北东向羊场向斜内，共有 6 个矿段，其中大硕德矿段经详查，为一中型矿床，其他 5 个矿段仅进行了普查。各矿段膨润土均产于中三叠统关岭组底部，有钙基膨润土和镁基膨润两种属型。主要矿物为蒙脱石（钙钠蒙脱石、钙蒙脱石），含量大于 70%，最高可达 95%。膨润土成因类型为浅海相火山-沉积型膨润土矿床。

2. 云南砚山县新民膨润土矿

该矿区位于砚山县城 185°方向，直距 6.5km。经检查为一小型矿床。矿床产于古近系始新统—渐新统砚山群。从物化性能和化学成分来看，该膨润土可作活性白土，供石油、化工工业脱色用和铸造工业用作型砂。据《云南省区域矿产总结（下册）》（1993），膨润土成因类型有：一是陆相火山沉积型，分布于葵梅山—红旗山以北；二是陆相火山风化型，分布于葵梅山—红旗山以南火山口附近。

3. 四川三台县小梁包膨润土矿床

该矿区位于富顺场背斜东南段倾没端，出露上侏罗统蓬莱镇组、下白垩统苍溪组。苍溪组为一套以砂岩为主的河湖相砂泥岩多韵律沉积，划分为5段，膨润土赋存于第二段中、上部。据《四川省区域矿产总结》(1990)，小梁包物化性能达工业指标，属钙质膨润土。矿区经详查，获资源量30.31×10^4t，为一小型矿床。

4. 四川仁寿县大石膨润土矿床

该矿区位于龙泉山背斜南段西翼，龙泉山断褶束两大断裂之间。出露侏罗系沙溪庙组上段、遂宁组。含矿地层为沙溪庙组上段河湖相砂泥岩，矿层产于上部，含矿1层。膨胀倍数：钙质膨润土8～10，钠质膨润土12～15，湿压强度$0.49kg/cm^2$。张家庙矿体西南部为钠质膨润土，其他地段为钙质膨润土。据《四川省区域矿产总结》(1990)，矿区经初查，获资源量28.18×10^4t，为一小型矿床。

六、成矿潜力与找矿方向

膨润土形成和保存的基本条件。首先，绝大多数成矿母岩应为中酸性火山岩及其火山碎屑岩；其次，应有一稳定的封闭水体环境，保持高的pH值以及足够浓度的镁离子；再次，形成后未遭受强的构造活动，未被深埋。蒙脱石是一种很不稳定的矿物，当受到热动力作用和深埋静压力时，便转化为伊利石、绿泥石，或者蒙脱石与伊利石的间层矿物。因此，湖相盆地、断陷盆地、火山沉积盆地以及内陆盆地等皆是膨润土矿床的适宜产地。

依据已知矿床的成因类型、成矿机制和成矿控制条件的认识，以及有利的区域成矿地质背景，其中包括已知的含矿层位、区域构造环境和成矿构造带的展布，对已知矿床点的分布及其进一步找矿前景的估价。西南地区共划分膨润土成矿远景区2个，即川东远景区(Ⅰ)、滇东远景区(Ⅱ)。参见图8-9。

第十节　石膏

一、引言

1. 性质和用途

石膏矿石是指$w(CaSO_4\cdot2H_2O+CaSO_4)\geqslant55\%$的矿物，为白色、灰白色或淡黄色，有的半透明，为纤维状集合体。

生产石膏制品时，α型半水石膏比β型需水量少，制品有较高的密实度和强度。通常用蒸压釜在饱和蒸汽介质中蒸炼而成的是α型半水石膏，也称高强石膏；用炒锅或回转窑敞开装置煅炼而成的是β型半水石膏，亦即建筑石膏。工业副产品化学石膏，具有天然石膏同样的性能，不需要过多的加工。半水石膏与水拌和的浆体重新形成二水石膏，在干燥过程中迅速凝结硬化而获得强度，但遇水则软化。

石膏是生产石膏胶凝材料和石膏建筑制品的主要原料，也是硅酸盐水泥的缓凝剂。

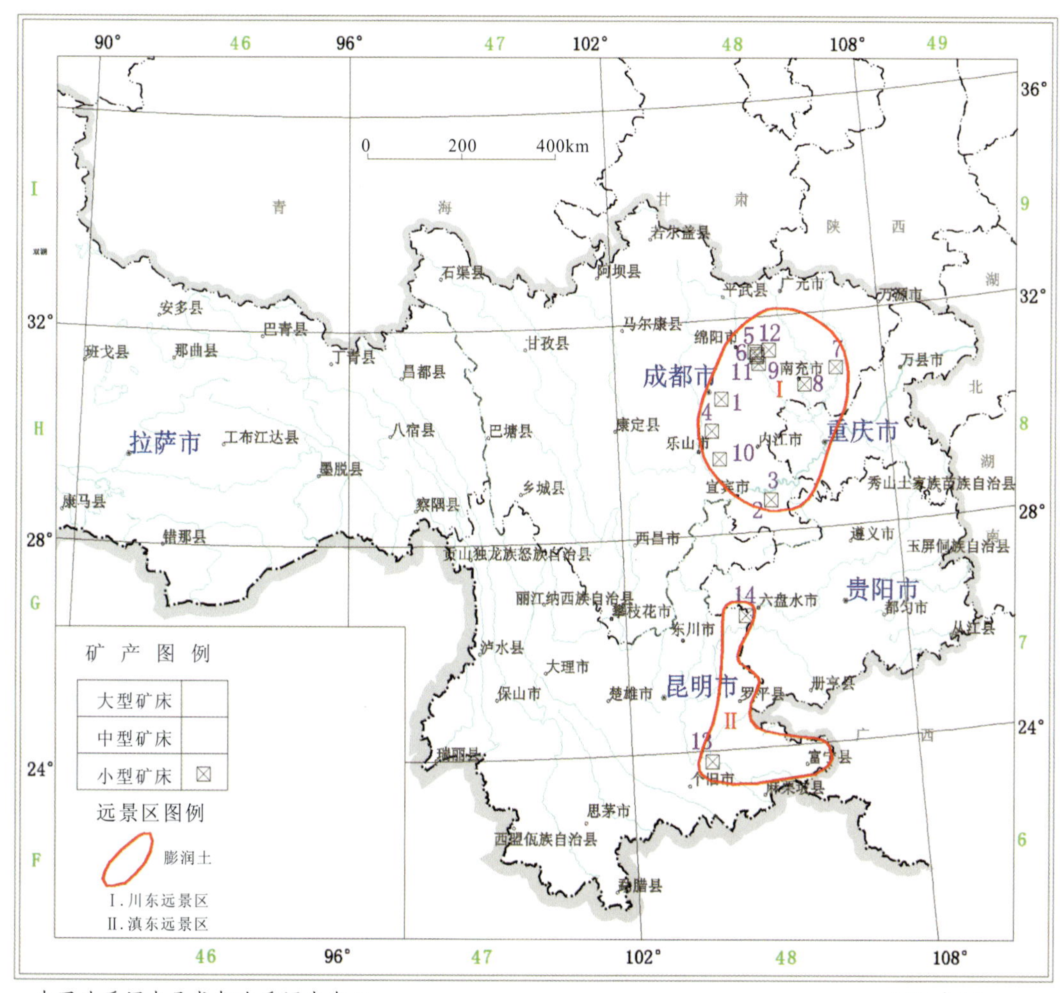

图 8-9　西南地区膨润土找矿远景区分布概图

2. 工业利用现状及要求

石膏是一种有着广泛用途的非金属矿产资源，一般用于建筑材料工业、化学工业、轻工业、农业、医药卫生、食品等行业，以建材工业部门用量最大。

石膏矿勘查及质量要求，可参考《玻璃硅质原料、饰面石材、石膏、温石棉、硅灰石、滑石、石墨矿产地质勘查规范》(DZ/T 0207—2002)。

3. 矿床规模划分

石膏矿产地包括矿床、矿点和矿化点。以矿石万吨计量，石膏矿床规模划分为 3 类：≥3000 为大型，1000～3000 为中型，<1000 为小型。

二、资源概况

中国石膏矿资源非常丰富，分布广泛。

西南地区，四川省、重庆市分布极广，从震旦纪到第四纪(石炭纪除外)几乎各个时代均有产出，成矿期主要为三叠纪。云南省矿床类型齐全。贵州省主要为沉积型和风化淋滤型两种成因类型。西藏昌都地区澜沧江东侧,有古代盐类石膏矿床,以上三叠统、侏罗系、古近系较重要,西藏现代盐湖石膏矿床数量极多。

三、勘查程度

西南地区石膏矿产地36处,其中大型15处,中型3处(表8-23,图8-10)。已利用矿产地10处(其中大型4处,中型1处)勘查程度较高。四川省是中国石膏矿主要产区之一。西藏石膏分布主要是在羌北高原盐湖区,工作程度低,交通不便,尚无石膏矿开采。

表8-23　西南地区大中型石膏矿床一览表

编号	矿床名称	地理位置	矿床类型	规模	勘查程度
1	五大寺石膏矿床	四川康定县	海相沉积型	大型	详查
2	龙门峡南矿段0—Ⅶ线石膏矿床	四川渠县	海相沉积型	大型	勘探
3	龙门峡北矿段(Ⅶ线以北)石膏矿床	四川渠县	海相沉积型	大型	勘探
5	农乐石膏矿床	四川渠县	海相沉积型	大型	勘探
6	天池石膏矿床	四川华蓥市	海相沉积型	大型	勘探
7	轸溪石膏矿床	四川乐山市	海相沉积型	大型	普查
8	大为石膏矿床	四川峨眉山市	海相沉积型	中型	勘探
9	八字岩石膏矿床	重庆市江北区	海相沉积型	大型	详查
16	太平石膏矿床	四川马边县	海相沉积型	大型	预查
17	泉水乡泉水石膏矿床	四川犍为县	海相沉积型	大型	普查
20	马家沟区石膏矿床	贵州盘县	湖相沉积型	大型	普查
21	岩脚石膏矿床	贵州六枝特区	海相沉积型	中型	普查
24	水坝乡太平里石膏矿床	贵州普定县官山区	湖相沉积型	超大型	普查
25	太平堡区石膏矿床	贵州普定县	湖相沉积型	大型	普查
32	官仓石膏矿床	云南元江县	湖相沉积型	大型	详查
33	鲁纳田石膏矿床	云南巧家县	海相沉积型	大型	预查
34	大包厂石膏矿床	云南巧家县	海相沉积型	大型	预查
38	迤萨石膏矿床	云南红河州	湖相沉积型	大型	勘探
42	金顶石膏矿床	云南兰坪县	湖相沉积型	大型	勘探
43	跑马坪石膏矿床	云南兰坪县	海相沉积型	大型	详查
45	巴雷石膏矿床	西藏察雅县	湖相沉积型	大型	预查

四、矿床类型

《中国矿床》(1994)将石膏和硬石膏矿床按容矿岩石类型划分为碳酸盐岩系型石膏、硬石膏矿床,碎屑岩系型石膏矿床。

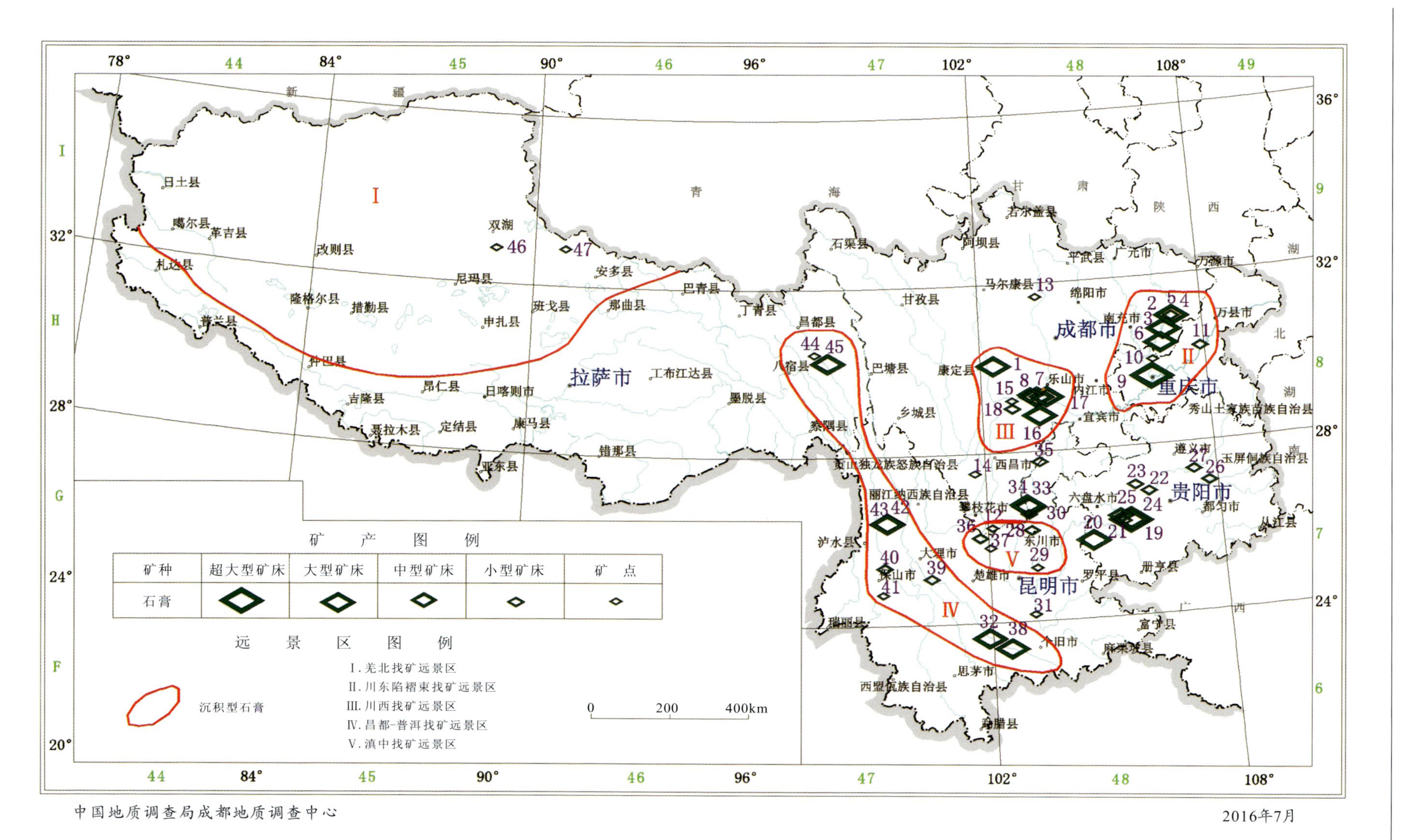

图 8-10　西南地区石膏找矿远景区分布概图

本书依据矿床成矿时代、矿石类型及地质特征划分石膏矿床类型(表 8－24)。

表 8－24　西南地区石膏矿床主要类型及特征简表

矿床类型	矿石特征		地质特征	典型矿床
海相沉积矿床	固体	石盐、硬石膏、钙芒硝	震旦系—侏罗系有分布；三叠系分布广泛，成膏条件优越	四川峨眉大为、渠县农乐、乐山轸溪
湖相沉积矿床	固体	钾盐、石盐、钙芒硝、石膏	白垩系灌口组；古近纪断陷盆地和山间盆地河湖相	成都平原、石渠、理塘
风化淋滤矿床	固体	石膏	产出层位较多	四川眉山韩宾店
低温气液升(泉)华堆积矿床	固体	纤维石膏、硫	沿大断裂带(甘孜-理塘断裂、岷江断裂)上，泉群出露地带产出有石膏与自然硫共生	四川甘孜州干固郭
现代盐湖矿床	卤水	盐湖卤水伴生	第四纪湖表卤水	西藏扎仓茶卡

五、重要矿床

1. 四川峨眉山市大为石膏矿

该矿区位于峨眉山市区南东 32km，交通方便。据《四川省区域矿产总结》(1990)介绍，含矿层为中三叠统雷口坡组第四段底部灰岩、白云质灰岩、泥灰岩。

1951 年刘增乾、苏明迪在大渡河下游调查，首次在大为地区发现石膏矿。1965 年建材部地质总公司西南公司 302 队重点对北矿段进行勘探，由雷仲明等提交报告。探明储量 2400.6×10^4t，属中型矿床。1971 年 1 月建成投产，目前年产量达 45.0×10^4t。

2. 四川渠县农乐石膏矿

该矿区位于渠县县城北东约 30km，距襄渝铁路三汇站 7km。

石膏赋存于三叠系嘉陵江组顶部—雷口坡组底部。农乐石膏开采始于清代。1985 年建材部西南地质公司一队提交《渠县农乐矿区偏崖子背斜北段勘探地质报告》，批准矿石储量 4758×10^4t，其中工业储量 3082×10^4t，达大型矿床规模。

3. 云南巧家县大包厂石膏矿

据《云南省区域矿产总结(下册)》(云南省地质矿产局内部资料，1993)，矿区为一单斜构造，下寒武统西王庙组为主要含膏层位，陡坡寺组为次要含膏层位。西王庙组下部含膏 7 层。矿物成分以石膏为主，少量硬石膏及白云岩、自生石英，少数层位尚发现微量硼矿物。前 1～7 石膏层累计最大厚度达 18.26m(矿区中部)，向南、北两端逐渐减薄为 5m 左右，平均厚 11.08m。

4. 贵州普定县太平堡石膏矿

该矿区位于普定县城南西，平距 12km，通公路，距滇黔铁路黄桶车站 2km。地理坐标：东经 105°41′04″，北纬 26°13′04″。

据《贵州省区域矿产志》(贵州省地质矿产局区调大队内部资料，1986)，含膏地层为下三叠统嘉陵江组(旧称永宁镇组)第四段和中三叠统关岭组第一段。

1977 年贵州建材 303 队普查,估算硬石膏矿石资源量 7778×10^4 t,属大型矿床。

六、成矿潜力与找矿方向

根据西南地区石膏矿分布特征,全区划分石膏找矿远景区 5 个,即羌北找矿远景区(Ⅰ)、川东陷褶束找矿远景区(Ⅱ)、川西找矿远景区(Ⅲ)、昌都-普洱找矿远景区(Ⅳ)、滇中找矿远景区(Ⅴ)。参见图 8-10。

羌北找矿远景区(Ⅰ):矿产地多,工作程度低,石膏矿预测的规模较大,主要在羌北高原盐湖分布区。以三叠系和古近系为主体,其中在古近系中见有规模大、矿层稳定、矿质好的大型石膏矿床。

川东陷褶束找矿远景区(Ⅱ):四川盆地东部,华蓥山断裂与七曜山断裂之间,奉节、宣汉以南到江津的广大地区。产膏地层主要为中、下三叠统嘉陵江组和雷口坡组(巴东组)有大中型石膏矿床产出,上述地区和层位是今后找石膏矿的重点。

川西找矿远景区(Ⅲ):大地构造单元为龙门山基底逆推带、四川前陆盆地(西部)及康滇基底断隆带。产膏地层主要为中、下三叠统嘉陵江组和雷口坡组,次为汶川—宝兴—天全一带下泥盆统,甘洛—雷波—金阳一带中下寒武统龙王庙组、陡坡寺组、西王庙组,以及甘洛、康定一带震旦系观音崖组和上震旦统—下寒武统灯影组等层位中,均有大小不等的石膏矿床产出。

昌都-普洱找矿远景区(Ⅳ):通过含盐标志研究,普洱盆地古近系古新统勐野井组、中侏罗统顶部花开佐组具有钾盐-石盐-石膏资源远景,耿马、澜沧一带中侏罗统顶部和平乡组具有石膏资源远景,在将来的钾盐找矿工作中可综合勘查。

《云南省区域矿产总结》(1993)指出,顺川-乔后含盐带北部的德钦、维西一带石膏矿点众多,一般都具有中—大型远景。古近系古新统云龙组、中侏罗统、上三叠统下部歪古村组石盐-石膏矿产远景巨大,但工作程度低,交通不甚便利。

滇中找矿远景区(Ⅴ):属于扬子陆块区上扬子古陆块,康滇基底断隆带和楚雄前陆盆地。区域上含矿地层有古近系古新统元永井组、上侏罗统安宁组,为两组蒸发岩建造。元永井组岩性主要是紫红色粉砂岩、泥岩,棕红色、灰绿色泥岩。安宁组岩性为杂色泥岩、泥质碳酸盐岩。石膏矿床主要分布于撒营盘—安宁段、高桥—禄丰段、大姚段。而元永井段,通过古近系元永井组含盐标志研究,仅有钙芒硝-石盐资源远景。

第十一节　石灰石

一、引言

1. 性质和用途

石灰岩是用途极广的矿产资源。石灰石是以石灰岩作为矿物原料的商品名称。石灰岩简称灰岩,矿物成分主要为方解石。石灰岩中常混有白云石和黏土物质等杂质,使矿石质量降低。其在高温高压变质作用下形成大理岩。

石灰岩以自然界中分布广、易于获取的特点在人类文明史上被广泛应用。可直接加工成石料和烧制成生石灰，石灰有生石灰和熟石灰。石灰岩是不可再生资源，随着科学技术的不断进步和纳米技术的发展，石灰石的应用领域还将进一步拓宽。石灰岩的主要用途见表8-25。

表8-25　石灰岩主要用途

应用领域		主要用途
冶金工业		炼钢炼铁及氧化铝生产中作为氧化钙载体，以结合焦炭灰分和硅、铝、硫和磷等不需要的伴生元素，变成易熔的矿渣排出炉外
化学工业		橡胶工业充填剂；造纸、涂料增量剂；制造电石原料；广泛用于制造漂白剂、制碱、海水提取镁砂、氮肥、塑料、有机化学品、碳化钙
建筑工业		生产建筑用石灰浆，各种类型的石灰、碎石、筑路时沥青配料等
农业		烧成石灰用于中和酸性土壤；作为饲料
建材工业	水泥	硅酸盐水泥的主要原料
	玻璃	引入CaO的主要原料，其主要作用为玻璃中的稳定剂
	陶瓷	引入CaO的主要原料
	耐火材料	用石灰乳作矿化剂，以便在焙烧硅砖时能获得坚固的料坯以及加速石英转化为磷石英和方石英的过程
制糖工业		制糖时的助滤剂
塑料工业		生产尼龙的重要配料
环境保护		工业废水的处理

2. 发现及开发利用历史

我国有秦砖汉瓦之说，生产石灰的历史在千年以上。美国地质调查局《*Mineral Commodity Summaries*》(2011)统计，全球2009年石灰石产量为29 900×10^4t，其中，中国18 500×10^4t，排第1位，美国1580×10^4t，排第2位。

1960年我国建材地质队伍重建后，勘探了峨眉、湘乡、邯郸等石灰岩矿山，为近100个大、中型水泥厂的建设提供了足够的资源。与此同时，地矿等部门的地质队也为众多的水泥厂勘探了石灰岩矿山，共同保证了水泥工业所需石灰岩矿原料供应，也为今后的持续发展提供了充分资源储备。

3. 工业利用要求

对石灰岩的质量要求，视用途不同而异。一般来说，冶金、化学工业和其他的特殊工业部门对石灰岩纯度的要求比建筑工业和农业高。目前执行地质矿产行业标准，为《冶金、化工石灰岩及白云岩、水泥原料矿产地质勘查规范》(DZ/T 0213—2002)。

4. 矿床规模划分

石灰岩矿产地包括矿床和矿点，矿床的资源储量规模划分参见表8-26。

表 8-26　石灰岩矿床规模划分表

用途	规模（$\times 10^8$ t）		
	大型	中型	小型
电石、制碱、化肥、熔剂用灰岩	≥0.5	0.1～0.5	<0.1
玻璃、制灰用灰岩	≥0.1	0.02～0.1	<0.02
水泥用灰岩	≥0.8	0.15～0.8	<0.15

二、资源概况

西南地区石灰岩类地层广布，出露面积约 $50\times 10^4 km^2$。贵州中南部、云南东南部、四川东部和重庆西部的石灰岩资源储量占全国保有矿石量的 12%。石灰岩矿床主要分布于四川省北部（广元—江油—都江堰—宝兴）、东部（万源—渠县—广安）、南部（攀枝花—西昌—峨眉—内江—宜宾—珙县），重庆市（江津—主城区—涪陵—万州—忠县—奉节—石柱—巫山），云南省中部（武定—昆明—通海—开远）、东部（宣威—曲靖—师宗）、西部（大理—祥云），贵州省中部（盘县—水城—六枝—贵阳—都匀—凯里—铜仁）、北部（毕节—桐梓—遵义）。西藏自治区昌都和拉萨有大、中型矿床。本区可供选用的大型矿主要分布于四川省珙县，云南省宣威，贵州省桐梓、盘县等地。参见图 8-11 和表 8-27。

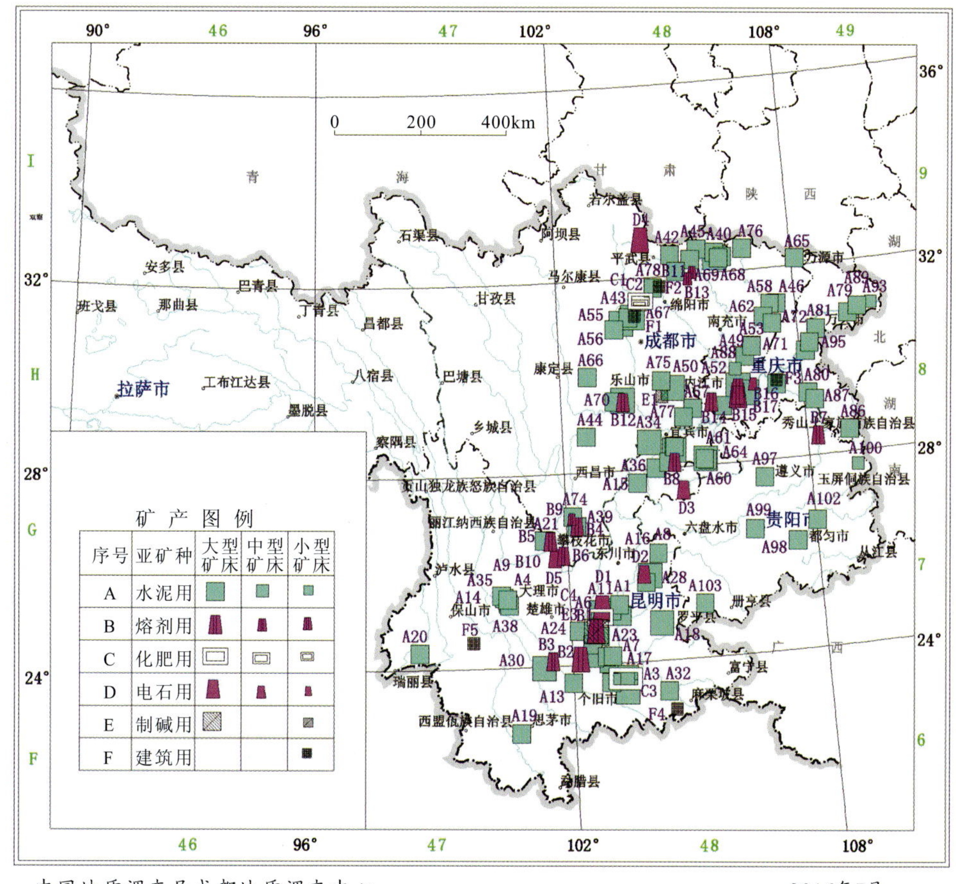

图 8-11　西南地区石灰石矿产地分布图

表 8-27　西南地区主要大中型石灰岩矿床一览表

编号	矿床名称	地理位置	工业用途	规模	勘查程度
A1	小药灵山石灰岩矿床	云南省嵩明县本营乡	水泥用	中型	详查
A2	马街乡普坪村石灰岩矿床	云南省昆明市西郊	水泥用	中型	普查
A3	平坝山石灰岩矿床	云南省红河州开远市	水泥用	中型	勘探
A4	凤仪下苍甸石灰岩矿床	云南省大理市	水泥用	中型	详查
A8	东山寺石灰岩矿床	云南省宣威县	水泥用	中型	详查
A9	清华洞石灰岩矿床	云南省祥云县	水泥用	中型	详查
A10	杨广岳家营石灰岩矿床	云南省通海县	水泥用	中型	普查
A13	四马山石灰岩矿床	云南省建水县	水泥用	中型	详查
A14	蔡家地石灰岩矿床	云南省弥渡县	水泥用	中型	详查
A15	北闸-公鸡山石灰岩矿床	云南省昭通市	水泥用	中型	详查
A16	花山石灰岩矿床	云南省曲靖市	水泥用	大型	勘探
A18	白马山石灰岩矿床	云南省师宗县	水泥用	大型	详查
A19	翠云乡响水崖石灰岩矿床	云南省思茅县	水泥用	中型	勘探
A20	户育石灰岩矿床	云南省潞西县	水泥用	中型	详查
A21	大兴乡大湾子石灰岩矿床	云南省华坪县	水泥用	中型	详查
A22	珠山石灰岩矿床	云南省华宁县	水泥用	中型	详查
A23	大石洞石灰岩矿床	云南省晋宁县	水泥用	中型	勘探
A24	大椿树石灰岩矿床	云南省易门县	水泥用	中型	详查
A25	小海洽石灰岩矿床	云南省峨山县	水泥用	中型	详查
A26	滴奶山石灰岩矿床	云南省元江县	水泥用	中型	详查
A27	公石洞石灰岩矿床	云南省玉溪市红塔区	水泥用	中型	详查
A28	天生坝石灰岩矿床	云南省沾益县	水泥用	中型	详查
A30	马家园石灰岩矿床	云南省镇源县	水泥用	大型	普查
A31	古山石灰岩矿床	云南省个旧市	水泥用	大型	勘探
A32	旧城芋头山石灰岩矿床	云南省文山县	水泥用	中型	普查
A33	营盘山-石匠塘石灰岩矿床	云南省宜良县	水泥用	中型	详查
A34	银厂坝石灰岩矿床	云南省绥江县	水泥用	大型	普查
A35	巴冲箐石灰岩矿床	云南省弥渡县	水泥用	中型	普查
A36	余粮湾石灰岩矿床	云南省盐津县	水泥用	中型	勘探
A39	白果乡干湾子石灰岩矿床	四川省会理县	水泥用	中型	普查
A41	鹿渡石灰岩矿床	四川省旺苍县	水泥用	中型	详查
A42	马角坝石灰岩矿床	四川省江油市	水泥用	中型	勘探
A44	乃托石灰岩矿床	四川省越西县	水泥用	中型	详查
A45	宝珠寺石灰岩矿床	四川省广元市	水泥用	中型	详查
A46	小河咀石灰岩矿床	四川省达州市	水泥用	中型	普查
A47	张坝沟石灰岩矿床	四川省江油市	水泥用	中型	勘探
A48	老虎洞石灰岩矿床	四川省筠连县	水泥用	中型	详查
A49	老拱桥矿区北段石灰岩矿床	四川省华蓥市	水泥用	中型	勘探

续表 8－27

编号	矿床名称	地理位置	工业用途	规模	勘查程度
A50	葫芦寺石灰岩矿床	四川省资中县	水泥用	大型	详查
A51	黄山石灰岩矿床	四川省峨眉山市	水泥用	大型	勘探
A54	塔顶山石灰岩矿床	四川省珙县巡场镇	水泥用	大型	详查
A55	大尖包矿区西段石灰岩矿床	四川省都江堰市	水泥用	中型	勘探
A56	阴山石灰岩矿床	四川省汶川县	水泥用	中型	勘探
A57	梯子崖、圣灯山石灰岩矿床	四川省隆昌县	水泥用	中型	详查
A59	万年仓石灰岩矿床	四川省珙县巡场镇	水泥用	中型	详查
A60	震东乡黄草坪石灰岩矿床	四川省叙永县	水泥用	中型	勘探
A62	田家坡石灰岩矿床	四川省渠县	水泥用	中型	普查
A65	茶园子石灰岩矿床	四川省万源市	水泥用	中型	勘探
A66	马渡石灰岩矿床	四川省天全县	水泥用	中型	勘探
A67	卧牛坪石灰岩矿床	四川省彭州市	水泥用	大型	勘探
A69	宋家坡石灰岩矿床	四川省旺苍县	水泥用	大型	勘探
A72	蒲包乡魏家梁石灰岩矿床	四川省大竹县	水泥用	中型	勘探
A73	铁佛山石灰岩矿床	四川省剑阁县	水泥用	中型	普查
A74	上半坡石灰岩矿床	四川省米易县	水泥用	中型	详查
A75	罗泉寺石灰岩矿床	四川省资中县罗泉镇	水泥用	中型	详查
A76	大梁石灰岩矿床	四川省南江县杨坝镇、流坝乡	水泥用	中型	勘探
A77	尖山坡石灰岩矿床	四川省富顺县	水泥用	中型	勘探
A78	秦家坡石灰岩矿床	四川省北川羌族自治县擂鼓镇	水泥用	中型	勘探
A79	花营石灰岩矿床	重庆市奉节县	水泥用	中型	详查
A80	张家坝石灰岩矿床	重庆市彭水县	水泥用	中型	详查
A81	周家堡石灰岩矿床	重庆市万州区新田镇	水泥用	中型	详查
A82	万朝石灰岩矿床	重庆市石柱县	水泥用	中型	预查
A83	中梁石灰岩矿床	重庆市沙坪坝区中梁镇	水泥用	大型	预查
A84	碑槽石灰岩矿床	重庆市江津市	水泥用	中型	普查
A86	迎凤石灰岩矿床	重庆市秀山县	水泥用	中型	预查
A88	麻柳函石灰岩矿床	重庆合川市草街镇	水泥用	大型	详查
A89	吴家湾石灰岩矿床	重庆市奉节县	水泥用	中型	详查
A90	靖黔大堡山石灰岩矿床	重庆市涪陵区靖黔乡	水泥用	大型	详查
A93	南陵石灰岩矿床	重庆市巫山县	水泥用	中型	详查
A94	半坡石灰岩矿床	重庆市九龙坡区南泉乡、花溪乡	水泥用	大型	勘探
A95	茨竹垭石灰岩矿床	重庆市石柱县	水泥用	中型	详查
A96	大梁湾石灰岩矿床	重庆市丰都县包鸾乡、湛普乡	水泥用	大型	详查
A97	忠庄铺石灰岩矿床	贵州省遵义市	水泥用	中型	普查
A99	牛角坡石灰岩矿床	贵州省清镇县	水泥用	中型	详查
A101	小角坡石灰岩矿床	贵州省都匀市	水泥用	中型	勘探
A102	崖脚寨石灰岩矿床	贵州省凯里县	水泥用	中型	详查

续表 8－27

编号	矿床名称	地理位置	工业用途	规模	勘查程度
A103	龙厂石灰岩矿	贵州省安龙县	水泥用	中型	详查
B1	上蒜-菜子塘、中新街-县街石灰岩矿	云南省昆明市	熔剂用	大型	普查
B2	水车田石灰岩矿	云南省峨山县	熔剂用	大型	普查
B3	水塘石灰岩矿	云南省新平县	熔剂用	大型	详查
B4	干湾子石灰岩矿	四川省会理县白果乡	熔剂用	中型	普查
B5	巴关河石灰岩矿	四川省攀枝花市西区	熔剂用	中型	勘探
B7	后山石灰岩矿	四川省冕宁县	熔剂用	中型	勘探
B8	巡司石灰岩矿	四川省筠连县	熔剂用	中型	普查
B9	挂榜石灰岩矿	四川省米易县	熔剂用	中型	普查
B12	沙湾石灰岩矿	四川省乐山市沙湾区	熔剂用	大型	详查
B13	武都石灰岩矿	四川省江油市	熔剂用	中型	勘探
B14	羊石坳石灰岩矿	重庆市永川市红炉镇	熔剂用	中型	详查
B15	重钢宝坡石龙石石灰岩矿	重庆市九龙坡区、大渡口区	熔剂用	大型	预查
B16	歌乐山石灰岩矿	重庆市沙坪坝区	熔剂用	中型	详查
B17	大宝坡石灰岩矿	重庆市巴南区跳蹬乡、石板乡	熔剂用	大型	勘探
B18	油榨街石灰岩矿	贵州省贵阳市	熔剂用	中型	普查
B19	龙洞堡石灰岩矿	贵州省贵阳市	熔剂用	中型	初探
B21	松林石灰岩矿	贵州省六盘水市	熔剂用	大型	勘探
C1	鱼洞山石灰岩矿	四川省绵竹市清平镇	化肥用	中型	普查
C2	院通村钙矿石灰岩矿	四川省绵竹市清平镇	化肥用	中型	预查
C3	平坝山石灰岩矿	云南省红河州开远市	化肥用	大型	勘探
C4	麦溪石灰岩矿	云南省昆明市官渡区	化肥用	中型	预查
D1	大麦溪石灰岩矿	云南省昆明市官渡区	电石用	大型	普查
D2	炎方石灰岩矿	云南省沾益县	电石用	大型	普查
D3	板桥朱家湾石灰岩矿	云南省镇雄县	电石用	中型	详查
D4	海子沟石灰岩矿	四川省平武县白马乡	电石用	大型	预查
D5	大箐沟石灰岩矿	四川省盐边县	电石用	中型	普查
D7	甘溪石灰岩矿	贵州省贵定县	电石用	中型	预查
E3	上蒜-菜子塘、中新街-县街石灰岩矿	云南省昆明市	制碱用	大型	普查
F1	双桥石灰岩矿	四川省什邡市八角镇	建筑石料用	大型	勘探
F2	乌龙洞石灰岩矿	四川省江油市含增镇	建筑石料用	大型	勘探
F3	大堡山矿区北段石灰岩矿	重庆市涪陵区	建筑石料用	中型	勘探
F5	河底岗石灰岩矿	云南省耿马县	建筑石料用	中型	详查

三、勘查程度

四川省石灰岩分布广泛，几乎遍及全省。《四川省矿产资源年报》(内部资料)显示，截至 2009 年底，查明水泥用灰岩 407 处，建筑用灰岩 564 处，熔剂用灰岩 13 处，电石用灰岩 1 处，化肥用灰岩

1处。贵州省探明大、中、小型矿床56处,工作程度详略不一的矿点59处。重庆市探明大、中、小型矿床36个,矿点13个,勘查程度为勘探9处,详查22处,普查11处。西藏探明大、中型矿床各1个,截至1999年底,列入矿产储量表的水泥灰岩达21 939×10^4t。

四、矿床类型

石灰岩主要是在浅海的环境下形成的。按其沉积地区,石灰岩又分为海相沉积和陆相沉积,以前者居多;按其成因,石灰岩可分为化学或生物化学沉积矿床、机械碎屑沉积矿床、生物化学沉积矿床及重结晶矿床4种类型;按矿石中所含成分不同,石灰岩可分为硅质石灰岩、黏土质石灰岩和白云质石灰岩3种。按结构构造可细分为竹叶状灰岩、鲕粒状灰岩、豹皮灰岩、团块状灰岩等。

根据石灰石工业用途可分为水泥用石灰岩、玻璃用石灰岩、建筑石料用石灰岩、制灰用石灰岩、饰面用石灰岩、电石用石灰岩、制碱用石灰岩、熔剂用石灰岩和化肥用石灰岩等。

五、重要矿床

1. 四川峨眉山市黄山石灰岩矿

该矿区位于峨眉山市区南东约1km,属绥山镇所辖,地理坐标:东经103°33′35″,北纬29°27′55″。其距成昆路九里火车站2.5km,有专线通厂区,交通方便。

含矿岩系为二叠系栖霞组、茅口组。岩石组合由纯灰岩、含燧石灰岩及少量燧石结核的纯灰岩组成。据燧石多少划分为12层。

1959年四川省城市勘察院成立黄山资源勘察队做详勘。1965年由建材部地质总公司西南公司302队补充勘探。截至1984年底探明矿石资源量10 800×10^4t,为一大型矿床(《中国矿床》,1994)。现为四川金顶(集团)股份有限公司峨眉水泥厂生产矿山。

2. 四川冕宁县后山石灰岩矿

该矿区位于冕宁县城南东155°,直距18km,地理坐标:东经102°14′37″,北纬28°25′52″。西行10km至石龙,与川滇公路相接,距成昆路泸沽火车站9km,交通方便。

含矿岩系为中元古界登相营群大热渣组。矿石质量变化较大(《四川省区域矿产总结》,1990)。1960—1962年进行详查,提交资源量达3849×10^4t,为一中型矿床。

3. 四川绵竹市鱼洞山化肥用石灰岩矿

该矿区位于绵竹市北西340°,直距21km,属清平镇,有18km公路通汉旺镇,有德(阳)汉(旺)铁路30km与宝成铁路接轨,交通便利。

含矿地层茅口组岩性为含燧石结晶灰岩、生物碎屑灰岩夹钙质页岩,厚162m。矿石可用于生产磷酸二氢钙,有害组分含量未超标。

2002年,四川省化工地质勘查院估算矿石资源量为3632.67×10^4t,为一中型化肥用石灰岩矿床。

4. 贵州贵定县甘溪灰岩矿

该矿床位于贵定县城南西4km,湘黔公路纵贯矿区中部,交通甚便。地理坐标:东经107°11′50″,

北纬26°33′50″。

石炭系马平组除底部一层厚3～10m砾屑状泥晶灰岩作为矿层底板外，全组为矿层，分为上、下两层矿。矿石质量甚佳，有益、有害组分均较稳定。

贵州省地质局第三地质队1965年提交详勘储量报告，查明资源量1743.61×10^4t，电石灰岩属中型规模，为1971年正式投产的贵州有机化工厂提供了原料基地。

六、成矿潜力与找矿方向

西南地区石灰岩矿床，自前震旦纪至古近纪各时代的地层皆有产出，具典型的多时代性和多层位性，特别是二叠系、三叠系、石炭系分布广泛而稳定，厚度大，为西南地区石灰岩主要产出层位，作为西南地区生产水泥和冶金熔剂的重要原料，资源潜力巨大，勘查和开发利用的前景良好。

第十二节　石墨

一、引言

1. 性质和用途

石墨是元素碳的结晶矿物之一，是一种特殊的非金属材料，兼有金属的优良性能，具有涂敷性、润滑性、耐高温、耐腐蚀、耐酸碱、可塑性、导热性、导电性、化学稳定性及在高温下所具有的特殊的抗热性能，其熔点为(3850±50)℃，沸点达4250℃，是已知最耐高温的轻质矿物之一。

根据结晶程度可分为晶质石墨(鳞片状石墨)和土状石墨(隐晶质石墨)。

石墨主要用作耐火材料、热金属成型材料、导热材料、耐磨材料、润滑剂、密封材料、耐腐蚀耐高温和隔热材料、环境保护材料、防辐射材料、军工和航空航天材料，广泛用于石油、化工、冶金、机械电子、宇航、军事等工业部门。

2. 工业利用现状及要求

中国发现和利用石墨的历史悠久。我国是世界天然鳞片和土状石墨的主要生产和出口国，储量、产量和质量均居世界第1位。长期以来，石墨一直是中国非金属优势矿产之一，今后仍将继续稳步发展(《矿产资源工业要求手册》，2012)。

西南地区已知产地主要分布于四川省，云南省和西藏自治区也有产出。

石墨类型不同，工业要求也不同。晶质石墨因可选性好，对原矿品位要求低，一般2.5%以上即达工业品位；隐晶质石墨由于可选性差，对原矿品位要求较高，一般要求大于65%，即可直接利用。

3. 矿床规模划分

石墨矿石分为隐晶质、晶质两类，资源储量规模划分参见表8-28。一般而论，石墨查明资源储量超过大型规模下限的5倍即视为超大型矿床。

表 8-28　石墨矿产资源储量规模划分标准

矿产种类		规模（$\times10^4$ t）		
		大型	中型	小型
石墨	晶质石墨，矿物	⩾100	100～20	<20
	隐晶质石墨，矿石	⩾1000	1000～100	<100

二、资源概况

据美国地质调查局《*Mineral Commodity Summaries*》（2011）统计，世界石墨储量为 7100×10^4 t，中国居首位，储量为 5500×10^4 t。除中国外，储量较多的国家有印度和墨西哥。2010 年中国石墨产量达 80×10^4 t。中国西南地区，石墨矿产主要分布于四川、云南及西藏等省区（图 8-12），查明石墨资源以晶质石墨为主。

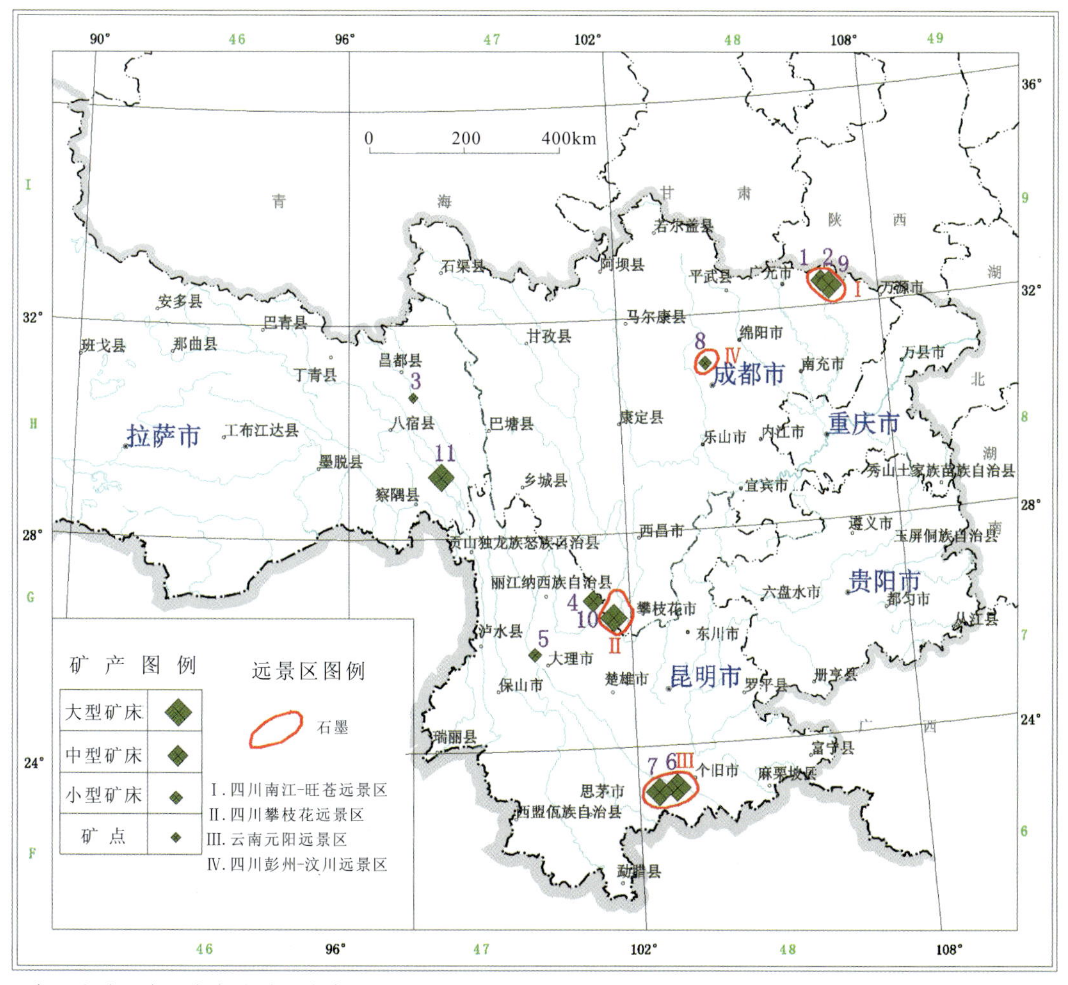

图 8-12　西南地区石墨找矿远景区分布概图

三、勘查程度

西南地区已勘探矿床数量不多(表 8－29)。资源储量(矿物量)超过 100×10^4t 的大型矿床 5 个,其中中坝石墨矿详查资源量已达到超大型规模。此外,数量不多、地质工作程度低、具资源潜力石墨矿点在西南地区零星分布。

表 8－29　西南地区石墨矿产地一览表

编号	矿床名称	地理位置	矿床类型	规模	勘查程度
1	坪河石墨矿	四川省南江县	区域变质型	中型	勘探
2	向阳坡石墨矿	四川省南江县	区域变质型	小型	普查
3	矛洞石墨矿	西藏自治区察雅县	区域变质型	矿化点	预查
4	南阳石墨矿	云南省华坪县	区域变质型	中型	勘探
5	山客店石墨矿	云南省漾濞县	区域变质型	小型	普查
6	棕皮寨石墨矿	云南省元阳县	区域变质型	大型	勘探
7	竹鲁-老峰寨石墨矿	云南省元阳县	区域变质型	大型	普查
8	桂花村-下炉房石墨矿	四川省彭州市	区域变质型	小型	普查
9	尖山石墨矿	四川省南江县	区域变质型	大型	勘探
10	中坝石墨矿	四川省攀枝花市仁和区	区域变质型	大型	详查
11	左贡县石墨矿	西藏自治区左贡县	区域变质型	大型	预查

四、矿床类型

《中国矿床》(1994)将国内石墨矿床按成因划分为区域变质型、接触变质型及岩浆热液型 3 种类型。其中以区域变质型晶质石墨矿床最多,其次为接触变质型土状(隐晶质)石墨矿床,而岩浆热液型晶质石墨矿床较少。该书介绍,接触变质型石墨矿床成因是煤层与岩浆岩接触变质再结晶所致,无烟煤变质为石墨,以隐晶质土状石墨为主。

《矿产资源工业要求手册》(2012)将石墨矿床划分为 4 种类型,包括:①片麻岩大理岩透辉石岩混合岩化型石墨矿床;②片岩区域变质岩型晶质石墨矿床;③花岗岩混染同化型晶质石墨矿床;④含煤碎屑岩接触变质型土状石墨矿床。

南江县尖山,石墨矿主要赋存于中元古界火地垭群麻窝子组中部角砾岩中,呈鳞片状,与同样产于南江的坪河矿段有相似的成矿地质环境。《中国矿床》将南江火地垭群所产石墨归入区域变质型。

综合看来,西南地区具工业价值的石墨矿床成因类型单一,主要为区域变质型。

五、重要矿床

1. 四川攀枝花市中坝石墨矿

该矿区位于攀枝花市南西 17km。由矿区至火车站 27km,通公路,交通方便。地理坐标:东经

101°38′15″,北纬26°25′32″。

含矿岩系古元古界康定岩群冷竹关岩组,为一套含石墨的云母石英片岩,呈残留体产于混合花岗岩中,自上而下划分为4个含矿层。

矿体呈似层状、透镜状、扁豆状、条带状,出露长度2500m,控制长约2200m,宽85～330m,平均约200m,含矿率55%～60%。单个矿体已控制矿体长度800m,沿倾斜延深750m,厚4～75m。两个厚大矿体由P6、P8、P10勘探线的8个钻孔控制,两个主矿体赋存层位沿走向、倾向延伸较稳定。

矿石矿物为石墨(5%～13%);脉石矿物有石英(50%～80%)、云母(10%～30%)等。石墨呈鳞片状、不规则片状,偶见叶片状和不规则粒状。矿石类型为云母石英片岩型晶质石墨。按云母类种不同又可分为白云(绢云)母石英片岩型(90%以上)和二云母石英片岩型。

中坝石墨矿石品位不高。经选矿试验,原矿品位7.04%,粗磨粗选后,粗精矿2次再磨,5次精选,获固定碳含量89.80%、回收率80.67 %的工业石墨精矿。

1957年和1966年,先后有四川省地质局攀枝花铁矿勘查队及云南省地质局第一区测队发现攀枝花中坝石墨矿。四川省地矿局106地质队1990年提交详查报告,估算获石墨矿物资源储量1555×10^4t,其中工业储量230×10^4t,为大型(或超大型)矿床。

2. 四川南江县坪河石墨矿

该矿区位于南江县城北西17km坪河乡。由县城至矿区42km,有公路通行,县城至广巴铁路下两站30km,交通较方便。地理坐标:东经106°44′50″—106°45′18″,北纬32°26′33″—32°26′51″。

坪河为一老矿山,20世纪20年代开始采矿,50年代以后,先后开展普查和详查,目前为四川省重要的石墨生产基地。西部坪河矿段经过勘探,属中型矿床;坪河以东为向阳坡矿段,为小型矿床。

《四川省区域矿产总结》(1990)介绍,矿区岩浆岩种类繁多,从基性—酸性—碱性杂岩体都发育,以碱性岩分布最广,常呈岩株、岩盘、岩脉产出。由于侵入的热力作用,促使石墨进一步结晶,鳞片增大,如背斜南翼向阳坡(杨家营)矿体几乎全被正长石包围。石墨片度较大,为目前坪河石墨厂主要开采对象。

按矿物组成及组构特征,矿石可分为两种自然类型:

石墨片岩型为主要类型。由石英、绢云母或白云母、石墨等组成。矿石具粒状鳞片变晶结构、片状构造。深部矿石普遍含黄铁矿,局部地段含长石和绿泥石。

含石墨大理岩型分布有限,一种是由石墨片岩型矿石呈角砾状分布于大理岩中;一种是由石墨呈鳞片集合体或不规则细脉分布于白云大理岩中,具鳞片变晶结构,角砾状或块状构造。

两种矿石中石墨鳞片直径一般为0.001～0.010mm,大于0.100mm的大鳞片极少。尚有部分隐晶质石墨,为鳞片石墨与隐晶质石墨的混合类型。

此外,处在碎裂带内的矿体,矿石具碎裂构造,结构松散。矿心呈碎块、碎屑及砂状,勘查工作中称“碎裂石墨矿”。

矿石品位较高,平均品位达13.50%。固定碳含量,以石墨片岩型矿石普遍较高,一般5%～20%,最高达43.29%,含石墨大理岩型矿石较低,一般5%～10%。

矿石工业类型,以细鳞片晶质石墨为主。经选矿试验(浮选),原矿品位19.9%入选,精矿品位89.9%,回收率84.8%,证明矿石可选,但流程较复杂。

3. 云南元阳县棕皮寨石墨矿

该矿区距元阳县城仅2km,交通较方便。地理坐标:东经102°47′00″,北纬23°12′00″。

含矿地层为古元古界哀牢山群阿龙组下段,由片岩、片麻岩和少量斜长角闪岩组成。据云南省

地质矿产局内部资料《云南省区域矿产总结》(1993)记载,矿石自然类型有 3 种:

石墨石英片岩为主要矿石类型,呈灰—钢灰色,具鳞片变晶结构,片状构造。

石墨黑云石英片岩为主要矿石类型。矿物成分为石英 40%~60%、斜长石 15%~25%、石墨 8%~25%、黑云母 15%~25%等。石墨鳞片大小为 0.50mm×0.35mm。

石墨黑云斜长片麻岩为次要矿石类型,呈灰—深灰色,花岗变晶结构,片麻状构造。矿物成分为斜长石 65%、石英 15%、石墨 10%、黑云母 10%等。石墨呈细鳞片状,大小为 0.35mm×0.15mm。

矿石品位变化较大,最低 2.61%,最高 21.83%,一般为 5%~8%。全矿区固定碳总平均含量为 5.79%。矿石可选性能(浮选)良好,精矿品位 65%~90%,回收率 72%~87%,精矿中有害杂质:$w(Fe_2O_3)$3.37%。

原初勘探明 D 级资源量 242×10^4t,为一大型矿床,进一步工作可扩大远景。

4. 四川彭州市桂花村-下炉房石墨矿

该矿区位于彭州市龙门山镇,彭州市区沿彭白公路可至龙门山镇,里程约 50km,交通方便。

《四川省区域矿产总结》(1990)记载,石墨赋存于中元古界黄水河群石英片岩、绿泥石片岩中。矿层延续一般较稳定,一般厚约 10m,矿体长 1500m,矿体沿走向出现膨胀和收缩现象,范围在 8.7~27.6m 之间。

矿石自然类型,根据石墨与石英含量,可分为石墨片岩、石墨石英片岩 2 种:

石墨片岩,石墨含量大于 50%以上,鳞片大小 0.2~0.3mm。石墨与细小的石英紧密共生,定向排列,具有明显的片理,石英多为细粒。局部有少量白云母及次生石英脉。

石墨石英片岩,石墨含量 40%~50%,呈细小鳞片状集合体,鳞片大小为 0.1~0.2mm,平行片理分布。

1959 年,四川省地质局温江地质队提交桂花村-下炉房普查评价报告,经审批认为:报告提交的储量因选矿问题尚未解决,评价方法不正确等原因,不予核收。

六、成矿潜力与找矿方向

西南地区石墨矿床见于古老基底褶断带,以褶皱、断裂构造发育和岩浆活动强烈的变质岩带为主要产地。

赋矿地层主要为四川火地垭群麻窝子组、康定岩群冷竹关岩组、黄水河群、云南哀牢山群阿龙组下段。赋矿岩石为富含有机碳的碎屑岩经变质作用形成的石墨片岩、石墨石英片岩、石墨云母片岩及少量石墨大理岩。构造和岩浆活动对石墨的形成也有重大影响。构造提供了岩浆和热液活动的通道,为提供热源的必备条件。岩浆和后期热液活动提供了热源,促进了石墨的形成和重结晶作用。

矿床类型主要为区域变质型。

根据矿床成矿地质条件,西南地区石墨矿床主要形成于四川米仓山、龙门山、攀枝花—盐边、云南元阳—元江一带,西藏仅有两例,工作程度低。矿床主要赋存于古老基底褶断带的古—中元古代变质岩系中,区内一般构造发育,岩浆活动频繁。含矿岩石以片岩为主,少数为大理岩。因此预测,四川和云南石墨矿床除主要赋存于前述几个地区外,凡构造发育、岩浆活动频繁、有矿源条件的古老基底变质岩带中,有可能形成石墨矿床。

根据石墨矿床类型、成矿地质背景等特征,划分找矿远景区 4 个(见图 8-12)。

四川省南江-旺苍远景区（Ⅰ）：该区位于上扬子陆块米仓山-大巴山基底逆推带米仓山基底逆冲带。西起旺苍县大河坝，中为蜡烛河、坪河，向北东至张广溪，长达30km，石墨产于中元古界火地垭群麻窝子组下段碳酸盐岩夹碳酸质板岩建造内，常沿背斜轴部及其倾没端的构造带分布，产地甚多，其中沿光明-水磨背斜轴部分布的大营河坝-白岩子和沿坪河-中子园背斜轴部分布的刺巴门-坪河两段，川西北地质大队以已知矿区的矿体厚度、延深、体重、品位等参数，并按矿化出露长度预算石墨矿物量如下。

大营河坝-白岩子段：长10 000m，厚10m，延深15m，体重2.16t/m^3，固定碳11.7%，远景资源量379×10^4t；

刺巴门-坪河段：长13 000m，厚10m，延深150m，体重2.16t/m^3，固定碳15.0%，远景资源量631×10^4t。

尖山矿区远景估算200×10^4t，石墨矿物资源总量可达1210×10^4t，相当于一个大型矿床。

四川省攀枝花远景区（Ⅱ）：该区位于上扬子陆块康滇前陆逆冲带康滇基底断隆带，前震旦系康定岩群、会理群、盐边群变质岩系中均有石墨产出，以康定岩群较为富集。中坝矿区外围，尚有云南省华坪县南阳、四川省盐边县大箐沟、新街田、新生、攀枝花市新民、三大湾、会东县黄坪等多处石墨矿点、矿化点发现。构成以攀枝花中坝为中心、有较大远景的石墨成矿区。

云南省元阳远景区（Ⅲ）：该区位于上扬子陆块哀牢山基底逆推带哀牢山断块。含矿地层为古元古界哀牢山群阿龙组下段，赋矿岩石为石墨石英片岩、石墨二云母石英片岩。除已勘探和详查的元阳棕皮寨、竹鲁-老峰寨属大型矿床外，附近尚有若干矿点。矿石类型为晶质石墨。

四川省彭州-汶川远景区（Ⅳ）：该区位于上扬子陆块龙门山基底逆推带龙门后山基底推覆带。产地有彭州市桂花村—下炉房、小银厂沟、汶川县银杏坪等处。石墨矿赋存于中元古界黄水河群石英片岩、绿泥石片岩中，以桂花树—下炉房及小银厂沟两处较富集，前者出露长1500m，后者长1200m。黄水河群变质岩系分布广，构造岩浆作用强烈，大宝山绿色片岩中石墨矿化现象随处可见，为晶质石墨，鳞片较大，片径0.1～0.3mm，为寻找大鳞片晶质石墨的良好靶区。20世纪50年代末，经原温江地质队调查，彭州、汶川一带石墨矿远景资源可达100×10^4t以上，相当于中型矿床规模。

第十三节　石盐

一、引言

1. 性质和用途

石盐是氯化钠的矿物，化学成分为NaCl，晶体属等轴晶系的卤化物矿物。石盐包括人们日常食用的食盐和由石盐组成的岩石，后者称为岩盐。

盐是人类生活的必需品，在工农业及其他领域有着广泛的用途。石盐除加工成精盐可供食用外，还是化学工业最基本的原料之一，被誉为“化学工业之母”。

2. 工业利用要求

我国海盐、湖盐、井矿盐的技术经济指标，由于原料来源和加工不同，其生产成本、原材料消耗、产品质量等指标均有较大差异。就产品质量而言，要求井矿盐含氯化钠 99.03%，湖盐含氯化钠 96.70%，海盐含氯化钠 94.67%（以长江口为界，北方海盐含氯化钠 96.06%，南方海盐含氯化钠 92.99%）。

石盐勘查评价的一般工业指标参见表 8-30。

表 8-30　石盐一般工业指标

矿产		开采方式	边界品位(%)	最低工业品位(%)	最小可采厚度(m)	夹石剔除厚度(m)	水溶系列有害组分最大允许含量
石盐(NaCl)	卤水		≥5	≥10	10		$w(Ca)\leqslant 0.5\%$ $w(Mg)\leqslant 0.3\%$ $w(SO_4)\leqslant 2.5\%$ $w(NaCl)\leqslant 5\%$
	固体	钻井水溶	≥30	≥50			
		硐室水溶	≥15	≥30	2～20	2	
		露天开采	≥30	≥50	0.3～0.5	0.3～0.6	

注：据中华人民共和国国土资源部发布的《盐湖和盐类矿产地质勘查规范》(DZ/T 0212—2002)。

3. 矿床规模划分

石盐矿产地包括矿床、矿点和矿化点。以 NaCl 亿吨计量，石盐（包括地下卤水）矿床规模划分为 3 类：≥10 为大型，1～10 为中型，<1 为小型。

二、资源概况

美国地质调查局《*Mineral Commodity Summaries*》(2011)统计，全球 2009 年石盐产量为 28 000×10^4t，其中，中国排第 1 位，达 5950×10^4t，美国排第 2 位，达 4600×10^4t。

中国是世界产盐历史最悠久的国家之一。新中国成立后，经过 60 多年的努力，盐矿的地质研究、普查、勘探事业以及制盐工业得到了飞速的发展。从全国来看，生产原盐中海盐占 70.95%、湖盐占 7.85%、井矿盐占 21.20%。生产海盐的省（市、区）有辽宁、天津、台湾等地；生产湖盐的主要省（区）有内蒙古、山西、青海、新疆、西藏等地；生产井矿盐的省份有湖北、四川、云南等地。

在西南地区，四川自贡盐业生产历史悠久，是全国规模最大的井矿盐工业生产基地，素有“千年盐都”之称。贵州省缺乏石盐资源，仅在石阡县发现有少量小型矿床。

三、勘查程度

石盐矿床在西南 5 个省区均有分布，其中四川、重庆及云南等省区勘查开发程度较高。四川、重庆因埋藏较深，多数盐矿仅有钻孔控制，工作程度较低，只达预查或初查阶段。由于盐矿主要产于盆地腹地，除自贡、威西地区埋藏较浅外，其余地区埋藏较深，达 2000～3000m。但随着开采技术的提高，深层盐矿目前也得以开采利用，如重庆万州高峰盐矿，采深已达 3080m。

云南大规模盐矿地质工作是在 1950 年之后进行的，云南地质局第十六地质队从 1959 年起，在全省范围内开展了钾盐和其他盐类矿产的普查勘探工作。省内盐类矿产勘查程度以思茅盆地最高，滇中盆地居次。但盐矿资源储量的地理分布不平衡，勘查程度有待进一步提高。

西藏西北地区分布大小湖泊651个，开展过踏勘检查的盐湖237个，达到预查程度以上的仅有15个，大部分盐湖做过以固体硼矿、石盐为主的勘查工作，如班戈错、杜加里湖、孔孔茶卡、朋彦错等。目前全区盐(钾)湖勘查程度达到详查的有5个，均属Li、K、B_2O_3共(伴)生矿产综合勘查，分别为扎布耶茶卡、扎仓茶卡、鄂雅错、当雄错、麻米错，而藏北可可西里等地区还存在较多盐湖工作的空白区域(表8-31)。

表8-31　西南地区大中型石盐矿床一览表

编号	矿床名称	地理位置	矿床类型	规模	勘查程度
2	蓬莱盐矿	四川省蓬溪县	古代海相沉积型	大型	初勘
3	威西盐矿详查区	四川省犍为县	古代海相沉积型	大型	详查
4	威西盐矿罗城矿区	四川省犍为县	古代海相沉积型	中型	勘探
6	威西盐矿马踏矿区	四川省井研县	古代海相沉积型	大型	勘探
8	上西乡盐矿	四川省长宁县	古代海相沉积型	中型	勘探
9	鲜渡河岩盐矿	四川省渠县	古代海相沉积型	中型	详查
11	四川久大长山盐矿	四川省荣县	古代海相沉积型	中型	普查
13	平落坝构造富钾、硼卤水矿	四川省邛崃市	古代地下卤水型	中型	普查
16	四川久大殷家沟采区	四川省大英县	古代地下卤水型	大型	普查
19	高峰场矿区玉和沟盐矿段	重庆市万州区	古代海相沉积型	中型	普查
20	高峰场盐矿	重庆市万州区	古代海相沉积型	大型	普查
25	者北盐矿	云南省富民县	古代盐湖沉积型	中型	普查
26	安宁芒硝-石盐矿	云南省安宁市	古代盐湖沉积型	大型	详查
27	桃花村盐矿	云南省安宁市	古代盐湖沉积型	大型	勘探
32	香盐文晒盐矿	云南省景谷县	古代盐湖沉积型	中型	普查
34	文卡盐矿	云南省景谷县	古代盐湖沉积型	大型	预查
35	整董盐矿	云南省江城县	古代盐湖沉积型	大型	预查
36	勐野井矿区含钾石盐矿	云南省江城县	古代盐湖沉积型	大型	勘探
37	勐腊含盐带南段盐矿	云南省勐腊县	古代盐湖沉积型	大型	预查
38	磨歇盐矿	云南省勐腊县	古代盐湖沉积型	中型	预查
40	拉鸡井盐矿	云南省兰坪县	古代盐湖沉积型	大型	预查

四、矿床类型

《中国矿床》(1994)提出了盐类矿床主要工业-成因类型分类方案。该书总结，我国石盐资源产状可分为海盐、湖盐、井盐和矿盐。

魏东岩《中国石盐矿床之分类》(1999)一文，研究了石盐矿床的成因分类。

综合前人研究，依据矿床成矿时代、矿石类型及地质特征，划分石盐矿床类型，参见表 8－32。

表 8－32　西南地区石盐矿床类型及特征简表

矿床类型	矿石类型		地质特征	典型矿床
古代海相沉积	固体	主要为石盐，少量硬石膏、芒硝	震旦纪钙芒硝-石盐	四川长宁石盐矿床
			寒武纪石盐	重庆城口、巫溪石盐矿床
			三叠纪石盐	四川盐源石盐矿床
古代盐湖沉积		钾盐、石盐、钙芒硝	古近纪勐野井组钾盐-石盐	云南江城石盐矿床
		石盐、钙芒硝、石膏	侏罗纪安宁组钙芒硝-石盐	云南安宁石盐矿床
古代地下卤水	液体	浓卤水-饱和卤水	三叠纪须家河组产黄卤，三叠纪雷口坡组和嘉陵江组产黑卤	四川自贡石盐矿床
现代盐湖		盐湖卤水	第四纪湖表卤水	西藏扎布耶石盐矿床

五、重要矿床

1. 四川威西石盐矿

该矿床位于犍为、荣县、井研、仁寿、五通桥区 5 个区县之间。盐矿东距自贡市 70km，西距乐山市五通桥 20km，与岷江航道相接，交通十分方便。

《四川省区域矿产总结》(1990)记载，含盐地层属中三叠统雷口坡组。石盐矿呈层状产出，分布面积达 719.7km^2，矿体平均厚 15.35m，除铁 34 孔盐层厚 0.35m 不可采外，全矿区稳定可采。但矿体由南向北逐渐减薄。

1977 年地质部第七普查勘探大队提交普查评价报告，探明 NaCl 资源量1 746 419×10^4 t，为一特大型矿床。威西盐矿的发现，为井盐开发提供了丰富的矿源，盐卤通过管道输送至自贡市和五通桥，使五通桥盐厂一跃而成为四川最大盐化工联合企业。

2. 重庆市万州区高峰场石盐矿

该矿区位于万州区西南 19km 之高峰场，东临长江水道，北有公路与万州区相连，西南直通忠县，交通方便。据钻井资料，区内三叠系巴东组、嘉陵江组发育齐全，其中嘉陵江组两个盐层因埋深大暂不具工业意义，勘查对象为巴东组 3 个盐层(《四川省区域矿产总结》，1990)。可采盐层埋深 2300～3100m，矿石水溶性好，是制盐、制碱的优质原料。地质部第二地质大队发现矿床，1989 年提交勘探报告，获(经审批)NaCl 资源量39 481.21×10^4 t。资源远景较大。

高峰场盐矿的发现，不仅救活了亏损的云阳盐矿，而且新建了真空制盐厂、烧碱厂，使原万县市在 1990 年代初期一跃成为四川省之第三大盐化工基地。

3. 四川自贡市邓井关、兴隆场卤水矿

邓井关、兴隆场位于自贡市南，分别距市区 30km 及 10km，为由两个北东向背斜构成的卤水资源地。邓井关背斜卤水产区，主要在背斜中西段约 20km^2 的范围内；兴隆场背斜卤水产区，主要集中于该背斜东段，面积约 6km^2。两矿区均属浅丘地貌，海拔在 300～400m 之间，公路纵横，交通

方便。

两地卤水资源品质相似，分黄卤、黑卤，邓井关主要生产黑卤，兴隆场黄卤、黑卤兼产。《中国矿床发现史·四川卷》(1996)记载，邓井关卤水矿是1958年四川石油管理局隆昌气矿3209井队在井喷中发现的，黑卤与天然气同喷。

邓井关、兴隆场卤水矿的发现与扩大，推动了卤化工业的发展，扩建了张家坝制盐化工厂，兴建了邓井关制盐化工厂和贡井盐厂兴隆采卤车间。大量制盐后的母液，由张家坝制盐化工厂生产出氯化钾、烧碱等18种化工产品。

4. 云南江城县勐野井矿区含钾石盐矿

该矿区位于江城县北部，矿区地理坐标：东经101°36′38″—101°41′19″，北纬22°37′59″—22°42′52″，面积40km²。矿区为一北东向的山间盆地，石盐、钾盐均为大型规模。根据《云南省江城勐野井钾盐矿储量报告》，勐野井组厚度903m，垂厚989m，地层倾角25°～45°(平均35°)，勘探工作最大深度809.38m(CK11，还未揭穿石盐层)。

据云南省地质矿产局内部资料《云南省区域矿产总结》(1993)记载，含盐层赋存于古近系古新统勐野井组，地表为盐溶泥砾岩夹泥岩、粉砂岩、硬石膏岩，井下为各类石盐岩、钾盐岩。矿体厚度0～26.14m，平均含量：$w(NaCl)=62.14\%\sim70.64\%$，$w(KCl)=4.06\%\sim12.92\%$。

5. 云南禄丰县元永井芒硝-石盐矿

该矿区位于云南省禄丰县—平浪镇之北13.5km。中心点地理坐标：东经101°52′10″，北纬25°10′56″。

含盐系古近系元永井组，由下部含石膏钙质粉砂岩段—中部钙芒硝石盐岩段—上部含石膏钙质粉砂岩段组成完整的蒸发沉积旋回，为古代内陆盐湖沉积芒硝-石盐矿。矿石化学成分以NaCl为主，其次是Na_2SO_4、$CaSO_4$。矿石$w(NaCl)$一般为20%～33%。

查明资源量：NaCl资源量为3572×10^4t，Na_2SO_4资源量为785.4×10^4t，为一小型矿床。据《云南省区域矿产总结》(1993)记载，矿床早在古代即已开采，1949年之前是云南省最主要的食盐生产基地。1957—1958年，由云南省地质局盐矿地质队进行勘探。

6. 云南安宁市安宁芒硝-石盐矿

该矿床所在安宁盆地位于昆明市西32km，盐层保存条件较好地段有60km²，主要赋存于上侏罗统安宁组中下部，属古代内陆盐湖芒硝-石盐矿床。

盐体顶面在有白垩系盖层部位的埋深一般大于200m，最深达500m，无盖层分布区埋深一般小于200m。《云南省区域矿产总结》(1993)介绍，矿区由12个见盐钻孔控制，圈定出4个石盐矿体(层)，2个钙芒硝矿体(层)和1个石膏矿体(层)。4个石盐矿体位于剖面中部，2个钙芒硝矿体分别位于石盐矿体之顶、底部，石膏矿体位于钙芒硝矿层之上。

石盐矿体NaCl含量平均为54.63%。云南省814队1982—1985年进行详查，获NaCl资源量139.75×10^8t、Na_2SO_4资源量70×10^8t，石盐、芒硝均属超大型规模。

六、成矿潜力与找矿方向

据现有资料，可划分出8个找矿远景区(图8-13)。

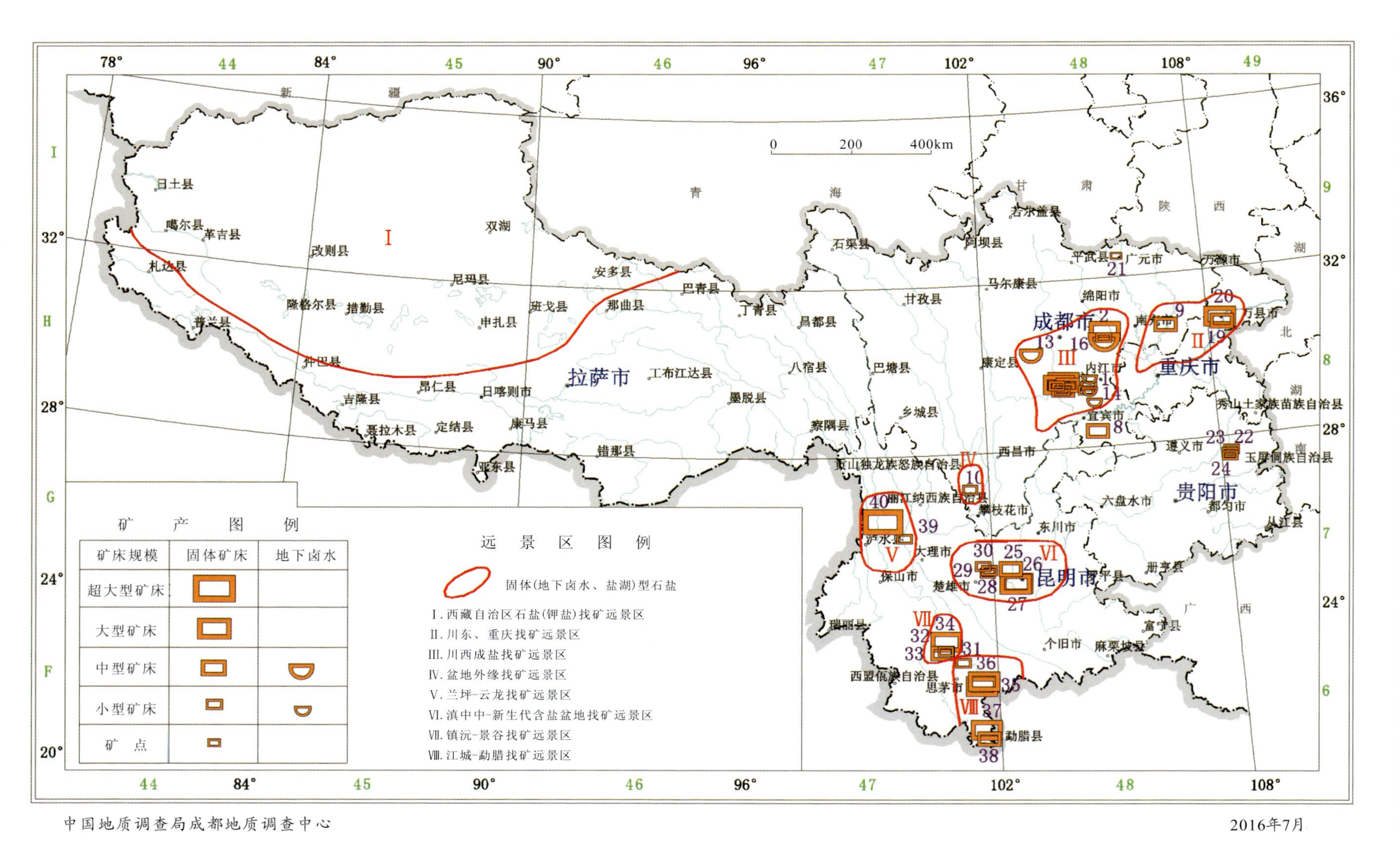

图 8-13　西南地区石盐找矿远景区分布概图

西藏自治区石盐(钾盐)找矿远景区(Ⅰ):西藏自治区第四纪盐(钾)盆地主要为构造湖盆,找矿远景地段包括龙木错-结则茶卡、阿翁错-扎仓茶卡、色卡执-扎布耶茶卡、麻米错-洞错、木布错-才玛尔错、当雄错-班戈错、孔孔茶卡-鄂雅错、错尼-多格错仁等。

川东、重庆找矿远景区(Ⅱ):位于华蓥山一线(万源—宜宾)与七曜山一线(巫山—古蔺)之间,呈北东向宽阔带状分布,局部延入湖北建南。主要含盐层位有上震旦统、寒武系和三叠系,已证实的成盐构造有川东达州、开江、川南长宁、重庆、永川、垫江、万州、长寿、忠县、渝南10个盐盆,以长宁、垫江、万州盐盆规模较大。石盐与卤水并存,已有开发,具有很大工业远景。

川西成盐找矿远景区(Ⅲ):位于华蓥山一线(万源—宜宾)以西,龙门山—普雄河一线以东,主要含盐层位有三叠系,中侏罗统、上白垩统,已证实的成盐构造有南充、成都、江油、旺苍、通江、宣汉、威西、自贡、威远、资中10个盐盆,为三叠纪最主要的成盐盆地。其中南充、成都两盆地还是中侏罗世及晚白垩世地下卤水的主要产出地区。成盐地质条件好,盐盆多、规模大。

盆地外缘找矿远景区(Ⅳ):分布于四川盆地东西边缘部位,主要是川西南盐源县,含盐层位为中三叠统白山组,石盐、卤水并存,石盐已证实属特大型规模矿床;其次是重庆市城口、彭水,含盐层位为中寒武统覃家庙组,多处发现高浓度卤水(并见石盐假晶),已为当地开采利用,具找盐远景。

兰坪-云龙找矿远景区(Ⅴ):含盐层位为古近系云龙组;云南兰坪盆地面积82km^2,区内出露4个Cl^-—Na^+型盐泉;云龙盆地面积296km^2,发现有重力负异常;具找钾找盐前景。

滇中中—新生代含盐盆地找矿远景区(Ⅵ):滇中分布有晚侏罗世小盆地。几条南北向大断裂将盆地分割为两大类型:元谋-绿汁江断裂以西为大盆地类型,小江断裂与元谋-绿汁江断裂之间为小盆地类型。晚侏罗世在一些小盆地中有大量盐类物质堆积。该区域具找盐前景。

镇沅-景谷找矿远景区(Ⅶ):位处景谷凹陷带,发现Cl^-—Na^+型盐泉57个,沉积了广厚的古近系勐野井组,有石盐、钾盐沉积,总厚度在421m以上。

江城-勐腊找矿远景区(Ⅷ):位处江城凹陷、大渡岗凹陷区,发现Cl^-—Na^+型盐泉115个,据勐野井矿区野狼山剖面,古近系勐野井组含盐系厚度为30.9m。

第十四节　重晶石、萤石

一、引言

1. 性质和用途

重晶石($BaSO_4$)是含金属钡的矿物,工业上主要利用重晶石矿物本身及其加工的钡盐类,因此习惯上把重晶石矿床作为非金属矿床。另一个工业钡矿物毒重石($BaCO_3$)也被作为非金属资源。作为泥浆加重剂的重晶石矿石密度应不低于4.0t/m^3。

重晶石三大用途是生产重晶石粉,制取钡的化工产品,提取金属钡并生产钡合金。

萤石旧称氟石,属卤化物矿物,是自然界主要的含氟矿物,分子式CaF_2,理论成分$w(F)$ 48.67%,$w(Ca)$51.33%。萤石是唯一能形成工业矿床的氟化物,常含钇、铈、镧系元素,含量高时具强荧光,在阳光照射后发磷光。

萤石在钢铁、氟化工、炼铝、水泥、玻璃以及光学领域乃至宝玉石原料方面,都有广泛用途。根据萤石的质量及用途,商业上赋予不同名称,如酸萤石(化学萤石)、冶金萤石(熔剂萤石)、珐琅萤石

(陶瓷萤石)和光学萤石。

2. 工业利用现状及要求

我国于20世纪初开始,开展以寻找重晶石矿产为目的的地质调查活动。开采分露天开采与地下开采,我国重晶石矿开采中以乡镇企业土法开采占绝大多数,以露天开采为主,主要开采残坡积矿床及矿体露头和浅部。

我国萤石矿床分布面广,但规模一般较小。多数萤石矿床矿体埋藏较浅,可进行露天开采,只在地形有利地区采用平硐开拓。深部矿体主要采用竖井开采,少数为斜井。我国目前生产矿山除少数重点矿山以外,大多数矿山没有正规设计,特别是中小型矿山,均以边采边探的形式生产。

重晶石、萤石工业利用要求,可参见中华人民共和国国土资源部发布、地质矿产行业标准《重晶石、毒重石、萤石、硼矿地质勘查规范》(2002)。

3. 矿床规模划分

重晶石萤石矿产地包括矿床、矿点和矿化点。矿床的资源储量规模划分如表8-33所示。

表8-33 重晶石萤石矿床规模划分表

矿种名称	矿床规模($\times 10^4$ t)		
	大型	中型	小型
重晶石矿石	≥1000	200～1000	<200
普通萤石(CaF_2)	≥100	20～100	<20
光学萤石矿物	≥1	0.1～1	<0.1

二、资源概况

自然界既有单一的重晶石或萤石矿床,又有重晶石萤石共生矿床。重晶石和萤石是自然界常见矿物,在许多金属、非金属矿床中,常伴生有重晶石、萤石。

重晶石是我国蕴藏丰富的矿种之一,探明资源储量约3.7×10^8 t,居世界首位(熊先孝等,2010)。西南地区重晶石查明资源储量约1.34×10^8 t,资源丰富,但矿床数量相对较少,集中分布于渝黔地区,贵州一省重晶石资源量约占全国的1/3。重晶石为西南地区优势矿种之一,大、中型矿床仅发现于贵州省,数量不多,但集中了西南地区大部分查明资源量。

西南地区萤石资源相对偏少,累计查明资源量(普通萤石,以CaF_2计算)为1466×10^4 t。萤石呈单一矿床和共伴生矿床两种形式产出。云南省萤石资源储量分布集中,资源量较大。查明单一的萤石矿床规模小,多金属、稀土及重晶石矿床中伴生萤石矿产地数量较多,如个旧锡矿,应注意综合利用。

西藏高原地区已发现多处重晶石萤石矿点和矿化点,如西藏地质局第四地质大队1971年调查的嘉黎县多仁沟萤石矿点,矿产资源潜力尚不清楚。

三、勘查程度

重晶石矿现有矿产地53处,萤石矿现有矿产地52处,均以小型矿床为主,重晶石萤石共生矿床占有较大比例(表 8-34)。西南地区重晶石萤石勘查程度低,达到勘探程度的重晶石矿床较少,多数重晶石萤石矿体规模、矿石质量未详细查明,仅富源县老厂、彭水县二河水达到勘探。西部和西南地区萤石生产企业少,规模小,产量低,开发早期生产重晶石的产地有重庆市彭水县红花岭、贵州省施秉县顶罐坡等,均以乡镇矿山为主。

表 8-34　西南地区大中型重晶石萤石矿床一览表

编号	矿床名称	地理位置	矿床类型	规模	勘查程度
16	阳山坡光学萤石	四川省汉源县	沉积改造型萤石矿	中型	勘探
33	洞坳口萤石(重晶石)	贵州省沿河县	南庄坪式	中型	普查
36	双河萤石(重晶石)	贵州省务川县		中型	普查
39	丰水岭萤石(重晶石)	贵州省沿河县		中型	勘探
50	麻花坪伴生萤石	云南省香格里拉县	麻花坪式伴生萤石	大型	普查
54	大河边重晶石矿	贵州省天柱县	大河边式	超大型	详查
66	卢家院重晶石矿	贵州省镇宁县	乐纪式	大型	普查
70	后坡(北部)萤石矿	贵州省晴隆县	晴隆式	中型	详查
71	后坡(南部)萤石矿	贵州省晴隆县		大型	详查
72	沙家坪萤石矿	贵州省晴隆县		大型	详查
73	必康萤石矿	贵州省晴隆县		大型	详查
75	老厂萤石矿	云南省富源县		中型	勘探
76	亚德克萤石矿	云南省富源县		中型	详查
81	松树脚伴生萤石	云南省个旧市	个旧式侵入岩型锡多金属伴生萤石	大型	勘探
82	卡房采选厂伴生萤石	云南省个旧市		中型	勘探
83	老厂塘子凹伴生萤石	云南省个旧市		中型	详查
84	老厂田湾子伴生萤石	云南省个旧市		中型	勘探
85	老厂竹叶山伴生萤石	云南省个旧市		中型	勘探
87	老厂田竹林伴生萤石	云南省个旧市		中型	勘探

四、矿床类型

2002 年,国土资源部发布《重晶石、毒重石、萤石、硼矿地质勘查规范》,其重晶石、萤石矿床类型沿用《重晶石、毒重石矿地质勘探规范》(1992)、《萤石矿地质勘探规范》(1986)中的矿床分类。

褚有龙(1989)、陈先沛等(1994)、熊先孝等(2010)、李春阳等(2010)研究过我国重晶石矿床分类。根据熊先孝等人的意见,目前可分为 5 种类型:沉积型重晶石矿床、层控(内生)型重晶石矿床、热液型重晶石矿床、火山-沉积型重晶石矿床、风化型(残坡积型)重晶石矿床。毒重石仅见有沉积型矿床。西藏类乌齐县查曲腊重晶石矿是否属沉积型尚待进一步研究。

曹俊臣(1987,1994)、王吉平等(2010,2014)研究了萤石矿床类型,综合考虑萤石矿床成因类型和工业类型,将中国萤石矿床划分为 3 种矿床类型,即沉积改造型、热液充填型、伴生型。共伴生萤石矿床，是指萤石矿物以伴生组分产于铁、钨、锡、铍等多金属，以及铅、锌等硫化物矿床中的萤石矿床，也是获得萤石的重要来源，其经济价值取决于综合回收的程度。根据矿物组合特征，可将伴生萤石划分 3 种：铅锌硫化物共、伴生萤石矿床，钨锡多金属伴生萤石矿床，稀土元素、铁伴生萤石矿床。

本书西南地区重晶石萤石主要矿床类型划分，如表 8-35 所示。

表 8-35 西南地区重晶石萤石主要矿床类型及成矿要素表

矿床类型	矿床式及典型矿床	成矿要素
沉积型重晶石矿床	大河边式重晶石矿；贵州天柱县大河边	早寒武世梅树村期；上震旦统—下寒武统老堡组，硅质岩-磷质岩-碳质页岩建造；台地边缘裂陷盆地相
	乐纪式重晶石矿；贵州镇宁县卢家院	晚泥盆世；上泥盆统榴江组，硅质岩建造；台盆相
	秦巴式毒重石-重晶石矿	晚震旦世；上震旦统八子坪组，硅质岩建造；秦岭海槽
热液型重晶石矿床	顶罐坡式重晶石矿；贵州施秉县顶罐坡	燕山期；含矿层位下奥陶统桐梓组下部，为灰岩-白云质灰岩建造；断裂构造
层控型萤石重晶石矿床	南庄坪式萤石重晶石矿；重庆彭水县红花岭	燕山期；主要含矿层位下奥陶统红花园组、南津关组，为生物碎屑灰岩-鲕粒灰岩夹页岩建造；断裂构造
火山-沉积型重晶石矿床	呷村式银铅锌共生重晶石；四川白玉呷村	印支期；上三叠统图姆沟组二段的火山岩建造
残坡积型重晶石矿床	未建立矿床式；云南昆明飞来寺、贵州平坝县马场	第四纪残坡积层发育；地貌；原生重晶石矿区附近
沉积改造型萤石矿床	晴隆式辉锑矿硫铁矿萤石矿；贵州晴隆县大厂	燕山期；二叠系茅口组、龙潭组假整合面；断裂构造；围岩蚀变出现硅化、高岭石化

五、重要矿床

1. 贵州天柱县大河边重晶石矿

该矿床位于贵州省天柱县与湖南省新晃县交界地带，距天柱县城北西 15km，通公路，距湘黔铁路新晃车站 21～51km。中心点地理坐标：东经 109°08′07″，北纬 27°02′19″。该矿区已成为中国生产重晶石的重要基地。

贵州省地质调查院工作资料（2011）显示，重晶石赋矿地层，为上震旦统—下寒武统老堡组[（Z—∈）l，也称留茶坡组]。寒武系底部重晶石有典型的热液成因证据（杨瑞东等，2007），发现有热液沉积所特有的钡冰长石。根据钱逸等（1999）对贵州东部的研究，在老堡组上段发现小壳动物化石，该段地层及其所产重晶石应是梅树村期沉积。

大河边式重晶石矿床分布于贵州天柱县、玉屏县境内，并延入湖南省新晃县，伴生有 P、U、V、Ni、Mo 和贵金属元素。

1956—1983 年，先后有贵州省工业厅第三普查队、西南地矿局 555 队、黔东南综合地质队等单位对区内重晶石矿做过普查、详查。累计查明重晶石矿石资源量10 881×10^4t，达超大型矿床规模，矿床平均品位达 92.67%。

据《贵州省国土资源公报》统计，2010年度，全省有重晶石大型矿山5个，中型矿山7个，小型和小矿143个，年产矿石量110.81×10^4t。

2. 贵州施秉县顶罐坡重晶石矿

顶罐坡重晶石矿床位于施秉县城南西3km，通公路。中心点地理坐标：东经108°06′23″，北纬27°00′52″。

矿体(脉)赋存于下奥陶统桐梓组白云岩中，重晶石矿脉呈侧列式分布于北东-南西向的矿带内；矿带内共揭露出重晶石矿脉17条，地表出露宽度0.2～20.0m，单个矿脉长为30～280m不等。

重晶石矿床的形成与地下热卤水的活动有关。张美良等提出碳酸盐岩地区重晶石矿床的成因及分类(1993)，认为施秉顶罐坡、麻江水山等为岩溶溶隙、孔隙充填-交代重晶石矿床。

1971年，贵州地质局101队提交初勘报告，批准的重晶石储量为57.0×10^4t，达小型重晶石矿床规模。

3. 重庆市彭水县红花岭重晶石萤石矿

红花岭重晶石萤石矿床位于彭水县城南西15km，中心点地理坐标：东经108°05′57″，北纬29°11′05″。有简易公路通彭水县城与川湘公路相接，并连接乌江水运。

含矿主要层位为下奥陶统红花园组、南津关组(包括旧的分乡组)生物碎屑灰岩、鲕粒灰岩夹页岩。矿体形态以脉状、透镜状为主，产状与断裂产状一致，矿脉长200～300m，厚0.3～3.0m。矿物成分简单，以重晶石、萤石为主，多为镶嵌状共生，脉石矿物以方解石为主。围岩蚀变以方解石化为主，其次为黄铁矿化。

1968年详查，经四川省地质局审核批准萤石D级14.8×10^4t，重晶石D级91.7×10^4t。《四川省区域矿产总结》(1990)介绍，经开采证实，重晶石储量计算偏小，萤石偏大，仍属小型矿床。

4. 贵州晴隆县后坡萤石矿

后坡实为辉锑矿硫铁矿萤石矿床，位于晴隆县城南西43km，东距大厂锑矿4km，通简易公路，交通较方便。矿床中心点地理坐标：东经105°07′55″，北纬25°40′13″。

后坡所在大厂矿田，含矿层为“大厂层”，该层是指中二叠统茅口组灰岩顶部、峨眉山玄武岩底部的一套化学沉积和火山碎屑沉积并经蚀变的岩石，构成所谓硅质蚀变岩。

中国地质科学院地质力学研究所凌小惠(1985)在“大厂层”底部玄武岩质砾岩中发现含有微量的海绿石矿物，为确定“大厂层”早期沉积属滨海相环境产物提供了佐证。

贵州省地矿局112队1978年提交后坡(南部)详查报告，达大型矿床规模；1981年提交后坡北部地质报告，达中型矿床规模。

经地质勘查单位评价，大厂矿田内锑矿、硫铁矿、萤石矿均可构成大型矿床，是一个不可多得的综合矿床，具有较高的经济价值。

六、成矿潜力与找矿方向

根据西南地区重晶石萤石矿分布特征，全区共划分重晶石远景区2个，重晶石萤石远景区1个，萤石远景区2个(图8-14)。重庆彭水、贵州施秉等地区无中型以上重晶石矿床或萤石矿床，四川和西藏重晶石萤石查明资源量很少，均不圈定找矿远景区。

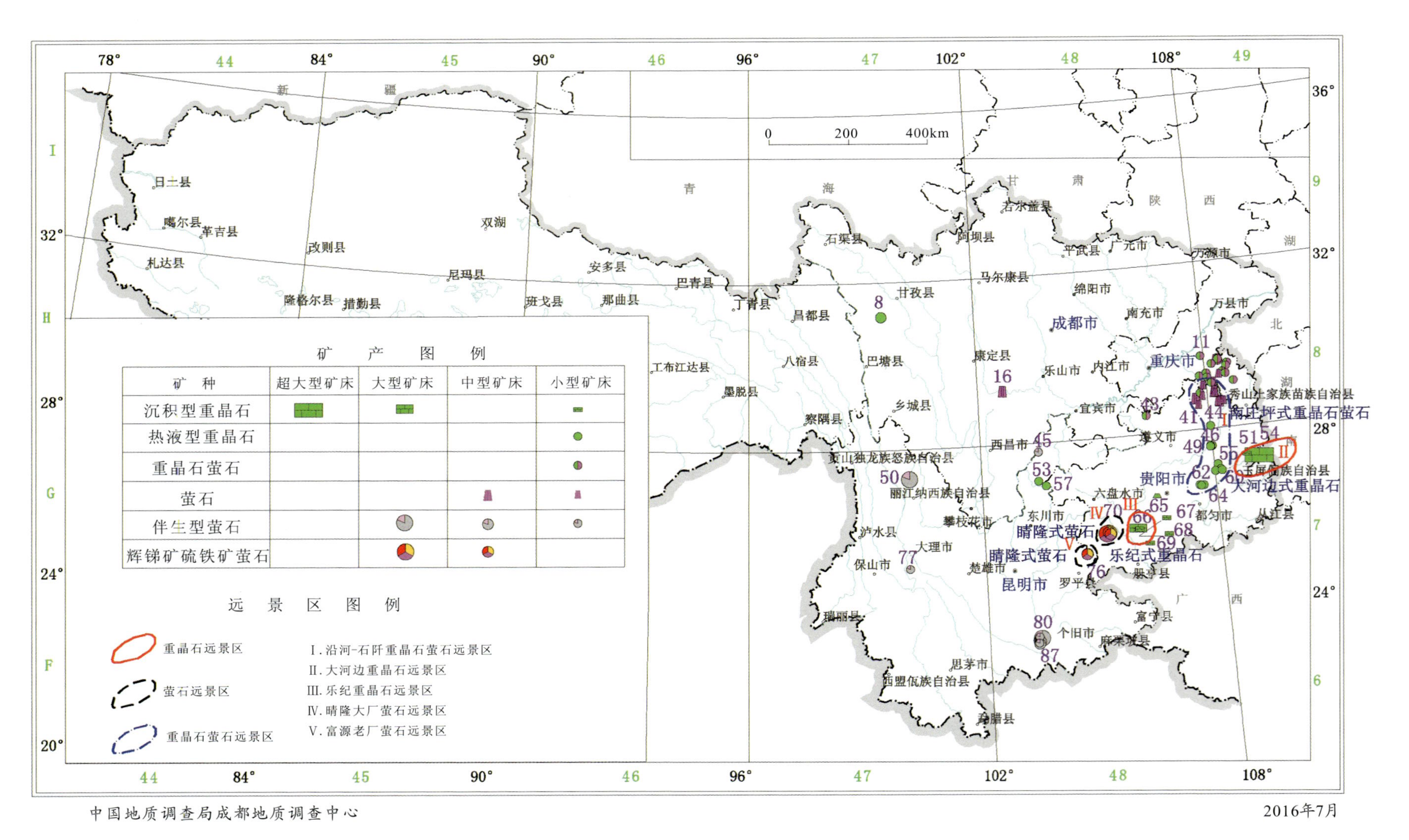

图8-14　西南地区重晶石萤石找矿远景区分布概图

沿河-石阡重晶石萤石远景区（Ⅰ）：中北部沿河、务川地区矿石类型为重晶石-萤石矿；南部石阡地区矿体规模为小型，为单一重晶石矿。已知矿产地以小型矿床为主。远景区向北延入重庆境内彭水、酉阳等地，有不少同类型矿床产出，但未见有中型以上者。

大河边重晶石远景区（Ⅱ）：分布于贵州省天柱县、玉屏县境内，并延入湖南省新晃县。已发现超大型矿床 1 个，小型矿床 1 个。重晶石矿床属喷流沉积作用形成，国际上称 SEDEX 矿床。

乐纪重晶石远景区（Ⅲ）：位于贵州省镇宁县，赋矿地层上泥盆统榴江组，矿床为海底热水沉积作用形成。矿床类型为乐纪式沉积型重晶石矿。已发现大型矿床 1 个，小型矿床 4 个。

晴隆大厂萤石远景区（Ⅳ）：位于贵州省晴隆县、兴仁县，亦称大厂矿田，矿床类型有晴隆式辉锑矿硫铁矿萤石矿。已发现大型矿床 2 个，中型矿床 2 个。

富源老厂萤石远景区（Ⅴ）：位于云南省富源县，萤石矿体赋存于老厂背斜两侧的 F_1、F_6 正断层中，以及两断层所夹持的二叠系茅口组、龙潭组间的假整合面上。矿床内锑、硫含量低，萤石矿化以灰岩与硅质岩接触时最佳，当遇到泥质灰岩或凝灰质砂砾岩、粉砂岩时，矿化变差。

第九章　盐湖矿产

一、引言

盐湖是一种含盐的湖泊,湖泊中含盐量的多少就成了划分湖泊类型的重要指标。较早时期,人们通常把含盐量大于35g/L的湖泊称为盐湖;目前在行业内公认的盐湖的定义是:湖泊中盐分含量达到每升在50g以上,即达到自析盐阶段的湖泊,称之为盐湖。盐湖也是湖泊发展到末期的一种特殊阶段的产物,也被称为末期湖泊。

根据盐湖形成的地质时代,一般划分为现代盐湖和古代盐湖两大类:现代盐湖,是指第四纪地质时期或现代形成的盐湖,简称盐湖,按成盐时代,大约是100万年以来形成的盐湖(郑喜玉等,2002);古代盐湖,是指第四纪地质时期以前形成的盐湖的统称,简称为古盐湖。西藏盐湖目前所发现的,成盐时间均在1.8万年以来形成,属现代盐湖。

盐湖的分类,目前主要是依据卤水水化学类型及湖泊盐类沉积(或卤水)成分来划分。一般依据卤水水化学类型,可划分为碳酸盐型盐湖、硫酸盐型盐湖及氯化物型盐湖3类;依据卤水水化学类型及湖泊盐类沉积(或卤水)成分可划分为石盐湖、芒硝湖、钾镁盐湖、硼酸盐盐湖、锂盐湖等。

按产出盐类矿产组分和地质构造背景差别,又可将盐湖分为两类:①普通盐湖,多分布于稳定构造区,产石盐、芒硝、碱类、石膏和硫酸镁盐等一般盐类矿产;②特种盐湖,绝大多数分布于活动构造区,除有一般盐类矿产外,还产Li、B、K、Cs、Rb (W、I、Br),或F、Si、Br、$CaCl_2$等矿产(郑绵平,2001b)。

普通盐湖广泛产于克拉通、地台等稳定构造区,如西伯利亚、澳州、蒙古、鄂尔多斯等地台或克拉通地区。由于此类盐湖多地处闭塞的内陆环境,除局部与海有联系(如澳大利亚西海岸)外,一般与海水补给无关,盐类物质来源主要与盐湖盆地周围的岩性物质表生风化有关。

特种盐湖分布于活动构造区,按其产出地质构造背景和物质组分又可划分为两个亚类:①氯、碱、硅酸钠盐(东非裂谷马加迪湖)或氯化钙、钾、溴(死海地堑)特种盐湖,产于板块张裂带裂谷区,其物质来源可能来自与洋壳和上地幔;②锂、硼、钾(铯、铷)或硼锂、钾(钨)特种盐湖,前者产于碰撞带微裂谷和山间盆地(如青藏高原扎布耶盐湖)或产于板块大陆边缘火山弧后盆地(如智利Atacama湖、阿根廷Hombre Muerto盐湖)或者产于板块转换断裂带后盆地(如美国西尔兹湖、银峰湖),本亚型虽然产于活动构造区,且物质来源也来自深部,但其深度可能不及①亚型,其以亲石元素为特征,主要成矿物质可能来自岩石圈。西藏盐湖就属于这一类。

盐湖中聚集着大量石盐、芒硝、钾、锂、硼等重要盐类和有重要经济价值与科学意义的嗜盐藻、盐卤虫等特异生物资源(李明慧,2002;郑绵平,2001a),还赋存具有工业意义的氯化钙、钨、铯、铷、铀、锶、水菱镁矿、沸石、锂蒙脱石及天然气等(郑绵平,2001a),是一种综合性的无机盐、嗜盐生物和旅游疗养资源(郑绵平,2001a)。据GB/T 13908—2002规范,盐湖矿产即为第四纪盐湖固体和液体矿产,包括石盐、钾镁盐、硼、锂、芒硝(钙芒硝、无水芒硝)、天然碱、钠硝石及水菱镁矿等。西藏盐湖矿产以锂、钾和硼为主，锂矿最低工业品位300mg/L(LiCl)，卤水钾盐、露采固体钾盐最低工业品位分别为≥0.5%～1%(KCl)，≥8%(KCl)；卤水硼矿和露采固体硼矿的最低工业品位分别是≥300mg/L(B_2O_3)，≥2%(B_2O_3)。

中国盐湖矿产开采历史极为悠久，最早可追溯到4000年前的周朝，最初是中国先民用日晒盐田法采盐以食用；后来，开采少量的芒硝等盐类沉积矿物用以牛、羊皮制品的加工；直到1955年西北地质局632队发现柴达木盆地的察尔汗、达布逊盐湖这一巨大的“盐库”以后，20世纪60年代以后，中国在盐湖矿产方面才开始进入了传统地质学、化工工艺学与生物学研发及大规模开发利用盐湖矿产资源的阶段。西藏盐湖矿产资源的发现及开发利用和祖国内地一样，历史悠久，早在公元720年以前，就有少量开采的历史，藏医学《四部医典》中就记载有使用硼砂治病的药用描述，可以说，西藏是世界上最早发现和利用硼砂的著名产地之一。

盐湖矿产资源具有裸露地表便于开采、加工工艺较为简单、消耗能源较低、利于环境保护等开发优势，因此被广泛开发利用。目前人类主要提取盐湖资源中的石盐、锂、钾、硼、镁等用于军工、化工、医疗、新能源等行业；盐湖中还发育大量具有重要经济价值与科学意义的嗜盐藻、盐卤虫等特异生物资源，为人类获取蛋白质、天然食用色素、能源，净化环境，变盐湖为“良田”，发展“盐湖农业”提供了良好的条件；盐湖卤水的储热特点已开始用于“太阳能盐水池”发电；此外，盐湖旅游资源也已经开发利用。

锂资源被称为21世纪能源资源，随着锂电池、电动汽车、核聚变反应堆等新能源对锂需求量的增加，盐湖中锂盐资源成为目前盐湖矿产中最受关注的矿种。由于盐湖卤水提锂工艺简单、能耗低、成本低，如此显著的优势，使盐湖锂资源的开发备受青睐，盐湖卤水提锂发展至今已有20年左右的历史。

二、分布与勘查开发现状

1. 盐湖分布

世界盐湖分布于两个带和一个区，即北半球盐湖带、南半球盐湖带和赤道盐湖区。北半球盐湖带位于北纬12°～63°范围内，大多数集中在北纬30°～50°之间；南半球盐湖带位于南纬10°～45°之间；赤道盐湖区位于N5°～S5°的范围内。世界上大多数盐湖是集中在北半球盐湖带上，包括亚非欧大陆盐湖区和北美大陆盐湖区。北美大陆盐湖区内盐湖主要位于美国西部和墨西哥北部；亚非欧大陆盐湖区位于E135°～W8°，是世界上最主要的盐湖区，包括中国、伊朗、印度、巴勒斯坦、埃塞俄比亚、利比亚、埃及、土耳其和俄罗斯等国的盐湖。其次，南半球的南美安第斯盐湖带也是世界上非常重要的盐湖区，包括秘鲁、智利、玻利维亚、阿根廷。

我国地域辽阔，盐湖星罗棋布，是世界上盐湖分布最多的国家之一。据考察统计，全国有大小盐湖1000余个，盐湖面积约$5\times10^4km^2$，面积大于$1km^2$的现代内陆盐湖有813个(郑喜玉等，2002年)；我国盐湖的分布具有区域性和不均一性这两个明显的特征，主要分布于西部—北部干旱和半干旱地区，分布的水平地带性表现为大致沿北纬28°～52°之间的区域呈串珠状分布，由南至北大致以近东西走向的喜马拉雅山脉、昆仑山—阿尔金山—祁连山—六盘山、北东向的贺兰山和太行山—大兴安岭为界，依据地貌环境、卤水成分、盐类资源等方面的特色，可将我国盐湖带划分为4个盐湖区：青藏高原盐湖区、西北盐湖区、东北盐湖区和东部分散盐湖区。其中青藏高原盐湖区平均海拔4km以上，本区盐湖数量多，类型全，矿产丰富，因丰富的钾、硼、锂、镁矿产而引人注目(郑绵平等，2006)。分布的垂直地带性表现为：受地形地势变化的影响，盐湖分布的高程亦由高到低或由低到高，呈明显的阶梯状分布趋势。盐湖分布的地域性表现在：我国盐湖主要分布在西藏、内蒙古、青海、新疆4个省区，这4个省区共分布有盐湖782个，无论是面积，还是个数，均占全国盐湖的95%以上。

西藏盐湖的空间分布不仅具有纬向地带性，还具有经向地带性；基本上均分布在纬度31°以北、经度在90°以西的藏西北地区；从大地构造背景上看，主要分布于班公湖-怒江接合带两侧，新特提斯海由东向西海退的残余盆地，并经高原整体抬升及南北向构造的叠加改造，成盐盆地总体呈东西向展布，成盐盆地多受南北向构造控制。

经对中国科学院（以下简称中科院）盐湖研究所、中国地质科学院矿产资源研究所（以下简称地科院矿床所）盐湖中心、藏北地质队、西藏地质五队等单位盐湖调查资料的归纳统计，西藏共有面积大于1km^{2}的盐湖312个，其中单一或多个矿种达到工业品位的盐湖有106个①。

2. 盐湖矿产勘查开发现状

西藏盐湖的勘查工作自西藏地质局821队（藏北地质队的前身）1956年在班戈湖开展硼砂普查以来从未间断，西藏地质局藏北地质队、中科院青藏高原综合考察队、中科院盐湖所、地科院矿床所、西藏地勘局第五地质大队等单位先后在1958年、1959—1961年、1976—1978年、1982—1984年、1988—1990年、2007—2008年在藏北高原腹地开展了6次较大规模的盐湖调查，累计调查大大小小的盐湖近500个，取得了大量的第一手资料。发现了扎仓茶卡、扎布耶、麻米错、鄂雅错、班戈错、当穷错、多格错仁等106个盐湖矿床。

目前中国地质科学院矿产资源所盐湖中心、西藏地质矿产勘查开发局第五地质大队完成了扎仓茶卡、扎布耶、麻米错、鄂雅错4个盐湖的详查工作，并在班戈错、当穷错、多格错仁、才玛尔错、拉果错、基布查卡、龙木错等10余个盐湖开展了普查工作。总体来看，西藏盐湖的勘查地质工作程度较低，许多盐湖尚未开展普查以上的工作，除扎布耶研究程度较高外，其余盐湖的基础研究工作均十分不足。

西藏盐湖矿产资源十分丰富，其中盐类沉积矿产中的硼、芒硝等矿产资源量巨大，卤水中的锂资源量也很巨大，这几种矿产资源具有极大的经济价值。西藏盐湖矿产资源的开发历史久远，早在13世纪，西藏人民就开发了盐湖中的石盐作为调味品，开发芒硝来加工羊皮、牛皮等，并开采少量的硼酸盐类矿产来调制藏药。然而，真正意义上的工业开发却是在1951年和平解放西藏以后，在人民政府的支持下，西藏化工一厂于1961年在杜加里盐湖开采的硼砂就达到了10×10^4t以上，一直到现在，西藏盐湖各类矿产资源中形成规模开发的仍为硼酸盐矿物类矿产，随着一大批盐湖矿床的发现，硼矿的开发也从青藏公路沿线的盐湖发展到了整个藏西北地区的盐湖，这些盐湖包括秋里南木错、扎仓茶卡、基步茶嘎错等。

卤水矿的开发，也随着盐湖提锂工艺、选硼工艺的进步，扎布耶盐湖的卤水锂矿、扎仓茶卡的卤水硼矿均已开始进行工业开发，相信在不久的将来，西藏盐湖矿产资源的综合开发利用一定会取得巨大的进展，从而为西藏及全国的经济服务。

三、盐湖矿产分类及其特征

西藏盐湖矿产资源和世界及国内其他盐湖一样，依据赋存状态可分为盐类沉积矿产资源（固体矿）和卤水矿资源（液体矿）两种，大多数盐湖中这两类盐湖矿产资源均存在。按照瓦里亚什科根据

① 西藏自治区钾盐矿资源潜力评价成果报告，西藏自治区地质调查院，2011。

天然水对盐湖卤水进行分类的原则，西藏盐湖同样可划分为碳酸盐型盐湖、硫酸盐型盐湖和氯化物型盐湖，其中硫酸盐型又可分为硫酸钠亚型和硫酸镁亚型，这几种类型盐湖分别占西藏盐湖总数的比例为：33％、23.6％、33％、10.4％。盐类沉积矿产其基本构成为盐类矿物，目前在西藏发现的盐类矿物总计有38种之多，主要有碳酸盐类、硼酸盐类、硫酸盐类、氯化物类四大类，其中氯化物类矿物在西藏盐湖中仅发现了石盐这一种，其余三大类盐类矿物均十分丰富。然而，资源储量较大、工业价值较高的主要有硼酸盐矿物（包括硼砂、柱硼镁石、钠硼解石等）、芒硝、石盐等几种。根据盐湖中这两类资源有用组分的工业意义，我们进一步把盐湖细分为硼盐湖、锂盐湖、硼锂盐湖、锂钾盐湖、硼锂钾（溴）盐湖、硼锂钾镁（铯铷锶溴）盐湖、硼锂钾铷溴（锗钨）盐湖、芒硝（石盐）盐湖8种类型盐湖矿床（郑绵平等，1989）。

西藏盐湖矿产主要分布于青藏高原中部干冷地区，受气候影响明显。成矿湖盆主要受东西向断层控制，部分受南北向断层控制，成盐盆地内广泛发育第四纪湖相沉积。卤水化学类型和组分控制盐湖的成矿专属性。氯化物型卤水形成氯化钙-钾盐湖、钾镁盐湖、含锂硼盐湖，共生大量石膏，缺少碱类。硫酸盐型卤水形成钾镁型盐湖、锂硼盐湖、镁硼酸盐矿床，共生大量石膏，缺少碱类。碳酸盐型卤水形成锂硼铯铷盐湖、硼砂矿床，共生碱类矿物，罕见石膏。

四、重要矿床

青藏高原盐湖就时空分布特点而言，其北部为硫酸盐型盐湖；南部为碳酸盐型盐湖（郑绵平，2001a）。以下选取扎布耶茶卡、麻米错和扎仑茶卡为例，分别介绍碳酸盐型盐湖、硫酸钠亚型盐湖和硫酸镁亚型盐湖的特征。

（一）碳酸盐型盐湖

扎布耶茶卡大型锂硼钾盐湖矿床

1. 地质地理概况

扎布耶茶卡盐湖位于藏北高原腹地，东经84°04′，北纬31°21′，湖面最低海拔4221m，为藏北高原湖区海拔最低的盐湖，是世界独一无二的天然产碳酸锂（Li_2CO_3）——扎布耶石的盐湖。

该湖地势西高东低，北部和南部居中。湖积平原成阶梯状向东抬高，并可与东部达瓦错相接，两湖相距约75km。扎布耶茶卡盐湖被一道沙堤分为北湖和南湖，但在东侧有一小的通道相连。在1982年以前有老卤相通，夏季实测矿化度330g/L，至1984年7月初旬（雨季）调查，地表卤水已消失，代之有晶间卤水，其矿化度459～475g/L。自1984年后通道盐层裸露表面，表卤已不复存在，但盐层之下仍有晶卤而使南、北湖之间有水力联系。扎布耶茶卡盐湖矿床中锂盐、硼砂达到超大型，钾盐达到大型，品位都很高，卤水中还含有多种特种元素，具有很好的工业开发价值（郑绵平，1999；赵元艺，2003）。

北湖湖水面积93～95km²，其年变化小；南湖是一个半干盐湖，其卤水湖的面积为33～57km²，而干盐滩面积为107km²左右。卤水pH值在8.7～10.13之间，大部分在8.7～9.5之间，属于碱性小，南、北湖晶间卤水平均pH值分别为9.31和9.15；南、北湖地表卤水pH值分别为9.17和9.05。

湖区内出露地层为上古生界、中生界和新生界。前第四纪地层，已固结成岩，组成了湖周的山地，是湖区盐类矿物补给物源之一。第四纪地层，尚没固结成岩，广泛分布在山前及湖泊周围，以湖相为主（包括湖相碎屑和湖相化学沉积两大类）。扎布耶茶卡盐湖及其相毗连的地区第四纪地层分布广泛，从高山区至湖区分布有冰碛、冲积、洪积、残坡积、风积、塌积及广泛分布的湖相沉积，在滨湖及湖中发育较多的泉沼和盐沼及泉华，尤以钙化广发分布为扎布耶茶卡的一大特色①。

湖区水系比较发育，有罗吉藏布、脚步曲（桑目旧曲）、浪门嘎曲、泉水河（炸鱼河）及北部的河谷。前四者雨季为表流河，旱季为暗流河，北部的河谷常年未见表流。另外湖周有十分发育的泉水，尤其以查布野和秋矿泉水群涌水量最大，流量变化不受季节影响，湖周其他的泉水受季节变化较大。水系总汇水面积约14 300km^2，包括扎布耶茶卡盐湖和塔若错两个水系。由于南部冈底斯山莱居雪山的丰富融雪水形成毕多藏布而大量补给塔若错，总补给量大于湖面蒸发排泄量，故仍为淡水湖。该湖湖水可由东北端外泄，而常年补给扎布耶茶卡盐湖。

2. 盐类沉积（固体）矿产

扎布耶茶卡盐类沉积中，以石盐、芒硝、硼酸盐和水菱镁矿沉积为主，多呈似层状，湖区中间厚而边缘变薄，沉积层序清楚，自下而上依次为黄灰色含碳酸盐砂质黏土层、灰黑色含芒硝黏土层、硼酸盐层（以硼砂为主）、灰白色芒硝层，上部硼酸盐层（以硼砂沉积为主）、石盐层。

由于扎布耶茶卡盐湖组分的特殊性，扎布耶茶卡的盐类沉积（固体）矿产是一套富含锂、硼、钾的碱性矿物组合为特征的盐类矿物沉积。矿物中除了中度碳酸盐型的普通盐湖中常见的天然碱、石盐、芒硝、氯碳酸钠镁石和单斜钠钙石矿物外，还有大量的硼砂、钾芒硝以及含锂白云石和扎布耶石，构成了扎布耶茶卡盐湖丰富的以锂、硼、钾为主并伴生石盐、芒硝、碱的综合性大型至超大型盐矿床②。

3. 卤水（液体）矿

扎布耶茶卡是一个固体矿产和液体矿产伴生的盐湖，目前正在开发的主要是液体矿产。扎布耶茶卡是碳酸盐型盐湖，是一个以锂、硼、钾为主，伴生有钠、碱和铷、铯、溴的综合性矿床。

从液体矿资源考虑，由于北湖有大量石盐析出，液体矿中的 NaCl 有大幅度减少，根据 20 世纪 90 年代北湖石盐区的分布，估算已析出石盐约 670×10^4 t，但是，卤水中的硼、钾、铯、铷尚未沉积，其液体矿资源量变化很小。

扎布耶茶卡盐湖卤水最常见化学组分有 Na^+、K^+、Ca^{2+}、Mg^{2+}、Li^+、B_2O_3、Rb^+、Cs^+、Br^-、SO_4^{2-}、Cl^-、CO_3^{2-}、HCO_3^-，水化学类型属于中度碳酸盐型。其中主要成分为 Na^+、K^+、Cl^-、SO_4^{2-}、CO_3^{2-}，在不同种类卤水（地表卤水或晶间卤水）中，按它们所占毫克当量大小，其顺序大致如下：$Na^+ > Cl^- > SO_4^{2-}$ 或 $< CO_3^{2-} < K^+$。值得注意的是，地表卤水锂含量比晶间卤水锂含量高，说明扎布耶南湖早期卤水即有大量的 CO_3^{2-} 存在，使卤水相当数量的 Li^+ 已呈碳酸锂等析出。

4. 湖盆演化及成盐机制

扎布耶茶卡盐湖是由早、中更新世以来的古大湖逐步演化而成的，西藏盐湖矿产的形成取决于以下几个必要条件：中新生代以来的活动构造对湖盆的控制、封闭的古地貌环境、干冷的气候条件、丰富的物资来源。受班公湖-怒江缝合带及冈底斯山构造带的影响，发育有众多的中、高温热泉，富含 B、Li、Cs、Rb、F 等元素，为 B、Li 等元素地球化学异常扩散中心，为盐湖的演化及成盐提供了大量丰富的物源；在第四纪初—中期，扎布耶茶卡盐湖隶属隆格尔大湖系，由于湖盆迅速收缩并逐渐分离，由南而北（由高向低）形成一个个单独的湖泊，而构成湖链和砂坝、砂嘴体系；天然水中的

---

① 西藏北部盐湖硼（钾、锂）矿产地质调查报告，西藏地质矿产局第五地质大队，1991。

② 西藏自治区仲巴县扎布耶茶卡盐湖矿床锂矿详查报告，西藏扎布耶锂业高科技有限公司，2002。

离子成分在重力场、磁力场和选择性的作用下，由高向低处迁移聚集，形成多级盐湖，其中扎布耶茶卡盐湖是最低一级的湖盆，大湖期捕集的成矿元素向低处分异聚集，钾、锂、硼、铯等元素向低湖聚集，使扎布耶茶卡成为盐湖矿床的天然成盐试验场；固体锂盐在25ka B P 开始沉积，并在全新世中后期大量沉积了富锂白云石和扎布耶石。全新世以来，气候总的趋向干冷变化，形成层状芒硝、硼砂、石盐和含天然碱、钾盐矿层，并形成了富锂、硼、钾、铯等的卤水矿产，从而形成本区固液相共存的盐类矿产资源①。

（二）硫酸钠亚型盐湖

麻米错大型硼盐湖矿床

1. 地质地理概况

麻米错盐湖位于班公湖-怒江缝合带南侧，麻米错盐湖硼矿为固液并存的大型湖泊化学沉积硼矿，同时伴有钾、锂、铷、铯矿产②。

麻米错盐湖系上更新世至近代形成的盐湖，矿区地质以湖盆广布的第四纪地质为主，湖盆底及边缘为前第四纪基岩地质。第四纪地层主要发育分布于现今盐湖盆地四周的山麓和湖滨地带。矿区第四系地质按成因类型可分为坡洪积、冲洪积、盐沼沉积、湖相碎屑沉积、湖相化学沉积，湖相化学沉积层是矿区主要的赋矿地层。

2. 盐类沉积矿产

麻米错盐湖矿区化学沉积主要有碳酸盐、硫酸盐沉积。这两种盐类沉积有一定的生成顺序，但又相互穿插联系，只是主次各异。在化学沉积时，因沉积环境复杂多变，同时也伴随有细碎屑沉积。在钻探工作揭露中，常常见钠硼解石、硼镁石、硼泥矿层夹细砂透镜体和掺杂泥砂。碳酸盐沉积主要是灰泥层、含硼灰泥-含硼淤泥（局部含钠硼解石团块）为主；硫酸盐以硼镁石（含少量芒硝）-钠硼解石（含少量石膏、芒硝、石盐）纯化学沉积为主。化学沉积分布在麻米错盐湖北西角的湖滨地带，总体绕湖呈条带状展布。湖相化学沉积特征由湖岸至湖水总体上呈现一定的渐变关系，大致可分为：灰泥层、含硼灰泥层、含硼淤泥层和硼矿层，垂向上地表为硼矿层，其下为含硼淤泥层和含硼灰泥层，基底为砂砾层、砂层或黏土层。

按照矿床的自然类型划分为固体钠硼解石、硼镁石硼矿、硼泥硼矿和液体硼矿①。固体硼矿主要分布在麻米错盐湖北西地带的湖滨地带，总体绕湖呈条带状展布，由湖岸至湖水总体呈现一定的渐变关系，依次可分为：灰泥层、含硼灰泥层、含泥硼矿层和硼矿层；垂向上，上部为硼矿层，其下为含硼淤泥层和灰泥层，基底为砂砾层、砂层或黏土层③。

3. 卤水（液体）矿

麻米错盐湖为硫酸盐型卤水湖，比重平均为1.123kg/L，平均矿化度190.3g/L，平均pH值为8.66，湖卤水富含B、Li、K及伴生有用组分Cs、Rb③。

麻米错液体矿（湖表卤水）总体特征盐湖的长轴北西-南东向，卤水中富含硼、钾、锂及伴生的铯和铷元素，共同构成了综合液体矿床。湖卤水中主要化学组分：阳离子为Na^+、K^+、Mg^{2+}、Li^+、

---

① 西藏自治区钾盐矿资源潜力评价成果报告，西藏自治区地质调查院，2011。

② 西藏自治区改则县麻米错区麻米错矿区盐湖硼矿普查地质报告，西藏自治区地质矿产局第五地质大队，1995。

③ 西藏自治区改则县麻米错盐湖硼（钾、锂）矿详查报告，西藏自治区地质矿产勘查开发局第五地质大队，2010。

B^{3+}、Ga^{2+}等，及阴离子为Cl^-、SO_4^{2-}、HCO_3^-等。其中B_2O_3、Li^+极具特色，在湖卤水中平均含量分别为3111.11mg/L和854.71mg/L。

麻米错液体矿湖表卤水矿化度和主要阴阳离子总体上由南东向北西增高，卤水含盐度增大，并在湖北西角的湖滨地带沉积形成了硼酸盐固体矿；湖卤水在垂向上和南北向上矿物质含量并无明显的分异变化特征。这也是本区特殊的气候条件和液体矿本身随水文气候条件不停变化所致。

4. 成盐特征

麻米错可划分为2个成盐期(碳酸盐和硫酸盐)、3个成矿阶段(含硼酸盐碳酸盐成矿阶段、硫酸钠亚类湖水沉积硼镁石、硫酸镁亚类湖水沉积钠硼解石成矿阶段)。距今15 000～8000年为第一成盐期，形成碳酸盐并伴有硼酸盐沉积的第一个成矿阶段；距今4000年至现在为第二成盐期，形成硼镁石和钠硼解石的第二、三成矿阶段，同时伴有石盐、石膏、芒硝等盐类沉积，第三成矿阶段钠硼解石沉积范围广，矿层厚度大，矿石质量好，反映出近期成矿气候更为干旱，湖水矿化度大，自析矿化度大，自析盐作用时间长①。

(三)硫酸镁亚型盐湖

扎仓茶卡大型硼锂盐湖矿床

1. 地质地理概况

扎仓茶卡(原称张张茶卡或张藏茶卡)位于藏北构造区西部，是一新的富锂的硼酸盐盐湖，主要矿产以固液并存的硼矿为主，另外还赋存有锂、钾、石盐、芒硝，及具有综合开发意义的铷、铯矿产。班公湖-怒江缝合带由湖盆宽谷通过，成为控制该湖盆的主要断裂，并间有北东和北西向断裂，而构成本区北西西向的狭长而藕断丝连的多级断陷湖盆。由东往西依次有达热布错、别若则错、都曲湖、扎仓茶卡Ⅰ湖(尕尕错)、扎仓茶卡Ⅱ湖(尕努加拉错)、扎仓茶卡Ⅲ湖(缺登错)，扎仓茶卡3个盐湖呈北西西排列方向，各湖之间为第四纪湖相沉积阶地所分隔。

扎仓茶卡为一封闭的内陆盆地，汇入湖中的水通过蒸发进行排泄，湖水达到平衡。扎仓茶卡3个湖的湖水补给量小于蒸发排泄量，有利于盐湖的形成和发育。

第四纪地层均固结成岩，构成了山地地貌景观区，第四纪地层有冲洪积、坡积、塌积和湖积，以湖相沉积分布最广。已知的成因类型有河湖相、湖相、湖相化学沉积、泉华沉积、洪积、冲积、坡积和残积等，其中河湖相、湖相沉积分布最广，湖相化学沉积为灰白色泥灰(黏土碳酸盐)-硼酸盐层，构成扎仓茶卡Ⅰ级阶地。

2. 盐类沉积(固体)矿产

扎仓茶卡盐湖成矿时代可推至晚更新世晚期(33 050±240)a B P，湖底自下而上依次沉积土黄—棕黄色含碳酸盐黏土和砂质黏土，黑—蓝灰色灰泥(淤泥)，灰—灰白色盐段沉积。灰—灰白色盐段沉积层下部镁碳酸盐含量相对较高，可达35%左右，芒硝含量相对稍低，约50%～60%，构成碳酸盐芒硝层或含碳酸盐芒硝层；往上碳酸盐含量降低，以10%～15%为多，芒硝含量则多在80%～95%之间，构成含碳酸盐芒硝或芒硝层；本层段顶部出现白色石盐层。

扎仓茶卡目前主要开发矿产为硼镁石，液体矿产尚未开发。固体硼矿主要产于Ⅰ级阶地和盐湖湖底。产于Ⅰ级阶地盐类矿物主要为硼酸盐，含少量至微量无水芒硝(呈他形，可能由芒硝脱水

① 西藏自治区钾盐矿资源潜力评价成果报告，西藏自治区地质调查院，2011。

形成)、石盐和石膏等,目前已知有以下6种含镁、含钠或钙的硼酸盐矿物,即库水硼镁石、多水硼镁石、柱硼镁石、钠硼解石、板硼石和硼砂等。其中库水硼镁石和柱硼镁石是主要矿物,钠硼解石和多水硼镁石次之,而板硼石、硼砂较少见。产于湖底沉积层中除硼酸盐矿物(多水硼镁石、板硼石和硼砂)之外,含有大量的芒硝(易脱水成无水芒硝)、石盐和分散状石膏,及少量的钾石膏、水钙芒硝等。

3. 卤水(液体)矿

扎仓茶卡液体矿产包括地表卤水、晶间卤水和“淤泥”卤水,卤水矿物组分由深至浅呈递减趋势,其矿化度、比重的主要组分量均以晶间水为高,如扎仓茶卡Ⅱ湖地表卤水矿度约117～305g/L,密度1.15～1.26g/cm^3;晶间卤水则矿化度为353～385g/L,密度为1.25～1.271g/cm^3。扎仓茶卡卤水含48种元素,其中主要组分为Na^+、Mg^{2+}、K^+、Cl^-、SO_4^{2-},按照其所占比例大小,其大致顺序为:Cl＞Na(或Cl＜Na)＞SO_4＞＜Mg＞K。其中扎仓茶卡Ⅰ湖、扎仓茶卡Ⅱ湖地表卤水为硫酸钠亚型,扎仓茶卡Ⅲ湖为硫酸镁亚型,而3个湖泊的晶间卤水中出扎仓茶卡Ⅱ湖为硫酸钠亚型,扎仓茶卡Ⅰ湖、扎仓茶卡Ⅲ湖均为硫酸镁亚型。

4. 湖盆演化及成盐机制

扎仓茶卡湖盆演化概分为两大阶段:早更新世—晚更新世早期为外流的泛河湖阶段和晚更新世末期以来闭流的咸化收缩阶段。扎仓茶卡湖在第四纪初—中期(距今约30 000a前),为泛湖期,距今约18 000～16 000a,湖水浓缩,扎仓茶卡原始湖盆逐渐分离出来,随后演化至碳酸盐沉积的第一个成盐期,开始有芒硝沉积;距今约3500a,在干冷-温暖交替的环境下,湖水大量浓缩,含盐岩石风化、破碎、溶解并通过地表和地下流水携带进湖中,同时,高阶湖泊水中矿物质在重力场、磁力场等作用下,由高向低处迁移聚集,导致扎仓茶卡盐湖进一步高度浓缩,石盐开始大量析出,扎仓茶卡盐湖演化至硫酸盐沉积阶段。全新世以来,气候总的趋向干冷变化,湖水进一步蒸发浓缩,扎仓茶卡Ⅰ、Ⅱ、Ⅲ湖逐渐分离,卤水矿化度也逐渐达到饱和,大量的芒硝、硼酸盐、石盐等盐类矿物沉积,从而形成本区固液相共存的盐类矿产资源①。

五、资源潜力分析及找矿方向

青藏高原盐湖的形成和化学组成的特殊性受其独特的地理、地球化学因素影响。青藏高原内发育系列断块山地和断陷谷地、盆地的构造地貌特征,有利于盐湖的形成;第四纪以来干旱气候的演化有自北往南逐渐扩展的明显特征,现代高原气候则有由南往北,由高原亚寒带、高寒带亚干旱—干旱区向高原温带、极度干旱区变化的特点(林振耀等,1981),高原冷干暖干与冷湿暖湿交替的气候条件,使盐分得以在汇水区汇聚和浓缩(郑绵平,2001b)。受控于高原湖盆地貌及其演化特点,青藏高原优质盐湖矿产资源主要集中于西藏藏西北部,即冈底斯板块中北部,那曲-师泉河公路南侧;盐湖矿产资源主要分布于班公湖-怒江缝合带两侧和双湖-龙木错缝合带等。

西藏盐湖矿产是我国重要的盐湖产地之一,其远景资源量及潜在经济价值较大。特别是藏西北盐湖碳酸盐型、硫酸钠亚型、硫酸镁亚型和氯化物型盐湖分布区,具有气候干燥寒冷、盐湖卤水矿化度高、湖盆分布面积大、盐湖演化时间长的特点,是固(液)体盐类沉积的有利场所,有望成为寻找西藏盐湖固(液)体锂、硼矿产的新领域。但现阶段西藏盐湖勘查工作程度较低,目前发现的盐湖多以卤水型钾、锂、硼矿为主,仅在少数盐湖发现固体硼、石盐等矿产。随着西藏盐湖找矿力度的加大

① 西藏自治区钾盐矿资源潜力评价成果报告,西藏自治区地质调查院,2011。

与研究程度进一步的提高，会有更多的新型盐湖矿产地发现。

西藏高原盐湖矿产的形成受气候条件影响明显，湖水蒸发量大于补给量有利于盐湖矿产资源的形成，而湖水补给量大于蒸发量也可能破坏已经形成的盐湖矿产。班公湖-怒江缝合带两侧盐湖处于干旱区，湖水补给量一般小于蒸发量，因此，目前发育的盐湖在未来均具有形成盐湖矿产的潜力，西藏高原中部有较大的寻找盐湖矿产的潜力。同时，由于气候及湖水补给的骤变，已经形成的盐湖矿产地也可能逐步消失，如申扎县的杜佳里湖，20 世纪 60 年代为小型硼砂矿，目前已逐步贫化。

在当前全世界都十分重视清洁能源开发的大环境下，西藏盐湖矿产中丰富的锂资源得到了前所未有的重视，特别是扎布耶茶卡盐湖卤水中提取碳酸锂的蒸发试验获得成功，为盐湖锂矿的开发提供了范例。因此，西藏盐湖矿产资源综合利用和经济价值将得到更加充分的显现。

附 录

名词解释

矿产资源:赋存于地壳内部或地壳表面的,由地质作用形成的呈固态、液态或气态的具有现实和潜在经济意义的天然富集物。

金属矿产资源:能够从中提取金属原料的矿产资源。

非金属矿产资源:可以作为非金属原料或利用其特有的物理性质、化学性质和工艺特性来为人类的经济活动服务的矿产资源。

矿床类型:根据矿床的成因类型、工业意义、经济价值,及其代表性矿石的矿物或元素建造、矿床的形态、产状及其与构造关系和围岩性质等因素所划分的矿床类型。

共生矿产:同一矿区(或矿床)内,存在两种或多种分别都达到工业指标的要求,并具有小型以上规模(含小型)的矿产,即为共生矿产。

伴生矿产:主矿体(层、脉)中,伴生其他有用矿物、组分、元素,但未"达标"或未"成型",技术经济上不具有单独开采价值,需与主要矿产综合开采、回收利用的矿产。

矿石:在现有的技术和经济条件下,能够从中提取有用组分(元素、化合物或矿物)或利用其特性的自然矿物聚集体。

围岩:矿体周围的岩石。

有用组分:在目前的技术和经济条件下,矿产中可以被工业利用的成分。

伴生有用组分:矿产中与主要有用组分相伴生的其他有用组分。

有害组分:矿产中对加工生产过程或产品品质起不良影响的组分。

1. 固体矿产资源/储量分类

分类 经济意义	地质可靠程度			
	查明矿产资源			潜在矿产资源
	探明的	控制的	推断的	预测的
经济的	可采储量(111)			
	基础储量(111b)			
	预可采储量(121)	预可采储量(122)		
	基础储量(121b)	基础储量(122b)		
边际经济的	基础储量(2M11)			
	基础储量(2M21)	基础储量(2M22)		
次边际经济的	资源量(2S11)			
	资源量(2S21)	资源量(2S22)		
内蕴经济的	资源量(331)	资源量(332)	资源量(333)	资源量(334)?

注:表中所用编码(111~334),第 1 位数表示经济意义,即 1=经济的,2M=边际经济的,2S=次边际经济的,3=内蕴经济的,? =经济意义未定的;第 2 位数表示可行性评价阶段,即 1=可行性研究,2=预可行性研究,3=概略研究;第 3 位数表示地质可靠程度,即 1=探明的,2=控制的,3=推断的,4=预测的,b=未扣除设计、采矿损失的可采储量。

2. 矿产勘查程度

矿产资源远景调查：是矿产资源勘查前期的基础性、区域性找矿工作，通过大致查明工作区成矿地质背景、成矿地质特征和成矿规律，评价区域矿产资源潜力，为后续矿产勘查提供靶区和新发现矿产地。

矿产资源调查评价：是对矿产资源的成因、物性、分布、规模、质量、演化规律、开发利用条件、经济价值及其在国民经济、社会公益事业中的地位和作用等方面进行的全方位分析、评估和预测。

预查：是依据区域地质和(或)物化探异常研究结果、初步野外观测、极少量工程验证结果、与地质特征相似的已知矿床类比、预测，提出可供普查的矿化潜力较大地区。有足够依据时可估算出预测的资源量，属于潜在矿产资源。

普查：是对可供普查的矿化潜力较大地区、物化探异常区，采用露头检查、地质填图、数量有限的取样工程及物化探方法，大致查明普查区内地质、构造概况，大致掌握矿体(层)的形态、产状、质量特征，大致了解矿床开采技术条件；对矿产的加工选冶性能进行类比研究，最终应提出是否有进一步详查的价值，或圈定出详查区范围。

详查：是对普查圈出的详查区通过大比例尺地质填图及各种勘查方法和手段，比普查阶段密的系统取样，基本查明地质、构造、主要矿体形态、产状、大小和矿石质量，基本确定矿体的连续性，基本查明矿床开采技术条件，对矿石的加工选冶性能进行类比或实验室流程试验研究，做出是否具有工业价值的评价。必要时，圈出勘探范围，并可供预可行性研究、矿山总体规划和作矿山项目建议书使用。对直接提供开发利用的矿区，其加工选冶性能试验程度，应达到可供矿山建设设计的要求。

勘探：是对已知具有工业价值的矿床或经详查圈出的勘探区，通过加密各种采样工程，其间距足以肯定矿体(层)的连续性，详细查明矿床地质特征，确定矿体的形态、产状、大小、空间位置和矿石质量特征，详细查明矿体开采技术条件，对矿产的加工选冶性能进行实验室流程试验或实验室扩大连续试验，必要时应进行半工业试验，为可行性研究或矿山建设设计提供依据。

3. 矿山建设规模分类

矿种类别	矿山建设规模级别				最低生产建设规模	备注
	计量单位/年	大型	中型	小型		
煤(地下开采)	原煤($\times10^4$ t)	≥120	120～45	<45		
煤(露天开采)	原煤($\times10^4$ t)	≥400	400～100	<100		
石油	原油($\times10^4$ t)	≥50	50～10	<10		
油页岩	矿石($\times10^4$ t)	≥200	200～50	<50		
烃类天然气	$\times10^8$ m^3	≥5	4.9～1	<1		
二氧化碳气	$\times10^8$ m^3	≥5	4.9～1	<1		
煤成(层)气	$\times10^8$ m^3	≥5	4.9～1	<1		
地热(热水)	$\times10^8$ m^3	≥20	20～10	<10		
地热(气热)	$\times10^8$ m^3	≥10	10～5	<5		
放射性矿产	矿石($\times10^4$ t)	≥10	10～5	<5		
金(岩金)	矿石($\times10^4$ t)	≥15	15～6	<6	1.5$\times10^4$ t/a	

续表

矿种类别	矿山建设规模级别				最低生产建设规模	备注
	计量单位/年	大型	中型	小型		
金(砂金船采)	矿石($\times10^4m^3$)	≥210	210～60	<60	$10\times10^4m^3/a$	
金(砂金机采)	矿石($\times10^4m^3$)	≥80	80～20	<20	$10\times10^4m^3/a$	
银	矿石($\times10^4t$)	≥30	30～20	<20		
其他贵金属	矿石($\times10^4t$)	≥10	10～5	<5		
铁(地下开采)	矿石($\times10^4t$)	≥100	100～30	<30	$3\times10^4t/a$	
铁(露天开采)	矿石($\times10^4t$)	≥200	200～60	<60	$5\times10^4t/a$	
锰	矿石($\times10^4t$)	≥10	10～5	<5	$2\times10^4t/a$	
铬、钒、钛	矿石($\times10^4t$)	≥10	10～5	<5		
铜	矿石($\times10^4t$)	≥100	100～30	<30	$3\times10^4t/a$	
铅	矿石($\times10^4t$)	≥100	100～30	<30	$3\times10^4t/a$	
锌	矿石($\times10^4t$)	≥100	100～30	<30	$3\times10^4t/a$	
钨	矿石($\times10^4t$)	≥100	100～30	<30	$3\times10^4t/a$	
锡	矿石($\times10^4t$)	≥100	100～30	<30	$3\times10^4t/a$	
锑	矿石($\times10^4t$)	≥100	100～30	<30	$3\times10^4t/a$	
铝土矿	矿石($\times10^4t$)	≥100	100～30	<30	$6\times10^4t/a$	
钼	矿石($\times10^4t$)	≥100	100～30	<30	$3\times10^4t/a$	
镍	矿石($\times10^4t$)	≥100	100～30	<30	$3\times10^4t/a$	
钴	矿石($\times10^4t$)	≥100	100～30	<30		
镁	矿石($\times10^4t$)	≥100	100～30	<30		
铋	矿石($\times10^4t$)	≥100	100～30	<30		
汞	矿石($\times10^4t$)	≥100	100～30	<30		
稀土、稀有金属	矿石($\times10^4t$)	≥100	100～30	<30	$6\times10^4t/a$	
石灰石	矿石($\times10^4t$)	≥100	100～50	<50		
硅石	矿石($\times10^4t$)	≥20	20～10	<10		
白云石	矿石($\times10^4t$)	≥50	50～30	<30		
耐火黏土	矿石($\times10^4t$)	≥20	20～10	<10		
萤石	矿石($\times10^4t$)	≥10	10～5	<5		
硫铁矿	矿石($\times10^4t$)	≥50	50～20	<20	$5\times10^4t/a$	
自然硫	矿石($\times10^4t$)	≥30	30～10	<10		
磷矿	矿石($\times10^4t$)	≥100	100～30	<30	$10\times10^4t/a$	
蛇纹石	矿石($\times10^4t$)	≥30	30～10	<10		
硼矿	矿石($\times10^4t$)	≥10	10～5	<5		
岩盐、井盐	矿石($\times10^4t$)	≥20	20～10	<10		
湖盐	矿石($\times10^4t$)	≥20	20～10	<10		

续表

矿种类别	矿山建设规模级别				最低生产建设规模	备注
	计量单位/年	大型	中型	小型		
钾盐	矿石(×10⁴t)	≥30	30～5	<5		
芒销	矿石(×10⁴t)	≥50	50～10	<10		
碘	矿石(×10⁴t)	按小型矿山归类				
砷、雌黄、雄黄、毒砂	矿石(×10⁴t)	按小型矿山归类				
金刚石	万克拉	≥10	10～3	<3		
宝石	矿石(t)	发证权限按中型划分、矿山生产建设规模按小型矿山归类				
云母	工业云母	按小型矿山归类				
石棉	石棉(×10⁴t)	≥2	2～1	<1		
重晶石	矿石(×10⁴t)	≥10	10～5	<5		
石膏	矿石(×10⁴t)	≥30	30～10	<10		
滑石	矿石(×10⁴t)	≥10	10～5	<5		
长石	矿石(×10⁴t)	≥20	20～10	小型		
高岭土、瓷土	矿石(×10⁴t)	≥10	10～5	<10		
膨润土	矿石(×10⁴t)	≥10	10～5	<5		
叶蜡石	矿石(×10⁴t)	≥10	10～5	<5		
沸石	矿石(×10⁴t)	≥30	30～10	<5		
石墨	石墨(×10⁴t)	≥1	1～0.3	<10		
玻璃用砂、砂岩	矿石(×10⁴t)	≥30	30～10	<0.3		
水泥用砂岩	矿石(×10⁴t)	≥60	60～20	<10		
建筑石料	$\times10^4 m^3$	≥10	10～5	<20		
建筑用砂、砖瓦黏土	矿石(×10⁴t)	≥30	30～6	<5		
页岩	矿石(×10⁴t)	≥30	30～6	<6		
矿泉水	$\times10^4 t$	≥10	10～5	<6		

参考文献

毕助周.云龙铁厂锡矿地质特征及成矿条件[J].云南地质，1986,5(3):222-231.

蔡克勤，袁见齐.四川三叠系钾盐成矿条件和找矿方向[J].化工地质，1986(2):1-9.

曹俊臣.中国萤石矿床分类及其成矿规律[J].地质与勘探，1987,3:12-17.

曹俊臣.中国萤石矿床[M]//郑直.中国矿床(下册，非金属).北京:地质出版社，1994.

曾普胜，李文昌，王海平，等.云南普朗印支期超大型斑岩铜矿床:岩石学及年代学特征[J].岩石学报，2006,22(4):989-1000.

曾照祥，刘爱玉.四川叙永大树的纤维状地开石的矿物学研究[J].矿物岩石，1985,5(1):111-116.

陈继洲.试论四川盆地下、中三叠统钾盐矿物的形成[J].化工地质，1990(2):1-14.

陈建平，唐菊兴，丛源，等.藏东玉龙斑岩铜矿地质特征及成矿模型[J].地质学报，2009,83(12):1887-1900.

陈先沛，高计元.中国重晶石矿床[M]//郑直.中国矿床(下册，非金属).北京:地质出版社，1994.

陈肖虎，高利伟.贵州织金含稀土低品位磷矿综合利用研究[J].中国稀土学报，2004,22(Z1):573-575.

陈晓鸣.盈江稀土矿提抗选矿试验研究[D].昆明:昆明理工大学，2007.

陈毓川，王登红.重要矿产预测类型划分方案[M].北京:地质出版社，2010.

陈郑辉，王登红，盛继福，等.中国锡矿成矿规律概要[J].地质学报，2015,89(6):1026-1037.

戴自希，马江芬，吴初国，等.世界银矿资源潜力和可供性研究[M].北京:地震出版社，2002.

地质矿产部成都地质矿产研究所.中国汞矿[M].成都:四川科学技术出版社，1988.

丁俊，吕涛，闫武，等.重庆市武隆—南川地区铝土矿伴生钪及其他有益组分调查评价地质报告[R].成都:中国地质调查局成都地质调查中心，2011.

董随亮，黄瀚霄，刘波，等.西藏弄如日金矿地质特征及找矿方向[J].地质与勘探，2010,46(2):207-213.

段志明.康滇地轴东缘古生代生物地层研究[J].四川地质学报 1998,18(2):30-36.

范晓.四川巴塘县亥隆-措莫隆矽卡岩型锡多金属矿的矿床特征—成矿作用与矿化分带[J].四川地质学报，2009,29:112-123.

丰成友，张德全.世界钴资源及其研究进展评述[J].地质论评，2002,48(6):627-633.

甫为民，李峰，鲁文举.兰坪金满铜矿床成矿地质特征及成因探讨[J].云南地质，1992,11(1):63-68.

甘朝勋.猫场式黄铁矿矿床地质特征及成因探讨[J].矿床地质，1985,4(2):51-57.

甘朝勋.西南硫矿带的矿床类型及找矿方向[J].化工地质，1985,3:1-11.

高世扬，宋彭生，夏树屏，等.盐湖化学—新类型硼锂盐湖[M],北京:科学技术出版社，2007.

关铁麟.叙永式高岭土矿床地质特征及其成因探讨[J].矿床地质，1982,2:69-79.

贵州省地质矿产局.贵州省区域矿产志[M].北京:地质出版社，1992.

韩鹏，牛桂芝.中国硫矿主要矿集区及资源潜力探讨[J].化工矿产地质，2010,32(2):95-104.

何仲磊.川北晚泥盆世硅砂资源的地质特征及开发利用前景[J].四川地质学报，1990(2):106-111.

侯兵德，吴志成，占朋才.松桃杨立掌锰矿地质特征及深部找矿潜力分析[J].化工矿产地质，2011b,33(2):93-99.

侯兵德，袁良军，占朋才.贵州松桃杨立掌锰矿地质特征及找矿潜力分析[J].矿产与地质，2011a,25(1):47-52.

侯增谦，王二七，莫宣学，等.青藏高原碰撞造山与成矿作用[M].北京:地质出版社，2008.

侯宗林.浅论我国稀土资源与地质科学研究[J].稀土信息，2003,10:7-10.

花永丰.中国汞矿成因及其找矿预测[M].贵阳:贵州人民出版社，1982.

黄瀚霄，李光明，刘波，等.西藏弄如日金矿围岩蚀变特征与成矿机理[J].沉积与特提斯地质，2009,29(3):79-83.

黄小文,漆亮,赵新福,等.云南东川汤丹铜矿硫化物的 Re－Os 年代学研究[J].矿物学报,2011,S1:594.
蒋凯琦,郭朝晖,肖细元.中国钒矿资源的区域分布与石煤中钒的提取工艺[J].湿法冶金,2010,29(4):216－224.
雷霆,朱从杰,张强,等.云南钛资源现状及开发利用对策[J].中国矿业,2005,14(10):26－29.
李春阳,田升平,牛桂芝.中国重晶石矿主要远景区及其资源潜力探讨[J].化工矿产地质,2010,32(2):75－86.
李峰,鲁文举,杨映忠,等.云南澜沧老厂多金属矿床矿化结构及成矿模式[J].地质与勘探,2009,45(5):516－523.
李光斗.云南澜沧老厂银铅锌铜矿床地质特征、控矿要素及找矿靶区[J].矿产与地质,2010,24(1):59－63.
李光明,刘波,屈文俊,等.西藏冈底斯成矿带的斑岩-矽卡岩成矿系统——来自斑岩矿床和矽卡岩型铜多金属矿床的 Re－Os 同位素年龄证据[J].大地构造与成矿学,2005,29(4):482－490.
李光明,芮宗瑶,王高明,等.西藏冈底斯成矿带甲马和知不拉铜多金属矿床的 Re－Os 同位素年龄及其意义[J].矿床地质,2005,24(5):481－489.
李光明,芮宗瑶.西藏冈底斯成矿带斑岩铜矿的成岩成矿年龄[J].大地构造与成矿学,2004,28(2):165－170.
李广,刘奇川,刘文彦.川西龙门山硅石资源地质特征及评价[J].四川地质学报,2012,32(1):61－65.
李明慧.盐湖资源的开发利用与可持续发展[J].自然杂志,2002,24(5):283－285.
李昱昀,狄晓亮,高洁.国内外盐湖卤水锂资源及开发现状[J].海湖盐与化工,2005,34(5):31－35.
李悦言.四川叙永县之含水火坭矿[J].地质论评 1941,6(Z2):285－290.
凌小惠.贵州二叠纪地层中海绿石矿物的发现及其地质意义[J].矿物岩石,1985,5(3):96－106.
刘爱民,张命桥.黔东地区含锰岩系中微量元素 Mn/Cr 比值与锰矿成矿预测[J].贵州地质,2007,24(1):60－63.
刘国平,胡朋,邵胜军.中国稀土资源在全球地位的评估[J].世界有色金属,2011,12:26－29.
刘文均.华南几个锑矿床的成因探讨[J].成都理工大学学报(自然科学版),1992,2:10－19.
刘巽锋,王庆生,高兴基,等.贵州锰矿地质[M].贵阳:贵州人民出版社,1989.
刘增铁,丁俊,秦建华,等.中国西南地区铜矿资源现状及对地质勘查工作的几点建议[J].地质通报,2010,29(9):1371－1382.
罗茂澄.西藏邦铺斑岩钼铜矿床——成矿流体演化和矿床成因[D].北京:中国地质大学(北京),2012.
罗莎莎,郑绵平.西藏地区盐湖锂资源的开发现状[J].地质与勘探,2004,40(3):11－14.
乜贞,卜令忠,郑绵平,等.西藏扎布耶碳酸盐型盐湖卤水相化学研究[J].地质学报,2010,84(4):587－592.
潘桂棠,徐强,侯增谦,等.西南"三江"多岛弧造山过程成矿系统与资源评价[M].北京:地质出版社,2003.
裴荣富,梅燕雄,毛景文.中国中生代成矿作用[M].北京:地质出版社,2008.
钱逸,陈孟莪,何廷贵,等.中国小壳化石分类学与生物地层学[M].北京:科学出版社,1999.
邱俊,吕宪俊,王桂芳.中国锰矿资源的分布及矿物学特征[J].现代矿业,2009,(9):6－7.
芮宗瑶,黄崇轲,齐国明等.中国斑岩铜(钼)矿床[M].北京:地质出版社,1984.
邵厥年,陶维屏,张义勋,等.《矿产资源工业要求手册》[M].北京:地质出版社,2012.
佘宏全,李进文,马东方,等.西藏多不杂斑岩铜矿床辉钼矿 Re－Os 和锆石 U－Pb SHRIMP 测年及地质意义[J].地质学报,2009,28 (6):737－746.
佘宗华,毛建军,徐舜.攀枝花含钪钛尾矿分解试验研究[J].矿冶,1999,8(1):54－57.
盛继福,陈郑辉,刘丽君,等.中国钨矿成矿规律概要[J].地质学报,2015,89(6):1038－1050.
施春华,胡瑞忠.贵州织金含稀土磷矿床的 Sm－Nd 同位素年龄及其地质意义[J].地球科学,2008,33(2):205－209.
国土资源部信息中心世界矿产资源年评[M].北京:地质出版社,2003.
四川省地质矿产局.四川省区域矿产总结[M].北京:地质出版社,1990.
宋立军,朱杰勇.金平白马寨铜镍矿床综合信息成矿预测模型[J].云南地质,2003,22(2):161－169.
宋学旺.元江镍矿区硫化镍矿床找矿思路探讨[J].矿产与地质,2006,20(4,5):392－396.
谭榜平,张成江.四川岔河锡矿地质地球化学特征及成因分析[J].矿物岩石.2001,21(1):67－70.
谭冠民,莫如爵.中国石墨矿床[M]//郑直.中国矿床(下册,非金属).北京:地质出版社,1994.
汤中立,钱壮志,任秉琛,等.中国古生代成矿作用[M].北京:地质出版社,2005.
唐菊兴,李志军,钟康惠,等.西藏自治区谢通门县雄村铜矿勘探地质报告[R].北京:中国地质科学院,2006.
陶琰,毕献武,辛忠雷,等.西藏昌都地区拉诺玛铅锌锑多金属矿床地质地球化学特征及成因分析[J].矿床地质,2011,30(4):599－615.
王登红,陈毓川,徐珏,等.中国新生代成矿作用[M].北京:地质出版社,2005.

王辉民，聂菲，谭民强.我国氧化铝工业节能减排途径分析[J].环境保护，2008,398(5B)：4-7.

王吉平，商朋强，牛桂芝.中国萤石矿主要远景区及其资源潜力探讨[J].化工矿产地质，2010,32(2):87-94.

王吉平，商朋强，熊先孝.中国萤石矿床分类[J].中国地质，2014,41(2):315-325.

王荣凯，邹建新.云南和四川攀枝花地区钛资源状况及开发利用前景[J].钛工业进展，2000 (1)：6-9.

王瑞江，王登红，李建康，等.稀有稀土稀散矿产资源及其开发利用[M].北京：地质出版社，2015.

王晓曼，李及秋，张学良，等.西藏扎西康铅锌锑多金属矿地质特征及矿床成因探讨[J].矿产与地质，2011,25(4):273-279.

韦天蛟.贵州锑矿地质勘查与研究的进展[J].贵州地质，1991,8(26):23-31.

魏东岩.我国硫酸钠矿产资源及开发利用的对策与建议[J].化工地质，1991(26,27):68-75.

魏东岩.中国石盐矿床之分类[J].化工矿产地质，1999,21(4):201-208.

魏泽权，雄敏.遵义地区锰矿成矿模式及找矿前景分析[J].贵州地质，2011,28(2):104-107.

申军.我国芒硝矿资源及其加工业的现状与发展[J].化工矿物与加工，2006,35(247).

吴承烈，徐外生，刘崇民，等.中国主要类型铜矿勘查地球化学模型[M].北京：地质出版社，1998.

夏勇，张启厚，黄华斌.大厂锑矿田构造控矿特征及实验构造地球化学初步研究[J].地质与勘探，1993,10:48-53.

谢建强，帅德权.四川江油杨家院黄铁矿矿床的金属矿物生物组构及其对矿床成因意义的探讨[J].四川地质学报，1988,8(2):29-33.

熊先孝，薛天星，商朋强，等.重要化工矿产资源潜力评价技术要求[M].北京：地质出版社，2010.

徐光宪.稀土[M].北京：冶金工业出版社，2005.

徐靖中.矿产工业指标应用手册[M].北京，中国环境科学出版社，2007.

徐正余，陈福忠，郑延中，等.青藏高原主要矿产及其分布规律[M].北京：地质出版社，1991.

薛步高.钪矿资料[J].云南地质，2010,29(3):371-372.

薛步高.论易门铜矿区叠加钴矿化地质特征[J].矿产与地质，1996,10(6):388-394.

薛步高.云南钴矿地质特征及找矿探讨[J].化工矿产地质，2001,23(4):210-216.

闫学义，黄树峰.冈底斯东段泽当大型钨铜钼矿新发现及走滑型陆缘成矿新认识[J].地质论评，2010,56(1):9-19.

严旺生，高海亮.世界锰矿资源及锰矿业发展[J].中国锰业，2009,27(3):6-11.

阳正熙，Anthony E W，蒲广平.四川冕宁牦牛坪轻稀土矿床地质特征[J].矿物岩石，2000,20(2):28-34.

杨瑞东，鲍淼，魏怀瑞，等.贵州天柱寒武系底部重晶石矿床中热水生物群的发现及意义[J].自然科学进展，2007,17(9):1304-1309.

杨喜安，刘家军，韩思宇，等.云南羊拉铜矿床里农花岗闪长岩体锆石 U-Pb 年龄、矿体辉钼矿 Re-Os 年龄及其地质意义[J].岩石学报，2006,27(9):2567-2576.

杨志明，侯增谦，宝玉财，等.西藏驱龙超大型斑岩铜矿床：地质、蚀变与成矿[J].矿床地质，2008,27(3):280-318.

杨竹森，侯增谦，高伟，等.藏南拆离系锑金成矿特征与成因模式[J].地质学报，2006,80(9):1377-1390.

姚培慧，林镇泰，杜春林，等.中国锰矿志[M].北京：冶金工业出版社，1995.

尹志民，潘清林，姜峰，等.钪和含钪合金[M].长沙：中南大学出版社，2007.

游清治.世界锂的资源、生产与应用前景[J].世界有色金属，2008(5):42-45.

余明烈.攀西地区硅藻土的成矿规律及成矿作用探讨[J].四川地质学报.1991,11(1):47-50.

郁国城.四川之滑石[J].地质论评，1939,4(1):39-42.

郁国城.四川“滑石”为叙永质[J].地质论评，1940,5(Z1):53-56.

袁忠信，施泽民，白鸽，等.四川冕宁牦牛坪轻稀土矿床[M].北京：地震出版社，1995.

岳维好，高建国，李云灿，等.云南省勐野井式钾盐矿找矿模型及预测[J].地质与勘探，2011,47(5):809-822.

云南省地质矿产局.云南省区域矿产志[M].北京：地质出版社，1993.

云南省地质矿产局.云南省区域矿产总结[M].北京：地质出版社，1993.

张杰，倪元，王建蕊.贵州织金含稀土磷块岩中胶磷矿工艺矿物学特征[J].矿物学报，2010(增刊):75-76.

张建芳，郑有业，张刚阳，等.北喜马拉雅扎西康铅锌锑银矿床成因的多元同位素制约[J].地球科学——中国地质大学学报，2010,35(6):1000-1010.

张丽，唐菊兴，邓起，等.西藏谢通门县雄村铜(金)矿矿石物质成分研究及其意义[J].成都理工大学学报(自然科学版)，

2007,34(3):318-326.

张莓,茹湘兰.我国钴资源特点及开发利用中存在的问题及对策[J].矿产保护与利用,1993(3):17-21.

张美良,邓自强,刘功余,等.碳酸盐岩地区重晶石矿床的成因及分类[J].中国岩溶,1993,12(3):251-260.

张世涛,冯明刚,吕伟.滇东南南温河变质核杂岩解析[J].中国区域地质,1998,17(4):390-397.

张玉学.分散元素钪的矿床类型与研究前景[J]. 地质地球化学,1997(4):93-97.

张云湘.中国矿床发现史·四川卷[M].北京:地质出版社,1996.

赵灿华,范玉华,孟青.云南德钦鲁春铜铅锌多金属矿同位素及矿床成因[J].云南地质,2011,30(1):32-37.

赵龙云.矿区找矿效果潜力评价与找矿方向及矿床定位预测实务[M]. 徐州:中国矿业大学出版社,2006.

赵元艺,崔玉斌,赵希涛.西藏扎布耶盐湖钙华岛钙华的地质地球化学特征及意义[J]. 地质通报,2010,29(1):124-141.

赵元艺.中国盐湖锂资源及其开发进程[J]. 矿床地质,2003,22(1):99-105.

褚有龙.中国重晶石矿床的成因类型[J].矿床地质 1989,8(4):91-96.

郑绵平,卜令忠. 盐湖资源的合理开发与综合利用[J]. 矿产保护与利用,2009;期(卷):17-22.

郑绵平,齐文.我国盐湖资源及其开发利用[J]. 矿产保护与利用,2006 (5):45-50.

郑绵平,向军,魏新俊,等. 青藏高原盐湖[M]. 北京:科学出版社,1989.

郑绵平.论盐湖学[J]. 地球学报,1999,20(4):395-401.

郑绵平.论中国盐湖[J]. 矿床地质,2001a,20(2):181-189.

郑绵平.青藏高原盐湖资源研究的新进展[J]. 地球学报,2001b,22(2),97-102.

郑喜玉,张明刚,徐昶,等.中国盐湖志[M].北京:科学技术出版社,2002.

郑直,吕达人,冯墨林.中国高岭土矿床[M]//郑直.中国矿床(下册,非金属).北京:地质出版社,1994.

郑直,吕达人,金太权,等."高岭"名称的来源及中国使用高岭土最早的历史[J].地质论评,1980,26(3):272-273.

郑直.中国矿床(下册)[M].北京:地质出版社,1994.

中华人民共和国国家统计局. 中国统计年鉴 2010[M].2010.

中华人民共和国国土资源部地质矿产行业标准(DZ/T 0214—2002)[S].北京:中国标准出版社,2002.

中华人民共和国国土资源部.冶金、化工灰岩及白云岩、水泥原料矿产地质勘查规范(DZ/T 0213—2002)[S].北京:地质出版社,2003.

中华人民共和国国土资源部. 2008 年全国矿产资源储量通报[R].2009.

中华人民共和国国土资源部.中国矿产资源报告(2014)[M].北京:地质出版社 2014.

中华人民共和国国土资源部发布.高岭土、膨润土、耐火黏土矿产地质勘查规范(DZ/T 0206—2002)[S].北京:地质出版社,2003.

中华人民共和国国土资源部发布.硫铁矿地质勘查规范(DZ/T 0210—2002)[S].北京:地质出版社,2003.

中华人民共和国国土资源部发布.玻璃硅质原料、饰面石材、石膏、温石棉、硅灰石、滑石、石墨、矿产地质勘查规范(DZ/T 0207—2002)[S].北京:地质出版社,2003.

中华人民共和国国土资源部发布.磷矿地质勘查规范(DZ/T 0209—2002)[S].北京:地质出版社,2003.

中华人民共和国国土资源部发布.盐湖和盐类矿产地质勘查规范(DZ/T 0212—2002)[S].北京:地质出版社,2003.

中华人民共和国国土资源部发布.冶金、化工石灰岩及白云岩、水泥原料矿产地质勘查规范(DZ/T 0213—2002)[S].北京:地质出版社,2003.

中华人民共和国统计局. 中国统计年鉴[M]. 北京:中国统计出版社,2011.

周琦,杜远生,覃英.古天然气渗漏沉积型锰矿床成矿系统与成矿模式——以黔湘渝毗邻区南华纪"大塘坡式"锰矿为例[J]. 矿床地质,2013,32(2):457-466.

周琦,覃英,张遂,等.黔东北地区优质锰矿找矿进展与前景展望[J]. 贵州地质,2002,19(4):227-230.

周雄.西藏邦铺钼铜多金属矿床成因研究[D].成都:成都理工大学,2012.

朱洪发,刘翠章.从世界大型钾盐矿床形成的控制条件评述我国几个重要含盐系找钾前景[J].矿物岩石,1985,5(3):51-59.

朱永红.梵净山标水岩锡钨矿床地质特征及控矿因素[J].地质与勘探. 2010,46(2):244-251.

朱智华.云南牟定二台坡岩体中钪的发现及其意义[J]. 云南地质,2010,29(3):235-244.

卓君贤.川南地区晚二叠世硫铁矿矿床成因初探[J].四川地质学报,1991,11(4):276-278.

邹建新,攀枝花钛(钪、钴)资源综合利用发展研究[J]. 四川有色金属 1994,(4):53-59.

du Toit M C. Lead[M]//Wilson M G C, Anhaeusser C R. The Mineral Resources of South Africa (Six Edition): Handbook 16. Pretoria:Council for Geoscience, 1998.

Hou Zengqian,Ma Hongwen,Zaw K, et al. The Himalayan Yulong porphyry copper belt: Product by large-scale strike-slip faulting in Eastern Tibet [J]. Economic Geology, 2003, 98(1):125-145.

Jolly J L W, Edelstein D L. Annual Report on Copper[R]. Washington,DC: United States Bureau of Mines.

Mineral Commodity Summaries[R]. Washington,DC: U. S. Bureau of Mines1990: 134-136.

Nissenbam A. The Dead Sea-an economic resource for 10 000 years[J]. Hydro biologia, 1993, 267: 127-141.

U. S. Geological Survey. Mineral commodity summaries 2015[R]. 2015. http://dx. doi. org/10. 3133/ 70140094.

Wilson M G C. Copper[M]//Wilson M G C ,Anhaeusser C R. The Mineral Resources of South Africa (Sixth Edition): Handbook 16. Pretoria:Council for Geoscience , 1998.